西部大开发重点区域和行业发展战略环境评价系列丛书

西北（甘青新）重点区域和行业发展战略环境评价研究

主　编　舒俭民
副主编　李彦武　李小敏

中国环境出版社・北京

图书在版编目（CIP）数据

西北（甘青新）重点区域和行业发展战略环境评价研究 / 舒俭民主编．
—北京：中国环境出版社，2016.5
（西部大开发重点区域和行业发展战略环境评价系列丛书）
ISBN 978-7-5111-2612-2

Ⅰ．①西… Ⅱ．①舒… Ⅲ．①战略环境评价－研究－西北地区 Ⅳ．
①X821.24

中国版本图书馆 CIP 数据核字（2015）第 266169 号
审图号：GS（2015）894 号

出 版 人 王新程
丛书统筹 丁 枚
责任编辑 黄晓燕 张维娣
责任校对 尹 芳
封面设计 金 喆
排版制作 杨曙荣

出版发行 中国环境出版社
（100062 北京市东城区广渠门内大街16号）
网　　址：http://www.cesp.com.cn
电子邮箱：bjgl@cesp.com.cn
联系电话：010-67112765（编辑管理部）
010-67112735（环评与监察图书分社）
发行热线：010-67125803 010-67113405（传真）
印　　刷 北京盛通印刷股份有限公司
经　　销 各地新华书店
版　　次 2016年5月第1版
印　　次 2016年5月第1次印刷
开　　本 889×1194 1/16
印　　张 17.75
字　　数 420千字
定　　价 113.00元

《西北（甘青新）重点区域和行业发展战略环境评价研究》编委会

前言

2012年，环境保护部组织实施《西部重点区域和行业发展战略环境评价》项目，地域范围包含西北的甘肃、青海、新疆三省（区）和西南的云南、贵州两省，西北（甘青新）重点区域和行业发展战略环境评价是分项目之一。这是继环境保护部组织实施我国环渤海沿海地区、海峡西岸经济区、北部湾经济区、成渝经济区和黄河中上游能源化工区等五大区域战略环境评价项目后，进行的又一项综合性区域发展战略环境评价项目。

西北三省（区）地处我国大陆腹地，地形复杂多变，气候条件恶劣，荒漠广布，能源矿产资源富集、水资源缺乏、生态脆弱；同时，西北三省（区）是我国贫困面积最广、贫困人口最多、贫困程度最深的区域，是我国全面建成小康社会的难点和重点地区；少数民族众多，是我国少数民族集中分布地区；经济社会发展和生态环境保护均具有十分重要的战略地位，同时，实现经济社会与环境保护协调发展面临多重困难和挑战。

中央实施"西部大开发"战略以来，西北地区经济发展与生态建设得到了长足进步，人民生活水平显著提高。但与全国其他地区相比，西北地区经济社会发展水平仍相对滞后，经济建设、生态保护任重道远。2013年，中央提出推进"丝绸之路"经济带、"海上丝绸之路"建设，形成全方位开发新格局的战略，更加凸显出西北地区经济社会与环境保护可持续发展事关实现国家复兴、全面建成小康社会宏伟目标的重要地位。

西北三省（区）发展战略环境评价，旨在从环境保护战略高度，研究如何协调好经济发展空间布局与生态安全格局、结构规模与资源环境承载之间的关系，从源头防范区域生态环境恶化，推动区域合理开发和产业有序布局，促进资源优势转化为产业优势和经济优势。西北三省（区）发展战略环境评价技术的牵头单位是中国环境科学研究院，主要参加单位包括中国科学院地理科学与资源研究所、中国科学院生态环境研究中心、黄河水文水资源科学研究院、甘肃省环境科学设计研究院、青海省环境科学研究设计院、新疆维吾尔自治区环境保护科学研究院、新疆生产建设兵团环境保护科学研究所等；本项目形成"西北（甘青新）重点区域和行业发展战略环境评价报告"成果。

本书的框架由舒俭民、李彦武、李小敏总体设计，全书是"西北（甘青新）重点区域和行业发展战略环境评价"项目的研究成果之一，由西北（甘青新）重点区域和行业发展战略环境评价的综合篇和西北内陆河流域水与生态安全、柴达木循环经济发展规划战略环境评价两个专篇组成。

综合篇由八个部分构成，从战略分析、资源环境现状及演变、生态空间约束与资源环境承载能力、未来发展的主要环境影响与风险、产业发展调控和环境保护对策等，全面反映了战略环境评价的主要成果。各章的具体分工如下：第一章，由冯祯、陈明霞、张晓晶、蔺尾燕、韩春丽撰写；第二章，由舒俭民、金凤君、张政民、胡青、贾尔恒·阿哈提、万勤撰写；第三章，由邹广迅、王传胜、高超、焦静娟、管东红、刘立、申晓芸、陈勇、梁建辉、张峰执笔；第四章，由杨荣金、李娟、李晓宇、李焯、赵健、赵金民、赵德刚、杨宇、王乃亮、蔡春玲、杨永虎、王轶睿执笔；第五章，由李彦武、许亚宣、钱云平、林银平、李子成、胡炳清、何友江、刘国华、刘鹤执笔；第六章，由李小敏、马建锋、赵玉婷、董林艳、张萍、富国、段宁执笔；第七章，由舒俭民、李彦武、金凤君、徐延文、马玉林、苏敏刚、梁建辉执笔；第八章，由李彦武、李小敏、易鹏、王成元、温飞、陶华旸、张静、李金芬执笔。

西北内陆河流域水与生态安全专篇是根据西北（甘青新）重点区域和行业发展战略环境评价项目下设水资源、水环境和生态环境三个重点专题中关于内陆河流域的评价内容进行集成汇总形成，系统反映了西北内陆河流域围绕水资源开发利用引发的生态环境问题，预测了未来水资源需求压力下生态环境影响，提出了内陆河区水与生态安全的对策。柴达木循环经济发展规划战略环境评价专篇是全面反映了针对生态脆弱、资源富集的柴达木盆地，以盐湖资源开发综合利用为龙头循环经济发展的主要环境影响、环境风险评价和环境保护对策的主要研究评价成果。

“西北（甘青新）重点区域和行业发展战略环境评价”项目中的产业发展战略分析、生态环境、大气环境专题主要成果已纳入综合篇，不设专项篇。本书中提到的主要评价结果和对策建议在项目验收中取得共识。在项目研究报告中，由于取得资料的途径不同，有些数据可能存在不一致，或存在疏漏、错误之处，谨请读者予以谅解、不吝指正。全书由舒俭民、李彦武和李小敏定稿。

西北（甘青新）重点区域和行业发展战略环境评价实施过程和本书编辑整理过程得到了环境保护部，环境保护部评估中心，甘肃、青海、新疆三省（区）人民政府及环境保护厅等有关部门的大力支持，得到了项目咨询专家团队的悉心指导和项目主要承担单位的共同努力。在此一并表示诚挚的感谢！

目 录

综合篇

西北内陆河流域水与生态安全专篇

柴达木循环经济发展规划战略环境评价专篇

综合篇

第一章

概　述

第一节　研究背景

一、项目由来

当前，我国已进入 2020 年实现全面建成小康社会宏伟目标的决定性阶段。党的十八大把生态文明建设纳入中国特色社会主义事业总体布局，生态文明建设的战略地位更加明确，生态文明建设融入经济建设、政治建设、文化建设、社会建设各个方面和全过程。“坚持节约资源和保护环境的基本国策，坚持节约优先、保护优先、自然恢复为主的方针，着力推进绿色发展、循环发展、低碳发展，形成节约资源和保护环境的空间格局、产业结构、生产方式、生活方式，从源头上扭转生态环境恶化趋势，为人民创造良好生产生活环境，为全球生态安全作出贡献”，成为当前和未来一定时期环境保护工作的行动指南。

《中共中央国务院关于深入实施西部大开发战略的若干意见》（中发［2010］11 号）把西部大开发战略放在区域协调发展总体战略的优先位置。《西部大开发“十二五”规划》确定了新时期加强西部大开发工作总体思路和政策体系，构建了西部大开发在全国区域协调发展总体战略中具有优先地位的区域政策框架，掀开了深入推进西部大开发新的历史篇章。

西部地区是我国贫困面积最广、贫困人口最多、贫困程度最深的区域，是我国全面建成小康社会的难点和重点地区；少数民族众多，是我国少数民族集中分布地区，与周边 14 个国家和地区接壤，加快经济社会发展，是维护民族团结和边疆稳定的客观需要；西部地区能源矿产资源富集，是我国重要战略资源接续地；西部地区是我国大江大河的主要发源地，生态脆弱、生态区位极为重要，是国家生态安全关键区域。

西部地区生态脆弱、水土资源组合条件不好、环境承载能力不足对经济增长的制约是可持续发展无法绕行的槛。环境保护部组织开展西部大开发重点区域和行业发展战略环境评价工作，是突出生态文明建设，努力探索从源头扭转生态恶化趋势、创造良好生活生产环境，促进环境保护与经济发展协调融合的一项重大实践。

本项目是西部大开发重点区域和行业发展战略环境评价分项目之一，地域范围涵盖甘肃省、青海省、新疆维吾尔自治区（含新疆生产建设兵团）的重点发展区域。西北三省（区）能源矿产资源富集、自然环境恶劣、水资源缺乏、生态脆弱、经济欠发达，水资源和生态环境对经济增长的制约紧迫，生态安全、能源安全、粮食安全等成为经济社会可持续发展必须面对的挑战。本项目以建设环境友好型和资源节约型社会为主线，以从源头上扭转生态环境恶化趋势、创造良好生产生活环境、保障国家和区域生态安全为目标，研究经济社会与环境保护协调发展的产业结构、布局、规模调控方向和途径，促进生产空间集约高效、生活空间宜居适度、生态空间山青水绿。

二、研究意义

1. 国家区域发展政策的需要

国家未来的区域政策框架将着重强化以下三个方面的内容：其一，强化区域发展的约束性。即关注经济发展的资源环境约束、空间约束，改变以前无约束发展的状况。其二，区域管理的精细化、精准化。即关注科学合理的产业发展地域分工，改变以前布局混乱、功能界定不清的区域发展格局。其三，关注区域发展的生态文明。根据我国区域发展组织结构调整的意向，一些重点城市群将是我国区域发展空间组织的主要支点。国家未来的区域政策，亦将围绕这些重点区域的发展需求进行设计和供给。

汲取先发地区资源环境代价过高的教训，按照科学发展观、建设生态文明的要求，国家已将资源环境承载能力作为区域发展的重要约束条件，区域发展模式、产业布局与结构，必将以区域资源环境禀赋、环境承载力的分析论证为前提条件。从这个意义上看，本项目工作是国家新发展理念的应用与延伸。

根据国家西部大开发的发展战略，西北三省（区）一些重点城市和资源富集地区将是西部大开发中的重要支撑节点，成为最具有活力的重要经济区，也是国家未来着力引导有序发展的重点地区。2008 年出台《关于进一步促进甘肃经济社会发展的若干意见》《关于支持青海等省藏区经济社会发展的若干意见》，2009 年出台《甘肃省循环经济总体规划》，2010 年召开了中央新疆工作座谈会，出台《新疆区域振兴规划》，均说明西北三省（区）各自的区域范围基本上与国家未来着力引导的关键发展区域一致。因此，研究西北地区重点产业发展战略环境影响，符合国家层面的发展需求。

2. 协调产业发展与资源环境保护的需要

目前，西北三省（区）工业发展主要建立在资源开发基础之上，以重工业、低层次的产品加工，劳动力密集和低技术产品为主，单位产品能耗高、物耗高，资源利用率低，经济快速发展的同时，资源环境压力将进一步凸显。由于不合理资源开发，水资源短缺、过度消耗、水环境污染，生物多样性丧失，草原退化，荒漠化，水土流失，生态环境脆弱，已经成为这些区域当前面临的突出资源环境问题。与此同时，西北地区矿产资源开发利用程度总体较低，开发利用方式比较粗放。采矿诱发的崩塌、滑坡、泥石流、地面塌陷等地质灾害的加剧使得本已脆弱的生态环境雪上加霜。

西北三省（区）虽然地域广袤，但适宜人居的环境非常有限，当前一些人口相对密集的重点城市资源环境形势已十分严峻。适宜人居的生态环境一旦受到破坏，将没有后退的战略空间。目前当务之急需要协调产业发展与资源环境保护的关系，实现区域社会经济的可持续发展。

3. 协调区域开发与降低区域资源、环境承载力和生态风险的需要

西北三省（区）产业虽以国家战略性基础产业为主体，但其经济发展总体上尚未真正摆脱传统的粗放型的经济增长方式。高能耗、低效益的发展将导致区域有限资源的竞争性利用

和已有脆弱生态环境的进一步恶化。由于发展模式不合理，产业发展的规模、布局和结构与区域资源环境承载能力不相匹配，环境安全与生态保护将面临更加严峻的局面。

参照先发地区的经验和教训，以科学发展观为指导，组织开展西北三省（区）资源开发与重化工产业发展战略的环境评价，分析区域环境资源限制因素和资源承载能力，综合论证重点产业的发展目标与定位，指导产业发展和合理布局，避免重蹈“先污染、后治理”的覆辙，制定区域化产业发展和环境保护政策，形成合理的产业地域分工，提出产业结构优化调整和重大项目布局的环保要求，构建区域性和流域性的环境影响防治措施和风险防控体系，制定重大环境基础设施建设和生态恢复治理方案，最终形成西北三省（区）人与自然和谐发展的行动纲要，以实现经济发展与人口、资源、环境的彼此协调，建设生态文明、构建资源节约型和环境友好型社会的示范区，实现经济发展方式转变。

第二节　研究目标

一、研究目的

落实以人为本、全面协调可持续的科学发展观，以全面实现国家制定的西部大开发战略目标为指引，针对西北三省（区）地区资源开发与重点产业的发展定位和发展目标，以重点产业的规模、结构和布局为核心，以重点开发区域资源环境承载能力为约束条件，围绕重点产业规模与资源环境承载力、重点产业布局与生态安全格局之间的突出矛盾，全面分析资源开发与重点产业发展现状、趋势及关键资源环境制约因素，深入评估资源开发和重点产业发展可能产生的环境影响和潜在生态环境风险，提出优化资源开发和产业发展空间格局的对策建议，尝试构建前瞻性的环境评价参与综合决策模式，探索建立以环境保护促进经济又好又快发展的长效机制，为有关区域、产业发展战略制定等重大决策提供技术支撑和依据。

二、研究范围

项目工作范围涵盖新疆维吾尔自治区、青海省、甘肃省全部行政区域，总面积约 284 万 km^2，占我国国土面积的 32%。该区域东邻陕西、宁夏，南邻西藏、四川，西邻哈萨克斯坦、吉尔吉斯斯坦、塔吉克斯坦、巴基斯坦和印度，北邻内蒙古、蒙古和俄罗斯。西北三省（区）在我国的地理位置见图 1。

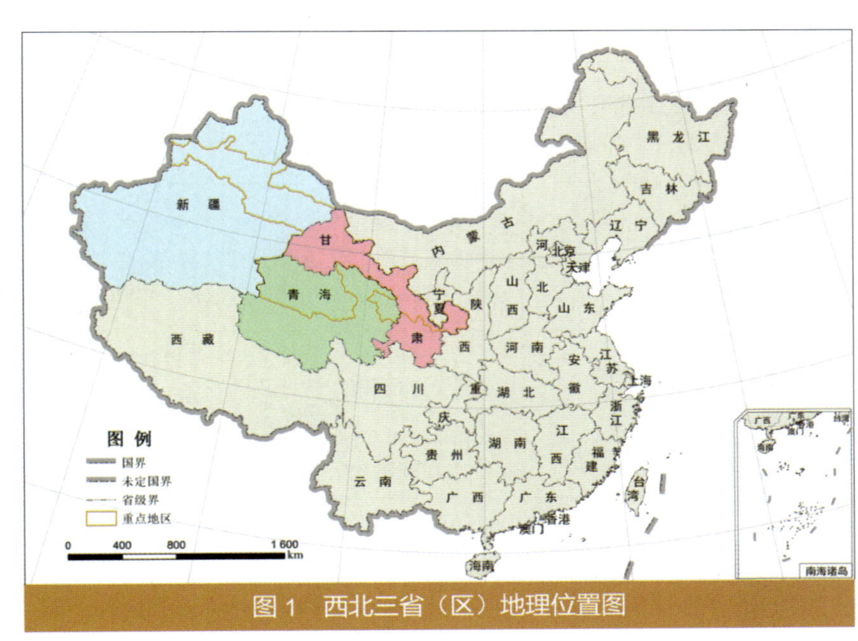

图 1　西北三省（区）地理位置图

重点区域遴选遵循三个原则：一是资源开发和重点产业

布局的热点区域；二是重要生态功能区和生态环境脆弱区；三是未来资源开发与重点产业发展的指向区域。由此确定的资源及重点产业发展的重点评价区域包括：兰州—白银经济区、陇东南地区、河西地区、柴达木循环经济试验区、西宁河湟谷地、天山北坡经济带等 6 个重要区域，分布见图 2，占地面积 89 万 km^2，占西北三省（区）总面积的 31.34%。

图 2 重点评价区域分布图

解读国家主体功能区规划、国家“十二五”发展规划、国务院近年对西北三省（区）经济社会发展的指导意见、西北三省（区）“十二五”国民经济和社会发展纲要等的区域发展战略，梳理各重点区域相应的重点产业见表 1。

表 1 重点区域、重点城市及重点产业

区 域	重点区域	范 围	重点产业
新疆维吾尔自治区及新疆生产建设兵团	天山北坡经济带	乌鲁木齐市、克拉玛依市、石河子市、五家渠市；昌吉州的昌吉市、阜康市、呼图壁县、玛纳斯县、奇台县、吉木萨尔县；塔城地区的沙湾县、乌苏市；伊犁州的奎屯市、伊宁市、伊宁县、霍城县、察布查尔锡伯自治县；博州的博乐市、精河县；吐鲁番市；鄯善县、托克逊县；哈密市；建设兵团的第四师、第五师、第六师、第七师、第八师、第十二师、建工师、第十三师的红星一场，红星二场，红星四场，黄田农场，火箭农场，柳树泉农场	煤炭，煤电，煤化工，石油、天然气开采及加工，钢铁、有色矿产资源开发及加工，新能源，农副产品加工
青海省	柴达木循环经济试验区	海西州的柴达木盆地部分	盐湖化工，能源开采及加工，有色冶金，特色生物，新能源，煤化工
	西宁河湟谷地	西宁市及大通县、湟中县、湟源县，海东地区的平安县、民和县、乐都县、互助县、化隆县、循化县，海北州的海晏县，黄南州的尖扎县，海南州的贵德县	新能源，新材料，有色金属，钢铁，生物制药，装备制造，纺织，特色农副产品加工业、现代物流
甘肃省	兰州—白银经济区	兰州市、白银市所辖行政区域	石油化工，有色冶金，装备制造，新材料，能源，生物制药
	陇东南地区	平凉市和庆阳市	能源，煤化工
	河西地区	金昌市、张掖市、酒泉市、武威市、嘉峪关市	有色金属新材料，新能源及新能源装备制造，特色农副产品加工

三、评价时段

本次研究确定的基准年为：2010 年。

近期评价：2015 年；远期考虑：2020 年。

第三节　研究思路

一、研究采用的表征指标

1. 生态环境

（1）构建全国重要生态安全屏障，区域重要的生态功能整体改善；

（2）区域生态环境质量恶化趋势得到遏制，沙尘源不新增，不因水能资源开发引发新的生态问题。

2. 水环境

（1）三江源地区水质优良；

（2）黄河流域干流和主要支流控制断面满足其水环境功能区划的要求；

（3）区域内陆河流流程不缩短、湖泊不萎缩；

（4）伊犁河——跨境河流满足出境水质要求。

3. 大气环境

（1）区域环境空气质量总体满足二级标准要求，热点地区及重点城市存在的大气污染得到改善；

（2）区域大气污染物排放总量控制在国家规定排放水平。

拟采用的资源环境指标见表 2。包括静态指标和动态指标。

表 2　拟采用的主要资源环境指标

<table>
<tr><th colspan="2">资源环境要素</th><th>静态指标</th><th>动态指标 /%</th></tr>
<tr><td rowspan="2">资源</td><td>耕地与水</td><td>耕地资源总量 / 万 hm^2
人均耕地资源量 /（hm^2/ 人）
水资源总量 / 亿 m^3
地表水资源总量 / 亿 m^3
可利用水资源总量 / 亿 m^3
人均水资源 /（m^3/ 人）</td><td>耕地资源总量增长率
人均耕地资源量增长率
水资源总量增长率
人均水资源增长率
人均可利用水资源增长率</td></tr>
<tr><td>植物</td><td>森林资源总量 / 万 hm^2
人均森林资源 /（hm^2/ 人）
草地资源总量 / 万 hm^2
人均草地资源 /（hm^2/ 人）</td><td>森林资源总量增长率
人均森林资源增长率
草地资源总量增长率
人均草地资源增长率</td></tr>
</table>

资源环境要素		静态指标	动态指标 /%
资源	能源	能源生产总量 / 万 t 标准煤 人均能源生产总量 /（t 标准煤 / 人） 能源消费总量 / 万 t 标准煤 人均能源消费量 /（t 标准煤 / 人）	能源生产总量增长率 人均能源生产量增长率 能源消费量增长率 人均能源消费量增长率 能源矿产储量增长率
环境保护	工业污染	工业固体废物排放量 / 万 t 工业固体废物排放强度 /（排放量 / 地区面积） 工业废水排放量 / 亿 t 工业废水排放强度 /（排放量 / 地表水径流量） 工业废气排放量 / 亿 m^3 工业废气排放强度 /（排放量 / 地区面积） 二氧化硫排放总量 / 万 t 二氧化硫排放强度 /（排放量 / 地区面积） 氮氧化物排放总量 / 万 t 氮氧化物排放强度 /（排放量 / 地区面积） 化学需氧量排放总量 / 万 t 化学需氧量排放强度 /（排放量 / 地表水径流总量） 氨氮排放总量 / 万 t 氨氮排放强度 /（排放量 / 地表水径流总量）	工业固体废物排放量增长率 工业固体废物排放强度增长率 工业废水排放量增长率 工业废水排放强度增长率 工业废气排放量增长率 工业废气排放强度增长率 二氧化硫排放总量增长率 氮氧化物排放总量增长率 化学需氧量排放总量增长率 氨氮排放总量增长率
	环境治理	工业固体废物综合利用率 /% 工业废水排放达标率 /% 工业废气排放达标率 /% 生活垃圾无害化处理率 /% 造林面积 / 万 hm^2 工业污染治理投资总额 / 亿元 水土流失治理面积 / 万 hm^2	工业固体废物综合利用率增长率 工业废水排放达标率增长率 工业废气排放达标率增长率 生活垃圾无害化处理率增长率 造林面积增长率 工业污染治理投资总额增长率 水土流失治理面积增长率
	生态环境	自然保护区面积 / 万 hm^2 湿地面积 / 万 hm^2 城市绿化面积 / 万 m^3 森林覆盖率 /% 草地资源总面积 / 万 hm^2 沙漠化土地面积 / 万 hm^2 荒漠化面积 / 万 hm^2 次生盐渍化面积 / 万 hm^2 草原退化面积 / 万 hm^2 水土流失面积 / 万 hm^2	自然保护区面积增长率 城市绿化面积增长率 森林覆盖率增长率 草地资源总面积增长率 沙漠化土地面积增长率 荒漠化面积增长率 次生盐渍化面积增长率 草原退化面积增长率 水土流失面积增长率

二、研究思路

采用“驱动力—压力—状态—响应”模式，以经济发展战略和环境保护战略为驱动力，资源环境承载与约束、中长期环境影响和风险预测为支撑，以转变经济增长方式、优化生产空间、创建宜居空间和保障生态空间指引，研究环境脆弱、特色资源富集区域促进资源节约、循环发展和低碳发展模式，统筹保障生态空间和人居环境，引导生产力优化布局，产业结构战略性调整，构建以环境保护优化经济社会发展的长效机制。

通过现场考察、资料收集和整理区域环境资源特征与演变趋势、区域社会经济现状及演变趋势，确定当前区域经济发展中存在的主要资源环境问题，以及未来发展面临的主要资源环境制约条件，分析可能的解决途径和对策。

在充分调研西北三省（区）重点区域重点产业发展状况基础上，评述区域重点产业发展的资源环境利用效率，根据国家和地方“十二五”规划中的重点产业发展战略方向和布局，梳理设计重点产业发展情景。

在分析区域资源环境承载力的基础上，对重点产业发展的资源环境承载力进行分析预测，对重点产业发展对区域重点关注环境问题分专题进行研究预测。根据预测结果，说明在国家和地方“十二五”规划中重点产业的发展是否可能影响国家和地区生态安全格局和生态环境保护目标的实现，提出重点产业发展的环境准入条件，为国家和地方“十二五”规划的实施提出优化发展建议。

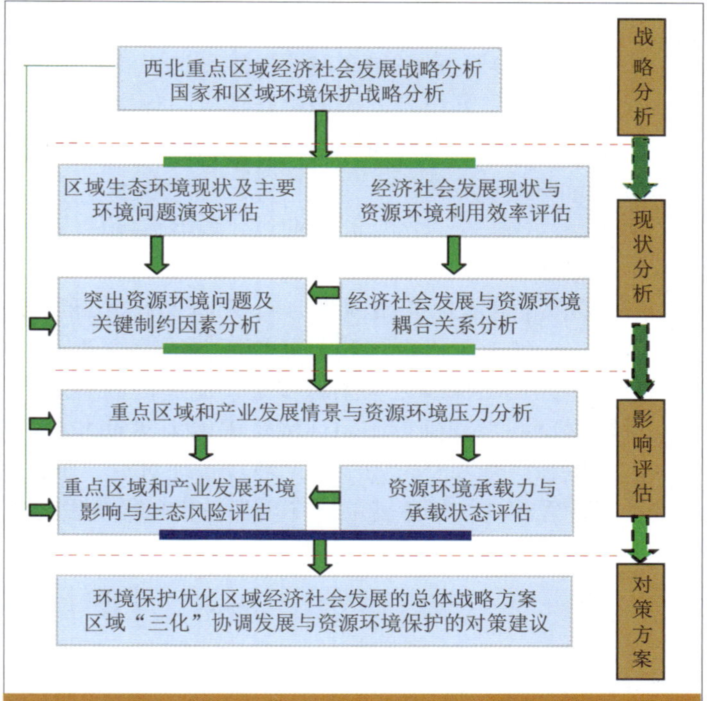

环境评价采用的基础资料均为现有的、已公开的环境监测资料、社会经济统计资料，专项研究报告，以及相关规划引用的基础数据和资料。具体的技术路线如图3所示。

图3 西北三省（区）战略环境评价项目研究工作技术路线

三、重点研究内容

甘青新西北三省（区）重点区域和行业战略环境评价的工作重点如下：

（1）重点区域和产业发展战略分析。根据国家区域协调发展总体战略和主体功能区战略，结合西北三省（区）经济社会发展的国家战略和区域经济社会发展规划、资源能源等重点产业发展规划、环境保护规划等，分析未来西北三省（区）重点区域在全国区域发展格局中的战略地位、区域经济社会发展的战略目标、重点产业发展的战略目标以及环境保护的战略目标。

（2）重点区域生态环境现状及其演变趋势评估。利用资源、生态、环境等领域的调查和监测数据，评估西北三省（区）生态环境现状，分析经济社会发展的资源环境压力和演变趋势，剖析区域经济社会发展导致的突出的区域性、累积性资源环境问题，识别区域资源开发和重点产业发展的关键性制约因素。

（3）重点区域和产业发展资源环境压力评估。分析西北三省（区）重点区域和产业发展现状、技术水平和发展态势，评估资源环境效率；基于西北三省（区）重点区域和产业发展情景方案，预测资源环境压力及时空分布；结合重点区域资源环境现状和关键性制约因素，剖析区域经济社会发展与环境保护的主要矛盾。

（4）重点区域和产业发展资源环境承载力综合评估。根据区域经济社会发展水平和资源环境禀赋，分析评估西北三省（区）重点区域资源环境承载力及其利用状况和空间分布特征。根据区域协调发展战略、主体功能区战略的总体要求，以及资源环境压力评估，提出区域资源环境承载力可持续利用的对策。

（5）重点区域和产业发展环境影响评价和生态风险评估。针对西北三省（区）重点区域和产业发展情景，辨识中长期生态环境影响特征和关键影响因素。分析、预测重点产业发展的中长期生态环境影响态势及其阶段性、结构性特征，分析、评估重点区域和产业发展的中长期生态风险。

（6）重点区域和产业优化发展的调控方案。根据西北三省（区）重点区域和产业发展资源环境承载力水平，提出产业发展与布局优化调整方案、区域循环经济的发展模式，明确优先支持的重点产业发展方向和生产力优化布局建议。

（7）重点区域和产业与资源环境协调发展的对策机制。基于资源环境制约和生态风险，研究提出保障区域生态安全、促进资源高效利用、构建循环经济体系的环境保护管理策略，提出环境基础设施和环境管理能力建设方案，制定节能减排、环境准入、跟踪监测与评价、生态恢复与补偿的中长期环境管理对策，研究适合西北三省（区）资源环境禀赋的环境综合管理模式，探索建立以环境保护优化经济发展的长效政策机制。

第二章

区域发展与环境保护战略分析

第一节　区域战略定位

一、面向中亚和欧洲大陆开发的重要门户

西北三省（区）西接中亚，与蒙古、俄罗斯、哈萨克斯坦、塔吉克斯坦等八国接壤；深居内陆，位于中国大陆连接欧亚大陆桥的战略腹地，是向中亚和欧洲大陆开放的重要门户（图4）。

图4　西北三省（区）战略性地理位置示意图

西北三省（区）所处地理位置具有十分重要的地缘政治经济意义。在西部大开发中，依托欧亚铁路缩短同中西亚、欧洲陆路交通的距离，实现海陆联运与上述地区资源、产业、技

术发展优势互补，是西北三省（区）未来发展中的重要功能。

从三省（区）内部来看，甘肃地处中国大陆连接欧亚大陆桥的腹心、进藏交通的前沿，战略位置十分重要，历来为兵家必争之地。青海省南连西藏、西接新疆、东跨甘肃而接中原，是进藏的必经通道、连通欧亚大陆桥的重要纽带，在全国地缘政治格局中占有举足轻重的地位。新疆东与祖国内地相连，西与周边八国接壤，具有向西开放的地缘区位优势，是西部地区经济增长的重要支点、向西开放的重要门户、西北边疆的战略屏障。

二、保障全国能源和资源安全的重要储备地

西北三省（区）能源和矿产资源丰富。塔里木盆地、柴达木盆地、准噶尔盆地、吐鲁番—哈密盆地蕴含丰富的能源矿产资源。新疆南部、青海高原、甘肃西部拥有开发前景广阔的太阳能、风能、地热能等清洁能源。秦岭山地、甘肃北山山地、祁连山地储存丰富的黑色、有色金属矿产，柴达木盆地储存丰富的盐湖资源。周边国家尤其是哈萨克斯坦、吉尔吉斯斯坦、塔吉克斯坦 3 个中亚国家和蒙古国蕴藏着丰富的石油、铀和有色金属等能源、矿产资源。西北三省（区）具有独特的资源、地缘优势，是全国能源资源战略储备地、有色和化工原材料工业的潜在基地。西北三省（区）作为全国重要的能源资源生产基地和进口能源资源的重要战略通道，优势地位将进一步凸显。

三、全国生态安全屏障的关键区域

西北三省（区）分布有天山、祁连山、贺兰山、秦岭等山脉和塔里木盆地、准噶尔盆地、柴达木盆地三大盆地，以及长江、黄河、澜沧江三大河流的发源地，是国家“两屏三带”生态安全格局中的北方防沙带、青藏高原生态屏障的重要组成部分，是我国淡水资源重要补给地，是维系西北地区乃至全国生态安全、可持续发展的重要保障区域（图 5）。

图 5　西北三省（区）生态安全战略格局

西北三省（区）水源涵养功能是国家生态屏障功能的主体，防风固沙功能是国家防风固沙带的重要组成部分。西北三省（区）含有 8 个《全国主体功能区规划》划定的重点生态功能区（图 6），总面积约 79.72 万 km^2，其中 6 个重要生态功能区属于水源涵养和防风固沙生态功能区，面积占西北三省（区）国土面积的 27%。按照全国生态功能区划，西北三省（区）划分为 13 个分区，

其中 9 个属于水源涵养重要区和防风固沙重要区（见图 7）。

本次研究的重点区域内水源涵养重要生态功能区面积相对较小，水源涵养功能区主要分布在天山山地和祁连山山地；防风固沙功能区主要分布在准噶尔盆地、塔里木盆地、吐哈地区、柴达木盆地和甘肃省的河西走廊地区。

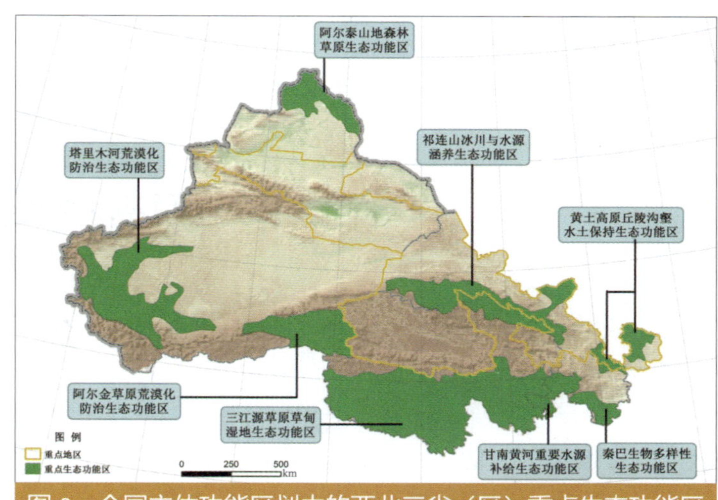

图 6 全国主体功能区划中的西北三省（区）重点生态功能区

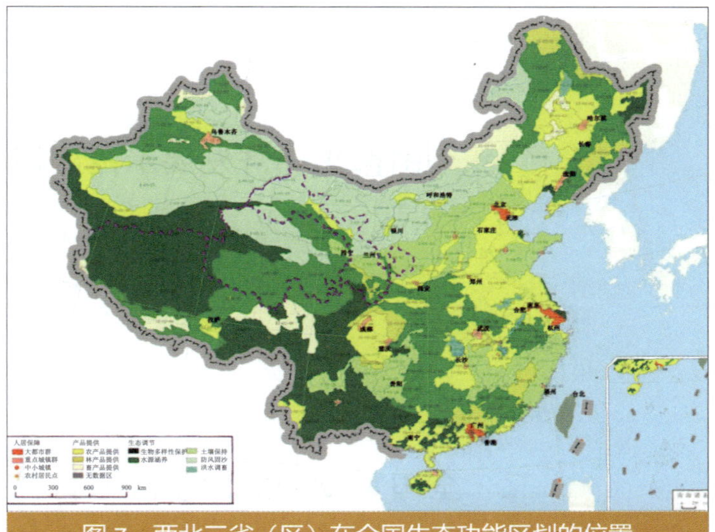

图 7 西北三省（区）在全国生态功能区划的位置

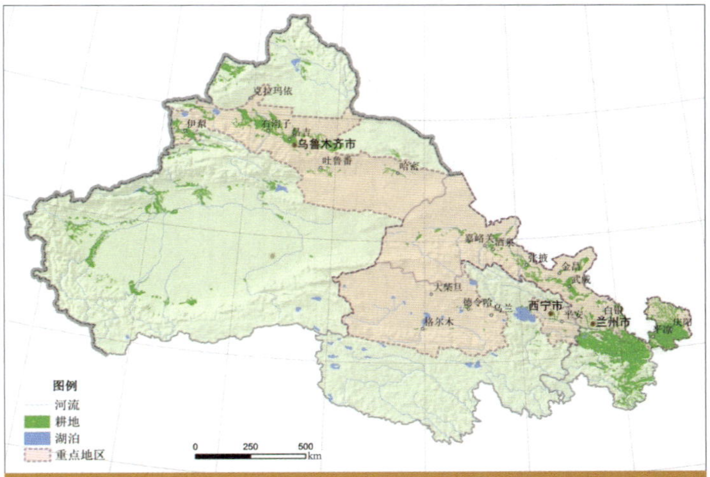

图 8 西北三省（区）耕地分布

四、全国农业与粮食安全的重要保障地

西北三省（区）的气候、土壤和水资源禀赋，促使农业形成多样化发展格局。天山南北麓、河西走廊是国家层面上具有战略意义的农产品主产区，青海省、新疆维吾尔自治区位居我国五大牧区之列，河西走廊、南北疆是干旱区瓜果的主产区，甘肃省黄土丘陵、新疆维吾尔自治区塔里木河绿洲是重要的特种小杂粮主产区，祁连山、天山、甘南高原、青海省东部是重要的中药材和野生菌类作物主产区，柴达木盆地是青海省重要的中药材种植区，新疆维吾尔自治区伊犁、南疆是重要的亚麻、棉花等经济作物主产区。西北三省（区）耕地分布示意图见图 8。

五、促进边疆稳定和各民族繁荣发展的重点区域

西北三省（区）民族众多，是少数民族主要聚居区，总人口占全国的 4%，少数民族人口占全国的 20%。西北三省（区）内陆腹地与西域边疆相兼、矿产资源富集与生态屏障重叠，伊斯兰文化、佛教文化和汉族文化交汇，承担“保边富民、资源开发与生态保护、完善民族自治和区域和谐发展”历史重任。由于各种原因，经济

水平与中东部地区仍有较大差距，相当部分地区仍未脱贫。西北三省（区）的繁荣与发展，对于加强民族团结、保障长治久安、全面建成小康社会等具有重要的战略意义。

第二节　区域社会经济发展战略目标

一、2020 年全面建成小康社会

西北三省（区）近期在经济总量比 2008 年翻一番的基础上，人均地区生产总值达到或超过全国平均水平的 80%；形成 2 ～ 3 个综合性较强的产业集聚区域，培育 1 ～ 2 个 300 万人口以上的特大城市；综合运输体系基本建成，生态建设和环境保护取得突破性进展，基本公共服务能力大幅提高。远期经济总量比“十二五”末再翻一番，人均 GDP 基本达到全国平均水平，形成 4 ～ 5 个产业集聚区域；科学发展、和谐发展、可持续发展的能力显著增强，人民群众生活水平和科学文化素质显著提高，实现经济发展、山川秀美、民族团结、社会和谐。

二、全国循环经济发展示范区域

西北三省（区）自然环境恶劣、水资源短缺、生态脆弱，能源矿产资源富集；水土资源约束趋紧、生态环境退化的十分突出。回顾区域发展历程，传统粗放的发展方式已造成水、土、林、草等过度利用，付出重大的生态破坏、环境污染代价。建设循环经济试点、示范区，促进资源节约、环境友好的新型工业化发展，摆脱“先污染后治理”的传统发展路径，是国家在西北三省（区）发挥后发优势的重要战略选择。

三、全国重要的能源基础原材料基地

建设以吐哈、准东、伊犁河谷煤炭东运、煤电一体化和煤化工为主的综合性能源资源生产及供应基地。柴达木盆地、敦煌等地区将成为国家重要的太阳能发电基地，其中 2020 年柴达木盆地太阳能发电装机容量将达到千万千瓦级；酒泉、嘉峪关将建设千万瓦级以上风电基地，基本建成酒泉风电设备生产基地与数字风机设备和太阳能光伏、光热产品研发制造基地。在甘肃省推进新型有色金属合金材料、稀土材料等新材料产业发展，建设有色金属新材料产业和研发基地。将柴达木盆地建成全国重要的盐湖资源综合开发利用基地。建设以天山北坡经济带、河西走廊为主的现代化农牧业示范基地。因地制宜发展地方特色显著农产品生产，重点建设一批现代农业示范农场，初步建成以石河子、哈密、张掖、武威、定西等地为主的特色农副产品加工生态经济基地。

第三节　战略布局

一、构筑“一带一轴”的城镇化工业化格局

以天山北坡经济带、兰州—白银经济区为重点，充分发挥乌鲁木齐、兰州中心城市的辐射带动作用，连接河西走廊、吐哈盆地、泾渭谷地、伊犁河谷，打造贯通陇海—兰新铁路、欧亚大陆桥的横向发展轴线；以兰州、西宁、格尔木城市为重点，打造贯通青藏铁路—黄河干流沿线谷地的纵向发展轴线，连接黄河干流、湟水谷地，积极培育沿线城市和工业园区，城镇化工业化格局示意见图9。

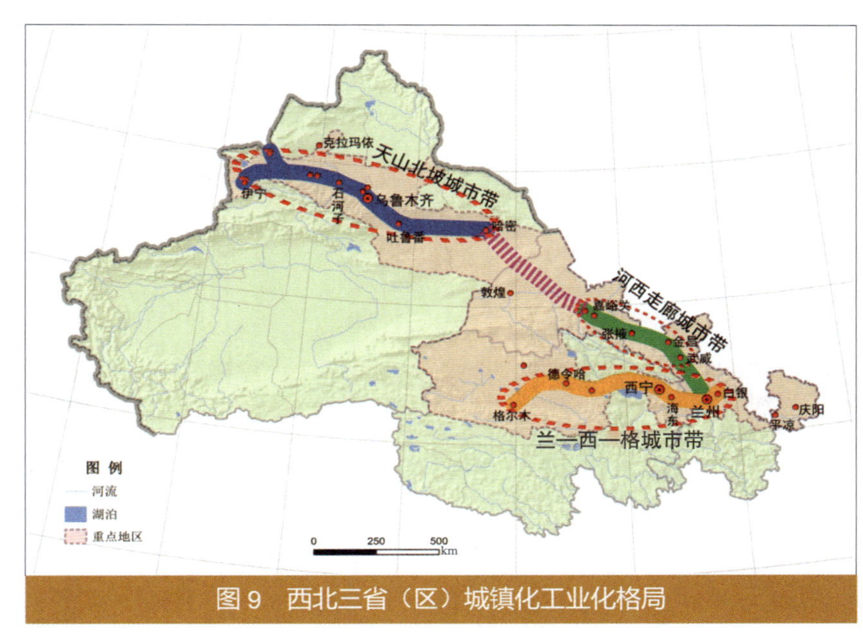

图9　西北三省（区）城镇化工业化格局

二、率先打造“两核”——天山北坡经济带和兰州—西宁—格尔木经济区

天山北坡经济带以乌昌经济区为核心，以城镇组群和区域中心城市为支撑，形成产业分工合理、联动发展的格局，不断提升区域整体发展实力，进一步增强对全疆乃至西部地区的辐射带动作用。充分发挥作为向西开放大通道的优势，加快提升自主创新能力、产业集聚水平和外向型经济发展水平，在全疆率先实现新型工业化、农牧业现代化和新型城镇化，率先实现经济结构优化升级和发展方式转变，全面实现小康社会建设目标，建成国家重要的经济增长带。

建设兰州—西宁—格尔木经济区，构建以兰州、西宁为中心，白银、格尔木为支撑的空间发展格局，大力发展全国重要的新能源、盐化工、石化、有色金属和特色农产品加工产业基地，打造西北交通枢纽和商贸物流中心，区域性新材料和生物医药产业基地。全面推进国家级兰州新区建设，优化区域生产力布局和产业转型升级，建成国家重要的石化、能源储备基地；西部重要的先进制造业和现代服务业基地，打造科学发展的示范区。

三、构筑“两区四带”农产品主产区

充分发挥西北三省（区）光热资源丰富的优势，构筑以河西走廊和天山南北麓两大农产品主产区为主体，其他农业地区为重要组成的农产品生产空间战略格局。建设四大产业带，

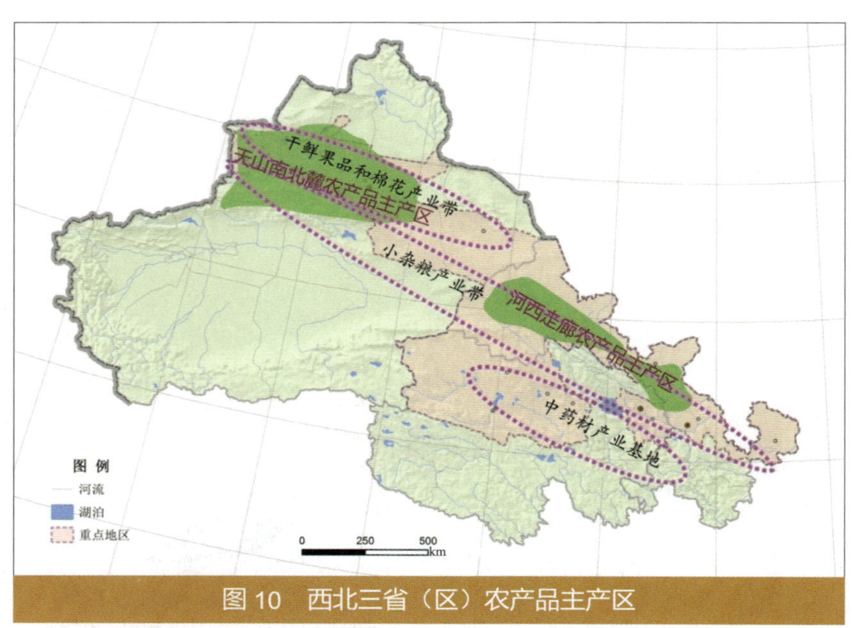

图 10　西北三省（区）农产品主产区

即以甘肃省蚕豆、豌豆、荞麦、谷子、胡麻、油橄榄，新疆维吾尔自治区向日葵、红花为主的小杂粮产业带，以河西走廊和新疆维吾尔自治区甜瓜，天山南北麓葡萄，河西和南疆红枣，南疆核桃、香梨等为主的干鲜果品和棉花产业带，以甘南川贝母，青海省枸杞、沙棘、大黄、黄芪，甘南丹参、当归为主的中药材产业带，以天山南北麓、祁连山地、河曲草原为主的草原牧业产业带。西北三省（区）农产品主产区分布见图 10。

四、推进三大资源富集区能源矿产资源的有序开发

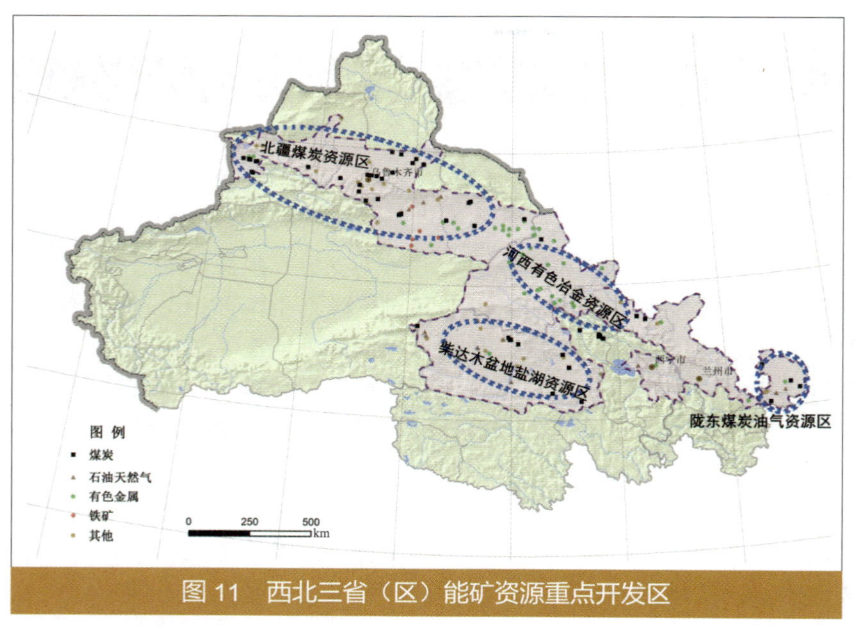

图 11　西北三省（区）能矿资源重点开发区

统筹资源合理开发与生态环境保护、基础设施建设和区域经济社会发展，推动资源开发利用方式转变，培育大型产业基地，推进通道建设，构建现代资源产业体系。重点加强柴达木盆地盐湖资源综合开发利用，扩大钾肥的生产能力，发展氯碱化工、金属镁及锂、硼产品，构建循环经济产业链，建设柴达木资源综合开发利用基地。推进北疆吐哈、准东、伊犁河谷煤炭东运、煤电一体化和煤化工，以及陇东油气、煤电化一体化基地建设。加强河西地区镍钴铜、钨钼及铁钒铬等资源综合开发利用和深度加工，延伸产业链，建设金昌镍钴铜多金属综合利用基地、酒嘉铁钒钨钼生产加工基地。西北三省（区）能源矿产资源重点开发区分布见图 11。

第四节　区域环境保护战略目标

西北三省（区）总体上自然环境恶劣、水资源短缺、生态脆弱，生态环境一旦破坏将难以恢复；同时，西北三省（区）生态环境保护战略地位十分重要，生态环境演变对国家生态安全具有全局性影响作用。在经济社会发展进程中，必须突出生态文明建设，坚持节约资源和保护环境的基本国策，坚持节约优先、保护优先、自然恢复为主的方针，着力推进绿色发展、循环发展、低碳发展，形成节约资源和保护环境的空间格局、产业结构、生产方式、生活方式，从源头上扭转生态环境恶化趋势。

（1）维护国家生态安全，巩固区域可持续发展的生态基础。建设区域生态安全屏障，区域水源涵养和水土保持功能不降低，天山、祁连山、阿尔泰山等重要水源涵养区功能得到加强，控制荒漠化对绿洲生态的侵蚀。

（2）保障用水安全，恢复河湖水系健康。建设节水型社会，扭转经济社会发展挤占生态用水态势，恢复内陆河干旱区河流—湖泊健康状态，保障城乡居民饮水安全和农业用水安全，创造绿色农牧业发展的良好环境条件。

（3）创造良好生产和生活环境。城市环境污染得到有效控制，城乡环境质量达标，人群健康环境大幅改善。

第三章

区域资源环境与社会经济特征

第一节 资源环境的区位特征

一、地形复杂多变，气候条件恶劣，荒漠广布

西北三省（区）属全国地势三大阶梯中的第一阶梯和第二阶梯，除了青海省大部分地区位于第一阶梯，其余两省（区）大部分地区均处于第二阶梯。重点区域内天山北坡经济带和陇东南地区全部位于第二阶梯内，柴达木循环经济区和西宁河湟谷地位于第一阶梯内，河西地区和兰白银经济区在两个阶梯中均有分布。

西北三省（区）地处大陆腹地，幅员辽阔，山地、高原、盆地相间分布，地形地貌复杂多变，差异巨大（见图 12）。自西向东主要有：①帕米尔高原、阿尔泰山、天山、昆仑山，以及新疆自治区的准噶尔、塔里木、吐哈三盆地；②青藏高原、青海湖、柴达木盆地；③祁连山山地、河西走廊；④黄土高原等地貌类型。

图 12　西北三省（区）影像图

区内以内陆河干旱区地貌为主，分准噶尔盆地、塔里木盆地、吐哈盆地、柴达木盆地、青海湖盆地和河西走廊等独立单元。各地貌单元均为高山环抱，除青海湖盆地的中心是青海湖外，其他盆地的中心都分布着广大的沙漠。

受蒙古高压、大陆气团控制，为典型的大陆性气候，干旱少雨，气温高，蒸发量远大于降水量，多风沙。降水量总体呈现东多西少，新疆维吾尔自治区伊犁地区受西风带的影

响和天山山脉的阻隔，是本次研究区域降水最为丰富的地区，年降水量最大可达 1 000 mm；内陆干旱区，除海拔很高的山区外降水量都在 200 mm 以下，塔里木盆地、吐哈盆地、河西走廊西端、柴达木盆地西北部一带是最为干旱地区，部分沙漠和戈壁的年降水量在 10 mm 以下。

西北三省（区）蒸发量明显大于降雨量，大部分地区的年蒸发量在 1 000 ～ 1 800 mm，最大值区位于新疆维吾尔自治区吐哈盆地，年蒸发量为 2 200 ～ 2 500 mm。

气象条件恶劣、地形多变，是我国温度和降水的年际变化最大的地区，出现极端气候年份的概率较大。气象极值种类较多，形成多种局地天气灾害。雪灾、干旱、沙尘暴等灾害十分突出，大风、暴雨、冰雹、冻土、冻害等也是常见自然灾害。

本次研究区域 80% 地区处于我国内陆干旱区，重点区域中河西地区、柴达木循环经济试验区、西宁河湟谷地、天山北坡经济带 4 个重要区域均分布在内陆干旱区，干旱缺水，荒漠广布，植物净生产力低，土壤有机碳含量少，生态脆弱，极易受到破坏。西北三省（区）干旱分区见图 13。

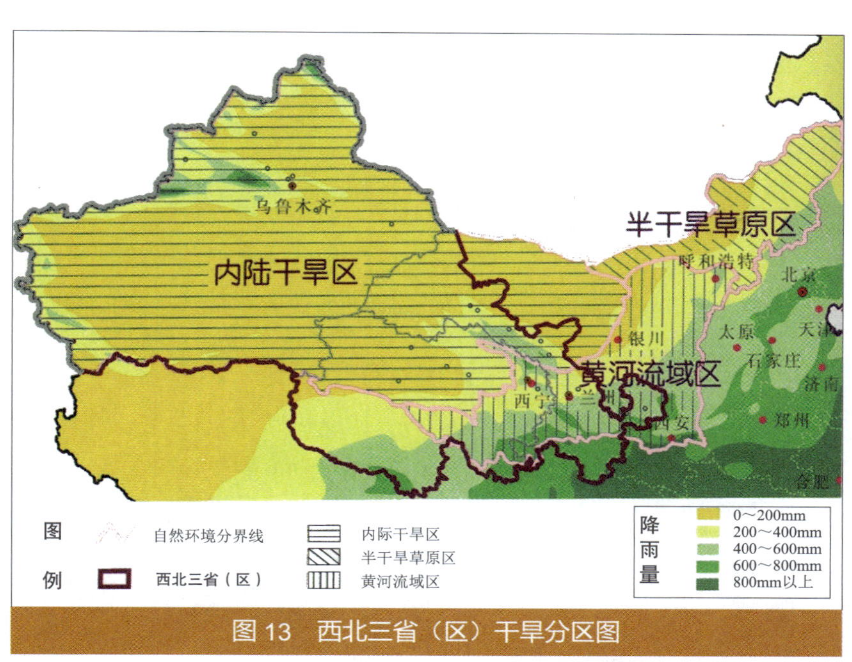

图 13 西北三省（区）干旱分区图

二、水系联系山区和沙漠，涵盖长江、黄河、澜沧江源头区

西北三省（区）河流众多，大小河流 800 余条，除出境河流伊犁河、额尔齐斯河和黄河外都是内陆河。

内陆区河流是联系山区和沙漠的生态纽带，内陆河流以高山的降水与冰川积雪融水为主要水源，流经山坡下的冲积平原，归属于沙漠中的湖泊湿地或消失于沙漠中。阿尔泰山、天山、祁连山地是径流的形成区和高值区，准噶尔盆地、塔里木盆地、柴达木盆地，以及河西走廊等是径流的散失区和低值区。内陆河径流小、流程短，地表水与地下水转换频繁。对中小河流来说，不可能互相汇集成较大水系，而是各自分散成为独立水系，各自消失于灌区和荒漠中。塔里木河全长 2 179 km，是中国最长的内陆河。

冰川资源是西北三省（区）水资源的主要组成部分，它是相对稳定的河川径流的主要补给源。从分区情况看，新疆和甘肃省的冰川分布全部在内陆河区，青海冰川除大部分在内陆河区外，还涉及黄河流域。区内共有冰川约 2.2 万条，冰川面积 2.8 万 km^2，冰川贮量 2.8 万亿 m^3，约占我国冰川贮量的 40%。

内陆河地区湖泊众多，大多是河道的尾闾或盆地最低洼的部位，分布在封闭或半封闭的内陆盆地中，入湖水系少而短，补给湖泊的水量不多。在干旱气候的影响下，多演变成矿化度较高的咸水湖或盐湖，也有少量的淡水湖。区内主要湖泊有：博斯腾湖、乌伦古湖、赛里木湖、艾比湖、青海湖、扎陵湖、鄂陵湖、哈拉湖、乌兰乌拉湖等。各类湖泊水域面积达 2 万 km^2，其中博斯腾湖水域面积 972 km^2，是我国最大的内陆淡水湖。

青海省中南部和东部是长江、黄河、澜沧江三大江河的源头，被誉为“中华水塔”。其中黄河是西北三省（区）最大的外流河，黄河干流全长 5 464 km，流域面积 79.5 万 km^2，发源于青海省巴颜喀拉山北侧，呈“几”字形流经青海省、甘肃省、内蒙古等 9 个省（区），最后注入渤海湾，主要支流有湟水、洮河和渭河等。

湟水是黄河在青海省境内最大的一条支流，发源于海晏县达坂山，流域面积大于 100 km^2 的支流有 31 条，在民和县与大通河汇流后流进甘肃省境内汇入黄河。湟水（不含大通河）多年平均径流量为 21.5 亿 m^3，大通河是湟水的主要支流，多年平均径流量 30 亿 m^3。

渭河是黄河第一大支流，发源于甘肃省渭源县，流经甘肃省、宁夏、陕西三省（区），于潼关注入黄河。干流全长 818 km，总流域面积为 13.5 万 km^2。洮河是黄河上游第二大支流，发源于青海省河南蒙古族自治县，曲折向东流过甘肃省境，于永靖县注入刘家峡水库，全长 673 km，流域面积为 2.55 万 km^2。

西北三省（区）水系分布情况见图 14。

图 14 西北三省（区）水系分布图

三、大风日数多、沙源充足，沙尘天气多，是我国风沙主要发源地之一

西北三省（区）大风日数多。甘肃约 60% 的台站大风日数在 10 ～ 50 天；青海约 57% 的台站大风日数在 10 ～ 50 天，约 32% 的台站大风日数在 50 ～ 100 天；新疆约 72% 的台站大风日数在 10 ～ 50 天；青海和新疆大风日数大于 100 天的台站比例均

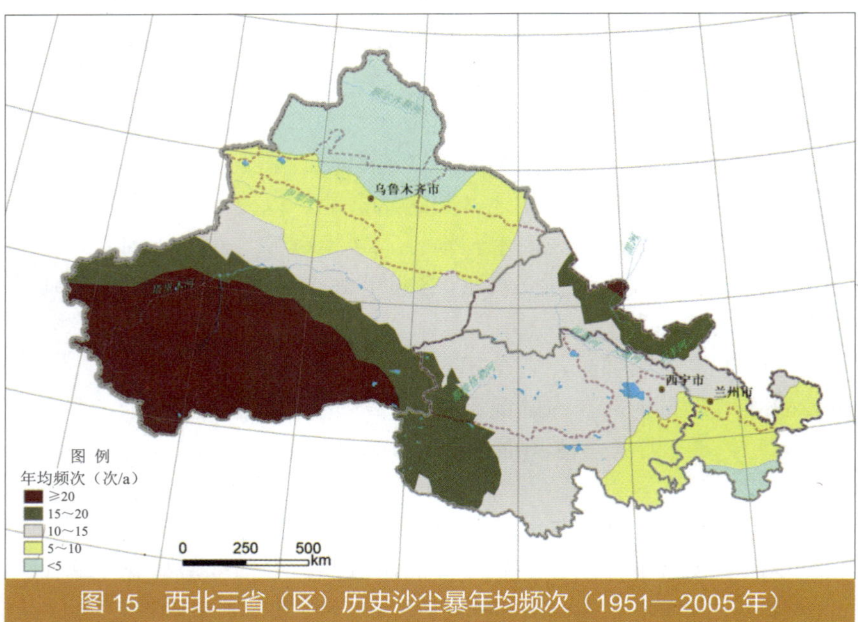

图 15 西北三省（区）历史沙尘暴年均频次（1951—2005 年）

超过 5%。其中新疆的百里风区、阿拉山口、达坂城和塔城老风口 1961—2009 年的大风日数分别达到 206d/a、155d/a、148d/a 和 144d/a（见图 15）。西北三省（区）土地贫瘠，沙漠、荒漠广布，土壤多为沙土、沙壤土等，沙源充足。

西北三省（区）沙尘暴年均发生频次最多的地方在南疆地区塔里木盆地及以南，河西地区金塔县以北及阿拉山右旗以东；发生频次次多的地方在塔里木沙尘区以北一带，河西沙尘区以南一带。从沙尘暴发生年均时间来看，河西地区金塔县及以北，阿拉山右旗以东民勤地区发生时间最长，为 1 500 ～ 2 200 min/a；整个河西地区及以东的白银、西宁、陇东地区、柴达木盆地西缘、吐哈盆地发生时间中等长度，为 800 ～ 1 500 min/a。天山北坡沙尘暴年均时间相对较少（图 16）。

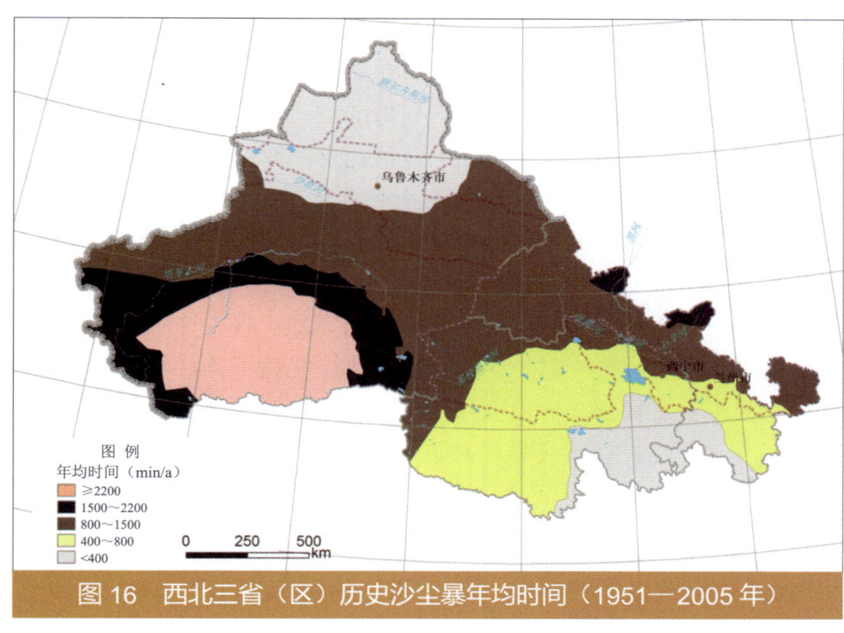

图 16 西北三省（区）历史沙尘暴年均时间（1951—2005 年）

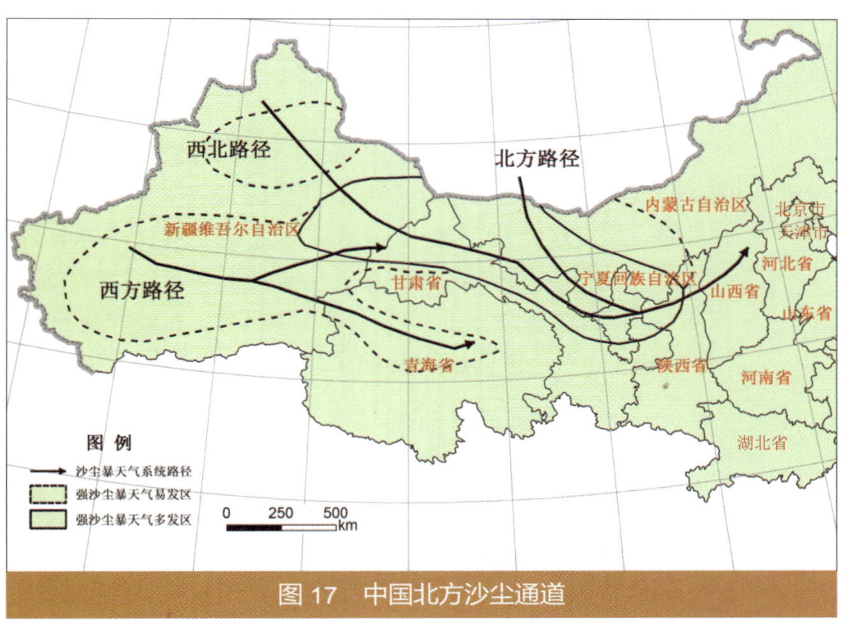

图 17 中国北方沙尘通道

西北三省（区）是我国风沙的主要发源地之一，是我国沙尘暴天气系统路径中西方路径和西北路径的沙源地，西方路径和西北路径也主要在西北三省（区）范围内，其中重点地区内主要涉及沙尘暴天气系统路径的西北路径。强沙尘暴天气多发区主要位于重点区域内的吐哈盆地和河西走廊等，强沙尘暴天气易发地区主要位于重点区域内的准噶尔盆地和柴达木盆地等（图 17）。

四、天然植被由东南至西北呈地带性分布

西北三省（区）幅员辽阔，东西和南北跨度大，自然条件差异形成区内多个植被生态类型，天然植被由东南至西北呈现下述地带性分布状况：秦巴山地为北亚热带常绿阔叶、落叶阔叶林区；黄土高原区中部与南部，即山西与陕西中部为暖温带落叶阔叶林区，黄土高原区

西北为温带草原区；河西走廊、柴达木盆地与准噶尔盆地为温带荒漠区；三江源为高寒草原—灌丛—草甸区；塔里木盆地则为暖温带灌木—半灌木区。

西北地区的植被大致可分为三大区域：

（1）温带草原区域：包括黄土高原、新疆阿尔泰山地。以丛生禾草草原为主，并以针茅、羊草为多。较湿润地方有小片森林，为森林草原或草甸草原；西部较干旱地方，多耐盐、耐旱小灌木，为荒漠草原。

（2）温带荒漠区域：包括新疆塔里木盆地、准噶尔盆地，青海柴达木盆地，甘肃、宁夏北部，内蒙古的阿拉善高原、鄂尔多斯高原。在干燥气候和土盐成分较大的条件下形成的荒漠植被，以藜科植物为常见，其次为蒿类、柽柳、沙拐枣，多为小型灌木。荒漠中的植物对固定流沙、改良土壤都起着巨大作用。

（3）青藏高原植被区：包括青海南半部、甘肃和新疆各一部分，从东南往西北，气候由暖湿变为寒冷干旱，植被有常绿阔叶林（海拔 2 400 m 以下）、寒温带针叶林（海拔 2 400 m 以上）、高寒灌丛和高寒草甸（高原边缘高山峡谷区向高原过渡地带；灌木以金露梅、高山柳、锦鸡儿、杜鹃为主，高山草甸以蒿草、蓼科植物为多）、高寒草原（分布在高原中部半干旱区，以针茅、苔草、蒿类为多）。

五、能源矿产资源丰富，是我国重要战略资源接续区

西北三省（区）能源矿产资源丰富，种类多、储量大、开发前景广阔，是我国重要战略资源接续区。煤炭资源和主要矿产资源分布见图 18 和图 19。新疆维吾尔自治区的煤炭预测资源量 2.19 万亿 t，占全国预测资源总量近 40%，居全国首位，已探明地质储量居全国第三位；天然气预测资源量 10.3 万亿 m^3，占全国陆上天然气资源量的 34%，累计探明地质储量 1.55 万亿 m^3，占全国总量的 20%，居全国首位；石油预测资源量 208.6 亿 t，占全国陆上石油资源量的 30%，累计探明地质储量 42.8 亿 t，占全国总量的 14%，居全国第二位。甘肃省镍、钴、铂、钯、硒等 10 种矿产保有资源储量居全国首位。青海省盐湖资源在全国有比较明显的优势，柴达木盆地钾、钠、镁、锂、锶、芒硝等资源均居全国首位，硼、溴资源均居全国第二位。

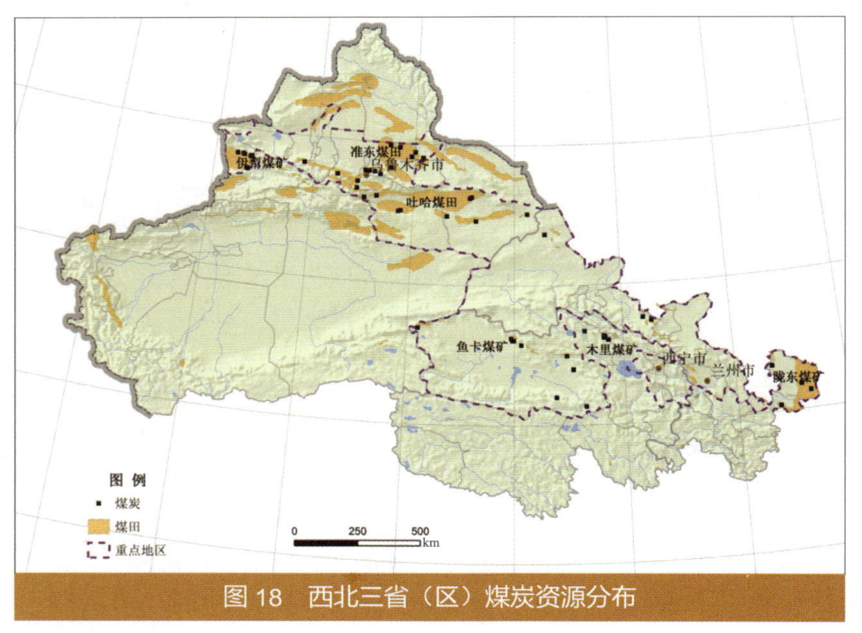

图 18　西北三省（区）煤炭资源分布

区域内热量资源丰富，日照时间长，西北三省（区）中的新疆维吾尔自治区南部、青海省和甘肃省西部地区太阳能资源丰富，总辐射年总量均超过 1 740 kW · h/m^2，而新疆维吾尔自治区北部、青海省和甘肃省东部是太阳能资源较为丰富的地区。

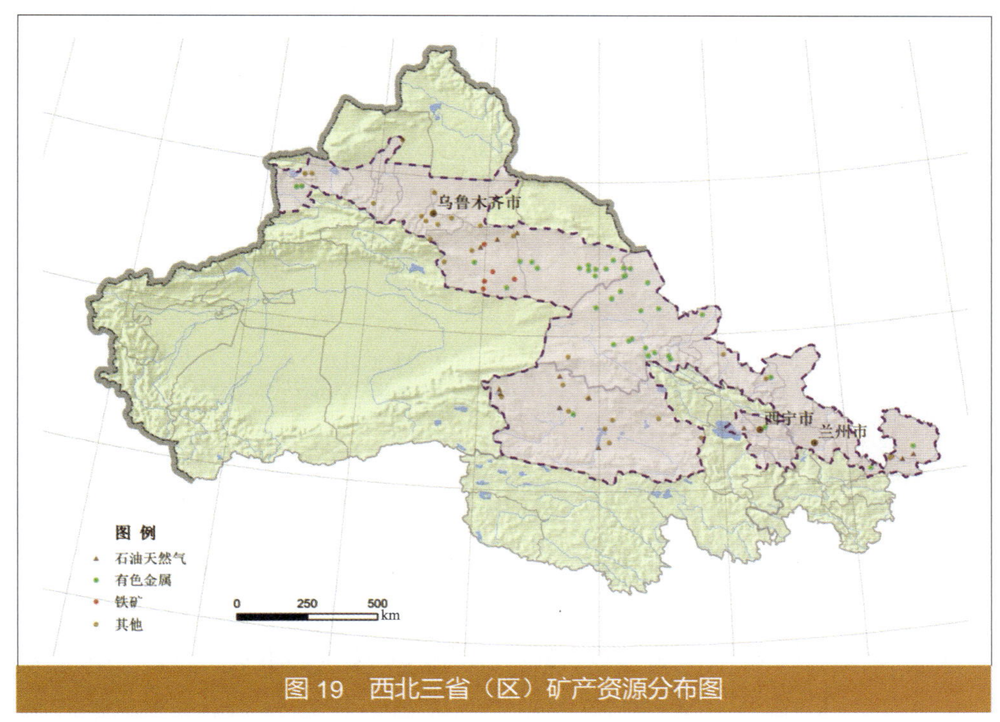

图 19 西北三省（区）矿产资源分布图

第二节 区域社会经济特征

一、地广人稀，人口空间分布不均衡，少数民族人口占比高

2010 年，西北三省（区）总人口为 5 302 万人，占全国总人口的 3.96%。本次研究的重点区域人口共计 3 118.3 万人，占西北三省（区）总人口的 59%。其中，甘肃省人口接近新疆维吾尔自治区和青海省两省（区）总和，是人口压力最大的省份之一。2010 年西北三省（区）人口密度 18.9 人 /km^2，远低于全国 143.8 人 /km^2 的水平，约为全国人口密度的 1/8。

第五次和第六次人口普查数据显示，西北三省（区）10 年间人口将近增加了 300 万人，增长率高于全国平均水平，对比其他跨省区域，增长率仅次于东部地区（表 3）。区内人口增速不均，新疆增长率高达 13.3%，青海为 8.6%，而甘肃则为负增长，为 –0.17%，新疆和青海是过去 10 年间人口增长较快的区域。

西北三省（区）地广人稀，人口分布不均衡，在缺水的大面积沙漠、戈壁、寒漠及海拔 4 000 m 以上的高原，极少有人或无人居住；在沿江河流域形成的以灌溉农业为主的绿洲、河谷平原等地区，人口集中度高，土地资源的人口负荷压力明显。

西北三省（区）是我国多民族聚居地区，共有 52 个少数民族，少数民族人口约占三省（区）总人口的 40%。其中，甘肃共有 44 个少数民族，人口占全省总人口的 9.43%；青海共有 43 个少数民族，人口占全省总人口的 46.98%；新疆共有 52 个少数民族，人口占全区总人口的 59.9%。

表 3　西北三省（区）人口增长统计

	2000 年普查 / 万人	2010 年普查 / 万人	10 年增加人数 / 万人	增长率 /%
全　国	126 583	133972.49	7389.48	5.84
东部地区	44 108	49750.08	5642.08	12.79
东北地区	10 655	10952.08	297.08	2.79
中部地区	35 147	35672.56	525.56	1.50
西部地区	36 318	36902.75	584.75	1.61
西北地区	11 548	12135.04	587.04	5.08
甘肃省	2 562	2 557.5	-4.5	-0.17
青海省	518	562.7	44.7	8.62
新疆维吾尔自治区	1 925	2 181.3	256.3	13.32
西北三省（区）	5 005	5 301.5	296.5	5.92
西北三省（区）占全国比重 /%	3.95	3.96	4.01	101.49

二、经济稳步上升，人均收入与全国水平差距加大

1.GDP 总量仅占全国的 2.7%，人均 GDP 仅有全国 70% 的水平

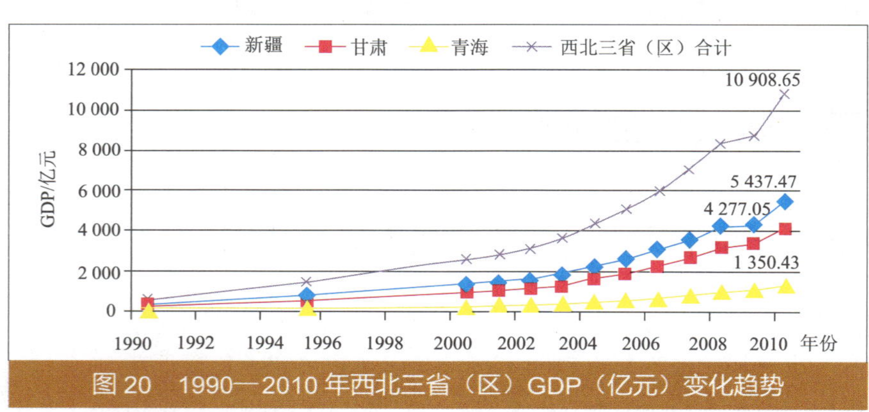

图 20　1990—2010 年西北三省（区）GDP（亿元）变化趋势

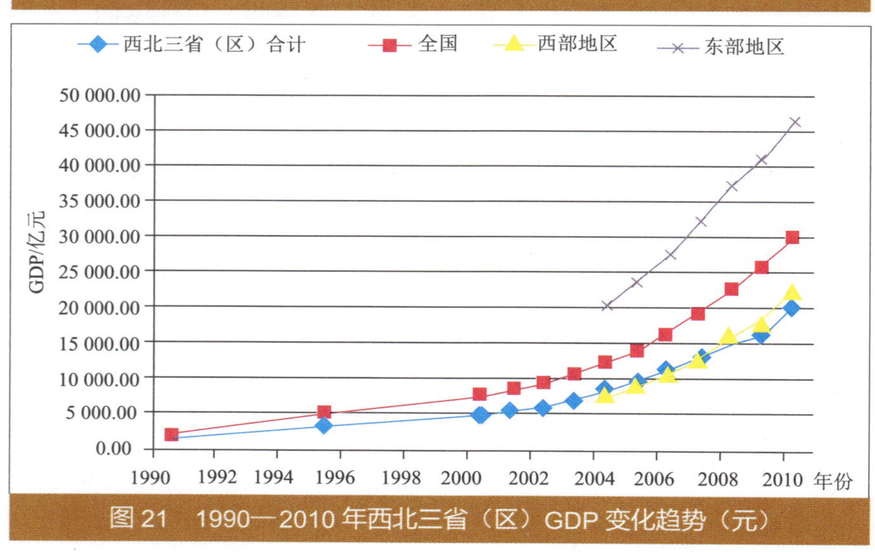

图 21　1990—2010 年西北三省（区）GDP 变化趋势（元）

2010 年，西北三省（区）GDP 总量约 1.1 万亿元，占全国 GDP 总量的 2.7%。区内各地经济发展水平差异明显，乌鲁木齐、兰州两大省会城市，GDP 总量占西北三省（区）GDP 总量的 22.4%，成为西北三省（区）经济发展高地。青海省南部各少数民族自治州以及甘肃省陇南地区，产业基础薄弱，各类资源优势不明显，经济贡献相对较低。近 20 年间西北三省（区）GDP 虽稳步上升但经济增速缓慢，与全国平均水平的差距拉大（见图 20）。

2000 年以来，西北三省（区）人均 GDP 在全国均值 70% 水平波动，东西部地区经济建设的差距逐步扩大（见图 21）。

三省（区）内人均和地均经济量空间异质性明显，

两极分化倾向比较明显。甘肃兰州、酒嘉地区，青海的西宁市、海西州和新疆的乌鲁木齐、克拉玛依、石河子等天山北坡等地区人均 GDP 高于全国平均水平，经济发展水平均较高，是三省（区）经济增长的核心区域。经济密度低值区主要在青海南部各少数民族自治州、南疆和陇中南地区（图 22）。

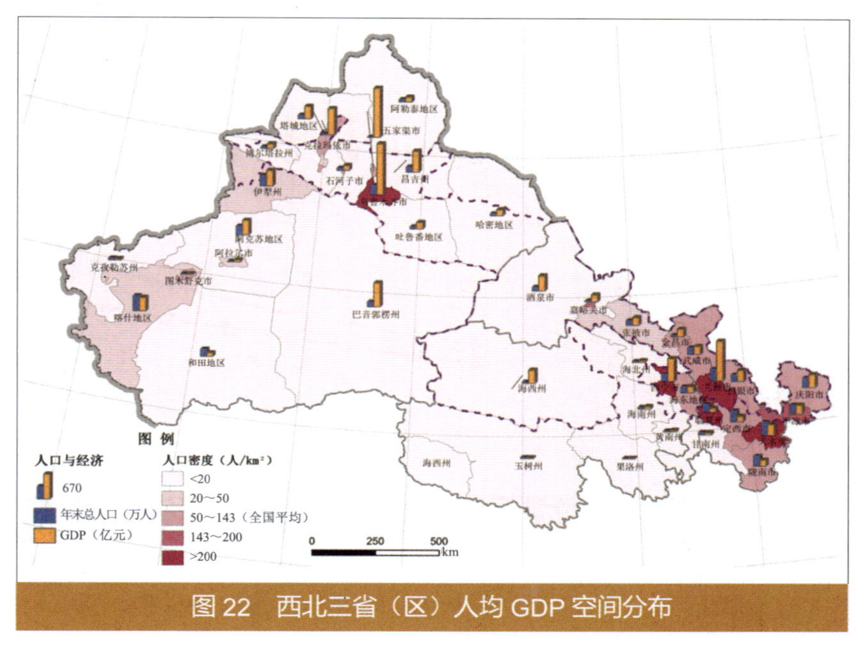

图 22 西北三省（区）人均 GDP 空间分布

重点区域 GDP 总量达到 8 121.86 亿元，占西北三省（区）GDP 总量的 74.5%。重点区域人均 GDP 26 046 元 / 人，为西北三省（区）人均 GDP 的 1.3 倍，但仍低于全国平均水平。

2. 人均收入与全国平均水平差距持续扩大，区域差异、城乡差异突出

西北三省（区）人均经济指标一直处在全国 31 个省市区（不含港澳台）的 25 位以后，2010 年西北三省（区）人均 GDP 为甘肃 1.6 万元 / 人、青海 2.4 万元 / 人、新疆 2.5 万元 / 人，和全国人均水平分别相差 1.4 万元 / 人、0.6 万元 / 人和 0.5 万元 / 人。城镇居民可支配收入占据全国倒数前 3 位，农村居民人均纯收入甘青新分别列居全国倒数第 1、第 3 和第 8 位。见表 4。

表 4 西北三省（区）主要年份人均收入在全国 31 省市区中的位次

年 份	人均 GDP			城镇居民可支配收入			农村居民人均纯收入		
	甘肃	青海	新疆	甘肃	青海	新疆	甘肃	青海	新疆
2000	30	21	12	26	21	16	29	26	25
2005	30	22	14	29	30	31	30	26	25
2010	29	22	19	31	29	30	31	29	24

2010 年，西北三省（区）城镇居民可支配收入和农村居民人均纯收入占全国平均水平的 70% 左右。近年城乡居民收入与全国、东部和西部地区的绝对差距扩大（见图 23、图 24）。

地区间城乡收入水平差距与自然环境条件、产业类型及产业结构等因素有关。拥有资源型工业加工产业的地区（如克拉玛依、嘉峪关、金昌）、拥有新兴产业或高新技术产业的地区（如省会城市），城镇居民收入水平较高；自然环境相对恶劣的地区如干旱多沙尘的南疆地区，经济社会相对落后的青海省少数民族自治区、陇南地区，城乡居民收入水平相对越低。

区域内还有大面积贫困落后地区，如实施特殊扶持政策的甘肃、青海两省藏区（海东地区、玉树、果洛等）、新疆维吾尔自治区的南疆三地州（喀什地区、和田地区与克孜勒苏州）和集中连片特困的六盘山区、秦巴山区等。

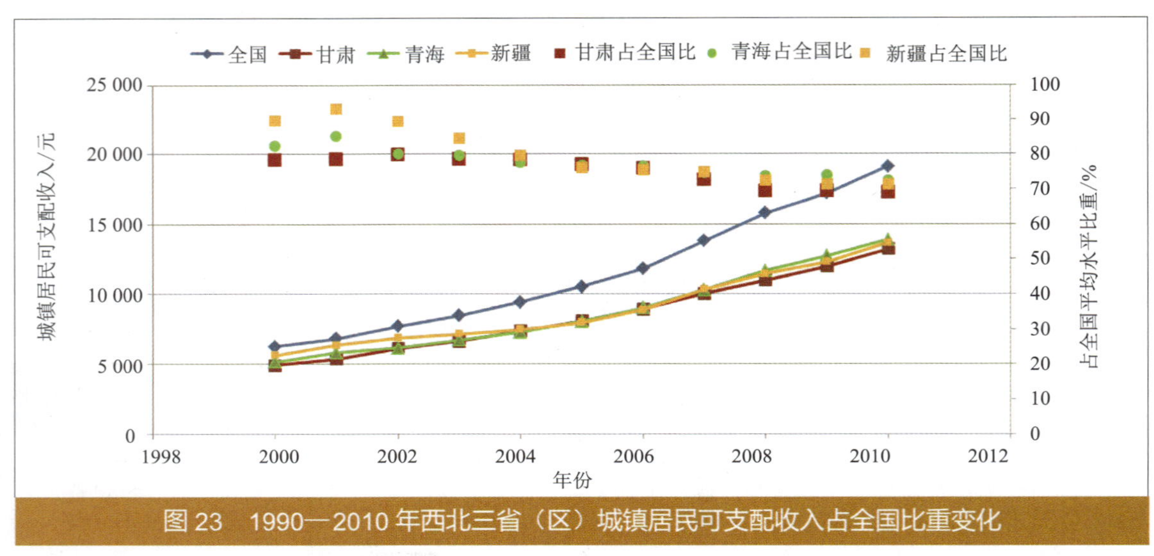

图 23 1990—2010 年西北三省（区）城镇居民可支配收入占全国比重变化

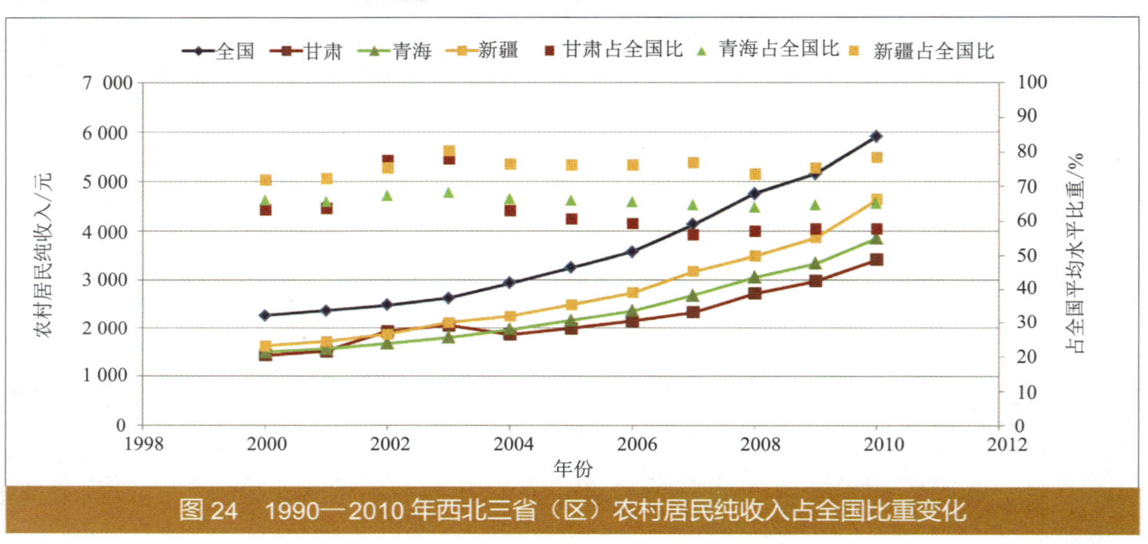

图 24 1990—2010 年西北三省（区）农村居民纯收入占全国比重变化

三、农牧业占据重要地位，工业重型化趋势显著

1. 三产结构持续调整，农牧业依然占据重要地位

近 20 年来西北三省（区）三产结构持续调整，具体表现为一产比重显著下降，二产、三产比重波动性上浮，第二产业居主导，第三产业发展逐步加快。其中，甘肃省和青海省“二、三、一”产业结构序列保持稳定；新疆维吾尔自治区则逐步由 1990 年“一、二、三”序列演变为 2010 年“二、三、一”序列，经济发展由主要依靠第一产业推动转变为一、二、三产业共同推动（图 25）。

2010 年，西北三省（区）第一、第二、第三产业结构比重为 16.6 ∶ 48.8 ∶ 34.6。从三次产业的产值贡献率来看，2010 年第一产业的产值贡献率高于全国均值；第二产业、第三产业的产值贡献均低于全国均值。西北三省（区）中青海省第二产业产值的贡献率高于全国均值，

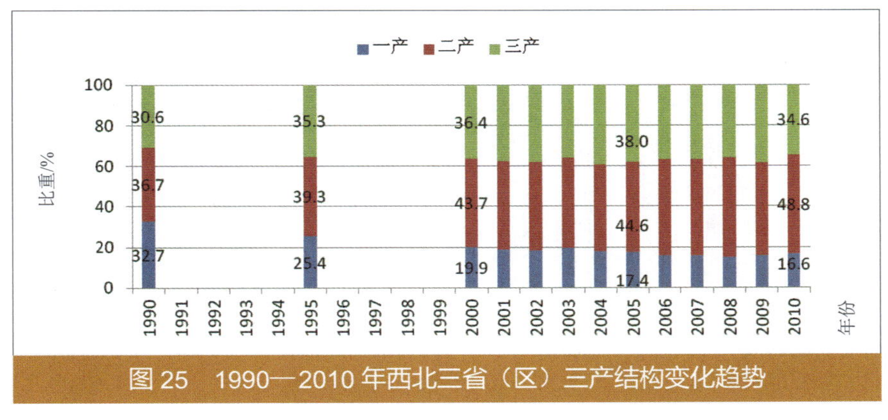

图 25　1990—2010 年西北三省（区）三产结构变化趋势

甘肃省和新疆维吾尔自治区低于全国均值。2010 年西北三省（区）产业结构和全国对比情况见表 5。

农牧业发展在西北三省（区）国民经济中依然占重要地位，是西北地区经济发展的重要推动力，西北三省（区）对农牧业的依赖程度较全国更高。2010 年西北三省（区）农业总产值 2 676.92 亿元，占全国农业总产值的 6%。西北三省（区）第一产业农林牧渔业中，90% 以上的总产值来源于农业和牧业，其中农业占一产总产值的 72.9%，农业占比高于全国平均水平 19.6 个百分点。

从三次产业的就业结构看，2010 年第一产业就业人口占全部就业人口的 1/2 以上，远高于全国均值，第二产业就业比重只有 15.6%，低于全国均值。西北三省（区）三次产业的就业结构和全国同属于“一、三、二”阶段，第二产业产值贡献率较低，目前处于工业化水平较低的初级化阶段。

表 5　2010 年西北三省（区）产业结构和全国的对比　　单位：%

地　区	三次产业的产值结构			三次产业的就业结构		
	第一产业	第二产业	第三产业	第一产业	第二产业	第三产业
全　国	9.27	50.35	40.37	36.70	28.70	34.60
东　部	6.13	49.56	44.31	25.23	37.48	37.29
东　北	10.63	52.51	36.87	38.24	22.76	39.01
中　部	13.03	52.41	34.56	40.74	27.54	31.72
西　部	13.47	49.44	37.10	47.72	19.56	32.72
西　北	11.79	52.23	35.98	47.11	19.58	33.31
甘肃省	14.54	48.17	37.29	51.09	15.10	33.81
青海省	9.99	55.14	34.87	41.95	22.59	35.47
新疆维吾尔自治区	19.84	47.67	32.49	51.15	14.05	34.79
西北三省（区）	16.62	48.78	34.60	50.07	15.61	34.32

2. 工业重型化趋势显著

第二产业中，2010 年西北三省（区）工业总产值中重工业的比重达到 88.1%，高于全国 71.4% 的平均水平，工业结构呈高度重型化特征。其中，青海省重工业比重为 92.1%，高于甘肃省和新疆维吾尔自治区重工业比重。

高度重型化是西北三省（区）重要的工业结构特征。统计显示，2002 年以来，西北三省（区）工业总产值中重工业的比重一直在 80% 以上，2002 年为 82.8%，2010 年增长为 88.1%，全国平均水平为 71.4%。青海省重工业比重在 90% 以上，2010 年比重为 92.1%，甘肃省和新

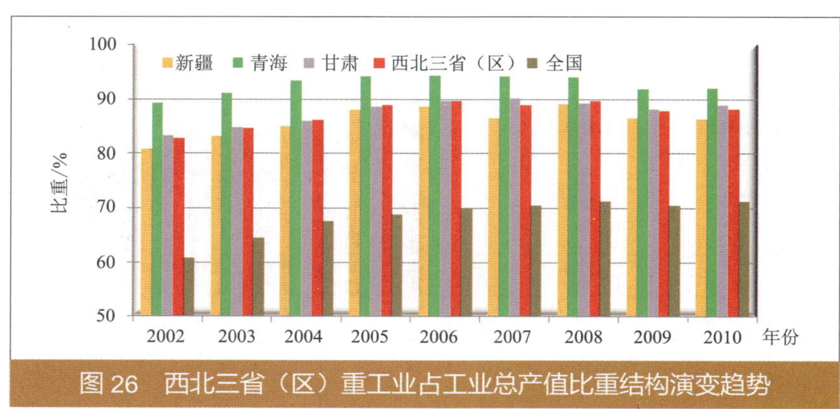

图 26 西北三省（区）重工业占工业总产值比重结构演变趋势

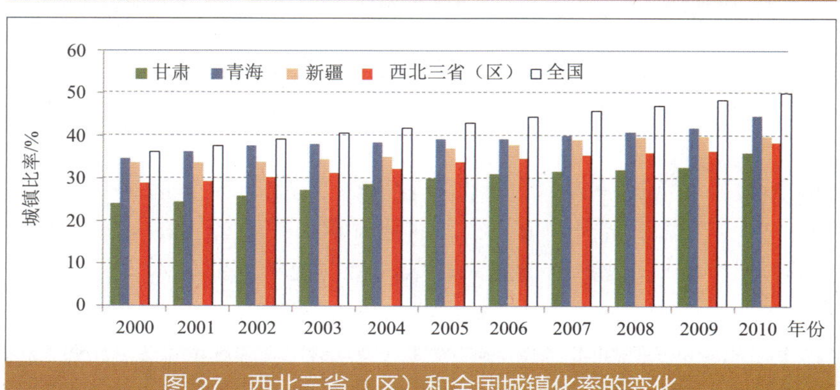

图 27 西北三省（区）和全国城镇化率的变化

图 28 西北三省（区）城镇体系组成结构

疆维吾尔自治区分别为 88.9% 和 86.3%，见图 26。

四、城镇化发展滞后，城镇化质量有待提高

西北三省（区）城镇化水平整体落后于全国，大部分城镇发展规模小，差异大，与全国的平均水平的差距呈现扩大的趋势（图 27）。2000 年以来，西北三省（区）城镇化率处在全国均值的 75% ～ 80% 水平，城镇化进程滞后。2010 年城镇化率 38.6%，为全国均值的 77%。其中，甘肃城镇化率仅 36%，为全国均值的 72%。

西北三省（区）城市规模等级以小型城市为主，仅有 5 个大型城市和 5 个中型城市（图 28）。西北三省（区）城镇发展规模小，规模等级层次差异大，大部分城市综合实力不强，对区域经济的积聚和辐射作用差，城市经济相对落后影响城镇化质量的提高。

五、基础设施建设取得长足进展，乡镇基础设施差距突出

2000—2010 年是西部地区基础设施建设打基础的 10 年，全社会固定资产投资持续加大，各项基础设施建设均取得了显著成就。10 年间西北三省（区）全社会固定资产累计投资额为 7 598.4 亿元，全社会固定资产投资年均增长率超过 20%，且呈现出逐年增加的态势（图 29），公路、电网、通讯和广播电视、水利等基础设施建设规模加速提高（图 30）。

与全国和西部地区相比，2010 年西北三省（区）全社会固定资产投资占西部的 12%，占

全国的 3%。西北三省(区)全社会固定资产投资占 GDP 的比为 69.7%，低于西部地区平均水平、高于全国平均水平；西北三省（区）的城市基础设施建设投资占 GDP 比为 0.9%，与西部地区持平，略低于全国平均水平。

在道路交通建设方面，中小城镇的连通性与网络性依然较差，对交通运输的速度与效益造成很大影响；地区之间、城乡之间、农区与牧区之间基础设施建设差异较大，总体上基础设施技术等级比较低、质量不高；基础设施建设市场化程度低，投资渠道少，筹资难度大，缺乏市场化投资机制。

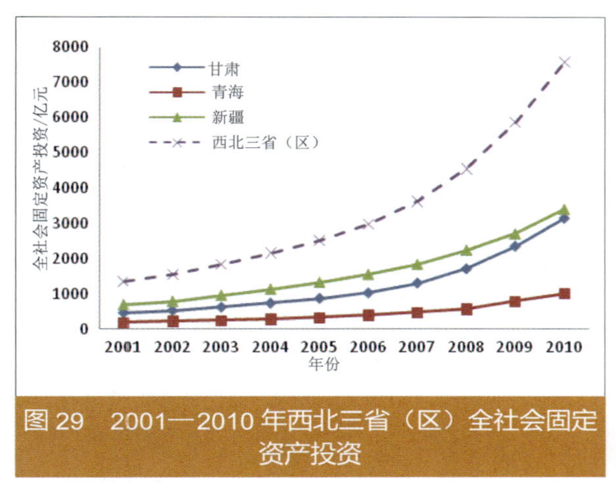

图 29　2001—2010 年西北三省（区）全社会固定资产投资

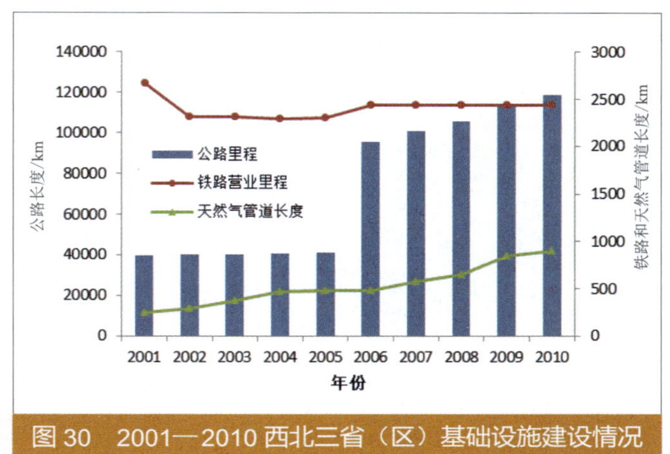

图 30　2001—2010 西北三省（区）基础设施建设情况

第三节　区域重点产业发展特征

一、工业化进程相对缓慢，产业集聚态势明显

西北三省（区）工业经济发展态势与 GDP 扩张趋势大体一致。从 2000 年到 2010 年，工业增加值从 825 亿元增加到 4 378 亿元（当年价），工业总产值从 2 345 亿元扩大到 12 239 亿元。与全国平均水平相比，西北三省（区）工业发展速度略显缓慢。近 10 年来，西北三省(区)工业增加值占全国的比重从 2% 增长到接近 3%，工业总产值从占全国比重的 2.7% 下降为 1.7%（图 31）。

图 31　西北三省（区）工业产值占全国比重的变化

表 6 西北三省（区）及各地州市、兵团（师）经济发展阶段

省（区）、地州市、兵团（师）	人均GDP/元	发展阶段	省（区）、地州市、兵团（师）	人均GDP/元	发展阶段
甘肃省	16 113	工业化初期	新疆维吾尔自治区	25 057	工业化中期
青海省	24 115	工业化中期	新疆兵团	29 948	工业化中期
兰州市	30 672	工业化中期	哈密地区	29 375	工业化中期
嘉峪关市	83 214	发达经济初期	昌吉州	35 554	工业化中期
白银市	17 956	工业化初期	伊犁州	19 479	工业化中期
金昌市	45 374	工业化后期	伊犁州直	15 633	工业化初期
天水市	9 202	初级产品生产阶段	塔城市	25 707	工业化中期
武威市	12 250	工业化初期	阿勒泰地区	22 406	工业化中期
张掖市	17 093	工业化初期	博尔塔拉蒙古自治州	27 374	工业化中期
庆阳市	15 095	工业化初期	巴音郭楞蒙古自治州	46 955	工业化后期
酒泉市	38 305	工业化中期	阿克苏地区	15 872	工业化初期
平凉市	11 202	初级产品生产阶段	克孜勒苏地区	7 202	初级产品生产阶段
定西市	5 530	初级产品生产阶段	喀什地区	8 748	初级产品生产阶段
陇南市	6 020	初级产品生产阶段	和田地区	5 181	初级产品生产阶段
临夏回族自治州	5 441	初级产品生产阶段	一师*	35 701	工业化中期
甘南藏族自治州	9 876	初级产品生产阶段	二师*	25 938	工业化中期
西宁市	28 428	工业化中期	三师*	18 821	工业化初期
海东市	10 790	初级产品生产阶段	四师*	24 756	工业化中期
海北藏族自治州	19 358	工业化中期	五师*	24 753	工业化中期
黄南藏族自治州	17 888	工业化初期	六师*	31 462	工业化中期
海南藏族自治州	15 690	工业化初期	七师*	29 779	工业化中期
果洛藏族自治州	11 243	初级产品生产阶段	八师*	32 263	工业化中期
玉树藏族自治州	8 531	初级产品生产阶段	九师*	19 560	工业化中期
海西蒙古族藏族自治州	78 180	发达经济初期	十师*	22 698	工业化中期
乌鲁木齐市	43 039	工业化后期	建工师*	49 206	工业化后期
克拉玛依市	121 387	发达经济后期	十二师*	31 363	工业化中期
石河子市	42 816	工业化后期	十三师*	27 313	工业化中期
吐鲁番市	29 828	工业化中期	十四师*	12 795	工业化初期

*注：由于人口统计中没有包括来自疆外的大量季节性工人，因此人均GDP要比实际低一些，同时兵团经济中农业总体经济的比重很大，工业发展相对滞后，因此兵团大部分师市仍处于工业化初级阶段，部分师市仍处于初级生产阶段。

根据钱纳里的工业化进程的划分标准，西北三省（区）工业化水平整体上仍处于工业化初、中期阶段，工业化进程相对迟缓。三省（区）内部各地市之间工业化推进阶段的差异十分显著，嘉峪关市、海西州和克拉玛依率先进入发达经济阶段，金昌市、乌鲁木齐、石河子、巴音郭楞已进入工业化后期阶段，兰州市和酒泉市、西宁市和海北州已进入工业化中期阶段；而天水、平凉、定西、陇南、临夏、甘南、海东地区、果洛州和玉树州、克孜勒苏、喀什、和田等 12 个地市尚处于初级产品生产阶段，工业化进程推进明显滞缓，见表 6。

工业总产值集中于几个重点地级市，2010 年乌鲁木齐、克拉玛依两市的工业产值占新疆工业总产值的 56%，兰州、嘉峪关、金昌工业产值占甘肃工业总产值的 58%，西宁和格尔木（海西州）工业产值占青海工业总产值的 89%，具体见图 32。

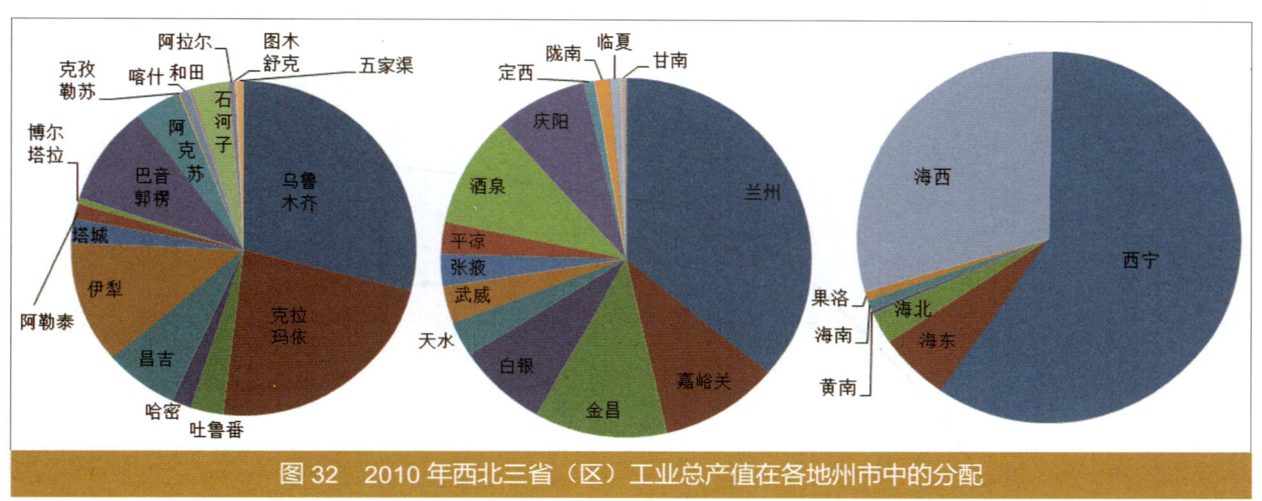

图 32　2010 年西北三省（区）工业总产值在各地州市中的分配

二、工业门类相对集中，主导产业同构现象明显

2010 年西北三省（区）工业重点行业占工业总产值比重见图 33，三省（区）工业门类相对集中，38 个工业行业产值中产值比重排列在前 5 位的行业工业产值占所在省（区）工业总产值的比重均超过 2/3，其中甘肃为 64%，青海为 68%，新疆为 67.4%（表 7）。工业产值居前 5 位的行业主要来自几个资源型重化产业（表 8），以石油及其化工、有色冶金、电力为主的重化工型工业体系是三省（区）共同的特征，工业行业同构现象突出。

表 7　2010 年分行业产值占所在省区工业总产值的比重　单位：%

省（区）	第 1 位	前 3 位	前 5 位	前 7 位	前 10 位
甘肃省	18.34	48.03	64.06	74.00	84.66
青海省	20.40	47.76	67.91	81.64	89.24
新疆维吾尔自治区	23.31	55.09	67.36	76.68	85.60

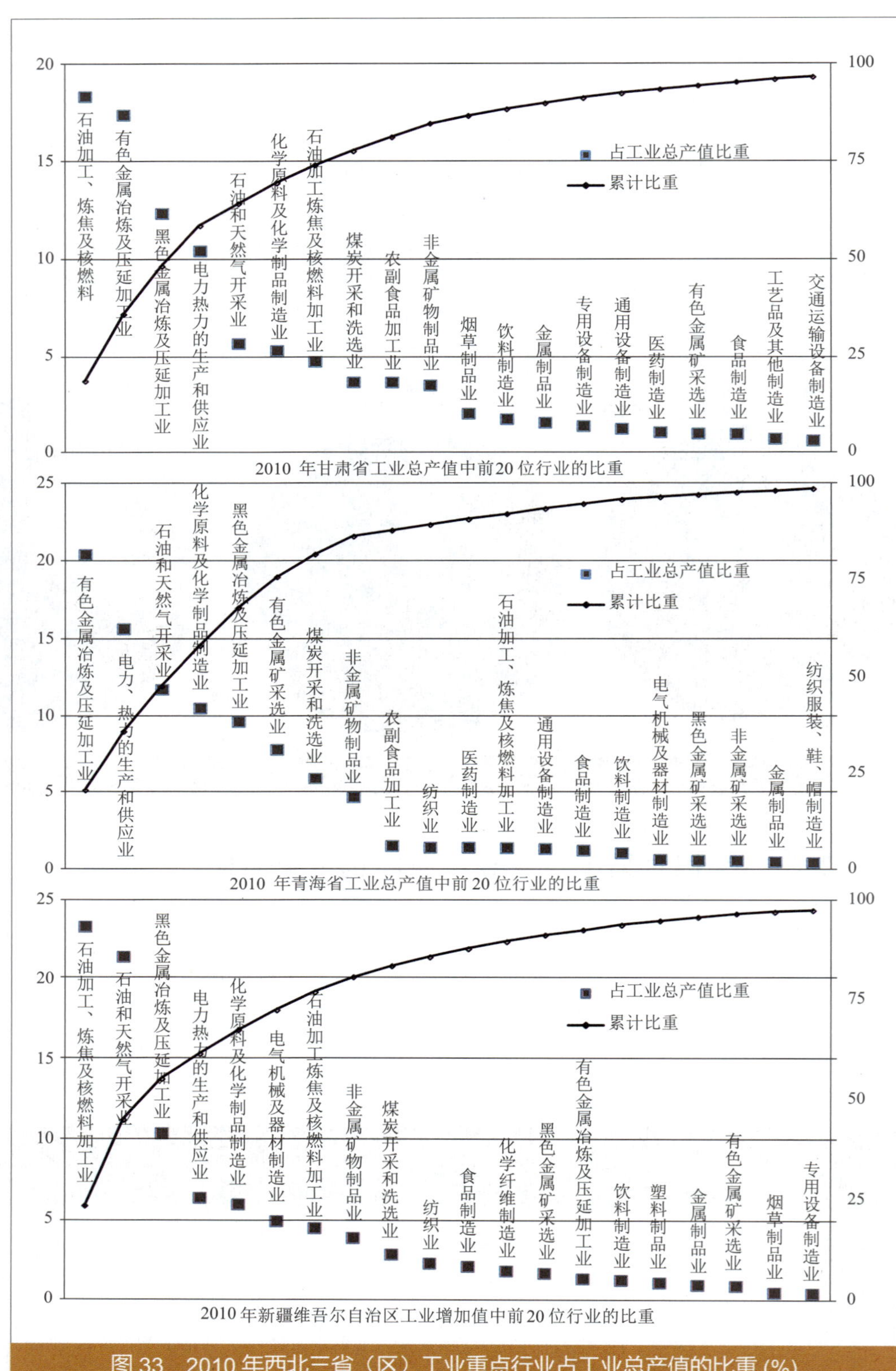

图 33 2010 年西北三省（区）工业重点行业占工业总产值的比重 (%)

表 8　西北三省（区）产值居前 5 位的行业名称

产值排名	甘肃省	青海省	新疆维吾尔自治区
第 1 位	石油加工、炼焦及核燃料加工业	有色金属冶炼及压延加工业	石油加工、炼焦及核燃料加工业
第 2 位	有色金属冶炼及压延加工业	电力热力的生产和供应业	石油和天然气开采业
第 3 位	黑色金属冶炼及压延加工业	石油和天然气开采业	黑色金属冶炼及压延加工业
第 4 位	电力热力的生产和供应业	化学原料及化学制品制造业	电力热力的生产和供应业
第 5 位	石油和天然气开采业	黑色金属冶炼及压延加工业	化学原料及化学制品制造业

三、农业特色优势产业已初具规模

西北三省（区）农业在全国的地位越来越重要。2000 年以来，三省（区）农林牧渔业总产值占全国的比重持续稳定在 4%（见图 34），其中农业产值占全国比重在 2010 年增幅显著，上升 1.5 个百分点，达 2 227 亿元。

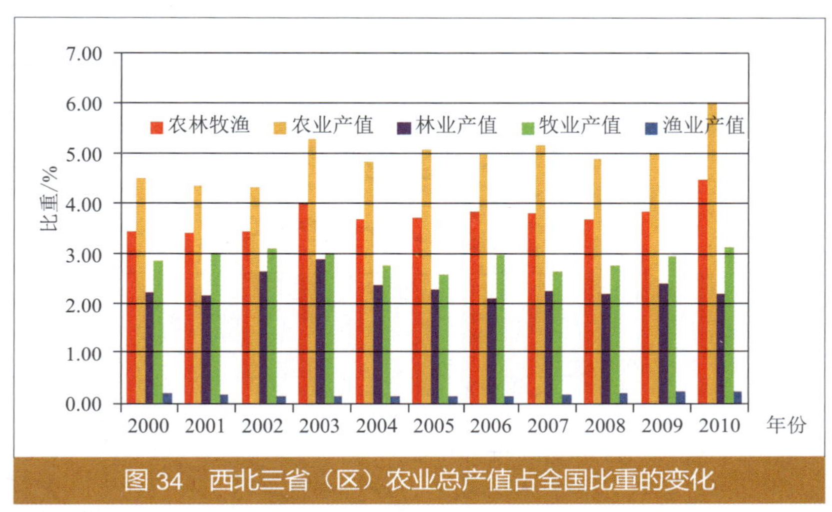

图 34　西北三省（区）农业总产值占全国比重的变化

从人均农业产值来看，农业的优势更为显著。2000—2010 年，西北三省（区）人均农林牧渔业总产值相当于全国平均水平上升了 23 个百分点，农业产值上升了 38 个百分点。人均农业产值与全国均值比较呈现逐年上升态势，人均农业产值近 10 年均高于全国平均水平，优势更为显著（表 9）。

表 9　西北三省（区）人均农业总产值相对于全国均值的比例变化　　单位：%

年份	农林牧渔业总产值	农业产值	林业产值	牧业产值	渔业产值
2000	90.07	116.86	58.24	75.10	4.85
2001	89.11	113.25	56.76	78.93	4.66
2002	89.12	112.39	69.14	80.46	3.71
2003	103.75	136.88	75.27	78.01	3.50
2004	95.37	125.13	61.78	71.93	3.83
2005	95.87	130.12	59.25	67.34	3.46
2006	98.60	127.39	54.22	76.43	3.76
2007	97.32	131.49	57.72	67.78	4.66
2008	93.50	124.13	56.16	70.93	5.39
2009	97.78	127.28	61.41	75.47	5.55
2010	113.21	152.35	56.09	79.99	5.49

整体上西北地区农业和畜牧业在全国具有较高的优势地位。在农业发展上，甘肃与全国的平均水平持平，2010 年人均农业产值为全国的 107%；新疆作为我国重要的农业大省，人均产值是全国平均水平的 229%。在畜牧业上，新疆和青海则具有绝对的比较优势，2010 年畜牧业人均产值为全国平均水平的 116% 和 111%。总体上来看，新疆在西北地区乃至全国层面来看都是我国重要的农业和畜牧业产区，在我国农业发展中具有举足轻重的地位。

2000—2010 年甘肃省和青海省两省油菜籽和肉牛、牛奶产量增长显著；新疆维吾尔自治区和兵团小麦和棉花产量增长显著（图 35）。新疆维吾尔自治区和兵团的小麦产量 10 年平均水平接近 500 万 t，2007 年以后，约占全国产量的 6%；棉花产量 10 年平均水平为 480 万 t，超过全国产量的一半。

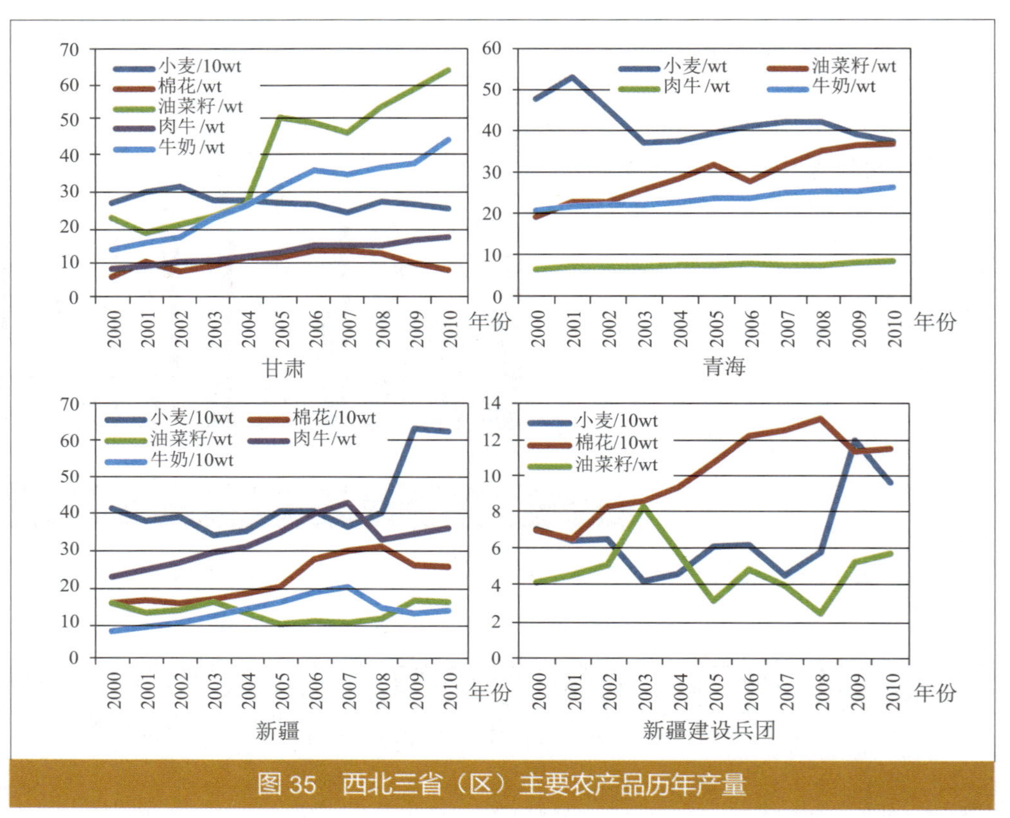

图 35 西北三省（区）主要农产品历年产量

从主要农产品发展趋势上看，甘肃省和青海省在逐步调整产品结构，减少耗水型作物种植，扩大杂粮和畜产品的比重；新疆维吾尔自治区和兵团在传统耗水型作物小麦和棉花种植方面仍然保持较大的优势，且有不断增长的趋势。

现已形成以各类种植业和牧业为优势的农业体系，具有地区特色的农产品空间生产格局也已形成。天山南北麓形成以谷物、玉米、瓜果为主的农产品主产区；河西走廊、南疆和新疆建设兵团形成以谷物、棉花、蔬菜为主的农产品主产区；黄河与湟水谷地形成以蔬菜、杂粮、油料为主的农产品主产区；泾渭谷地形成以油料、杂粮、小麦、蔬菜为主的农产品主产区。天山北麓、祁连山区、甘南高原以肉用牛羊为主的畜产品主产区；新疆建设兵团、黄河与湟水谷地、泾渭谷地以肉猪、奶类和毛皮用羊为主的畜产品主产区，柴达木盆地、河曲草原以肉、毛用牛羊为主的畜产品主产区，详见图 36、图 37。

四、服务业发展滞后，旅游资源优势有待发挥

西北三省（区）服务业发展比较落后，属于发展水平较低的省份。2010 年，甘肃、青海、新疆人均服务业增加值分别为 6 002 元 / 人、8 357 元 / 人和 8 085 元 / 人，均远低于全国平均水平，尤其是甘肃省未达到全国平均水平的一半。

从服务业内部结构来看，交通运输、仓储和邮政业人均增加值与全国平均水平比较接近，批发和零售业人均增加值较全国平均水平有较大差距。甘肃、青海、新疆批发零售业人均增加值平均分别为 1 063 元 / 人、1 445 元 / 人和 1 264 元 / 人，分别为全国平均水平的 40%、54% 和 47%；住宿和餐饮业人均增加值分别为全国平均水平的 63%、48% 和 52%；金融和房地产业人均增加值都低于全国平均水平，房地产业分别为全国平均水平的 26%、27% 和 39%。

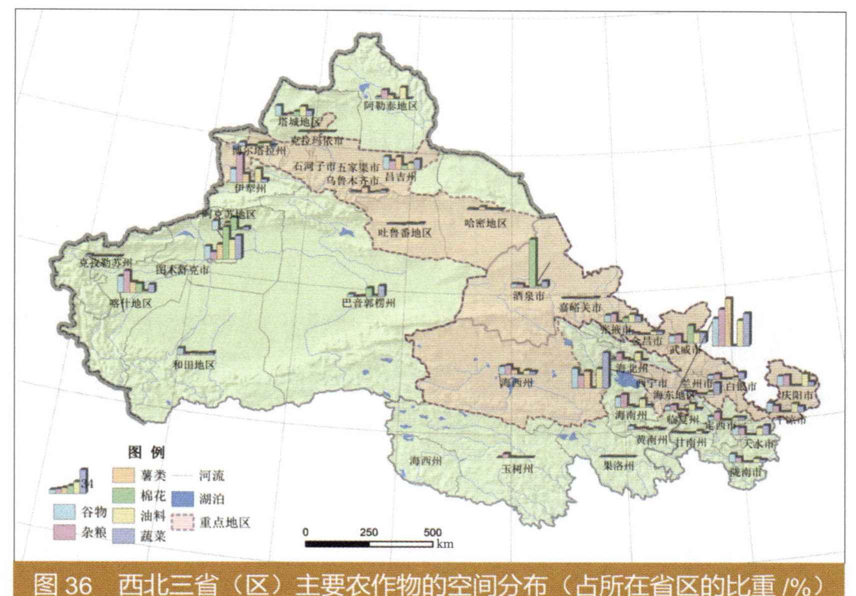

图 36　西北三省（区）主要农作物的空间分布（占所在省区的比重 /%）

图 37　西北三省（区）主要畜产品的空间分布（占所在省区的比重 /%）

从空间布局来看，服务业产值主要集中在乌鲁木齐、兰州和西宁三大省会城市，占到了全省（区）大部分的服务业增加值。乌鲁木齐集中了新疆维吾尔自治区服务业增加值的 37%，兰州市集中了甘肃省服务业增加值的 35%，西宁市集中了青海省服务业增加值的 53.5%，而除省会城市以外的其他地区服务业发展基本上处于初级阶段。

从服务业内部结构来看，交通运输、仓储邮政业和批发零售业占服务业增加值比重较高，占 1/3 左右。也就是说，西北三省（区）传统服务业占较大比重，其他高端服务业，如房地产和金融业发展水平较低，尚处于起步阶段。

旅游资源得天独厚，类型齐全，丰富多彩。甘肃以石窟、寺庙、长城、祁连雪景、黄河奇观和草原牧场等构成其独特的人文、自然景观；青海草原风光、江河源头、民俗风情、宗

教文化，一应俱全；新疆有多姿多彩的民俗风情，丰富的历史文化古迹，以及雪山、草原、沙漠、盆地、河谷等自然景观。

2010年，西北三省（区）旅游人次与旅游收入较2002年分别增长2.5倍和3.7倍，与全国平均水平持同步增长趋势（表10）。三省（区）平均水平则表现为国内旅游人次在18%左右的占比徘徊，旅游收入在15%左右的占比徘徊。由于旅游、交通等基础设施严重不足，经济发展滞后等原因，资源优势没有得到充分的发挥。随着国家和地方对基础设施投入加大，西北地区的旅游业有望成为真正"兴西富民"的支柱产业和最具活力的经济增长点。

表10　西北三省（区）旅游业发展状况

项　目	地　区	国内旅游人次/万人次			国内旅游收入/亿元		
		2002年	2005年	2010年	2002年	2005年	2010年
各地按省市区的平均值	全　国	4 333	6 211	14 911	284	466	1 344
	东　部	6 547	9 552	21 154	556	893	2 377
	西　部	2 548	3 717	8 887	122	211	628
	甘肃省	1 035	1 208	4 285	27	58	236
	青海省	418	633	1 222	14	25	70
	新疆维吾尔自治区	968	1 465	3 038	84	131	281
	西北三省（区）	2 421	3 306	8 545	125	214	587
占全国均值的比重/%	甘肃省	23.89	19.45	28.73	9.44	12.37	17.58
	青海省	9.65	10.19	8.19	4.96	5.33	5.21
	新疆维吾尔自治区	22.34	23.59	20.37	29.54	28.00	20.92
占全国均值的比重/%		55.87	53.23	57.31	44.01	45.92	43.68

第四章

区域资源环境（利用）的现状及演变

第一节　区域水资源开发利用的现状及变化趋势

一、水资源短缺

1. 水资源匮乏，是全国缺水最严重的地区

西北三省（区）多年平均降水量为 200 mm 左右，其中内陆河区年降水量为 153 mm，部分沙漠和戈壁的年降水量在 10 mm 以下，蒸发量在 2 000 mm 以上；2000—2010 年平均水资源总量为 1845 亿 m^3，占全国水资源总量不足 7%，其中甘肃省水资源总量为 238 亿 m^3，青海省为 672 亿 m^3，新疆维吾尔自治区为 935 亿 m^3，水资源匮乏，是全国缺水最严重的地区。重点区域水资源总量为 596.8 亿 m^3（1956—2000 年系列），约占西北三省（区）水资源总量的 1/3。

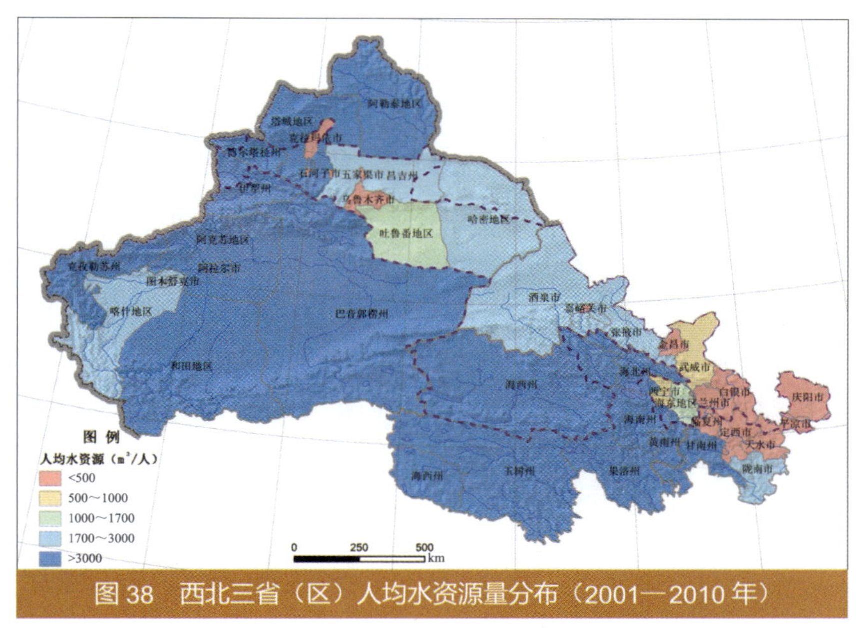

图 38　西北三省（区）人均水资源量分布（2001—2010 年）

西北三省（区）水资源量占全国水资源总量不足 7%，在空间分布上极不均匀。西北三省（区）人均水资源量分布见图 38。重点区域人均水资源量为 1 914 m^3（2001—2010 年），是全国人均淡水资源量的 83%。其中，黄河流域人均水资源量仅为 343 m^3，属于极度缺水，是水资源供需矛盾最突出的地区；天山北坡诸河流域和河西地区人均水资源量为 1 500 m^3 左右，约为全国人均水资源量的 70%，水资源紧缺。

2. 内陆河区以资源型缺水、生态型缺水为主，黄河流域上游以指标型和工程型缺水为主

根据中国工程院重大咨询项目《西北地区水资源配置生态环境建设和可持续发展战略研究》成果，西北内陆干旱区生态环境需水量约占地区水资源总量的 50%，若地区水资源利用率大于 50%，则该地区就处于严重缺水状态，水资源开发利用将导致环境安全问题，并成为经济发展的重要制约因素。目前西北内陆河的主要缺水地区集中在天山北坡经济带与河西地区，见表 11。

表 11　西北诸河区涉及城市的缺水程度计算

水资源分区		涉及城市	现状水资源量 / 亿 m^3	2010 年用水量 / 亿 m^3	水资源利用率 /%
一级区	三级区				
西北诸河	天山北麓诸河	乌鲁木齐市	9.55	11.12	116.4
		克拉玛依市	0.92	6	653.8
		石河子市	0.18	15.01	8 338.9
		昌吉回族自治州	37.69	35.01	92.9
	艾比湖水系	塔城地区	87.86	17.65	20.1
		博尔塔拉蒙古自治州	31.05	14.84	47.8
	伊犁河	伊犁哈萨克自治州	229.10	52.89	23.1
	吐哈盆地	吐鲁番市	8.37	13.35	159.4
		哈密市	16.69	10.37	62.1
		天山北坡经济带	421.41	176.24	41.8
	黑河	张掖市	34.63	23.54	68.0
	石羊河	金昌市	0.81	6.36	785.2
		武威市	9.77	17.67	180.9
	黑河、疏勒河	酒泉市	31.24	26.7	85.5
		嘉峪关市	0.08	1.61	2 012.5
		河西地区	76.53	75.88	99.2
	青海湖水系	海西州	169.3	15.08	8.9
		柴达木地区	169.3	15.08	8.9

（1）天山北坡经济带：仅塔城地区、博州、伊犁州的水资源利用率在 20% ～ 50%，其他地区的水资源利用率均高于 50%，其中乌鲁木齐市、克拉玛依市、石河子市、吐鲁番市的水资源利用率已超过 100%（现状用水含外调水、重复用水和超采地下水），表现出严重的资源型缺水。

（2）河西地区：河西地区主要城市的现状水资源利用率均超过 50%，其中金昌和嘉峪关的水资源利用率分别达 785% 和 2013%，生活、生产用水在很大程度上已经挤占石羊河、疏勒河的生态用水，地区资源型缺水导致的水资源过度开发利用，将会引发严重的生态安全问题。

（3）黄河流域：各重点城市的地表水资源可利用量受黄河分水指标限制，通过现状水资源利用率分析结果见表 12，黄河流域的西宁河湟谷地、兰州—白银经济区、陇东地区的用水量均已超过各地区的水资源可利用量，黄河分水指标无节余且用水缺口很大，未来这些地区的发展用水，只能依靠区内节水、挖潜解决。

表 12　黄河流域城市的缺水程度计算

水资源分区		重点区域	水资源可利用量（含分水指标）	2010 年用水量 / 亿 m^3	水资源利用率 /%
一级区	三级区				
黄河流域	湟水	西宁市	7.08	7.2	101.7
		海东	5.4	5.89	109.1
		西宁河湟谷地	12.48	13.09	104.9
	大通河、湟水	兰州市	9.01	16	177.6
		白银市	6.37	9.11	143
		兰州—白银经济区	15.21	25.11	165.1
	洛河、泾河	庆阳市	1.94	2.82	145.4
		平凉市	2.52	3.36	133.3
		陇东地区	4.36	6.18	141.7

二、水资源利用“一高两低”

1. 水资源开发利用率高

西北内陆河区人口增长、经济发展与用水量经历同步增加阶段，自 2000 年以来社会用水量持续增加，近 3 年维持在 640 亿 m^3/a 的极限，农牧业用水占用水总量的 87%，远高于全国平均水平，在水资源配置中农业用水量高的态势没有改变，见图 39。

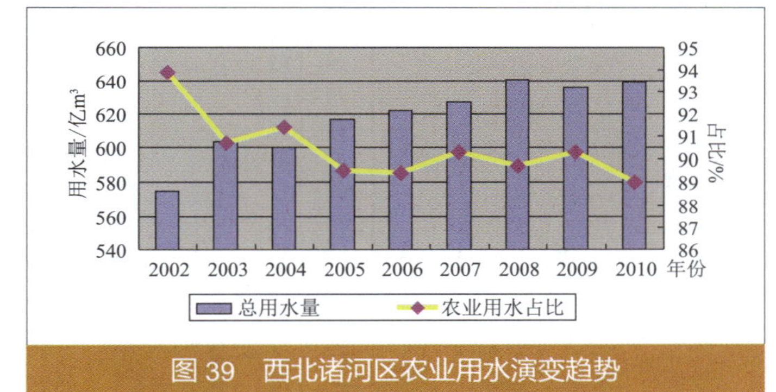

图 39　西北诸河区农业用水演变趋势

河西走廊、天山北麓和吐哈盆地、黄河流域水资源利用率超过 95%，普遍存在地表水过度引用和地下水超采情况，见图 40。

图 40　西北三省（区）水资源开发利用程度

2. 水资源利用效率低、效益低

水资源利用效率普遍较低，水资源短缺和粗放式用水并存。河西地区人均综合用水量为 1 611 m^3，万元 GDP 用水量高达 600 m^3 以上，天山北坡人均综合用水量为 2 008.7 m^3，万元 GDP 用水量在 508 m^3 以上，与国内平均水平（150 m^3/ 万元）相比较，存在明显差距。水资源严重短缺的河西走廊、天山北坡的农田亩均用水量在 500 ～ 700 m^3/ 亩（1

亩＝ 666.67 m²），普遍高于全国平均值 421 m³/ 亩，见表 13。

2010 年，西北三省（区）第一产业的经济产出占 GDP 的 10% ～ 20%，一产用水占全社会的比重为 67% ～ 93%，用水效益低的农牧业用水占比大，见表 14。

表 13　2010 年西北三省（区）水资源利用效率　　单位：m³

	人均水资源量	人均综合用水量	万元 GDP 用水量	万元工业增加值用水量	农田灌溉亩均用水量
黄河上游	<350	294	157	107	409
河西走廊	1 587	1 611	608	64	689
天山北麓	1 128	1 802	477	98.6	498.6
吐哈盆地	2 131	1 978	675	55	561
柴达木盆地	11 239	1 857	248.7	35.7	1 275.8
伊犁河	9 228	2 130	1 296	216.6	619.6
全国平均	2 100	450	150	90	421

表 14　2010 年西北三省（区）第一产业用水量占比情况

地　区	全社会总用水量 / 亿 m³	地区生产总值 / 亿元	一产用水比例 /%	一产占 GDP 比例 /%
甘肃省	122.3	4 120.75	78.7	14.5
青海省	36.23	1 350.43	67.1	10
新疆维吾尔自治区	535.08	5 437.5	92.7	19.8

图 41　西北诸河地区地下水用水量演变趋势

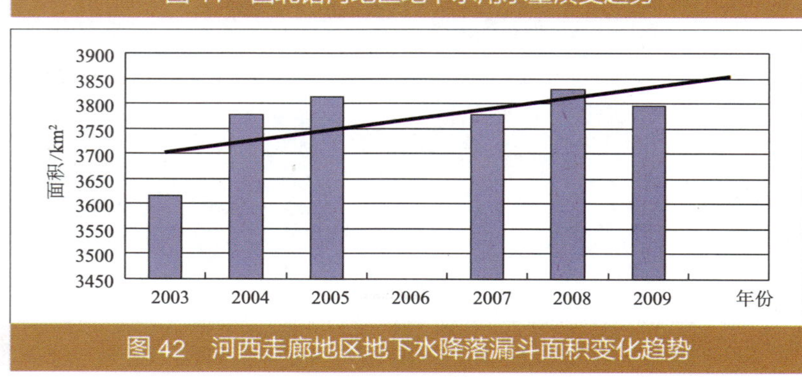

图 42　河西走廊地区地下水降落漏斗面积变化趋势

3. 用水压力向地下水转移，地下水超采逐年加剧

西北三省（区）重点区域内的大部分内陆河区，现状地表水已无进一步开发潜力，中、下游地区地下水资源开采量逐年增加，超采严重，见图 41；河西走廊地区地下水漏斗区面积逐年增大、典型地下水漏斗区中心水位埋深逐年增加（图 42、图 43）。内陆河流域地下水超采严重地区，亦是生态退化最严重的地区。

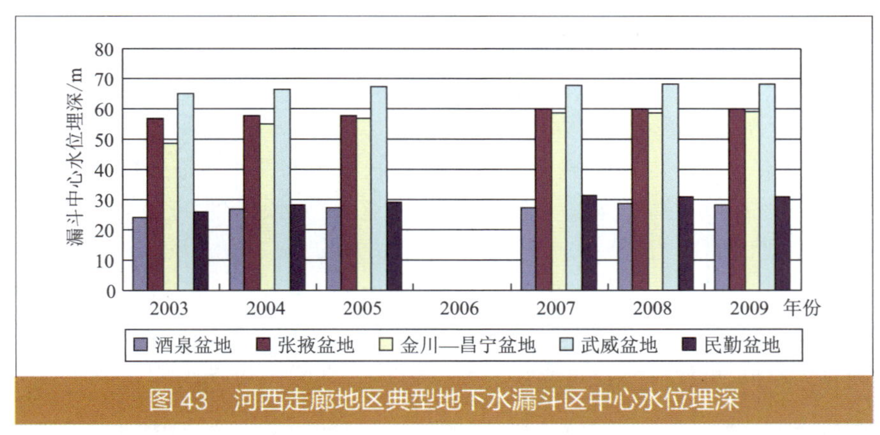

图 43 河西走廊地区典型地下水漏斗区中心水位埋深

三、水土资源与生产力布局不匹配，水资源供需矛盾突出

西北三省（区）水土资源组合严重失衡，荒漠和草地生态系统面积占国土面积的 87.5% 以上，农田和城市生态系统面积占国土面积的 5.58%，耕地、林地面积占国土面积的比例远低于全国平均水平；水面和人类居住建设用地等都低于全国平均水平。经济社会活动集中在空间相对狭小的山谷和绿洲，绿洲人口已超过 200 人 /km²。在人口、粮食问题的压力下，耕地由山前平原延伸到沙漠边缘。

1. 重点区域的水土资源分布与经济社会发展布局不匹配

重点区域水资源量占西北三省（区）水资源总量的 33%，支撑着 60% 的人口、80% 的地区生产总值，水土资源制约突出，见表 15 和表 16。

表 15 重点区域人口、经济与水土资源占西北三省（区）比重 单位：%

区 域	水资源占比	耕地占比	GDP 占比	人口占比
黄河流域	3.3	16.0	28.2	31.0
内陆河—河西走廊	4.4	8.8	11.5	9.1
内陆河—天山北坡	4.2	12.7	30.6	12.3
伊犁河流域	18.2	16.8	6.9	7.0
柴达木盆地	3.2	0.4	3.3	0.9
合 计	33.3	54.7	80.4	60.3

表 16 重点区域人口、经济与水土资源匹配状况

区 域	人口密度 / （人 /km²）	单位面积 GDP/（万元 / km²）	人均耕地 / （亩 / 人）	人均水资源量 /（m³/ 人）	耕地密度 / （hm²/ km²）	亩均耕地占有水资源量 / （m³/ 亩）
黄河流域	154.0	288.0	1.2	343	12.2	289
内陆河—河西走廊	17.5	45.6	2.2	1 587	2.6	712
内陆河—天山北坡	33.3	170.8	2.4	1 128	5.3	471
伊犁河	65.4	132.5	5.6	8 562	24.2	1 542
柴达木盆地	2.7	10	1.2	11 239	0.2	10 668

2. 水资源利用与保障生态需水的矛盾突出

2010 年，西北三省（区）重点区域全社会用水总量达到 257.2 亿 m^3，占水资源总量的 52%；全社会耗水总量占水资源总量的 43%。

2010 年西北三省（区）内陆河流域经济社会耗水与生态需水见表 17。西北诸河流域水资源量供需缺口为 37 亿 m^3，黄河流域供需缺口为 47 亿 m^3；预计到 2030 年，西北诸河流域的国民经济需水量较现状增加 45 亿 m^3，黄河流域增加 70 亿 m^3。

西北内陆河流域生态用水达到水资源总量的 50% ～ 70%，才能维持生态环境现状。在水资源过度开发利用的大背景下，区域性水资源过度开发状态不可能在短期内根本扭转，部分地区的水资源竞争还有可能加剧，经济社会需水增长与保障生态用水的矛盾将会更加尖锐。

表 17　2010 年西北三省（区）内陆河流域经济社会耗水与生态需水

流　域	水资源总量 / 亿 m^3	可利用水资源 / 亿 m^3	经济社会现状耗水量		生态需水	
			耗水量 / 亿 m^3	占水资源总量 /%	生态需水量 / 亿 m^3	占水资源总量 /%
疏勒河	13.9	6.62*	12.30	88.49	6.62	47.63
黑河	31.0	13.9*	28.93	93.32	17.47	56.35
石羊河	16.6	8.6*	18.39	110.78	8.66	52.17
河西内陆河	61.3	28.9*	59.62	97.26	27.7	45.19
伊犁河地区	167	93.9	35.75	21.41	26.22	15.70
柴达木盆地	55.88	20.0	5.4	9.7	35.22	63
天山北麓	136.7	42.9	71.29	52.15	35.22	25.76
吐哈盆地	29.26	16.3	19.92	68.08	/	/

注：① * 指地表水可开发利用量；

②河西内陆河地表水耗水量不包括引黄入石羊河的水量，引流济金（昌）0.33 亿 m^3 和景泰扬水供武威 1.29 亿 m^3；天山北麓中段地表水耗水量包括跨流域引水量 2.89 亿 m^3。

第二节　区域生态环境的现状及变化趋势

一、生态系统多样，生态环境改善与退化并存

西北三省（区）地处我国地势的第一阶梯和第二阶梯，山地、盆地、高原相间分布，气候干旱、高寒、少雨，日照充足、风大。生态系统多样，主要包括：荒漠、草地、森林、灌丛、湿地、农田、城市等七类生态系统，以荒漠、草地生态系统为主，见图 44。

1. 森林生态系统总体得到改善

西北三省（区）现有森林面积约为 407.7 万 hm^2，森林覆盖率约为 5.19%。森林类型以天然林为主，占森林面积的 80.9%。重点地区的森林面积占西北三省（区）森林面积的 83%。

天然林主要分布在天山、子午岭、六盘山、祁连山和阿尔泰山以及内陆河中下游沿河两

岸等区域。人工林主要分布在黄土高原丘陵沟壑区的退耕还林区和内陆河绿洲区，内陆河绿洲区的人工林包括农田防护林网和城市绿化等。经过 10 年生态建设（天然林保护工程、三北防护林工程、退耕还林工程、土壤保持工程、农田防护林网建设、自然保护区建设、风沙源治理等），森林覆盖率和天然林蓄积量等指标提高，森林生态系统总体改善。森林覆盖率已从 1994 年的 1.51% 提高到现在的 5.19%，天然林蓄积量从 410.06 万 m^3 上升到 470 万 m^3，单位面积蓄积量从 1.26 m^3/hm^2 增加到 1.42 m^3/hm^2（图 45）。

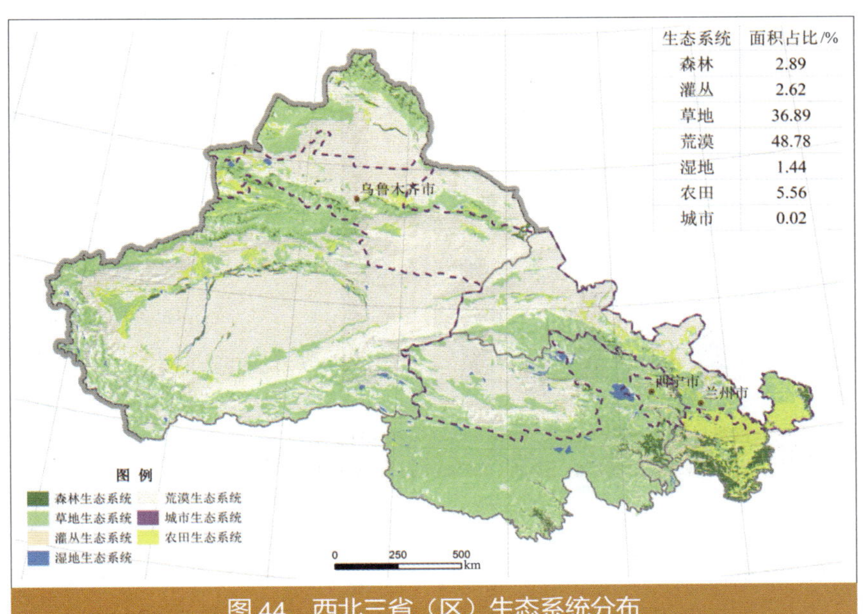

图 44　西北三省（区）生态系统分布

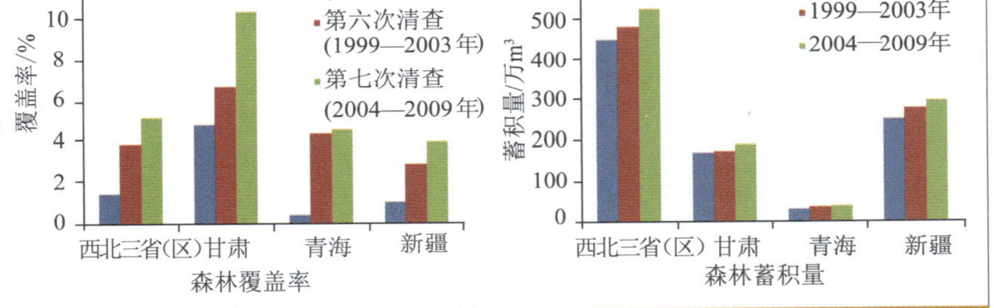

图 45　西北三省（区）森林覆盖率和蓄积量变化

内陆河流域依然存在天然林退化的问题（图 46）。突出表现为中、下游河岸林和尾闾湖周荒漠林（艾比湖周甘家湖梭梭林、乌鲁木齐天然河岸林）因水资源过度开发影响出现严重退化。

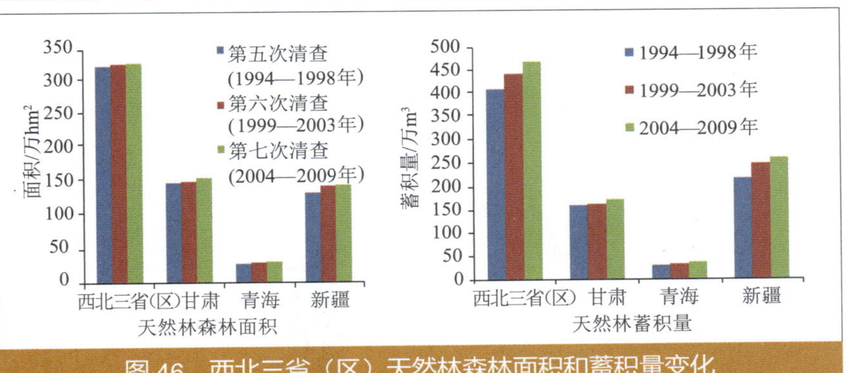

图 46　西北三省（区）天然林森林面积和蓄积量变化

2. 草地退化尚未得到有效遏制

西北三省（区）草原生态系统广泛分布（图 47），类型多样，是水源涵养、防风固沙和生物多样性保护的重要载体，是维持区域生态稳定的主导力量。分布于三江源、甘南黄河、“两江一水”等江河源区和天山、祁连山、阿尔泰山等山地的高山草原、草甸草原，具有重要水源涵养功能，分布于广大荒漠、尾闾湖周边等区域的荒漠草原具有重要防风固沙功能。

草地三化（沙化、碱化、退化）现象严重，质量下降。2010 年西北三省（区）草地三化总面积为 5346.3 万 hm^2，占可利用草地总面积的 47.9%。其中甘肃省 90% 的草地出现不同程

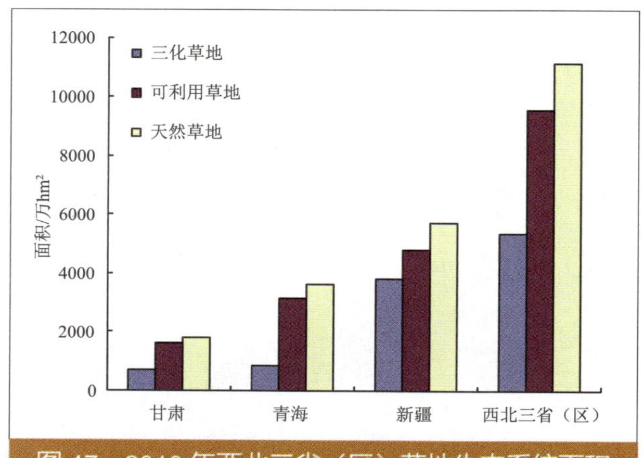

图 47　2010 年西北三省（区）草地生态系统面积

度的退化，并以每年 10 万 hm^2 的速度递增；新疆草地“三化”面积占可利用草地总面积的近 80%；青海省草地退化面积占可利用草地面积的 81%。

西北三省（区）草地退化加剧。青海中度以上退化草地面积占可利用草地面积的比例由 1988 年的 23.2% 急剧上升至 2010 年的 51.7%，退化草地主要分布在三江源地区；新疆草地退化率从 2000 年的 61% 快速增至 2007 年的 80%；甘肃有 90% 的草地出现不同程度退化，并以每年 10 万 hm^2 的速度递增。

近年来，随着国家生态保护建设的投入，“十一五”期间草原生产力有所回升，草原利用状况有所改善。但作为国家畜产品主产区，多年牲畜总量不降，草畜矛盾依然突出，牲畜超载、鼠虫害依然是造成草地质量下降的主要原因。

3. 湿地生态系统整体退化，重点湿地恢复困难较大

湿地具有重要的水源涵养、防风固沙和生物多样性保护等多种生态功能。至 2010 年，西北三省（区）各类湿地总面积约为 686.4 万 hm^2，约占全国湿地总面积（约 6600 万 hm^2）的 10.4%，占西北三省（区）国土面积的 2.4%。青海省以沼泽湿地和湖泊湿地占主体地位，甘肃省以河流湿地和沼泽湿地为主体，新疆则以湖泊湿地和沼泽湿地为主。

与 20 世纪 50 年代相比，湿地面积萎缩严重；新疆湿地面积由 50 年代的 800 万 hm^2 降至 2010 年的 148 万 hm^2。一些河流断流或流程缩短，部分尾闾湖干涸。河西内陆河流域湿地总面积自 70 年代以来呈逐渐下降的趋势，从 1973 年的 141.32 万 hm^2 下降到 2006 年的 123.12 万 hm^2（图 48）。柴达木盆地湿地近 60 年来湿地面积呈逐渐下降的趋势，从 20 世纪 50 年代的 156 万 hm^2 下降到 2007 年后的不足 100 万 hm^2。

通过近 10 年的生态建设和保护，呈现湿地萎缩和恢复并存的状态。西北三省（区）以湿地为主要保护对象的自然保护区有 10 个，面积约为 1636 万 hm^2（2012 年），其中部分湿地受流域中上游水资源开发利用影响显著，依靠人工补水维持。

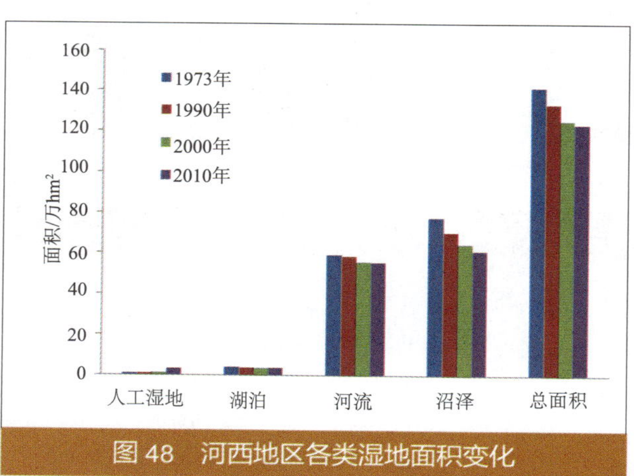

图 48　河西地区各类湿地面积变化

由于大量土地开垦和引水灌溉，玛纳斯河流域中下游湿地严重萎缩，玛纳斯湖于 1972 年完全干涸；近 10 年通过多次实施湿地补水，2010 年玛纳斯湖湿地面积超过 100 km^2，湖区生态有所恢复。

2006 年实施《石羊河流域重点治理规划》以来，干涸了 50 余年的石羊河尾闾湖（青土湖）2010 年形成了 3 km^2 的季节性水面，民勤绿洲芦苇等植被逐步得到恢复。

4. 农业生态系统面积进一步扩展

西北三省（区）2010 年耕地面积约为 992 万 hm^2，主要分布在陇东、河湟谷地的黄土高原地区

以及河西走廊、塔里木盆地、准格尔盆地周边的内陆河绿洲区。

与国家退耕还林还草工程实施年度相对应，2004 年以前西北三省（区）耕地面积呈减少趋势，但从 2004 年以后耕地面积逐渐增加。2004—2010 年西北三省（区）耕地面积从 966 万 hm^2 增至 992 万 hm^2，其中天山北坡、河西地区农田面积显著增加。2010 年天山北坡农田面积比 2004 年增加 35%。2004 年前河西地区农田面积呈减少趋势，2004 年起出现转折，农田面积开始呈逐年扩大趋势，见图 49。

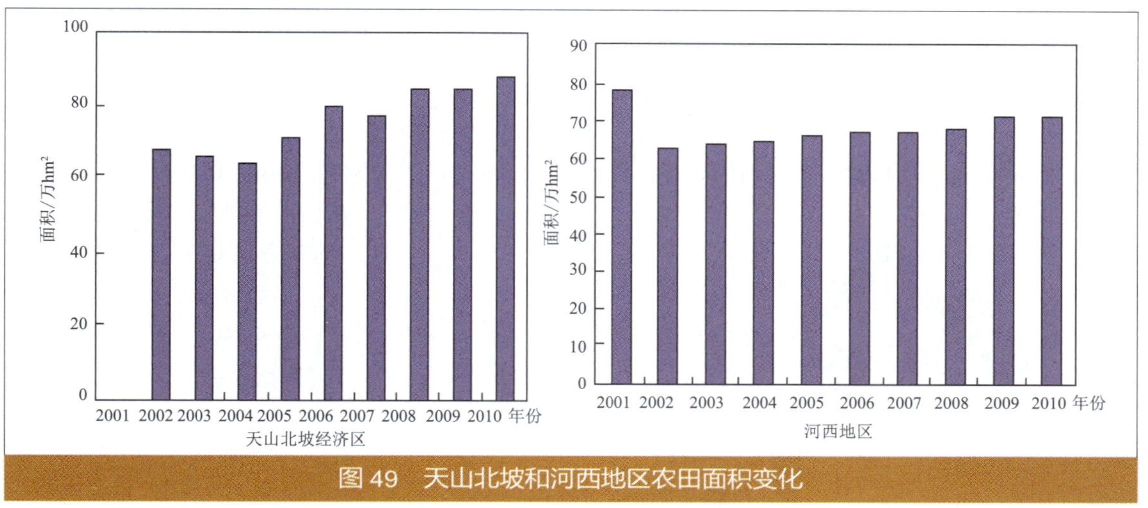

图 49　天山北坡和河西地区农田面积变化

5. 土地荒漠化依然严峻

荒漠生态系统是我国西北地区最具特征的生态系统类型，具有重要的防风固沙、生物多样性保护等生态服务功能，呈现总体好转、局部地区土地荒漠化加重状态。西北三省（区）的荒漠化土地面积为 145.5km²，占国土面积约 51.2%，占全国荒漠化土地面积约 55.3%，见表 18。土地荒漠化以风蚀荒漠化为主，占荒漠化面积的 80% 以上，土地荒漠化类型以草地和未利用地为主，约占 75.6%。在重点区域中，天山北坡、河西地区、柴达木盆地是风蚀荒漠化集中区域；河湟谷地、兰白地区是水蚀荒漠化集中区域。

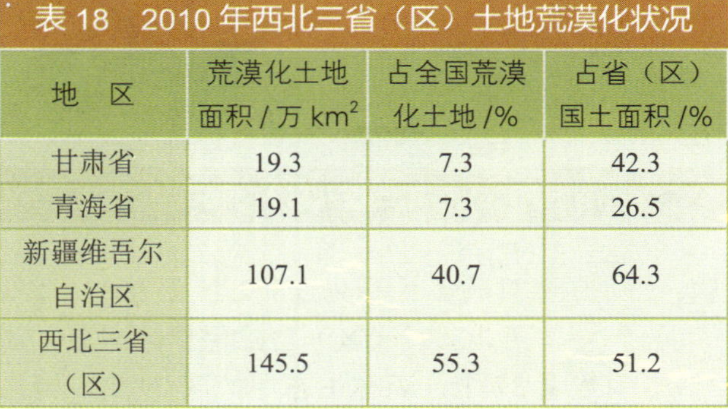

表 18　2010 年西北三省（区）土地荒漠化状况

地　区	荒漠化土地面积 / 万 km²	占全国荒漠化土地 /%	占省（区）国土面积 /%
甘肃省	19.3	7.3	42.3
青海省	19.1	7.3	26.5
新疆维吾尔自治区	107.1	40.7	64.3
西北三省（区）	145.5	55.3	51.2

经过 10 年努力，西北三省（区）土地荒漠化扩展趋势得到初步遏制，已从 20 世纪 90 年代的“破坏大于治理”转变到“治理与破坏相持”阶段，荒漠化防治取得一定成效。荒漠化土地面积减少，荒漠化程度有减轻趋势，荒漠化趋势总体上得到初步遏制。2000—2010 年荒漠化土地面积呈下降趋势，其中 2000—2005 年荒漠化土地面积减少了 1.0%，2005—2010 年减少了 0.14%，见图 50。

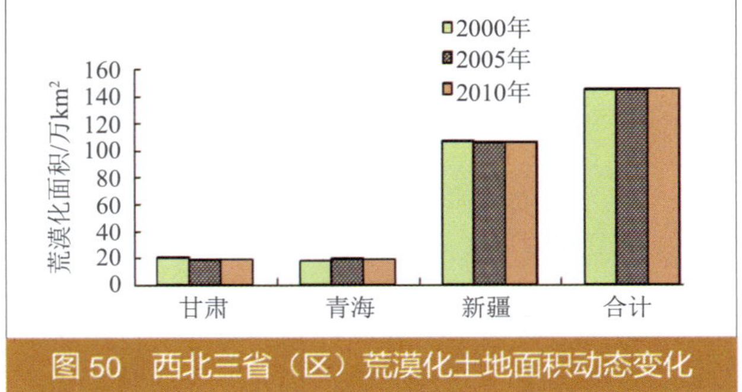

图 50　西北三省（区）荒漠化土地面积动态变化

西北三省（区）中度和极重度荒漠化土地面积减少，2005—2010 年分别减少 0.28 万 km^2、2.18 万 km^2，轻度和重度荒漠化分别增加 2.22 万 km^2 和 0.03 万 km^2，但中度以上荒漠化土地面积仍然是主体，荒漠化防治的难度仍然较大。

1990—2000 年天山北坡荒漠化面积有明显减少，2000—2010 年荒漠化面积由 570 万 hm^2 增至 621 万 hm^2，10 年共增加了 494 万 hm^2。天山北坡中部荒漠化发展速度加快，中部和东部市（县）荒漠化程度也有所加深，西部保持荒漠化逆转趋势。

6. 生物多样性保护力度加大

青藏高原严酷的环境下孕育和形成了其独有的生物物种。特别是青海甘肃所属的东南部是我国物种分化最活跃的地区之一，也是特有现象最显著的地区之一。甘肃省已记录、定名的动植物共有 5 500 余种，其中中国特有种为 2 384 种，其中中国特有植物共 2 204 种，隶属于 139 科 575 属，中国特有动物 180 种和亚种。

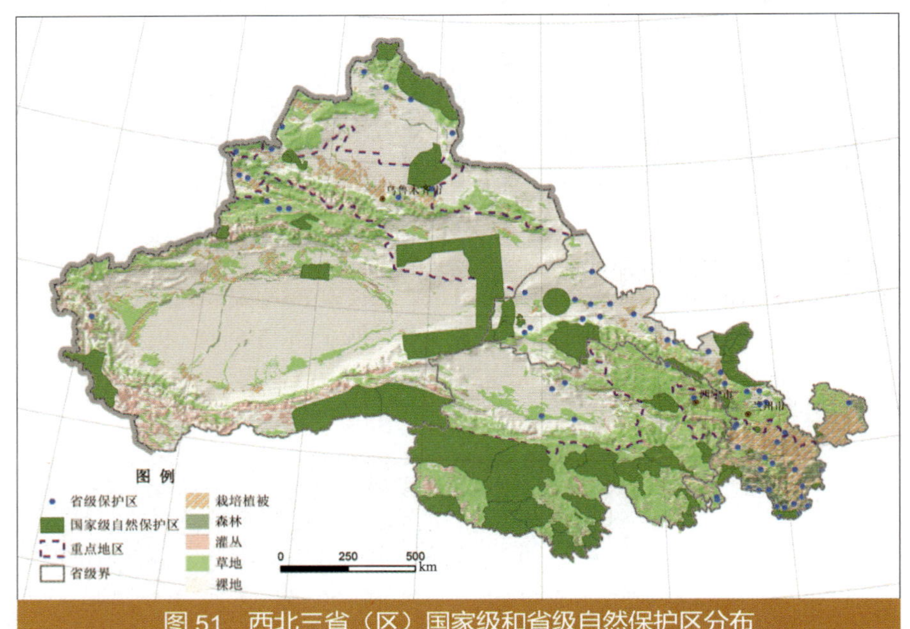

图 51 西北三省（区）国家级和省级自然保护区分布

西北三省（区）自然保护区占国土面积比例大，国家级保护区占主导地位（图 51）。

1980 年以前西北三省（区）只有 6 个自然保护区，新疆维吾尔自治区没有设立自然保护区。2000 年各类保护区 66 个，其中国家级自然保护区 12 个。2012 年 2 月，国家级和省级自然保护区 92 个，总面积为 5 091.1 万 hm^2，约占西北三省（区）国土面积的 17.9%。其中国家级自然保护区 31 个，面积为 3 872.75 万 hm^2，省级自然保护区 61 个，面积为 1 218.35 万 hm^2。

西北三省（区）自然保护区涵盖了陆地自然保护区的主要类型，其中，野生动物保护区数量 37 个，森林生态保护区 29 个，野生动物和内陆湿地保护区面积分别为 2 337 万 hm^2 和 1 636 万 hm^2，对生物多样性起到了较好的保护作用。

二、人工绿洲扩张导致下游尾闾湖泊湿地萎缩和生态退化

近年来天然林生态系统改善，总体上保障了山地水源涵养功能不下降；绿洲农田生态系统的扩张、水资源过度开发利用，在相当大程度上导致绿洲与荒漠过渡带生态退化。

天山北麓、吐鲁番—哈密地区、河西走廊的水资源利用率普遍达到 100% 以上，流域内各支流与干流间的联系明显减弱，水资源消耗向干流中游集中，致使下游水量减少乃至枯竭，河道断流、尾闾湖泊消失，土地荒漠化、沙化形势依然十分严峻。具有生态安全战略区位的

艾比湖、玛纳斯河、石羊河等流域水资源过度开发，生态用水缺乏保障，土地荒漠化尤为突出。见图 52。

图 52 艾比湖、玛纳斯湖、石羊河的生态安全战略区位

1. 艾比湖流域

艾比湖流域的生态安全战略区位极其重要，是阿拉山口大风通道上第一道也是唯一的一道生态屏障，其生态环境状态直接关系到天山北坡城市和绿洲生态安全。艾比湖流域耕地面积从 1950 年的 200 km^2 增加到 2009 年的 3 200 km^2，近 60 年增加了 16 倍；艾比湖湖面由 1950 年的 1 200 km^2 萎缩至 2010 年的 500 km^2 左右（图 53）。

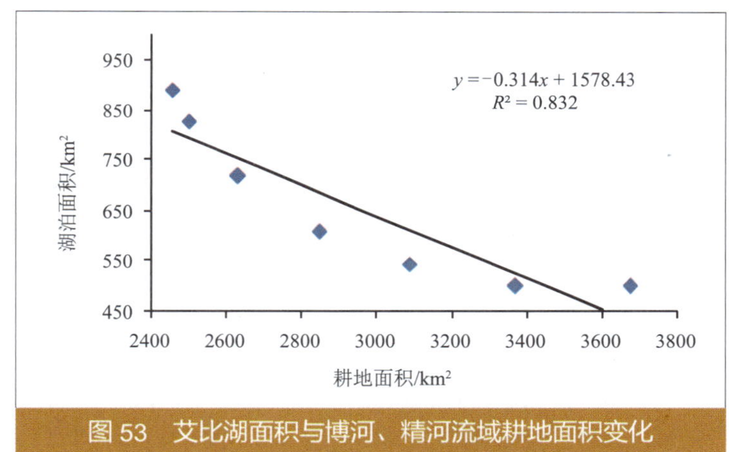

图 53 艾比湖面积与博河、精河流域耕地面积变化

艾比湖萎缩导致周边地区地下水位下降，荒漠化加剧，梭梭林等荒漠植被大片衰败。艾比湖萎缩造成约 1 000 km^2 的干涸湖底裸露，成为新疆沙尘暴主要策源地之一。

2. 玛纳斯湖流域

玛纳斯湖湿地是环准噶尔西南缘的防风固沙屏障，既能阻挡风沙东进，又能阻止古尔班通古特沙漠南侵，对保障天山北坡绿洲生态安全具有重要作用。近 50 年来，玛纳斯流域人工绿洲迅速扩大，从 1949 年的 156 km^2 增加到 2001 年的 5 042 km^2，与人工绿洲面积的持续扩大相对应的是玛纳斯湖入湖水量锐减，湖泊迅速萎缩，直至 1972 年完全干涸。20 世纪 80 年代夹河子水库逐年有计划地向下游玛纳斯湖注水，1998 年重新形成湿地。近 10 年来多次实施由玛纳斯河上游水库向纳斯河中游湿地和玛纳斯湖等大小湿地水源补给，玛纳斯湖湿地面积超过 100 km^2，湖区生态有所恢复。

3. 石羊河流域

石羊河下游民勤绿洲是嵌入腾格里沙漠与巴丹吉林沙漠之间的绿色“楔子”，一道阻挡两大沙漠合拢的天然屏障。石羊河流域已成为我国内陆河流域人口最密集、水资源严重匮乏、用水矛盾十分突出的地区。现状流域水资源毛利用率（用水量与水资源量比）达 154%，净利用率（耗水量与水资源量比）超过 95%。石羊河流域中游水资源过度开发利用，进入下游民勤盆地的地表水量大幅减少，民勤盆地地下水严重超采，依赖地下水生长的沙枣林、梭梭林及天然白刺等植物枯萎和死亡，固沙的灌木林地带因水分亏缺而退化、衰败，削弱了防沙固沙和对绿洲的保护能力，大片土壤沙漠化。民勤绿洲的萎缩和土地沙化，也加重了风沙和沙尘暴的危害。民勤盆地面临腾格里沙漠与巴丹吉林沙漠合拢、成为第二个罗布泊的生态危机依然存在。

第三节　流域水环境的现状及变化趋势

一、水环境质量稳中趋好，重污染集中在城市下游河段

1. 黄河干流、伊犁河水质总体良好，湟水河和泾河污染严重

“十一五”期间外流河水环境质量明显改善。黄河干流 10 个断面中仅青海省境内的唐乃亥断面在 2006—2008 年氨氮超标，其余各断面均能满足水环境区划要求。2010 年黄河干流主要控制断面水质达标率为 100%，水质良好（表 19）。伊犁河流域水质状况总体为优，8 个国控监测断面水质达标率均为 100%。

表 19　2010 年黄河干流主要断面水质现状

河流名称	所属河段	断面名称	水功能区划目标	现状水质类别
黄河干流	青海省段	唐乃亥	Ⅰ类	Ⅰ类
		大河家（官亭）	Ⅲ类	Ⅰ类
	甘肃省临夏段	刘家峡水库库心	Ⅱ类	Ⅰ类
	甘肃省兰州段	扶河桥	Ⅱ类	Ⅱ类
		新城桥	Ⅱ类	Ⅱ类
		包兰桥	Ⅲ类	Ⅲ类
		什川桥	Ⅲ类	Ⅱ类
	甘肃省白银段	青城桥	Ⅲ类	Ⅱ类
		靖远桥	Ⅲ类	Ⅱ类
		五佛寺	Ⅲ类	Ⅱ类

在黄河流域的各支流中，洮河、大夏河、渭河水质总体良好，主要污染河段集中分布在湟水河流域和泾河流域。

“十一五”期间，湟水流域整体呈中度污染，2006—2008 年，湟水河水质波动较大，2008—2010 年水质呈现平稳向好的趋势（见图 54）。“十一五”期间泾河流域水质整体处于重度污染水平，水质达标率仅为 20%。干流全河段水质均不达标，各监测断面水质普遍为劣Ⅴ类。

2. 内陆河中下游河段水质普遍污染

内陆河流域上游河段水量基本稳定，中下游河道断流、水环境污染严重。2010 年参与评

价的内陆河流域64个国控、省控河流断面中，49个断面的水质满足水环境功能区划目标要求，12个断面的水质为V类或劣V类。总体上，上游出山断面、水库控制断面、流经城市前的河段断面水质良好；中下游段流经城市河段水质普遍较差。

“十一五”期间，河西内陆河流域的疏勒河、黑河干流水质良好，支流污染严重；石羊河水系近10年污染有所减轻。天山北麓诸河总体水质状况有所好转，但仍处于轻度污染状态，其中乌鲁木齐河、水磨河、克孜河、吐曼河的下游水质污染较严重。

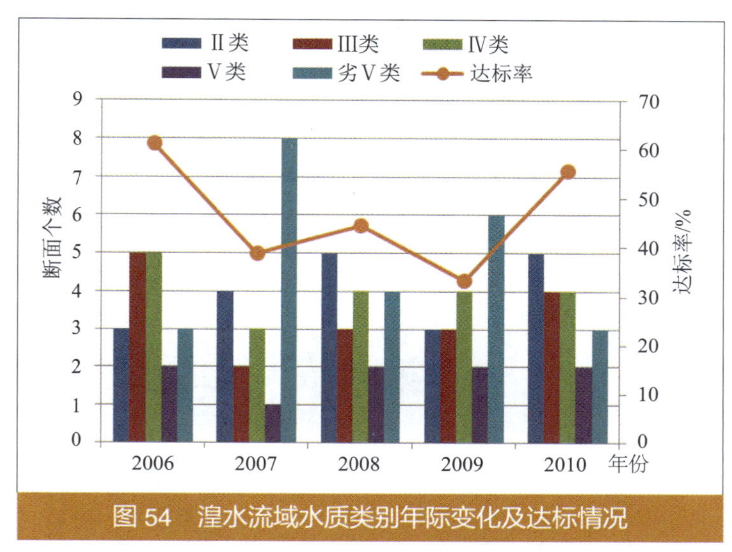

图54 湟水流域水质类别年际变化及达标情况

3. 湖库总体水质好转，湖泊湖面萎缩有待恢复

甘肃省监测的17座水库中，2001—2010年水质状况总体明显改善。达到功能区水质标准要求的从5座增加至13座，水质达Ⅲ类以上水库从8座增加至15座，无劣V类水质的水库。

“十一五”期间，新疆的湖库总体水质有所好转。Ⅰ～Ⅲ类水质比例上升19.4个百分点，劣V类水质比例没有变化。10年来连续监测的17座湖库中，营养状态指数总体呈缓慢上升趋势，尤其以近5年富营养化趋势明显。柴窝堡湖、大泉沟水库、红雁池水库营养状态指数上升，分别由中度富营养、中营养、中营养上升至重度富营养、轻度富营养和轻度富营养；其他湖库营养状态总体稳定。

大部分湖泊面积萎缩。20世纪50年代艾比湖水面面积为1 070 km^2，目前仅维持在500 km^{2}左右；柴达木盆地东达布逊湖湖面面积为154.4 km^2，与50年代（334.7 km^2）比较缩减54%；近50年巴音河流域克鲁克湖面面积减少约55 km^2，托素湖湖面面积萎缩50 km^2。少数尾闾湖（玛纳斯湖、艾里克湖）在人工干预下湖面和湿地有所恢复。

二、城市饮用水源地水质良好，农村饮用水安全问题严峻

2010年，西北三省（区）35个城市70个集中式饮用水源地水质状况总体良好，仅有11.4%的水源地水质不达标。

与城市饮用水情况相比，农村饮用水安全问题突出，解决农村饮水不安全的任务十分艰巨。根据《全国农村饮水安全工程规划（2011—2015）》，“十一五”期末农村饮水不安全人数为1 372.5万人，涉及水质问题的人数461.2万人；“十一五”期间新增农村饮水不安全人数1 066.5万人，其中涉及水质问题215万人（含高氟水15.1万人，苦咸水101.6万人，其他水质问题98.4万人）。

甘肃农村饮用水水质不安全问题涉及人口众多，苦咸水、高氟水水资源量分别达到15.2亿m^{3}和16.9亿m^3，各占到甘肃省水资源总量的5%以上，影响人口分别为近500万人和1 000万人，主要分布在干旱少雨、水资源最为匮乏的陇中、陇东地区（表20）。

表 20 甘肃省苦咸水、高氟水、高砷水资源量及影响人口统计情况

类　别	水资源量				影响人口	
	地表 / 亿 m^3	地下 / 亿 m^3	合计 / 亿 m^3	占比 /%	人数 / 万人	占比 /%
苦咸水	6.57	8.611	15.181	5.25	489	18.7
高氟水	7.135	9.748	16.883	5.84	1 000	38.2
高砷水	/	/	/	/	2.29	0.08

第四节　区域大气环境的现状及变化趋势

一、区域环境空气质量总体改善，城市煤烟型污染特征明显

1. 区域大气环境质量总体良好，现状污染区呈点状分布

西北三省（区）环境空气质量总体良好，主要城市首要大气污染物是颗粒物，相对于全国其他地区大气污染并不十分突出。除颗粒物外，大部分地区常规污染物年均浓度占标率低于 70%。

对 2010 年现状污染源进行数值模拟（图 55），SO_2、NO_2、PM_{10}、$PM_{2.5}$ 年均浓度呈点状分布的高浓度区，主要分布在工业集聚度高的省会城市（如乌鲁木齐、兰州）和资源型工业城市（如金昌、白银）。总体上，区域环境空气质量优于我国中部地区。

2. 城市环境空气质量总体改善，煤烟型污染特征仍明显

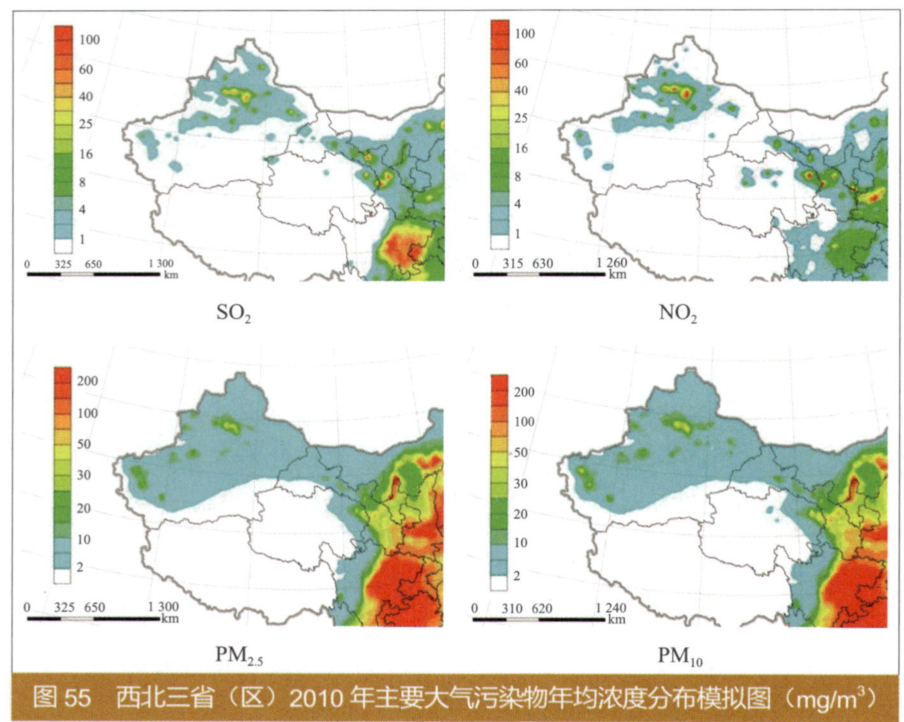

图 55　西北三省（区）2010 年主要大气污染物年均浓度分布模拟图（mg/m³）

近 10 年来西北三省（区）大部分城市环境空气质量呈改善趋势。2010 年西北三省（区）地级市（以上）环境空气质量综合统计见表 21，约 2/3 的城市环境空气质量优良天数占比超过 80%，1/3 城市环境空气质量优良天数占比低于 80%，其中重点区域的乌鲁木齐、吐鲁番、兰州、白银城市环境空气质量优良天数不足 80%。SO_2、NO_2 浓度超标局限在乌鲁木齐、金昌、兰州等 2 ～ 3 个城市，颗粒物浓度超标较为普遍。

近 10 年来各城市 SO_2 年均浓度呈下降趋势（图 56），SO_2 年均浓度超标城市由“十五”期间的 5 个城市下降到“十一五”末期的 2 个（乌鲁木齐、金昌）。“十五”期间超标严重的白银、金昌、格尔木、张掖等城市 SO_2 年均浓度呈明显下降趋势，克拉玛依、伊宁、米东区、奎屯、酒泉等城市 SO_2 年均浓度呈上升趋势。按照国家环境空气质量标准（GB 3095—2012），2010 年 SO_2 超过国家二级标准的城市有乌鲁木齐、金昌，占标率分别为 148.3% 和 121.7%。

表 21 2010 年西北三省（区）环境空气质量综合统计表

项 目	标 准	达标城市 / 个	占比 /%
SO_2	新	34	94.4
	旧	34	94.4
NO_2	新	33	91.7
	旧	36	100
颗粒物	新	8	22.2
	旧	14	38.9
优良天数大于 80%		22	71.0

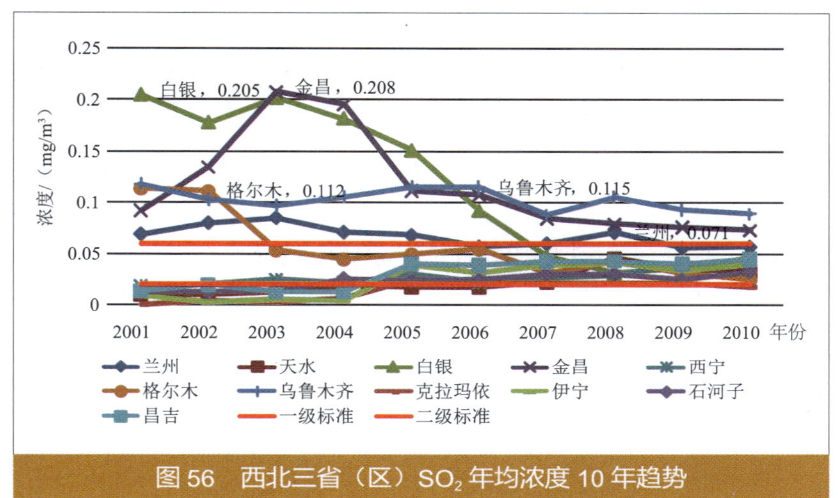

图 56 西北三省（区）SO_2 年均浓度 10 年趋势

近 10 年来各城市 NO_2 浓度总体呈缓慢上升趋势（图 57），NO_2 年均浓度稳定达到旧标准二级标准，乌鲁木齐、兰州、西宁、昌吉的 NO_2 年均浓度呈上下波动状态。按照新的环境空气质量标准评价，2010 年乌鲁木齐、昌吉和兰州 NO_2 年均浓度超二级标准，占标率分别为 167.5%、120% 和 110%。大通、克拉玛依、伊宁和石河子 NO_2 年均浓度占标率超过 80%。

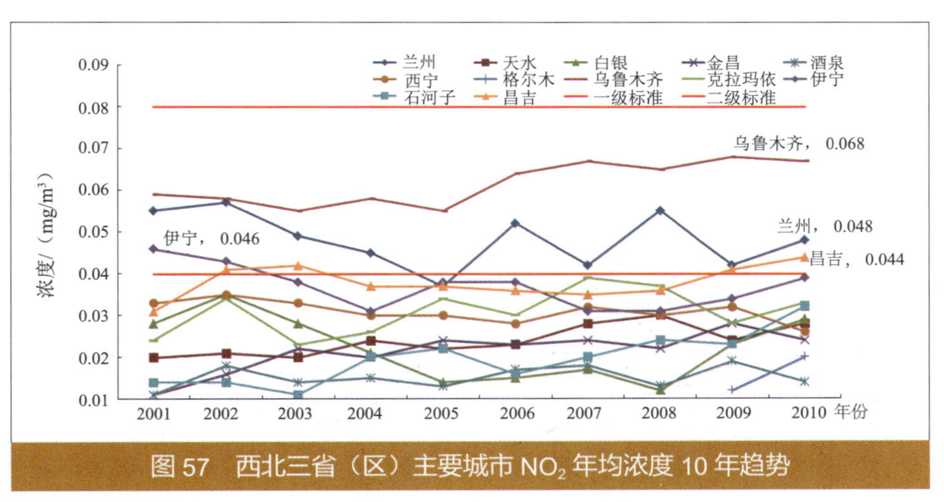

图 57 西北三省（区）主要城市 NO_2 年均浓度 10 年趋势

西北三省（区）的 PM_{10} 和颗粒物污染严重（图 58）。2010 年仅有 8 个地市级城市（博乐、塔城、克拉玛依、阿勒泰、乌苏、天水、定西和合作市）PM_{10} 颗粒物浓度达到国家二级标准，达标城市占比 20%；32 个地市 PM_{10} 颗粒物浓度的占标率超过 80%。各个城市颗粒物年均浓度基本上是属于平稳波动型，有一部分城市如兰州、乌鲁木齐高位波动，但有下降趋势。

采暖期煤烟型大气污染特征依然明显，冬季尤其每年 11 月至次年 2 月常规污染物浓度均高于其他季节。在统计监测点中绝大部分城市 PM_{10} 和 SO_2 超国家二级标准。同时，由于沙

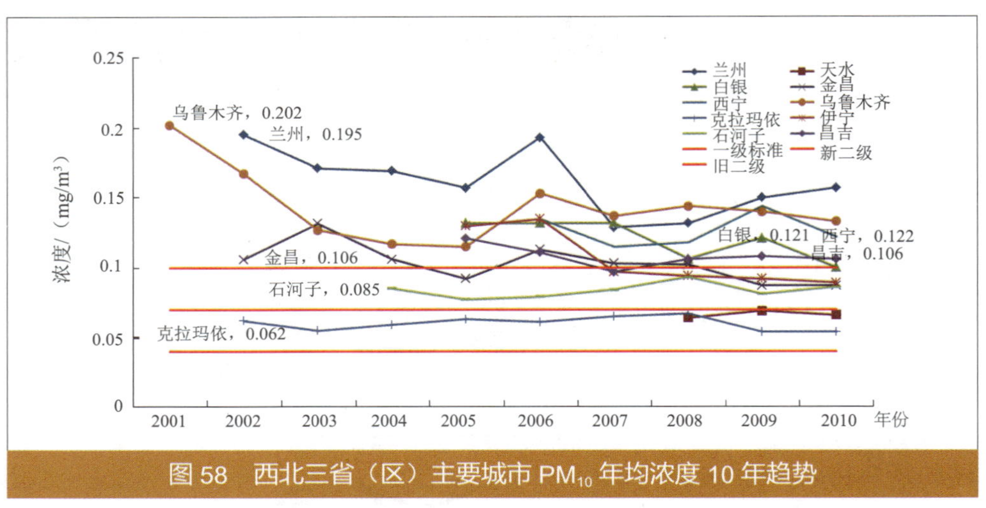

图 58 西北三省（区）主要城市 PM_{10} 年均浓度 10 年趋势

尘天气影响多数城市在春季颗粒物超标明显。

二、区域性沙尘影响显著

西北地区沙尘暴和扬沙对城市大气环境质量影响显著。西北三省（区）主要沙尘多发地区为：新疆塔里木盆地的塔克拉玛干沙漠边缘，特别是盆地南缘；内蒙古以西、祁连山以北甘肃省境内以及黄河以西鄂尔多斯高原地区。西北三省（区）大部分区域位于 3 条沙尘输送路径的西路，沙尘长距离输送主要影响我国西北、华北地区，我国北方沙尘通道见图 59。

沙尘天气是西北三省（区）重要的天气过程，新疆也是重要的沙尘源地。近十年来甘肃沙尘天气出现的次数、持续时间没有明显的变化，处于上下波动状态。青海省从 1961 年至今近 50 年的时间里，各地区沙尘暴日数变化趋势并不完全一致，柴达木盆地西北部、祁连山北端、果洛、黄南等部分地区沙尘暴呈增加趋势。新疆沙尘天气发生次数有所增加，2010 年新疆沙尘天气发生次数达 67 次。近 10 年来甘肃、新疆沙尘天气次数变化趋势见图 60。

图 59 中国北方沙尘通道

沙尘天气高发区主要位于新疆的南疆和东疆，以及甘肃省的中北部地区，与颗粒物年均浓度高值区基本一致。沙尘天气高发态势对区域颗粒物污染压力巨大。甘肃省 2006—2010 年沙尘天气造成的空气中 TSP 浓度峰值在 10.12 ～ 292.86 mg/m^3，2010 年区域性沙尘天气影响城市 2 ～ 8

个；新疆维吾尔自治区 2005—2010 年区域性沙尘天气影响城市 6 ～ 13 个，TSP 浓度范围为 0.611 ～ 66.6 mg/m³，沙尘天气中 TSP 浓度远远高于空气质量标准。

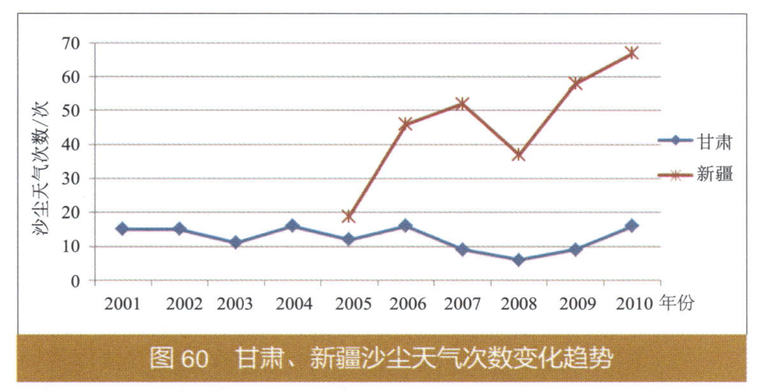

图 60　甘肃、新疆沙尘天气次数变化趋势

三、主要城市复合型大气污染问题显现

主要省会（首府）城市乌鲁木齐市区东西南三面环山，兰州市、西宁市河谷“两山夹一沟”的地形特点（图 61），冬季平均风速小，静风频率高，冬季逆温发生频率高，贴地逆温层厚度在冬季平均厚度最大，大气污染物不易扩散、稀释，造成城市环境容量和自净能力十分有限。

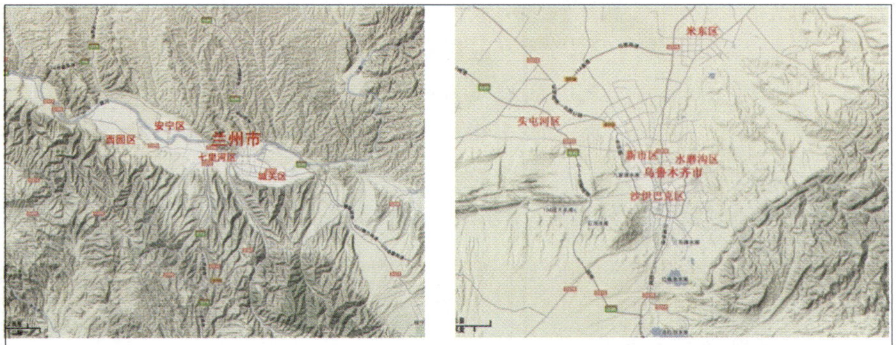

兰州（两山夹一沟）　　乌鲁木齐（三面环山、风由宽喇叭口吹入）

图 61　重点城市地形地貌情况

乌鲁木齐、兰州以臭氧（O_3）、细粒子（$PM_{2.5}$）、挥发性有机物、气溶胶等为代表的新型复合污染开始显现。2011—2012 年乌鲁木齐 $PM_{2.5}$ 日均浓度超过二级标准的比例占 66.2%（图 62）。2011 年兰州市颗粒物强化观测结果表明（图 63），$PM_{2.5}$ 均超二级标准（0.075 mg/m³），全年超标率在 50% 左右。兰州市 O_3 浓度与光化学烟雾二次污染物 PAN（过氧乙酰硝酸酯）具有典型的正相关，同时，兰州监测点的 O_3 最大值超过 O_3 小时浓度二级标准，超标 72.5%，兰州臭氧和 PAN 浓度均高于瓦里关，且变化强烈，周期性明显。

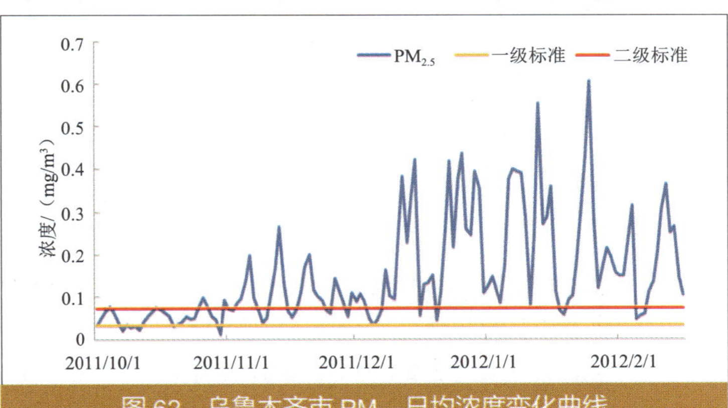

图 62　乌鲁木齐市 $PM_{2.5}$ 日均浓度变化曲线

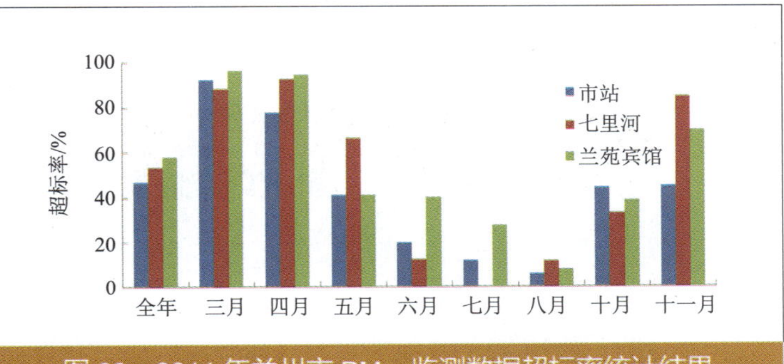

图 63　2011 年兰州市 $PM_{2.5}$ 监测数据超标率统计结果

随着重点城市机动车保有量迅速增长，机动车尾气已成为城市环境空气中 NO_x 的主要来源之一，占比 25% ～ 35%。以省会兰州、乌鲁木齐为代表的重点城市机动车保有量迅速增

长，加之特殊的山谷地形，不利的气象条件，机动车排放的污染物不易扩散，不仅直接影响人群健康，且造成灰霾、臭氧等污染，甚至引发光化学烟雾污染。

第五节 土壤环境质量现状

西北三省（区）大部分地区土壤未受重金属和有机氯农药的严重污染，局部地区土壤受到污染，出现重金属、有机氯农药等污染物超标。

土壤重金属轻微 / 轻度污染分布较广。西北三省（区）土壤中镉、砷、镍、硒、钒等重金属元素均有不同程度的超标，以轻微、轻度污染为主。其中国家重点监控的五类重金属中镉、砷、铬超标，尤以镉超标分布相对较广，具体分布于伊犁州、白银市、定西市、阿勒泰地区、博州、哈密地区、陇南市和海东市；砷超标地区分布于酒泉市、博州、甘南州、伊犁州、玉树州和海西州；铬超标地区分布于酒泉市和陇南市。西北三省（区）土壤重金属污染现状分别见表 22、表 23、表 24。

表 22 甘肃省土壤重金属污染现状

超标重金属元素	污染指数范围	主要污染地区	
		污染地区分布	污染程度
砷	0.056 ～ 1.46	酒泉市、甘南州舟曲县	轻微
镉	0.012 ～ 2.81	白银市、定西市、陇南市	轻度
铬	0.059 ～ 1.38	酒泉市、陇南市	轻微
锰	0.059 ～ 1.30	陇南市	轻微
镍	0.08 ～ 1.87	张掖市、酒泉市	轻微
硒	0.004 ～ 1.21	酒泉市肃州区、庆阳市环县	轻微
钒	0.033 ～ 2.89	平凉市、陇南市、酒泉市、甘南州	轻度
锌	0.038 ～ 1.37	定西市通渭县	轻微

表 23 青海省土壤重金属污染现状

超标重金属元素	主要污染地区	
	污染地区分布	超标倍数 / 倍
镉	海东市循化县	0.39
砷	玉树州、海西州	0.03 ～ 1.70
镍	海东市民和县	0.05

表 24 新疆维吾尔自治区土壤重金属污染现状

超标重金属元素	全省超标率 /%	采样点超标地区
镉	1.03	哈密地区、博州、伊犁州、阿勒泰地区
砷	0.9	博州、伊犁州
镍	0.65	伊犁州、塔城地区、阿勒泰地区
硒	0.78	博州、巴州、伊犁州、塔城地区
矾	1.29	吐鲁番市、博州、伊犁州、塔城地区、阿勒泰地区

青海省农村土壤环境质量监测2009年、2010年选取的土壤监测点类别为菜地土壤、基本农田土壤、居民聚集区土壤、重点污染场地周围土壤。土壤样品中各项重金属监测指标均符合《土壤环境质量标准》（GB 15618—1995）二级标准。

涉重工矿企业周边及其遗弃场地土壤重金属污染突出。据统计，白银市受有色金属冶炼企业重金属污染的耕地面积达6 688亩，其中因重金属污染弃耕的土地有上千亩以上。在白银市东大沟流域农田及周边土壤中，镉重度污染，砷、铅、铜、锌、镍、硒中度污染和重度污染，汞属轻微污染。

青海省因历史遗留铬渣问题，已造成西宁市和海北地区局部土壤及地下水中铬超标。土壤采样点中铬元素含量为962 mg/kg，超标2.2倍，总铬浓度监测最高值为20 000 mg/kg，六价铬监测最高值为12 000 mg/kg。青海省已实施了一系列污染治理措施及土壤恢复治理研究，治理力度有待加强。

新疆涉及多个石化、冶炼等大型重化工企业，造成一定程度的重金属污染。如乌鲁木齐市米东区古牧地乡小破城村土壤重金属砷和锰含量超标，超标率均为2%，污染指数为$1 < Pip \leqslant 2$。石河子市石河子总场土壤中砷和硒含量超标，超标率分别为6.25%和18.85%，污染指数为$1 < Pip \leqslant 2$。喀什地区莎车县的恒昌冶炼有限公司老厂厂址周围土壤重金属镉、铅超标。

土壤未受到有机农药污染物严重污染。甘肃省、青海省选取的土壤监测点样品中的有机氯污染物六六六、滴滴涕等农药残留量监测指标全部达标，仅新疆个别监测点位指标超标，平均含量为2.89μg/kg和3.36μg/kg；新疆、甘肃土壤中多环芳烃监测浓度均达标。

第六节　区域能源生产消费的现状及变化趋势

一、能源消费总量逐年上升，GDP增长对能源依赖度高

1. 西北三省（区）能源生产及消费总量稳步上升

1990年以来西北三省（区）能源消费总量均呈稳步上升的趋势，2010能源生产和消费增长率均高于全国平均水平（全国能源生产增长率为8.12%，消费增长率为5.97%），其中新疆能源生产总量显著增加（图64）。

甘肃属于能源调入省，青海、新疆属于能源输出省（区）。青海自2005年成为能源输出省后，能源输出能力逐年提高，新疆2010年能源输出总量已达到能源生产总量的44%。

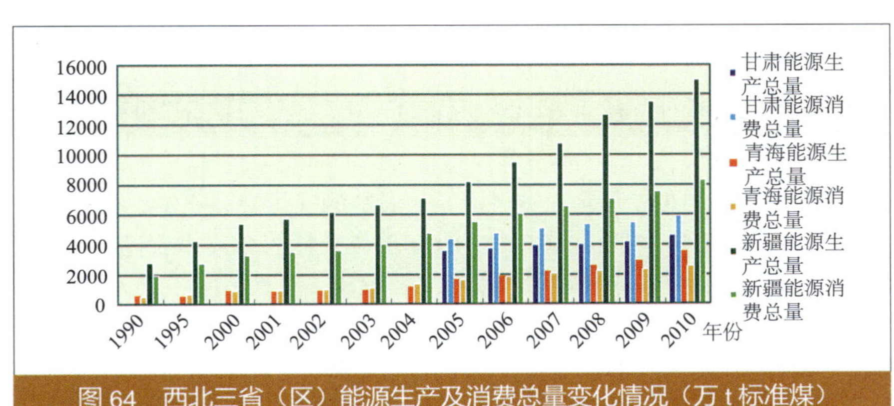

图64　西北三省（区）能源生产及消费总量变化情况（万t标准煤）

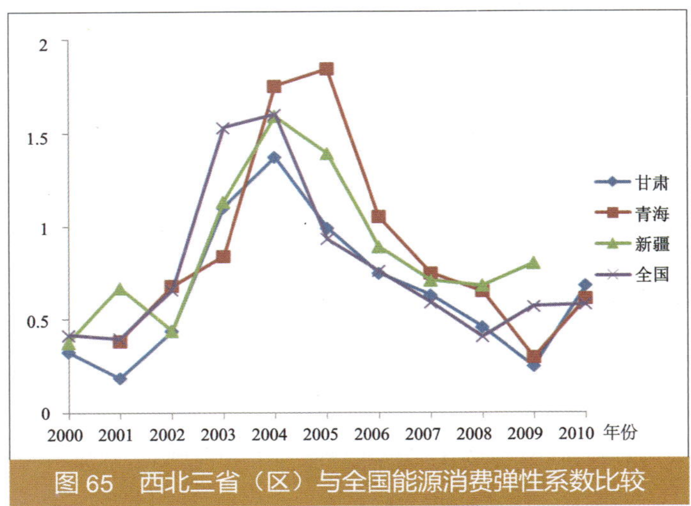

图 65 西北三省（区）与全国能源消费弹性系数比较

2. 经济增长对能源的依赖程度较高

近 10 年来西北三省（区）能源消费总量与 GDP 的相关系数基本在 0.98 ～ 0.99，经济增长对能源的依赖程度较高，能源消费弹性系数呈先升后降（图 65），虽在近一两年内有所回升，但整体下降，经济增长利用能源效率整体增加，能源消费呈良性发展。

二、能源消费结构以煤炭为主

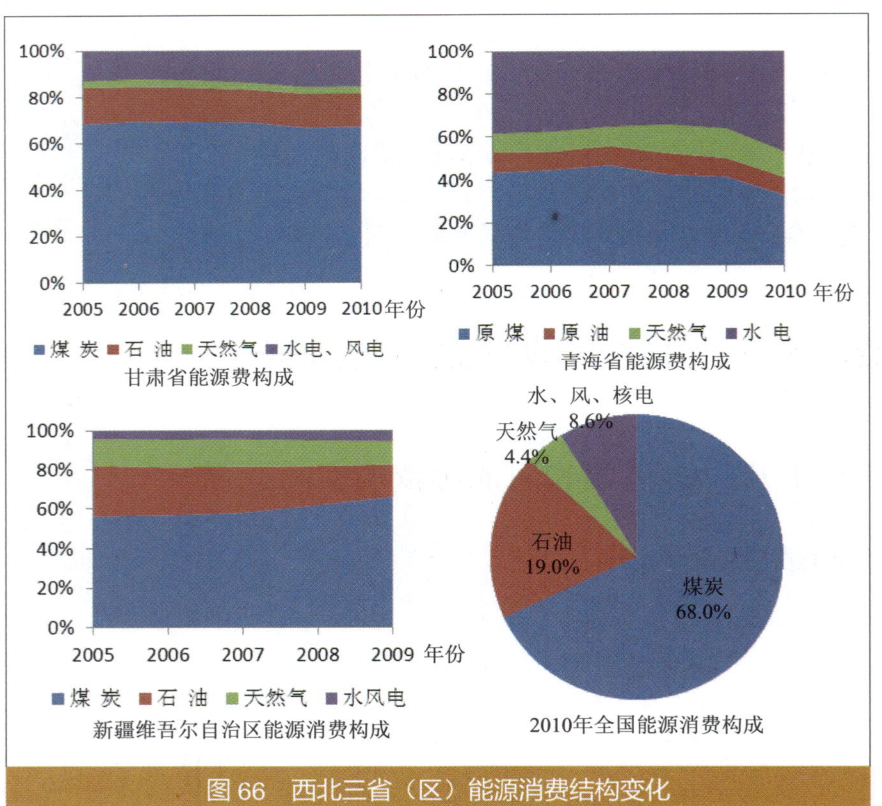

图 66 西北三省（区）能源消费结构变化

新疆、甘肃能源消费结构以煤炭为主。“十一五”期间新疆能源消费结构中煤炭消费量占比上升趋势明显，由 2005 年的 56.1% 扩大到 2009 年的 65.9%；甘肃能源结构变化不大，其中煤炭消费量占比多年稳定在 69% 左右。

“十一五”期间青海水电消费量占比呈先降后升趋势。2010 年一次能源消费结构中水电、天然气清洁能源消费量占比分别达 47.1% 及 11.8%，均高于全国平均水平，煤炭消费占比 32.8%，见图 66。

三、能源环境绩效与全国平均水平差距明显

2010 年西北三省（区）化石能源（煤炭、石油、天然气）单位能耗的 SO_2 排放量均高于全国平均水平。2005—2010 年单位能耗的 SO_2 排放量总体下降，但与全国平均水平的差距呈扩大趋势，青海省和甘肃省尤其突出，见图 67。

污染物排放变化与煤炭消费结构密切相关。煤炭燃烧产生的 SO_2、烟尘、粉尘，仍然是影响环境质量的主要污染源之一。以乌鲁木齐市为例，2010 年乌鲁木齐市一次能源消耗中煤炭比重为 64%，全社会煤炭消费量达到 3 273.94 万 t（原煤），其中冬季工业及供热耗煤量约

占全年耗煤总量的约 2/3 以上。截至 2010 年，乌鲁木齐市有集中供热锅炉 40 座 160 台，分散锅炉 143 座 299 台，燃煤小锅炉 14 921 台，全市燃煤锅炉供热占总供暖面积的 80%。集中供热锅炉中 SO_2 排放达标率为 60%，烟尘排放达标率为 60%；分散锅炉和燃煤小锅炉环保设施不完善，脱硫除尘效率低下，绝大部分无任何脱硫除尘设施，低空直接排放造成的污染十分严重。如果目前消费结构中煤炭的规模和比重继续提高，SO_2、烟尘、粉尘的排放量及排放强度就会迅速增加，这无疑会对环境造成巨大压力。

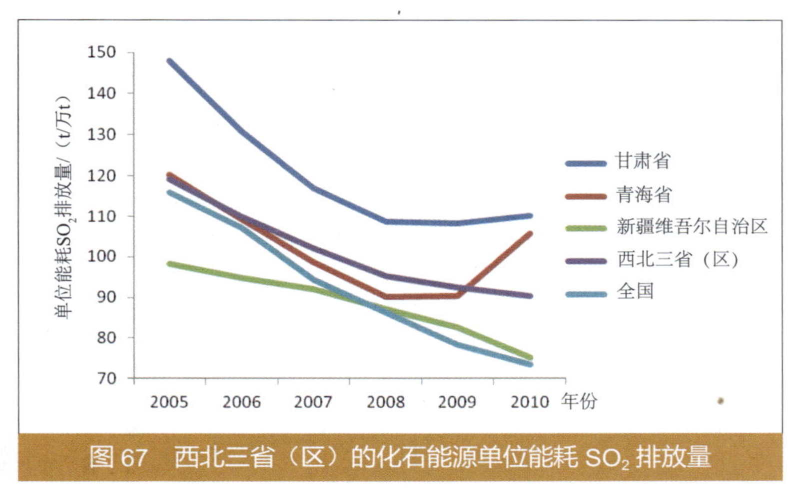

图 67　西北三省（区）的化石能源单位能耗 SO_2 排放量

第七节　资源环境利用效率状况

一、资源环境效率水平持续提升，与全国差距依然明显

2010 年西北三省（区）单位 GDP 能耗为 1.54 t 标准煤 / 万元，是同期全国平均值（0.81 t 标准煤 / 万元）的 1.9 倍，滞后全国平均水平 10 年以上，滞后中部地区平均水平约 5 年，见图 68。其中青海省能耗效率在西北三省（区）中最低，2010 年青海省万元产值能源消耗量为 1.90 t 标准煤 / 万元，较 2000 年全国平均水平（1.47 t 标准煤 / 万元）高近 30%。加快技术进步、产业调整升级，发展低碳经济，提升能源利用效率水平十分迫切。

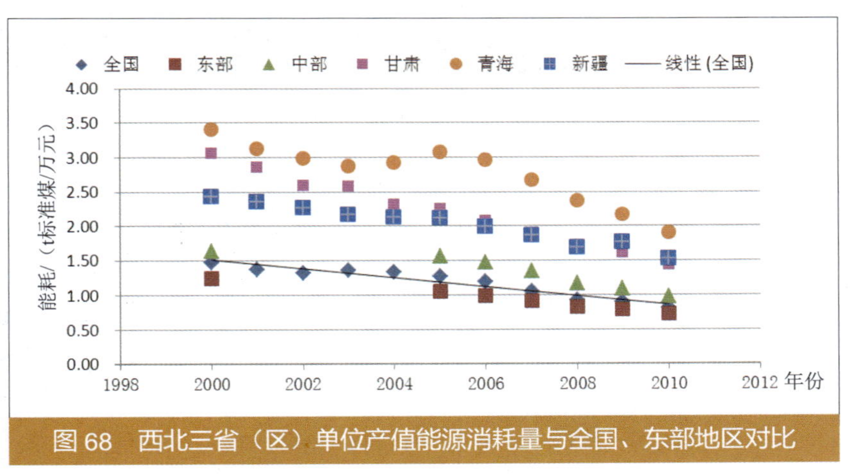

图 68　西北三省（区）单位产值能源消耗量与全国、东部地区对比

2010 年西北三省（区）单位 GDP 水耗 630.4 t/ 万元，约为全国平均值（150.1 t/ 万元）的 4 倍，劣于全国、东部、中部平均水平，其中甘肃省、青海省两省约滞后全国平均水平 3 ～ 4 年，新疆维吾尔自治区 2010 年万元产值水耗效率为 2000 年全国水平 2 倍，为 2010 年全国水平 6 倍，约滞后全国平均水平近 20 年。万元工业增加值水耗量 64.4 t/ 万元，优于全国平均水平（90 t/ 万元）。农牧业用水占全社会用水总量接近 90%，以农牧业为主的一产占 GDP 总量的 10% ～ 20%，见图 69。

2010 年西北三省（区）单位 GDP 的 COD、SO_2 排放量分别为 5 kg/ 万元、11.8 kg/ 万元，远高于全国单位 GDP 污染物排放量（COD 3.1 kg/ 万元、SO_2 5.5 kg/ 万元）。以全国及东部地区发展轨迹为参照，总体上西北三省（区）污染物排放效率滞后全国平均水平 4 年左右，滞后东部地区平均水平 7 年左右，见图 70、图 71。

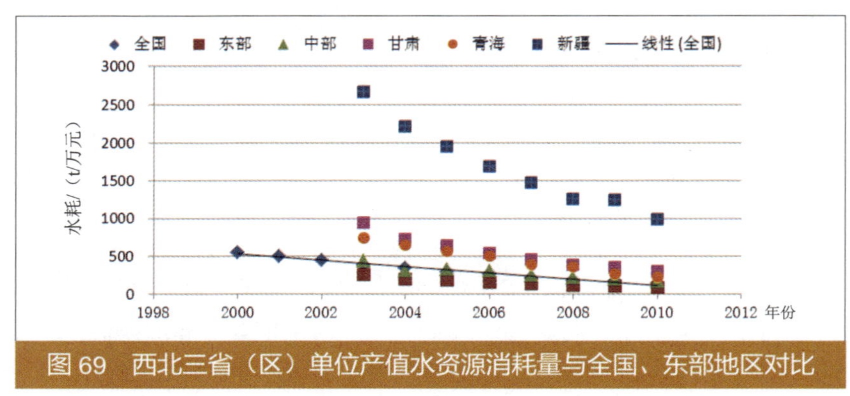

图 69 西北三省（区）单位产值水资源消耗量与全国、东部地区对比

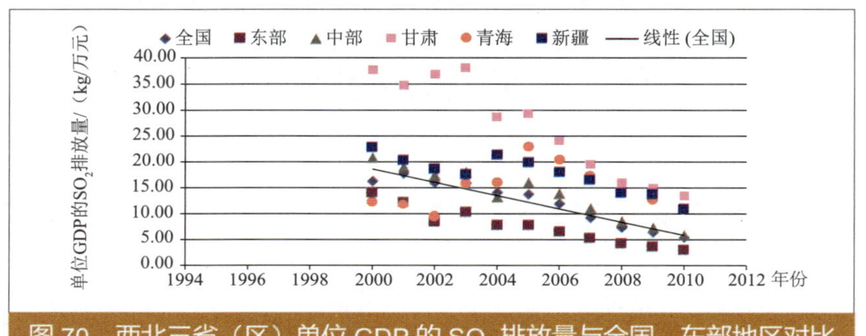

图 70 西北三省（区）单位 GDP 的 SO_2 排放量与全国、东部地区对比

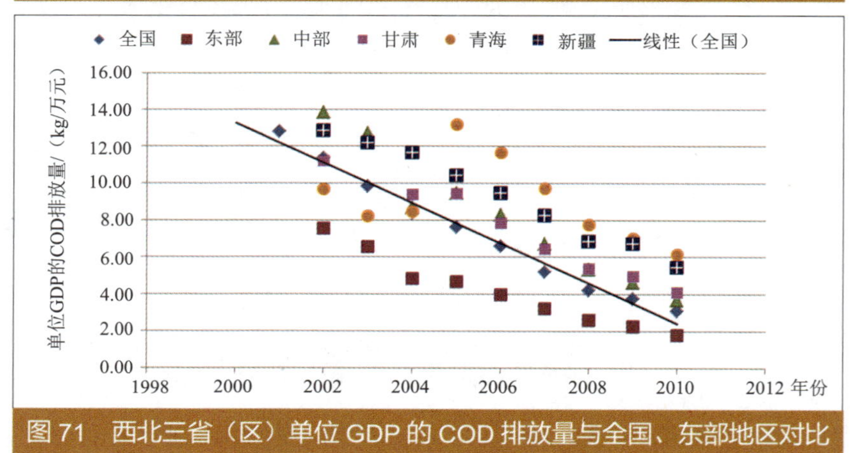

图 71 西北三省（区）单位 GDP 的 COD 排放量与全国、东部地区对比

二、资源环境效率的提升滞后于经济发展阶段

以人均 GDP 指标表征经济发展水平，选取西北三省（区）与全国及东部、中部地区三组相同经济发展阶段的资源环境效率指标进行比较，即人均生产总值分别达 9 000 元、16 000 元、24 000 元左右时的资源环境效率进行比较，见图 72、图 73 和图 74。

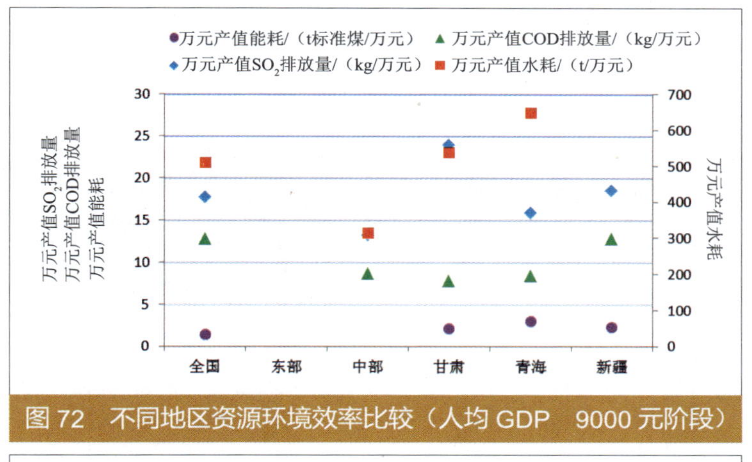

图 72　不同地区资源环境效率比较（人均 GDP　9000 元阶段）

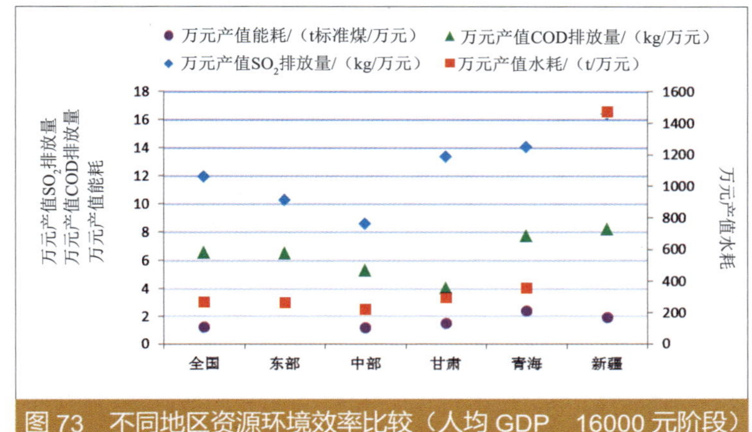

图 73　不同地区资源环境效率比较（人均 GDP　16000 元阶段）

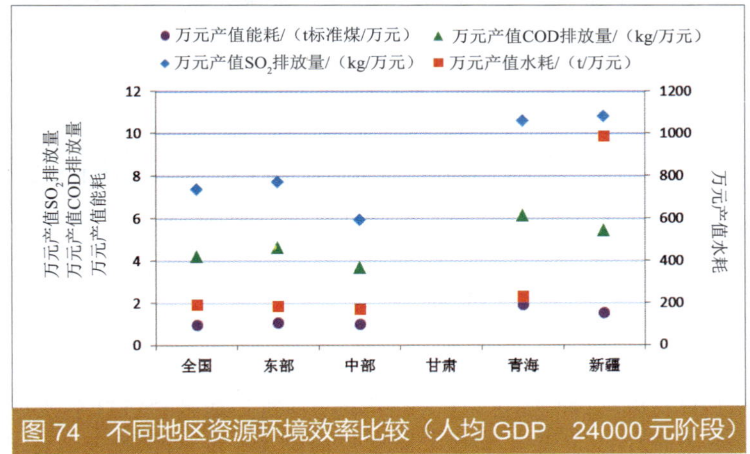

图 74　不同地区资源环境效率比较（人均 GDP　24000 元阶段）

在人均 GDP 约 9 000 元阶段，西北三省（区）各项指标与全国和东部地区的差距较小；在人均 GDP 约 24 000 元阶段，西北三省（区）各项指标均低于全国和东部地区水平，且差距呈加大趋势。节能减排、污染物排放控制的提升相对滞后于经济发展。

三、重点产业资源环境效率水平整体不高

与 2010 年全国重点产业资源环境效率相比，西北三省（区）仅石油、煤炭两类重点产业能源利用效率优于全国平均水平，仅石油产业污染物排放效率优于全国平均水平，总体资源

环境效率水平不高，见表 25。

表 25　西北三省（区）与全国重点产业资源环境效率比较

序号	产业名称	西北三省（区）（全国平均水平 =1）		
		单位产值工业煤炭消费量	单位产值COD 排放量	单位产值 SO_2 排放量
1	石油工业	0.7	0.6	2.1
2	钢铁工业	1.9	2.4	1.9
3	有色冶金	2.2	2.6	6.8
4	煤炭工业	0.6	3.2	4.4
5	电力工业	5.4	10.4	6.3
6	化工行业	4.1	17.9	7.6
7	建材工业	5.3	2.5	4.5
8	食品加工业	6.6	13.7	8.4
9	纺织工业	8.8	12.1	8.1
10	造纸工业	5.7	8.1	6.9

数据来源：西北三省（区）数据来源于各省（区）2011 年环境统计数据，全国数据来源于《全国环境统计年鉴 2011》《全国能源经济统计年鉴 2011》。

西北三省（区）食品加工业和纺织业单位产值煤炭消费量分别为 0.46 t 标准煤 / 万元、0.62 t 标准煤 / 万元，是全国平均值的 5.6 倍和 7.8 倍，相应的 SO_2 排放强度分别是全国平均值的 7.4 倍和 7.1 倍。化工行业单位产值 COD 排放量与全国平均值差距最明显，是全国平均值的 17.9 倍，其次为食品加工业和造纸业。

第八节　经济社会发展面临的突出资源环境问题

西北地区自然环境条件恶劣，水资源短缺，生态十分脆弱。生态环境在长期历史演变中出现种种问题，不合理的利用水土资源、粗放式的生产方式，加上 20 世纪 50—70 年代不顾客观条件的“人定胜天”“人进沙退”“向沙漠进军”等片面观念支配，加剧区域生态环境的恶化。

国家实施西部大开发以来，特别是“十一五”时期，西部地区经济社会发展取得长足进步，但与东部地区的绝对差距仍在扩大；生态环境建设成就突出，但关键区域的水资源制约尚未得到根本性突破，土地荒漠化趋势尚未实现根本性扭转，生产力水平不高、自我发展能力不强的状况仍然没有根本性改变。

当代人类尚不能大规模改造自然，只能在尊重自然、顺应自然、保护自然的前提下利用自然，人与自然和谐相处。

一、以水资源超载、生态严重缺水为特征的水危机继续加剧

西北地区水资源短缺，水是维系生态系统的根本，是实现经济社会可持续的战略性资源。

水资源匮乏、水资源过度开发利用、生态缺水严重构成内陆河流域水危机的基本特征。

在水土资源过度开发的区域，土地荒漠化发展，生态环境恶化，生态缺水十分突出。内陆河流域长时间持续水资源过度开发利用，导致河流流程缩短、河流断流断面向绿洲区移动、尾闾湖泊湿地萎缩或干涸，植被退化，土地沙化、荒漠化严重，危及人们生存环境安全。全社会用水总量已超过水资源合理开发利用的上限，地表水利用已达到极限，地下水超采日益加剧，可利用水资源量减少和水污染已经成为区域经济社会发展和人民健康保障的关键性制约因素。

保护和改善生态环境是实现经济社会可持续发展的基础。西北三省（区）需要进一步从人口、资源、环境的宏观视野，按照建设生态文明的总体要求，制定保障生态环境用水、建设节水高效现代灌溉农业和节水型工业体系和节水型城市的区域水资源配置战略；发展节水型产业、建设节水型社会是当前和今后一个时期解决水危机的最核心和最根本的对策。

二、以土地荒漠化为特征的生态危机依然严峻

内陆河流的下游，延伸到沙漠的腹地。河流两岸由地下水支持的天然绿洲，以及河流尾闾湖泊、湿地和周边植被，都起着分隔沙漠和限制沙漠发展的不可替代的作用。

生态脆弱、水土资源过度开发导致沿河岸植被带以及绿洲与荒漠过渡带的植被退化、土地荒漠化，内陆河中下游湿地、尾闾湖泊萎缩构成内陆河绿洲生态危机的基本特征。

西北三省（区）草地退化、湿地退化依然十分严重，土地荒漠化趋势尚未得到根本性遏制。具有重要生态屏障功能的艾比湖、玛纳斯河、黑河、石羊河等流域水土资源过量开发，主要河流及尾闾湿地生态用水缺乏保障。土地沙化、荒漠化状况依然十分严峻。艾比湖干涸湖底成为新疆沙尘暴策源地、玛纳斯湖湿地丧失阻止古尔班通古特沙漠南侵、民勤盆地面临腾格里沙漠与巴丹吉林沙漠合拢等具有全局性影响的重大生态危机未得到根本性解除。

全面加强生态保护和建设，尤其是实施森林抚育、退耕还林（草），维护和提升水源涵养和水土保持功能，科学合理配置水资源，保障重要河流、湿地生态用水是当前破解区域生态危机的最重要任务。

三、重点城市环境空气污染与人群健康风险不容忽视

西北三省（区）环境空气质量总体趋于改善，城市煤烟型大气污染特征明显，常规大气污染物 SO_2、NO_2、PM_{10}、$PM_{2.5}$ 高浓度区主要分布在人口和工业经济相对集聚的乌鲁木齐市、兰州市和传统资源型工业城市。

以煤炭能源为主的能源消费结构和适宜城市建设用地空间相对狭小，成为乌鲁木齐市、兰州市、西宁市等主要城市改善环境空气质量的主要瓶颈之一，乌鲁木齐、兰州等城市环境空气质量在全国的排位长期靠后。约 1/3 地市级城市环境空气质量优良的天数不足 80%，冬季大部分城市 SO_2 和 PM_{10} 超过国家标准，乌鲁木齐和兰州市已显现出城市复合型大气污染特征，城市环境空气污染成为对人群健康累积影响的重要因素。

加强节能减排、调整能源消费结构、调整产业结构、淘汰落后产能和工艺技术装备，实施“退二进三”，优化城市功能布局和产业布局，对于改善城市环境空气质量，保障人群健康至关重要。

第五章

区域生态空间制约与资源环境承载能力

第一节　区域经济社会发展的资源环境压力

一、产业设计的基本内容

采用规划梳理与趋势外推等方法相结合的测算方法，针对西北三省（区）重点地区的经济总量、人口规模、城镇人口、产业结构等社会经济发展主要指标分别进行预测。

按照 GDP 贡献、生态环境影响、产业发展趋势、兼顾民生等原则判别三次产业结构下的重点产业。其中，农业重点包括种植业与畜牧业；服务业重点包括旅游业与物流业；工业主要涉及经济发展贡献大、生态环境影响大的行业门类，具体包括煤炭、石油、电力、钢铁、有色、化工、纺织、食品加工、建材、造纸、战略性新兴产业 11 个重点行业。

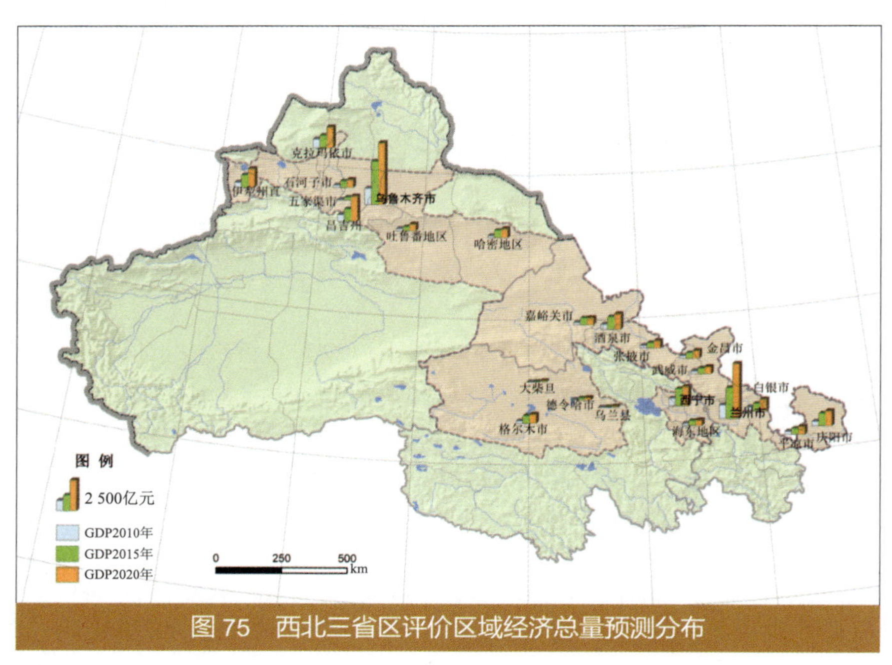

图 75　西北三省区评价区域经济总量预测分布

1. 经济总量

根据国家关于西部大开发的战略目标、西北三省（区）“十二五”规划和远期战略目标，按照梳理和趋势外推增长速度的设定方法，西北三省（区）的经济总量预测结果见表 26、图 75。2015 年西北三省（区）经济总量 2 万亿元左右，重点评价区域分别占所在省区的 90% 左右；2020 年三省（区）经济总量达 3 万亿元左右。

表 26 西北三省（区）评价区域经济总量预测				
地 区	2010 年 / 亿元	2015 年 / 亿元	年均增长 /%	2020 年 / 亿元
甘肃省	4 121	7 500	>12	>10 000
兰州—白银经济区	1 411	3 100	>15	4 000
河西经济区	1 242	2 850	>16	3 500 ～ 4 000
陇东经济区	590	1 450	>15	>2 000
重点区域占全省的比重 /%	78.7	90		90
青海省	1 350	2 700	>12	3 500
西宁河湟谷地	801	1 800	14 ～ 18	>2 050
柴达木地区	265	831	20 ～ 36	1 140 ～ 1 200
重点区域占全省的比重 /%	78.9	97		90 ～ 92
新疆维吾尔自治区	5 437	8 800	>10	>12 000
天山北坡经济带	3 579	8 100	16 ～ 18	>10 000
重点区域占全省的比重 /%	65.8	90		80 ～ 85

2. 人口规模

根据西北三省（区）过去 10 年人口的增长趋势，考虑到未来是西部大开发的重点时期，也是东部产业转移的重点时期，三省（区）依然会保持比上述规模一致或略高的增长速度，其中青海和新疆还会在一段时期内保持高于全国平均的增长速度。预计 2015 年西北三省(区)人口总数将达到 5 400 万左右，2020 年达到 5 600 万左右，见表 27、图 76。

表 27 西北三省（区）评价区域人口总量预测			
地 区	2010 年 / 万人	2015 年 / 万人	2020 年 / 万人
甘肃省	2 560.0	2 573	2 580 ～ 2 590
兰州—白银经济区	532.9	570	590 ～ 600
河西经济区	481.1	>500	510 ～ 530
陇东经济区	428.4	450	450 ～ 460
重点区域占全省的比重 /%	56.3	60	61 ～ 62
青海省	563.5	580	600
西宁河湟谷地	220.0	230	253
柴达木地区	40.1	44	47
重点区域占全省的比重 /%	46.2	47	48 ～ 50
新疆维吾尔自治区	2 185.0	2 300	2 400
天山北坡经济带	964.8	>1 000	1 100
重点区域占全省的比重 /%	44.2	44.9	47 ～ 49

根据西北三省（区）自然环境条件和国家总体战略布局，评价区域未来将形成两大人口集中区域，一是天山北坡，二是兰州—西宁地区。前者以乌鲁木齐为中心，以玛纳斯河流域

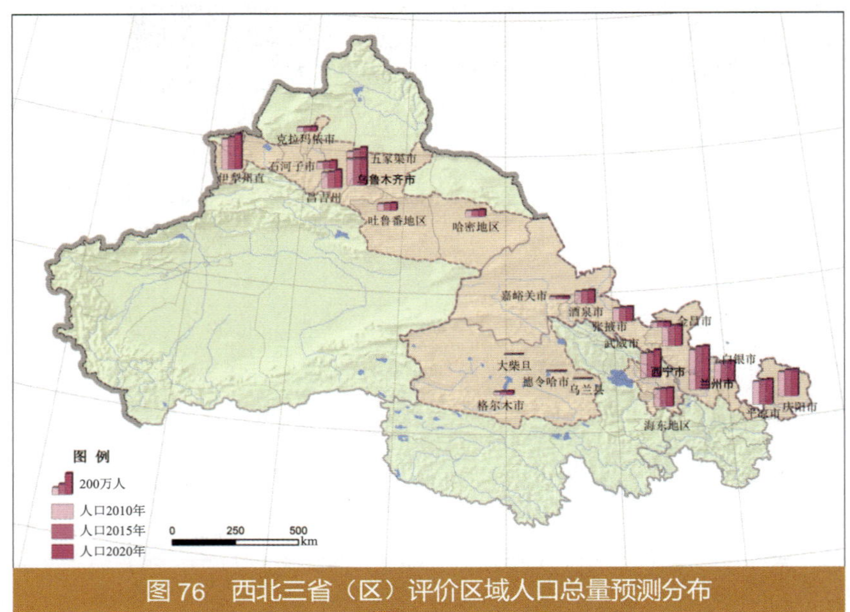

图 76　西北三省（区）评价区域人口总量预测分布

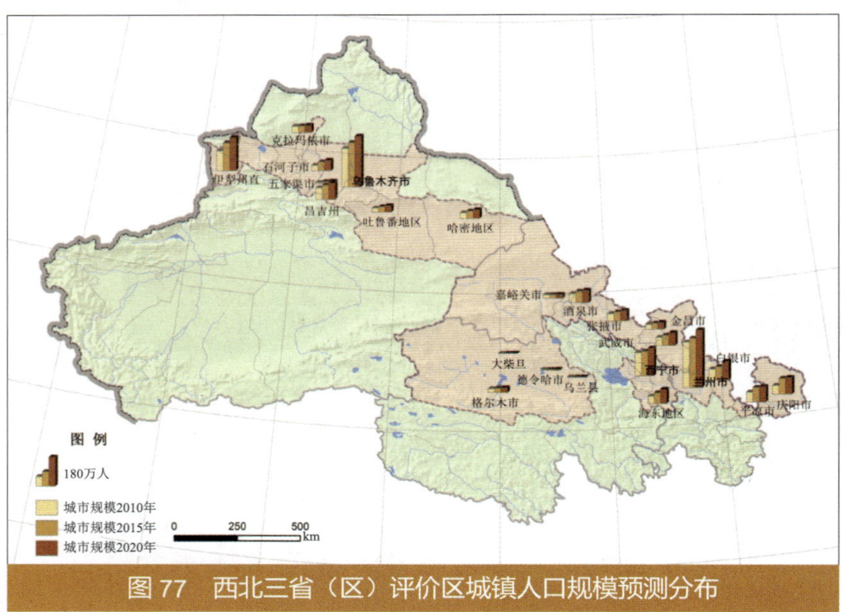

图 77　西北三省（区）评价区城镇人口规模预测分布

为主要的聚集区域，后者以兰州和西宁为中心，以黄河干流—湟水—大通河谷地为主要的聚集区域，分别形成 1 000 万～1 500 万的人口集聚规模，两大区域集中了西北三省（区）35%～45% 的人口。

3. 城镇人口

2010 年西北三省（区）城镇化率为甘肃 36.12%，青海 44.7%，新疆 39.9%。天山北坡和兰州—西宁一带是未来西北人口的主要集聚区域，也是未来大城市和特大城市的主要分布区域。此外，河西走廊、泾渭谷地有较好的农业发展条件和较多的农业人口，未来可以培育 2～4 个 100 万左右人口的大城市或中等规模的城市。其余地方聚集人口的条件较差，今后应以培育 100 万以下人口的中小城市为主。城镇人口规模预测结果见表 28、图 77。

4. 产业结构

根据规划梳理和趋势外推方法，分别对西北三省（区）及评价区域的 22 个地市（县）的经济结构调整方向和幅度进行分段预期，并结合各地区未来 10 年经济总量的预期情景，形成各地区未来 10 年的经济结构预期情景，见表 29。

5. 重点产业

西北三省（区）既是我国重要的能源富集区，又是基础性战略资源重要产地，资源条件奠定了西北三省（区）重化工产业的发展基础。从产业基础看，新疆、甘肃重点评价区域的部分地区重化工产业在计划经济时期就已形成规模。从发展阶段看，我国经济发展阶段已进入工业化中期，重化工产业加速拓展、延伸将是我国今后经济发展的特征。综合考虑后，设计的重点产业发展情景见图 78。

表 28　西北三省（区）评价区城镇人口规模预测

地　区	2010 年 / 万人	2015 年 / 万人	2020 年 / 万人
甘肃省	925	>1 000	>1 100
兰州一白银经济区	244	>380	>450
河西经济区	197	220 ～ 240	270 ～ 290
陇东经济区	113	170 ～ 180	190
重点区域占全省的比重 /%	70.7	>80	81 ～ 82
青海省	252	290	>300
西宁河湟谷地	185	210	250 ～ 270
柴达木地区	30	35	40
重点区域占全省的比重 /%	85.6	86	89
新疆维吾尔自治区	874	1 100	1 200
天山北坡经济区	555	700	>800
重点区域占全省的比重 /%	63.5	64	67 ～ 69

表 29　西北三省（区）评价区域各地市（县）产业结构预测　　单位：%

地区	2010 年			2015 年			2020 年		
	一产	二产	三产	一产	二产	三产	一产	二产	三产
兰州市	3.07	48.09	48.84	2	55	42	2	66	32
嘉峪关市	1.34	80.16	18.50	1	82	17	1	83	16
金昌市	5.31	79.29	15.40	4	82	14	4	83	13
白银市	12.10	54.99	32.91	9	60	31	8	63	28
武威市	26.43	40.01	33.56	21	48	31	21	54	24
张掖市	29.30	35.45	35.25	23	39	38	23	40	37
平凉市	21.82	46.92	31.27	18	55	28	16	63	21
酒泉市	13.38	51.90	34.72	8	60	32	9	49	42
庆阳市	14.27	60.08	25.65	10	64	26	11	58	31
西宁市	3.9	51.05	41.05	3.5	51.0	41.5	3	51	42
海东市	20.7	38.9	40.4	12.4	60.6	27	12	60	28
格尔木市	0.87	77.16	21.97	0.5	78.0	21.5	0.5	79.0	20.5
德令哈市	4.7	51.7	43.6	4.5	53.0	42.5	4	53	43
大柴旦行政区	0.86	85.74	13.4	0.8	86.0	13.2	0.5	85	14.5
乌兰县	9	78	13	8	79	13	7	79	14
乌鲁木齐市	1	45	54	1	48	51	1	53	46
昌吉州	29	42	28	19	54	27	15	56	29
哈密市	14	45	41	6	69	25	5	70	25
伊犁市	22	38	40	17	50	33	15	55	30
克拉玛依市	0.5	89.7	9.8	0.43	86.5	13	0.3	86	13.7
石河子市	29.3	38.5	32.2	15	54	31	10	58	32
吐鲁番市	13.4	63.5	23.1	8	67	25	6	69	25
五家渠市	34.1	35.7	30.2	4	69	27	29	40	31

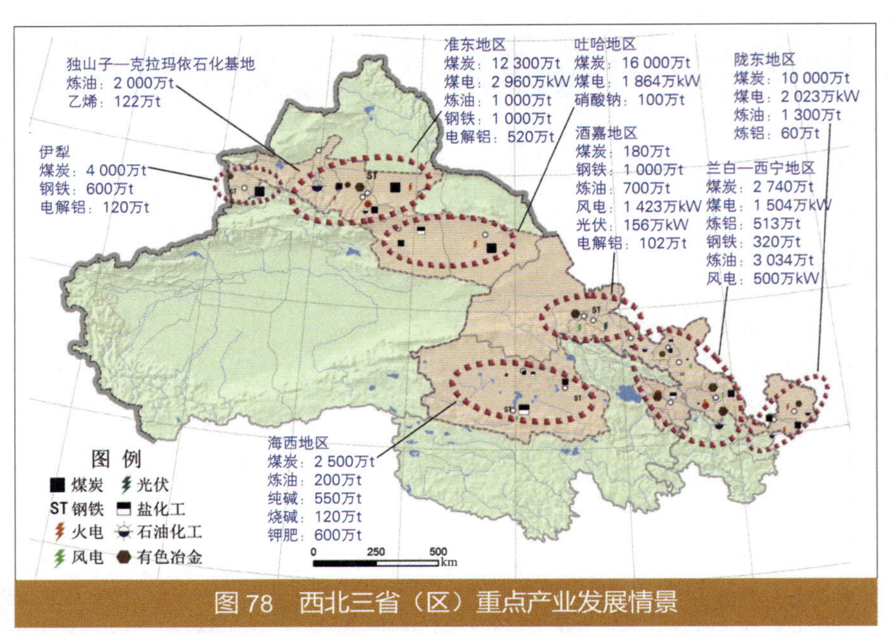

图 78　西北三省（区）重点产业发展情景

二、资源环境利用效率情景设计

以西北三省（区）产业情景预测确定的 2015 年、2020 年区域经济总量目标为基础，预测在不同资源环境效率水平情景的西北三省（区）资源环境需求。

1.2015 年资源环境效率情景设计

情景 1：2015 年资源环境效率与全国平均水平差距不扩大。即 2015 年西北三省（区）资源环境利用效率与全国的差距保持在 2010 年与全国差距水平。

情景 2：实现“十二五”规划的单位 GDP 能耗降低 16%（同全国），满足国家“十二五”分配给西北三省（区）的主要污染物排放总量控制指标要求。

情景 3：2015 年资源环境效率达到东部地区相同经济发展阶段的水平。

情景 4：2015 年资源环境效率水平达到 2015 年全国平均水平。

2. 2020 年资源环境效率情景设计

情景 5：2020 年资源环境效率与全国平均水平差距不扩大。即 2020 年西北三省（区）资源环境利用效率与全国的差距保持在 2010 年与全国差距水平。

情景 6：维持情景 2 下主要污染物总量控制指标，即“十三五”期间主要污染物排放总量不增加。

情景 7：按情景 2 对应的 2015 年资源环境效率为基数，2020 年资源环境效率与全国资源环境效率水平差距不扩大。

三、区域经济发展的资源环境压力测算

1. 2015 年资源环境压力测算

2015 年不同情景下能源消耗压力指数、污染物排放量压力指数预测见图 79，预测分析见表 30、表 31。

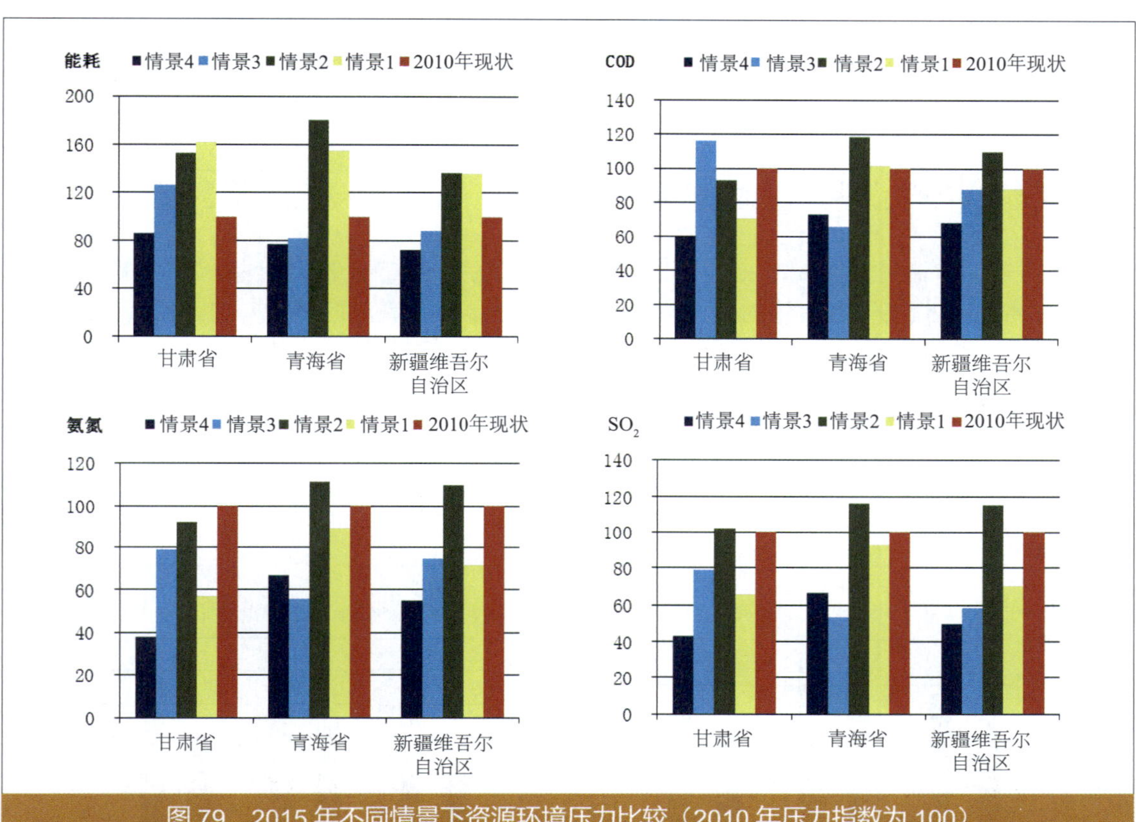

图 79　2015 年不同情景下资源环境压力比较（2010 年压力指数为 100）

表 30　2015 年不同情景下资源环境压力指数（2010 年压力指数为 100）

指标	区域	情景 1	情景 2	情景 3	情景 4
能源消耗总量	甘肃省	162	153	126	86
	青海省	155	180	82	77
	新疆	135	136	88	72
COD 排放总量	甘肃省	71	93	116	60
	青海省	101	119	65	73
	新疆维吾尔自治区	88	110	87	68
氨氮排放总量	甘肃省	57	92	78	38
	青海省	89	111	56	67
	新疆	71	110	74	55
SO_2 排放总量	甘肃省	66	102	78	43
	青海省	92	117	54	66
	新疆维吾尔自治区	70	115	58	50

表 31 2015 年不同情景下能源消耗、污染物排放总量预测分析

预测情景	资源环境效率	污染物排放总量
2010 年	能耗与全国 1996—2000 年水平持平；污染物排放绩效与全国 2006—2007 年水平持平	/
情景 1	资源环境利用效率与全国的差距保持在 2010 年与全国差距水平	能源消耗量、污染物排放量均较 2010 年现状有显著降低
情景 2	青海能耗指标、西北三省（区）污染物排放水平均与全国差距较现状扩大	增产增污
情景 3	青海、新疆资源环境效率与全国差距缩小，甘肃与全国差距扩大	除甘肃 COD 增产增污，其他指标实现增产减污
情景 4	资源环境效率与 2015 年全国水平持平	整体节能降耗、增产减污

按情景 1 和情景 4 测算，2015 年能源消耗量、主要污染物排放量均较 2010 年现状有显著降低。情景 2 代表正在实施的目标情景，按情景 2 测算，青海的单位 GDP 能耗、西北三省（区）的单位 GDP 主要污染物排放量与全国平均水平的差距将扩大。

2. 2020 年资源环境压力测算

2020 年不同情景下能源消耗量、主要污染物排放量压力指数测算见图 80，预测分析见表 32、表 33。

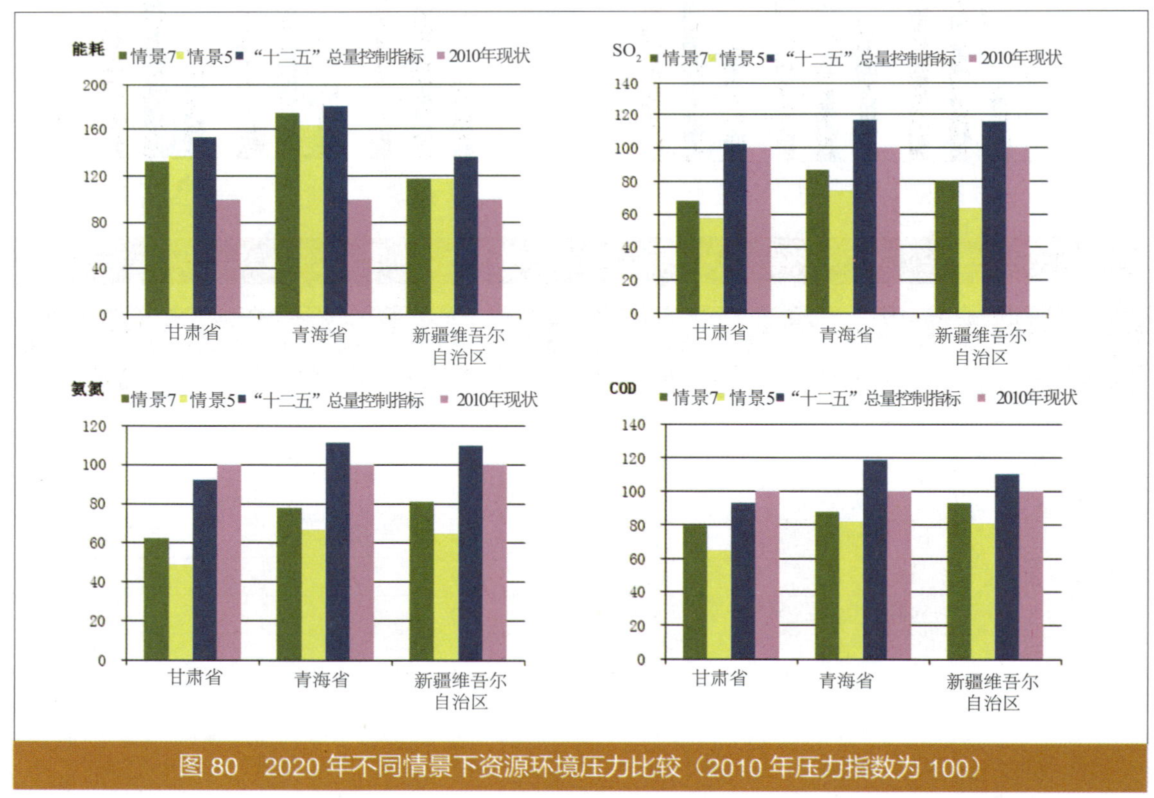

图 80 2020 年不同情景下资源环境压力比较（2010 年压力指数为 100）

表 32 2020 年不同情景下资源环境压力指数（2010 年压力指数为 100）

指标	区域	情景 5	情景 6	情景 7
能源消耗总量	甘肃省	137	153	132
	青海省	163	180	174
	新疆维吾尔自治区	117	136	117
COD 排放总量	甘肃省	65	93	79
	青海省	81	119	88
	新疆维吾尔自治区	81	110	93
氨氮排放总量	甘肃省	49	92	62
	青海省	67	111	78
	新疆省	65	110	81
SO_2 排放总量	甘肃省	57	102	68
	青海省	75	117	87
	新疆维吾尔自治区	64	115	81

表 33 2020 年不同情景下能源消耗、污染物排放总量预测分析

预测情景	资源环境效率	污染物排放总量
情景 5	资源环境利用效率与全国的差距不扩大，保持在 2010 年水平	2020 年污染物排放量低于 2015 年总量控制指标和 2010 年排放量，实现增产减污
情景 6	污染物排放水平与全国差距较 2010 年与全国差距扩大	2020 年污染物排放量维持在“十二五”总量控制指标，不增加
情景 7	资源环境利用效率与全国的差距较 2010 年有所扩大，维持在情景 2 下与全国的差距水平	2020 年污染物排放量较“十二五”总量控制指标和 2010 年排放量减少，实现增产减污

按情景 5 和情景 7 测算，2020 年西北三省（区）能源消耗量和主要污染物排放量均低于 2010 年实际能源消耗量和污染物排放量，即“十三五”时期将进入区域污染物排放总量降低、环境压力下降的阶段。在情景 7 下，与 2010 年相比较，西北三省（区）资源环境效率与全国平均水平的差距将呈拉大趋势。

按照上述 7 种资源环境效率情景测算，西北三省（区）在预期的经济总量发展目标下，若能坚持提高经济增长质量，保持资源环境效率与全国平均水平同步提升，2020 年能源消耗总量、主要污染物排放总量压力将比 2015 年、2010 年下降。西北三省（区）的产业发展应以提升资源环境效率为核心，以高新技术和信息化引领产业结构调整、升级改造，大力发展循环经济，引进先进生产工艺和技术装备，淘汰落后产能。

“十二五”期间国家分配给西北三省（区）主要污染物排放总量指标较 2010 年实际排放量有所增加，可能导致局部环境压力加剧。应当依环境承载能力优化产业布局，避免在资源环境超载区域大规模布局重化产业。按 2015 年西北三省（区）经济社会发展规模，以“十二五”国家主要污染物排放总量指标为约束进行测算，主要污染物排放控制水平与全国差距将进一步扩大。

未来十年，实现西北三省（区）经济社会发展目标，必须摒弃传统粗放式的发展方式，发挥要素成本低的相对优势，引进先进生产技术和管理，调整产业结构，依托资源优势，实施资源环境效率优先，走新型工业化、城镇化和农业现代化道路。

四、重化产业发展，特征污染物排放将使环境污染复杂化

重点产业向工业园区集聚。按照相关规划，到“十二五”末，西北三省（区）工业园区经济总量将大幅增长：甘肃省工业园区生产总值占全省的 22.5%，工业增加值占全省的 43.5%；青海省工业园区工业增加值占全省的 80% 以上；新疆维吾尔自治区（含兵团）工业园区工业增加值占全疆的 40% 以上。

图 81 西北三省（区）重点地区工业园区分布

目前，重点地区共有国家级工业园区 23 个、省级工业园区 49 个，有 3/4 的工业园区与城市毗邻或在城市建成区（图 81）。

在 72 个国家级和省工业园区中，约一半的工业园区以化工（含油气化工、盐化工、医药化工）、食品制造及农副产品深加工、有色金属冶炼加工（含电解铝）为主导产业，约 1/3 的工业园区以煤化工为主导产业，约 1/5 的工业园区以装备制造和新能源为主导产业，以建材为主导产业的工业园区占 2/5。

石油化工、煤化工、有色金属冶炼等重化产业排放的有机污染物和重金属种类繁多，具有环境中难降解、有毒有害特点，特征污染物排放环境污染严重，人群健康影响显著。由于工业园区与城市、城市群发展存在空间交织，重化工业向工业园区集聚、规模化发展，环境压力集聚工业园区的同时，将使乌鲁木齐—昌吉、独山子—奎屯—乌苏、兰州—白银、金昌、西宁等重点城市或城市群环境污染问题复杂化。

第二节 区域水资源承载力分析

未来十年，西北三省（区）水资源供需矛盾进一步突出，水资源超载持续，且超载压力向地下水超采转移，生态缺水严重、生态用水缺乏保障，传统粗放发展方式将导致相当大的生态代价。

一、需水总量增加，水资源供需矛盾突出

西北三省（区）需水量预测结果见表 34。2020 年重点地区水资源需求量较现状增加约

50 亿 m³，增长 20%；其中，黄河流域需水量增长 40.4%，内陆河地区增长 16.2%。预计 2020 年重点区域的万元 GDP 用水量将下降至 121.8 m³。“十二五”时期，伊犁河谷、兰州一白银经济区、陇东地区、西宁需水总量增长幅度较大，“十三五”时期，河西地区需水总量进入下降阶段。

表 34 西部三省（区）现状用水及需水量预测 单位：亿 m³

地区	2010 年用水量	2015 年需水量	2020 年需水量
兰州一白银经济区	25.1	29.61	33.76
陇东地区	6.2	8.12	9.58
西宁市	7.2	10.02	10.71
黄河流域小计	38.5	47.75	54.05
河西地区	75.2	78.89	71.25
柴达木试验区	9.09	10.5	11.18
天山北麓	67.5	68.78	69.12
吐哈盆地	20.1	20.92	21.03
伊犁河谷	40.22	68.09	73.88
内陆河流域小计	212.11	247.18	246.46
合计	250.61	294.93	300.51

预计河西地区 2020 年全社会需水总量下降至 71.3 亿 m³，农业需水量从 2010 年的 68.25 亿 m³ 下降到 2020 年的 61.15 亿 m³，占比从 2010 年的 90% 下降到 2020 年的 86%。预计天山北坡经济带 2020 年全社会需水总量增加至 164 亿 m³，农业需水量从 2010 年的 113.7 亿 m³ 增长到 2020 年的 138.2 m³，农业需水所占比重从 89% 降低到 84%，见图 82。

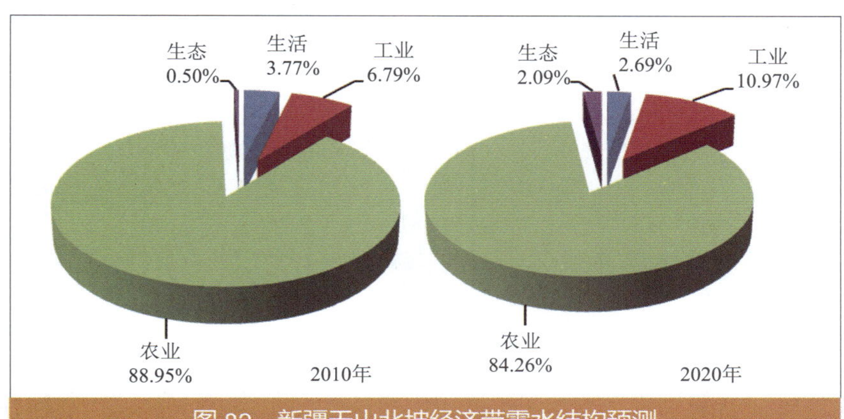

图 82 新疆天山北坡经济带需水结构预测

通过节水、开源和调水等工程措施，预计 2015 年西北三省（区）各种水源的可供水量为 296.5 亿 m³，2020 年各种水源总供水总量达到 299.19 亿 m³。结合区域需水量预测结果，预计 2020 年西北三省（区）重点区域大部分地区用水缺口仍较大，其中天山北坡经济带缺水 6.54 亿 m³，河西地区缺水 5.77 亿 m³，兰州一白银经济区缺水 9.74 亿 m³。按供水缺水率评估，2020 年黄河流域区的缺水率高达 25.4%，河西地区为 10.8%，天山北坡经济带为 4.0%（表 35）。

未来 10 年间，可采用的传统节水、开源以及调水工程措施依然无法保障区域经济社会发展用水供需平衡，必须进一步采取强化节水型社会建设、优化农业产业结构、限制高耗水产业规模等综合措施来缓解水资源供需矛盾。

表 35 西北三省（区）重点区域 2020 年水资源供需平衡分析

重点区域	需水量 / 亿 m³	供水量 / 亿 m³	缺水量 / 亿 m³	缺水率 /%
天山北麓	69.12	66.36	2.76	4.0
吐哈盆地	21.03	20.26	0.76	3.6
伊犁河谷	73.88	70.85	3.02	4.1
天山北坡经济带	164.03	157.47	6.54	4.0

重点区域	需水量 / 亿 m^3	供水量 / 亿 m^3	缺水量 / 亿 m^3	缺水率 /%
柴达木盆地	11.18	9.73	1.45	13.0
石羊河	22.78	20.31	2.47	10.8
黑河	35.21	32.81	2.40	6.8
疏勒河	13.27	12.37	0.89	6.7
河西地区	71.25	65.49	5.77	8.1
西宁市	10.71	9.08	1.63	15.2
兰州—白银经济区	33.76	24.29	9.47	28.1
陇东地区	9.58	7.15	2.43	25.4
黄河流域区	54.05	40.52	13.8	25.5

二、水资源持续严重超载

在天山北坡经济带，水资源超载区主要分布在人口相对稠密、经济社会相对发达的天山北麓中段、吐哈盆地和艾比湖水系等区域，地表水消耗量已超过可利用量，地下水开采量超过浅层地下水可开采量，在伊犁河流域，水资源具有一定开发潜力。

河西内陆河区 2010 年水资源已经超载，其中武威、金昌、嘉峪关超载严重。预计 2020 年全社会需水总量较 2010 年有所下降，水资源承载压力依然过大（1.36），其中，石羊河和黑河流域水资源承载压力达到 1.4 以上。

黄河流域区地表水资源利用主要受黄河分水指标限制。按国家分配用水指标计算，2010 年水资源已超载严重，2020 年水资源承载压力达到 2.0，兰州—白银经济区、陇东地区水资源承载压力均大于 2.0。见表 36。

表 36　西北三省（区）重点区域水资源承载压力分析

重点区域	可利用水资源量 / 亿 m^3		2020 年需水量 / 亿 m^3	水资源承载压力系数
	地表水	地下水		
天山北坡经济带	139.96	48.30	164.02	0.87
吐哈盆地	7.00	9.31	21.03	1.29
天山北麓	31.46	19.75	69.12	1.35
艾比湖水系	21.00	5.81		
伊犁河谷	80.50	13.43	73.88	0.79
河西地区	28.88	22.83	70.45	1.36
石羊河	7.71	8.17	22.78	1.43
黑河	15.56	9.57	35.21	1.40
疏勒河	5.6	5.09	13.27	1.24
柴达木盆地	15	18.24	11.18	0.34
黄河流域区	24.23	2.69	54.05	2.01
西宁市	4.79	2.29	10.71	1.51
陇东地区	4.27	0.19	9.58	2.15
兰州—白银经济区	15.17	0.21	33.76	2.20

目前，重点区域的大部分地区水资源开发利用已达到极限，用水潜力为“负增长”状态。按照预测的2020年全社会需水总量及其空间分布状况，伊犁河流域、柴达木盆地经济社会发展的用水需求总体上在水资源可承载范围，天山北麓和吐哈盆地，河西内陆河流域以及甘—青黄河流域超出水资源承载能力。

三、用水竞争激烈，生态用水难以保障

在水资源严重短缺的背景下，流域上中下游地区的用水竞争依然十分激烈，城镇生活、工业、农业、生态需水矛盾进一步突出，处于劣势的生态需水难以得到保障。

目前，西北三省（区）内陆河干旱区流域用水竞争主要表现为上中下游之间以农业灌溉为主的用水竞争，以及农业用水和生态用水的竞争，处于弱势的下游地区用水缺乏保障、生态用水被挤占，导致艾比湖流域、玛纳斯河流域下游、石羊河流域下游等地区付出生态严重退化的代价。

未来10年，在全面加快工业化、城镇化进程的大环境下，农业、工业、城镇生活需水处于增加态势，需水结构有所变化，农业依然是西北三省（区）用水大户。在保障生态用水基本需求的条件下，水资源承载压力普遍上升，农业和工业之间的用水竞争、经济发展用水和生态用水的竞争将进一步加剧。目前，农业用水量大、效率低、效益低，大力发展现代节水农业灌溉，控制农业用水总量持续增长，可缓解上下游地区用水矛盾、农业和工业之间的用水矛盾、社会发展用水和生态用水矛盾。未来10年中，在水资源超载严重的地区（如吐哈盆地、天山北麓中段），现代节水灌溉农业的发展直接影响到生态需水、农业需水保障。

有效控制经济社会需水总量的增长，对于生态保护和水资源可持续利用极为迫切。若不能将当地水资源的取水总量控制在“零增长”或“负增长”状态，由水资源过度开发利用导致的生态危机将长期难以缓解，并可能加剧，经济社会发展将可能付出相当大的生态代价。

应将水资源作为产业布局和经济社会发展的战略性资源进行管理，要重视水资源的合理配置、高效利用，更要重视产业结构的调整，进一步加快发展现代节水灌溉农业、加快建设节水型工业和节水型社会，逐步扭转水资源短缺的压力。

第三节　流域水环境承载力分析

一、水环境承载压力降低，河流水环境容量有限

在西北三省（区）资源环境效率与全国平均水平的差距不扩大的条件下，2020年西北三省（区）主要污染排放量预测结果见图83，COD、氨氮排放总量将有较大幅度下降，水环境承载压力下降。

2010年黄河流域区主要河段水环境承载状况见表37。黄河干流甘肃段处于水环境可承载状态，主要支流湟水河、泾河处于水环境超载状态。目前污染较重，水质较差的泾河水系和湟水水系现状污染物入河量已经远远大于承载能力，水污染治理任务相当艰巨。通过提升

表 37　2010 年黄河流域主要河段水环境承载状况　　单位：万 t/a

受纳水体	COD		氨氮	
	现状入河量	允许入河量	现状入河量	允许入河量
黄河干流甘肃段	4.83	41.49	1.21	1.42
泾河水系	2.79	0.85	0.26	0.04
湟水水系	3.36	1.36	0.35	0.07

工业废水控制绩效、城市生活污水处理能力等措施，2015年可实现入河污染物总量减少，水环境承载压力下降，黄河干流甘肃段处于水环境可承载状态，湟水河和泾河依然处于水环境超载状态。

在湟水河流域、泾河流域的西宁河湟谷地和陇东地区是西北三省（区）经济发展的重点地区之一，水环境容量相对较小，水环境质量对经济发展制约明显（表 38），需要研究探讨差别化的水污染控制策略。

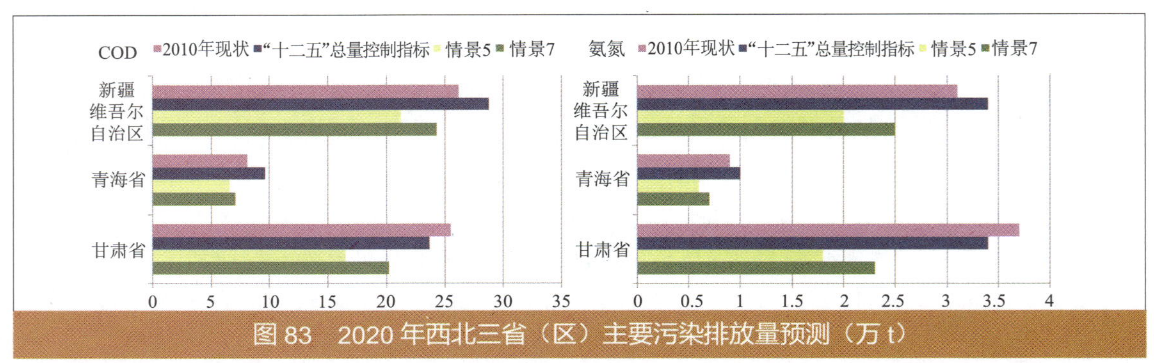

图 83　2020 年西北三省（区）主要污染排放量预测（万 t）

表 38　2015 年黄河流域主要河段水环境承载状况　　单位：万 t/a

受纳水体	COD		氨氮	
	2015 年入河量	允许入河量	2015 年入河量	允许入河量
黄河干流甘肃段①	3.48	41.49	1.16	1.42
泾河水系②	2.49	0.85	0.22	0.04
湟水水系③	2.99	1.36	0.28	0.07

注：①工业排污绩效提高 10%；生活污水处理率 85%，COD、氨氮去除率 75%、80%；
②工业排污绩效提高 50%；生活污水处理率 85%，COD、氨氮去除率 75%、80%；
③工业排污绩效提高 20%；生活污水处理率 85%，COD、氨氮去除率 75%、60%。

二、内陆河水环境受损严重，缺乏水环境承载能力

内陆河流域水资源过度开发、水资源消耗向干流中游集中，加剧了河流化学污染程度，导致下游河道流程变短、断流，河流水环境自净能力大幅降低，甚至完全丧失。

由此赋予水文情势评价权重 0.6，赋予化学状况评价权重 0.4，加权得到综合评价分数，依此评价河流受损程度及可修复性，河流水环境受损程度分级及内陆河流域河流受损状态评估见表 39 和表 40。

表 39　河流水环境受损程度分级

影响程度	未受损或轻微受损	轻度受损	中度受损	重度受损	严重受损
可修复性	易	较易	中等	难	极难
分值	90 ～ 100	80 ～ 90	60 ～ 80	40 ～ 60	0 ～ 40

表 40 内陆河流域河流受损状态评估

水体物理状况得分		河流水文情势评价				化学状况评价		综合评价		
		物理受损	水资源利用率得分	水文情势综合得分	化学现状评价得分	水质受损程度	综合得分	受损程度	可修复性	
黑河水系	黑河干流	70	流量减少，地下水漏斗区扩大，形成新地下水漏斗区	52	61	99.2	未受损	76	中度	中等
	山丹河	65	间歇性断流	52	59	34.4	重度受损	49	重度	难
	北大河	65	间歇性断流	0	33	100	未受损	60	中度	中等
石羊河水系	石羊河	30	下游断流，河道束窄严重，大部分河段丧失基本功能	0	15	56.1	中度受损	31	严重	极难
	金川河	30	永昌县南泉、北泉及北海子大部分泉眼干涸，泉水断流	0	15	100	未受损	49	重度	难
疏勒河水系	党河	80	下游流量减少，月牙泉水位下降	35	58	100	未受损	75	中度	中等
	疏勒河	90	下游流量减少	35	63	100	未受损	78	中度	中等
	哈勒腾河	95	流量较稳定	35	65	100	未受损	79	中度	中等
	石油河	65	间歇性断流	35	50	52.4	中度受损	51	重度	难
格尔木诸河	格尔木西河	95	流量较稳定	35	65	78.4	轻度受损	70	中度	中等
	格尔木东河	75	流量减少、偶有断流	100	88	94.2	未受损	90	轻微	易
	那棱格勒河	90	下游流量减少	100	95	99	未受损	97	轻微	易
巴音郭勒河		90	下游水量减少	68	79	100	未受损	87	轻度	较易
艾比湖水系	奎屯河	30	下游断流，中、下游修建水库，至 20 世纪 70 年代末已没有水输入艾比湖，近年湖区湿地有所恢复	86	58	84.4	未受损	69	中度	中等
天山北麓中段	玛纳斯河	30	下游断流，生态平衡遭到极大的破坏	0	15	81.8	未受损	42	重度	难
	水磨河	95	水量较稳定	0	48	25	重度受损	39	严重	极难
	乌鲁木齐河	70	水库截水和干渠引流，枯水期基本干涸，平水期流量小	0	35	71.5	轻度受损	50	重度	难
吐哈盆地	白杨河	70	水量减少，下游艾丁湖基本干涸	0	35	100	未受损	61	中度	中等
伊犁河谷	伊犁河	65	水资源不合理利用，部分河段河滩裸露	97	81	75	轻度受损	79	中度	中等

内陆河流域河流受损相对较严重。除格尔木内流河和伊犁河水资源开发利用率在 40% 的警戒线以下外，其余河流的开发利用均已超过警戒线。石羊河水系、天山北麓中段、吐哈盆地和黄河干流兰白段水资源开发利用率均超过了 100%。由于不合理的开发利用，石羊河、奎屯河、玛纳斯河下游河道断流，物理受损最严重。

石羊河受人类活动影响最大，20 世纪 50 年代开始大规模修建水利工程，特别是上游山区水库和红崖山水库的修建，水资源过度开发利用，使石羊河干流上游段基本断流，下游（红崖山水库至青土湖）段完全断流，青土湖干涸消失，大部分河段来水不能维持生态环境所需的最小径流量，已丧失河道基本功能。河流污染严重，防治困难，可修复性极难。

水磨河开发利用率过高，受耗氧类、营养盐类、细菌类等污染物的影响，河流水质严重受损，且没有好转趋势，水质复合污染严重，可修复性极难。

山丹河、金川河、石油河、玛纳斯河和乌鲁木齐河水资源过度开发，出现不同程度的断流，总体受损程度为重度，可修复难度大。

第四节　大气环境承载力分析

一、大气环境容量

采用 A 值法测算，西北三省（区）SO_2 环境容量为 411.3 万 t，NO_x 环境容量为 384.9 万 t，见表 41。2010 年西北三省（区）SO_2、NO_x 排放总量分别为 127.5 万 t、100.6 万 t，总体处于大气环境容量安全状态；剩余安全余量分别为 339 万 t、359.2 万 t，尚有约 70% 的安全余量。

重点区域 SO_2 环境容量为 231.3 万 t，NO_x 环境容量为 201.4 万 t，2010 年 SO_2、NO_x 排放总量分别为 100.6 万 t、76.2 万 t，剩余容量约占环境容量的 55% ～ 60%。

表 41　西北三省（区）大气环境容量与剩余容量　单位：万 t

区域	环境容量		2010 年排放量		剩余容量	
	SO_2	NO_x	SO_2	NO_x	SO_2	NO_x
西北三省（区）	411.25	384.89	128.37	100.56	282.88	284.33
甘肃省	111.08	105.68	55.18	29.18	55.90	76.50
青海省	85.26	68.79	14.34	11.01	70.92	57.78
新疆维吾尔自治区	214.91	210.32	58.85	60.37	156.06	149.95
西北三省（区）重点区域	231.32	201.38	100.58	76.15	130.74	125.23
甘肃重点区域	81.56	69.10	48.14	24.48	33.42	44.62
青海重点区域	59.24	45.66	11.77	9.20	47.47	36.46
新疆重点区域	90.52	86.62	40.67	42.47	49.85	44.15

二、重点城市大气环境承载压力处于预警区域

1. 局部地区大气环境超载

采用大气环境承载率指数（AELRI）表征大气环境承载状态。大气环境承载率指数即大气污染物排放量与大气环境容量的比值，见表 42。

表 42　区域大气环境承载率分级

级　别	AELRI	承载能力	预警调控分类	发展对策
1	＜0.7	有较大的环境承载能力	优先发展	—
2	0.7～0.8	尚有一定的环境承载能力	适度发展	增产不增污
3	0.8～1.0	环境承载力已趋于饱和	优化发展	增产减污，1.5～2.0 倍减排替代
4	＞1.0	已超过环境承载能力	控制发展	增产减污，2.0 倍以上减排替代

西北三省（区）总体上大气环境承载力压力不大，大部分城市均有较多剩余环境容量。目前，大气环境承载力趋于饱和或超载局限在少数城市，嘉峪关的 SO_2 和 NO_x、白银的 SO_2、乌鲁木齐的 NO_x 已接近承载力；金昌、兰州的 SO_2 超载（图 84）。

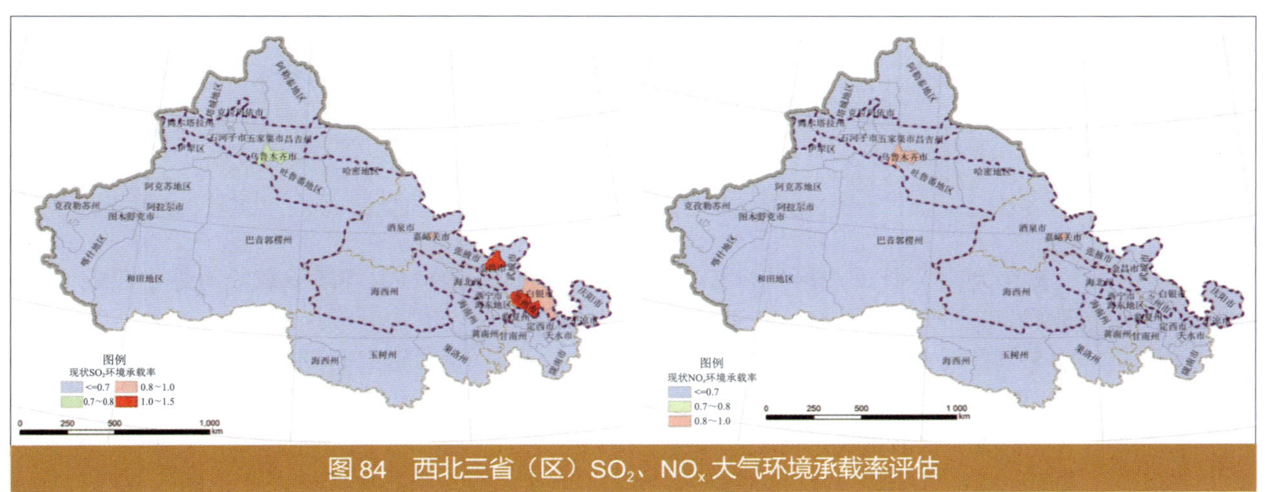

图 84　西北三省（区）SO_2、NO_x 大气环境承载率评估

2. NO_x 成为大气环境主要超载因子

按行业现有技术水平测算，“十二五”时期化工、火电、有色冶炼等高载能产业的发展，将导致区域大气污染物排放总量增加，尽管区域内各省区将实施大力度的“十二五”减排，但污染物排放总量仍呈增加趋势，尤其是 NO_x 排放总量增幅显著。

随着工业集聚、园区化发展，以及新兴重化产业基地布局，区域 SO_2、NO_x 排放量的空间分布变化较大。一是在传统高能耗重工业集聚区，如兰州、金昌、白银、乌鲁木齐地区通过新辟发展空间、重新布局大气污染源和采取大力度减排措施，污染物排放量增量较小甚至出现一定减量；二是在重化工业集中布局的新兴发展区，如新疆维吾尔自治区的伊犁、昌吉、

石河子、吐哈地区，甘肃省的平庆地区、酒泉、武威地区，青海省的海西州等地，SO_2 和 NO_x 都将有大幅度增加。重点产业发展带来的大气承载状态的变化见表 43。

表 43 西北三省（区）大气环境综合承载率评价

省（区）	地区	2010 年环境承载率		2015 年环境承载率		2020 年环境承载率	
		SO_2	NO_x	SO_2	NO_x	SO_2	NO_x
甘肃省	兰州市	1.01	0.67	0.57	0.85	0.57	0.85
	白银市	0.87	0.61	0.57	0.39	0.57	0.39
	金昌市	1.19	0.63	0.79	0.60	0.79	0.60
	武威市	0.53	0.22	0.90	0.55	0.90	0.55
	酒泉市	0.25	0.10	0.51	0.65	0.59	0.76
	嘉峪关市	0.89	0.93	0.25	0.82	0.25	0.82
	张掖市	0.38	0.20	0.33	0.36	0.33	0.36
	平凉市	0.46	0.44	0.81	1.10	0.98	1.43
	庆阳市	0.09	0.04	0.71	0.67	0.98	0.94
青海省	西宁市	0.47	0.44	0.33	0.31	0.41	0.39
	海西州	0.08	0.10	0.15	0.36	0.26	0.65
新疆维吾尔自治区	乌鲁木齐市	0.71	0.93	0.53	0.62	0.53	0.62
	昌吉州	0.45	0.49	0.95	1.19	1.09	1.34
	吐鲁番市	0.18	0.22	0.29	0.53	0.33	0.62
	哈密市	0.39	0.24	0.70	1.04	0.86	1.34
	石河子市	0.63	0.71	0.96	1.49	0.97	1.57
	克拉玛依市	0.32	0.37	0.21	0.21	0.23	0.21
	伊犁州	0.21	0.25	0.70	0.93	0.98	1.32
西北三省（区）合计		0.31	0.21	0.35	0.40	0.40	0.48

未来 10 年，预计重点区域将有约 1/3 的地市级城市的 NO_x 环境承载能力处于超载状态，主要超载城市有平凉、昌吉、哈密、石河子、伊犁。

2015 年各地市级城市的 SO_2 环境承载均未超载，“十二五”时期将实现区域 SO_2 环境空气质量改善的目标。未来 10 年，现状 SO_2 超载严重的兰州、金昌等城市环境承载率均有所降低，处于 SO_2 环境承载不超载状态。

大气环境容量超载和承载率接近临界值的地区，要重点实施优化产业布局，调整产业结构，加强大气污染物“工程减排”。

第五节 区域生态安全的空间约束

一、区域生态安全格局

在国家生态安全战略层面上，西北三省（区）担负保护和建设“三江源”、甘南黄河和“两江一水”水源涵养和补给功能，保障长江、黄河、澜沧江上游源区生态安全的历史使命；担负欧亚大陆桥（包括西部油气能源通道）沿线防风固沙屏障建设和保护、维护国家能源安全的艰巨重任。在区域生态安全战略层面上，需要加强天山、阿尔泰山和祁连山山地水源涵养和生物多样性功能保护和建设，需要遏制艾比湖流域风沙危害加剧、维护玛纳斯湖湿地阻挡风沙东进和阻止古尔班通古特沙漠南侵的功能、阻止准噶尔南缘土地沙化和荒漠化加剧、阻止石羊河下游巴丹吉林沙漠和腾格里沙漠合拢南下，保障内陆河绿洲稳定，改善人居生存环境空间。

1. 区域生态敏感性与重要性评估

沙漠化敏感性评估分区。西北地区沙漠化极敏感区面积为 10.1 万 km^2，主要分布在准噶尔盆地、塔克拉玛干沙漠边缘、吐鲁番盆地、巴丹吉林沙漠和腾格里沙漠边缘、柴达木盆地北部等地。沙漠化高度敏感区包括天山南脉至塔里木河冲洪积平原、古尔班通古特沙漠南部、疏勒河北部、柴达木盆地南部。重点地区沙漠化极敏感区分布于河西经济区的金昌和武威地区、柴达木盆地和河西走廊的交界地带以及天山北坡昌吉州北部地区，高度沙漠化敏感区主要分布在柴达木盆地东部，另外在兰州—白银经济区和天山北坡经济带也有少量地区是高度沙漠化地区，见表 44。

表 44 西北三省（区）生态极敏感和高度敏感区统计

生态敏感性	分级	西北三省（区）		重点地区	
		面积 / 万 km^2	比例 /%	面积 / 万 km^2	比例 /%
沙漠敏感性	极敏感	10.1	6.7	6.1	6.9
	高度敏感	18.3	7.4	8.2	9.3
水土流失敏感性	高度敏感	3.45	1.25	0.91	1.02
	极敏感	9.64	3.50	3.21	3.61

水土流失敏感性评估。西北三省（区）水土流失极敏感区域面积为 9.64 万 km^2，占国土面积的 3.5%；高度敏感区面积为 3.45 万 km^2，占国土面积的 1.25%。主要分布在秦巴山地，黄土高原以及天山山脉、昆仑山脉局部零星地区。在重点地区中，甘肃陇东南水土流失严重，基本上处于水土流失极敏感地区，兰州—白银地区东部处于水土流失极敏感和高度敏感区域，天山北坡经济区的中部也有少量水土流失高度敏感区域。

水源涵养重要性评估。西北三省（区）的水源涵养重要区和极重要区面积为 38.53 万 km^2，重要区面积为 57.68 万 km^2，分别占西北三省（区）国土面积的 14.0% 和 20.96%，主要集中分布在青海三江源地区、阿尔泰山脉、天山山脉、昆仑山脉西段和祁连山山脉。在重点地区中，水源涵养重要区和极重要区主要集中分布在天山山脉和祁连山山脉。重点区水源涵养重要区和极重要区的面积占重点地区国土面积的 22.5%，支撑着中游广大绿洲及其下游的经济发展和生态保育，见表 45。

防风固沙重要性评估。西北地区的防风固沙极重要区和重要区面积为 36.7 万 km^2，占西北三省（区）国土面积的约 13.4%，主要集中分布在河西走廊、天山北坡、环塔里木盆地及柴达木盆地周边等区域。在重点地区中，防风固沙极重要区和重要区面积为 18.7 万 km^2，占重点地区国土面积的 21.2%，主要集中分布在河西走廊、天山北坡和柴达木盆地周边地区。

生物多样性保护重要性评估。西北地区的生物多样性保护极重要区和重要区面积为73.96万 km^2，占西北三省（区）国土面积约26.9%，主要集中分布在三江源、阿尔金山、祁连山、柴达木盆地南缘的昆仑山及陇东南的西秦岭等地区。在重点地区中，生物多样性保护重要区面积为18.09万 km^2，占重点地区国土面积的20.5%，主要集中分布在祁连山和柴达木盆地周边地区，没有生物多样性保护的极重要区。

表45 西北三省（区）生态功能极重要和重要区统计

生态功能重要性	分级	西北三省（区）		重点地区	
		面积/万 km^2	比例/%	面积/万 km^2	比例/%
水源涵养重要性	极重要区	38.53	14.0	3.38	3.8
	重要区	57.68	21.0	16.49	18.6
防风固沙重要性	极重要区	21.65	7.9	9.0	10.2
	重要区	15.05	5.5	9.70	11.0
生物多样性保护重要性	极重要区	3.73	1.4	0.0	0.0
	重要区	70.23	25.5	18.09	20.5

2.“四屏一环一带”区域生态安全格局

根据现状生态环境服务功能评估以及生态安全在保障经济社会可持续发展中的战略地位，西北三省（区）需要构建“四屏一环一带”的区域生态安全格局，见图85、图86。

“四屏”：指阿尔泰山、天山、祁连山和三江源—甘南黄河四个生态安全屏障，主要生态功能为水源涵养。其中天山、祁连山生态屏障位于西北三省（区）重点区域内，天山生态屏障还具有生物多样性保护和土壤保持等功能，祁连山生态屏障还具有生物多样性保护等功能。阿尔泰山和三江源—甘南黄河位于西北三省（区）重点区域外，其中阿尔泰山的水源涵养功能对于额尔齐斯河调水具有重要作用，是支撑未来天山北坡（含准东）持续发展的重要基础；三江源—甘南黄河对于黄河、长江、澜沧江中下游社会经济的发展至关重要。

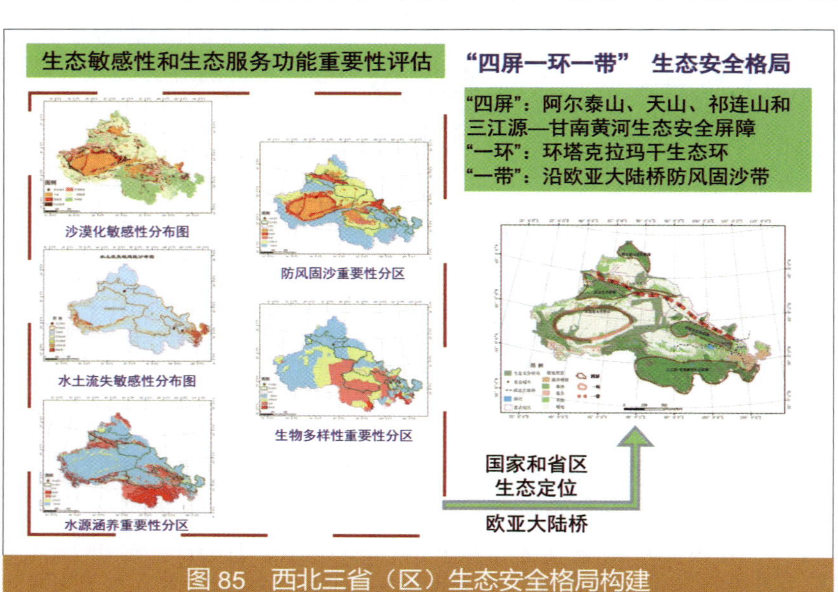

图85 西北三省（区）生态安全格局构建

“一环”：指环塔克拉玛干生态环，主要生态功能为防风固沙，由塔里木河防风固沙、水源涵养和土壤保持生态屏障与阿尔金山防风固沙、生物多样性保护和土壤保持屏障两部分组成。

“一带”：指沿亚欧大陆桥带，西起阿拉山口东至河西走廊的防风固沙带，也是人口集中分布、产业聚集发展的人工绿洲集中分布带，其中农田防护林网及外围天然绿洲、内陆河中下游的湖泊、湿地、自然保护区等具有重要的防风固沙和生物多样性保护功能。“一带”串联艾比湖、疏勒河下游、黑河中游、石羊河下游等关键生态节点，是防风固沙带的关键保护和建设区域，对于维护“一带”的防风固沙功能具有重要作用。

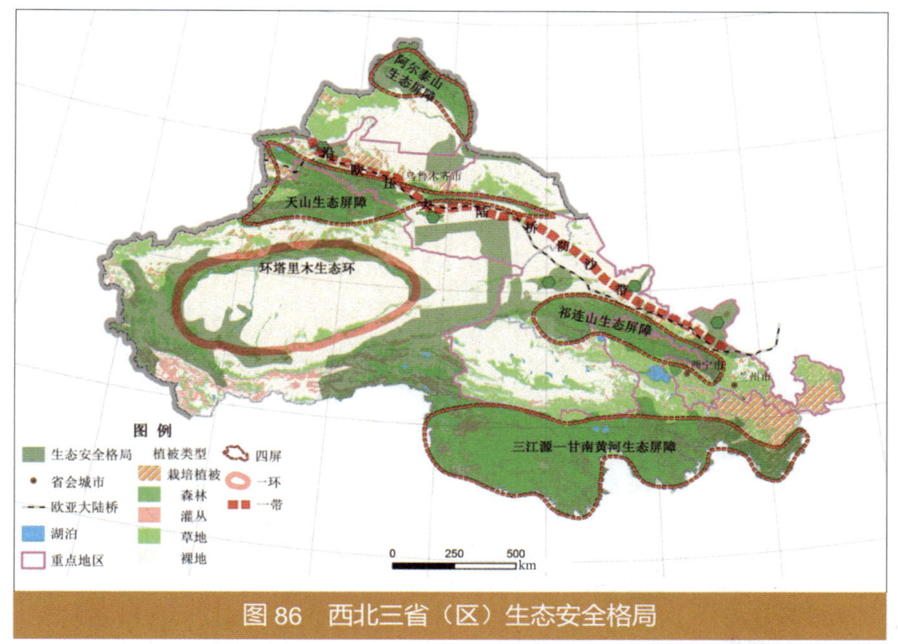

图 86 西北三省（区）生态安全格局

二、区域生态安全的空间管控

1. 区域生态空间制约

西北三省（区）工业化、城市化和农业发展过程中，人类活动空间不断扩张，社会经济用水量不断增加，而生态用地和生态用水被挤占，自然生态空间减少。在空间上，一些区域的自然生态空间得到逐步恢复，而另一些区域的社会经济发展可能面临较大的生态空间约束。

三江源、甘南黄河、天山、祁连山、阿尔泰山生态保护和建设不断得到加强，生态空间被挤占的情况正在逐步得到缓解。国家为保障三江源和甘南黄河对中下游水源的补给，提高了生态保护和建设的要求，正在逐步恢复扩大生态空间，对该区域采矿、采药等人类活动和产业发展空间有一定的制约。阿尔泰山作为未来天山北坡重要的水源补给区域，生态空间保护要求高，矿业、牧业和旅游业以不压缩现有生态空间为前提。

内陆河中游人工绿洲区工业和城市以及农业发展受下游湖泊湿地等自然生态空间保护制约。为保障下游湖泊、湿地、自然保护区等，需要适度控制中游人工绿洲区的工业、城市和农业发展规模，保障下游生态用水，维护下游以湖泊湿地为中心的自然生态空间安全。

内陆河下游尾闾湖泊和湿地的生态空间维持依赖于中游下泄水量的支持，部分湖泊湿地的生态空间保护有赖生态补水甚至跨流域调水解决。

资源开发利用、城市化、基础设施建设等导致的生态空间减少，需要进行异地生态空间补偿性保护和建设，实现生态空间总量的增加和整体质量的提升。

控制农业用地增长甚至减少农业用地和用水规模，可为破解区域生态空间制约提供重要途径。

2. 区域生态空间管控要求

区域生态安全的空间管控基本目标是实现“三不”：即保障自然保护区面积不减少、天然林面积不减少、天然湿地不萎缩。

严格自然保护区的保护要求，提升各类自然保护区的管护水平；加强山地森林和林草交错带抚育、管护，控制山地森林林线上升；加强水资源合理配置和统一管理，逐步弥补生态用水，保障重要湿地和在内陆河干旱区继续实施退耕还林还草，严格限制垦荒，遏制耕地向荒漠边缘延伸。

（1）“储水于山”，将水源涵养重要区保护置于最优先位置

加强天山山地水源涵养重要区的保护。天山水源涵养功能保护与阿尔泰山水源涵养生态功能区、祁连山冰川与水源涵养生态功能区同等重要，建议将其纳入国家生态保护战略；建议在《新疆维吾尔自治区生态环境功能区划》中划定的天山山地水源涵养区保护面积基础上，增加以林草交错带为主的水源涵养保护面积 3.7 万 km^2，加强伊犁河流域、天山北坡、天山南坡、东天山林草交错带的保护，阻止山地林线上升（图 87）。

加强祁连山水源涵养功能重要区的保护。建议增加以林草交错带为主的水源涵养保护面积 0.23 万 km^2，将祁连山水源涵养功能区的面积扩大至 8.23 万 km^2（图 88）。

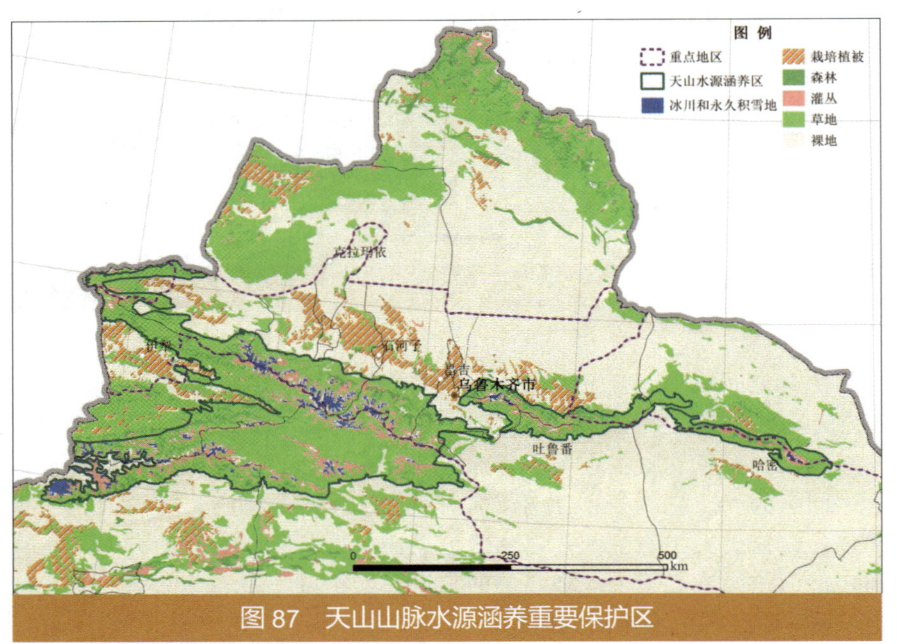

图 87 天山山脉水源涵养重要保护区

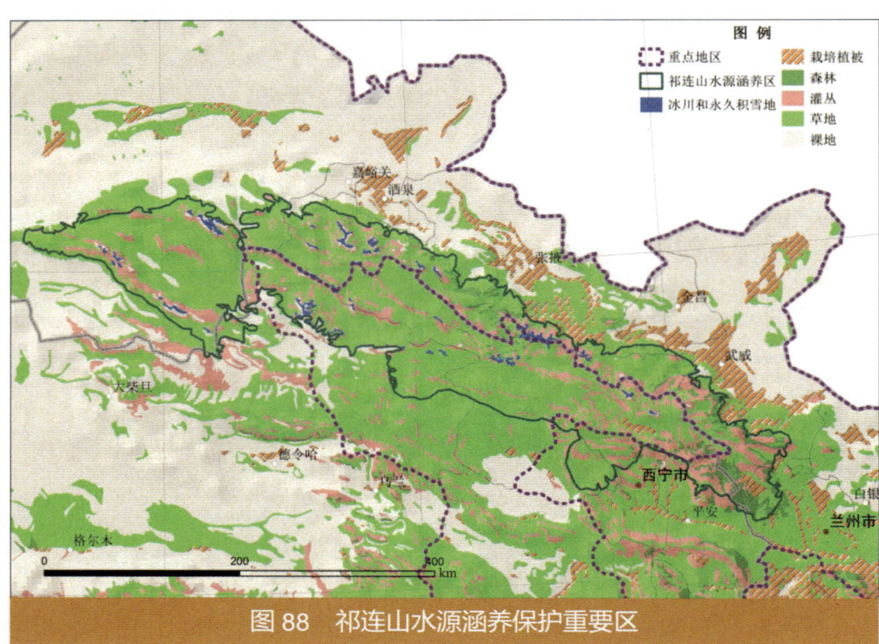

图 88 祁连山水源涵养保护重要区

天山（含伊犁河上游）、祁连山（含大通河源区）的采矿和放牧必须服从于水源涵养功能保护。加快天山和祁连山煤矿、有色金属矿、铁矿等矿山整合与关闭，降低矿产资源开发强度、压缩矿产开采分布空间；通过以草定畜、山区生态移民等，逐步收缩山区畜牧业和人类活动干扰强度；有序发展生态旅游和生态畜牧业。

（2）“涵水于漠”，提升绿洲与荒漠过渡带的防风固沙功能

提升天山北坡与柴达木盆地绿洲与荒漠过渡带的防风固沙功能。将天山北坡与柴达木盆地绿洲与荒漠过渡带纳入防风固沙带建设，与国家生态安全格局中的北方防风固沙带有机结合，构成天山北坡—吐哈盆地—河西走廊防风固沙带防风固沙格局（图 89）。

“防风固沙带”中的艾比湖、疏勒河下游、黑河中下游和石羊河下游处于“西沙东进”三大通道，是防风

固沙较为薄弱环节，也是防风固沙功能保护和建设的关键地区（图 90）。

建议实施防风固沙生态保护优先战略，科学合理配置艾比湖流域、玛纳斯河流域、疏勒河流域、黑河流域和石羊河流域的水资源开发利用和土地资源开发，保障尾闾湖泊湿地生态用水。

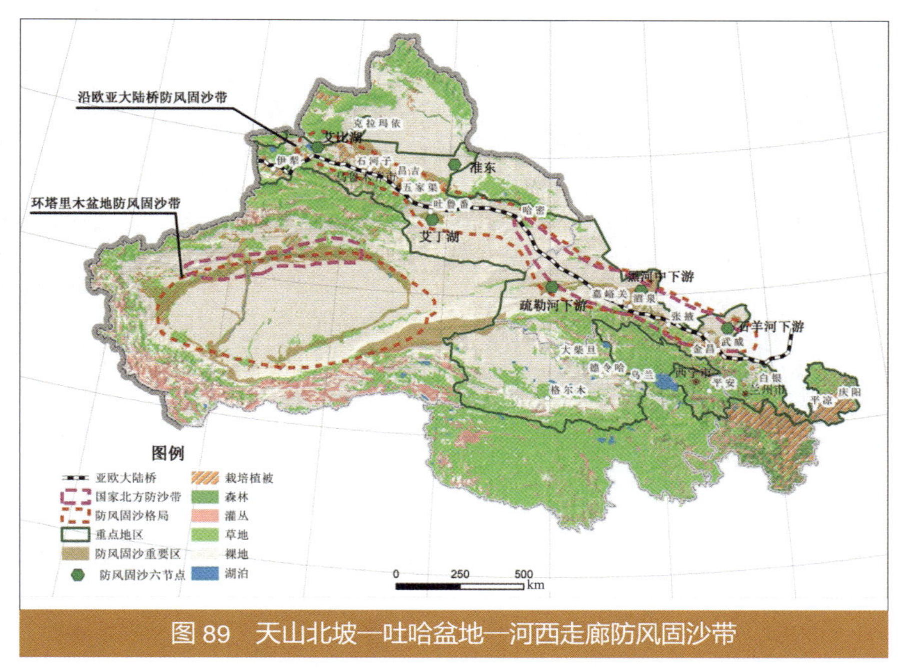

图 89 天山北坡—吐哈盆地—河西走廊防风固沙带

艾比湖流域近期通过控制耕地增长，发展现代节水灌溉农业，实现入湖水量不减少或略有增加，中远期通过跨流域引水战略，实施生态补水。玛纳斯河流域要强化水资源统一管理，合理配置水资源，限制地下水超采，保障玛纳斯河中下游河水畅流，不间断地对流域中游湿地和下游玛纳斯湖进行生态补水；黑河流域优先保证正义峡下泄水量，实现居延海生态持续恢复；石羊河流域合理配置中、下游水资源，优先保证蔡旗断面下泄流量，严格限制地下水超采，实现民勤绿洲面积稳定。

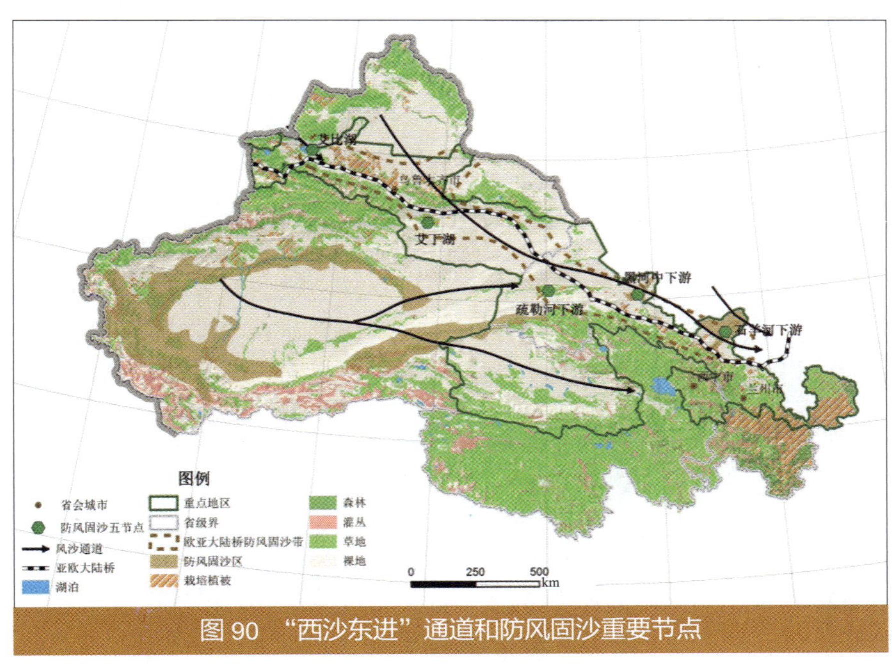

图 90 “西沙东进”通道和防风固沙重要节点

第六章

发展战略的主要环境影响与风险

第一节　水环境影响风险分析

一、水环境风险的空间分布特征

黄河流域的水环境风险主要集中在以西宁为中心的沿湟经济带，一方面大通河引水战略实施将导致湟水河下游天然径流过程显著变化和径流总量下降；另一方面，人口集聚、工业高速增长将导致区域用水量和湟水河的纳污水量明显增加，湟水河中下游存在水环境质量明显下降的风险；湟水河年径流量占黄河年径流量的 10% 左右，湟水河入黄河后对黄河水质的影响较小，黄河流域上游地区水环境质量下降的风险局限在湟水河流域。

伊犁河流域面临水环境质量急剧下降的风险。水环境质量风险主要来源于 3 个方面：一是农业用水快速增加，区域水资源开发利用将达到 40% 以上；二是艾比湖生态恢复依赖于从伊犁河引水；三是国家重要的煤炭能源基地布局战略，将激发以煤化工为重点的高耗水重污染产业发展热潮。国家粮食安全后备基地战略、伊犁河引水改善艾比湖流域生态环境战略、国家煤炭基地和煤炭资源综合利用战略的协调极其重要。

图 91　西北三省（区）潜在的流域水环境风险特征

内陆河的水环境风险集中在天山北麓中段诸河流域和河西三大流域。天山北麓中段诸河流域主要是水资源严重超载、河流物理受损以及持久性有机污染物和重金属污染物加剧，在河西三大流域表现为水资源严重超载和主要河流物理受损。见图 91。

二、黄河流域水环境风险

在黄河流域兰州—西宁—格尔木重点经济区水污染压力主要表现在西宁河湟谷地。水环境风险主要表现在两个方面：一是沿河布局的化工园区发展增加了水环境风险并带来复合型污染；二是大通河引水战略导致湟水河下游自净能力下降，水污染负荷增加和水污染复杂化。

黄河流域内的兰州—白银经济区与西宁河湟谷地园区主要沿河流布局，且多布置在河流上游，污染物的排放与突发事故的发生不仅会影响城市水环境，而且会给整个流域带来环境风险。按照西部大开发战略，在兰州—西宁—格尔木经济区将形成全国重要的新能源、盐化工、石化、有色金属和农畜产品加工产业基地，区域性新材料和生物医药产业基地。西宁市与海东地区共布局有 9 个工业园区，由于部分园区按照一园多区的模式发展，若以子园区计则高达 14 个。其布局情况见图 92。

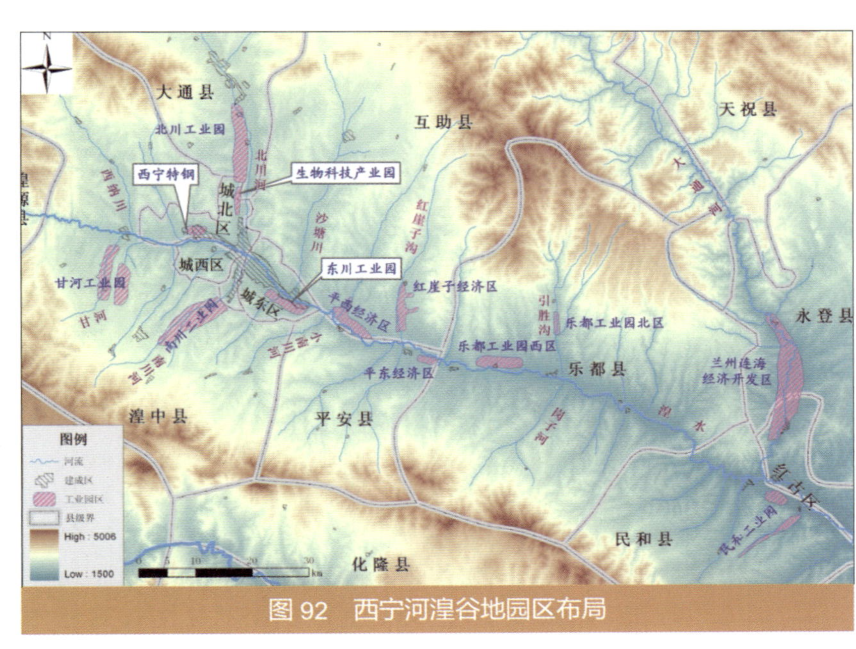

图 92 西宁河湟谷地园区布局

沿湟工业发展增加水环境复合型污染的风险。“十一五”期间流域内新扩建了一些有色金属冶炼、多晶硅、氯碱化工、煤焦化等产业。“十二五”期间，流域的这些产业仍将持续发展，水污染治理和环境风险防范工作将更加艰巨。特别是对沿湟铬渣、重金属、持久性有机污染物、危险化学品等有毒有害物质污染的防控压力增大。

湟水河流经青海省工农业最集中的地区，也是“十二五”城镇化工业化快速地区，湟水河（西宁段）近年来受生活工业排水影响水质已经明显变差。大通河是湟水河第一大支流，多年平均 28 亿 m^3 水量入湟。按照区域水资源配置战略，在大通河上游建设一批引水工程，约 18 亿 m^3 的水将调出湟水河流域，大通河对湟水河的水污染稀释能力明显降低。实施大通河引水后，湟水河汇入黄河流量降低为 21 亿 m^3，占黄河年径流量的 10% 左右。在湟水河保持在Ⅴ类水质的情况下，对黄河干流的影响依然较小，引水导致的水环境质量下降的风险局限在湟水河流域。

目前西宁河湟谷地生活污水产生量大幅增长，加之流域内污水收集率低、处理率低、污水处理厂正常运转效率低、城镇污水回用率低及污水处理标准低，氨氮已成为主要污染指标，且流域内尚未实施生活污水再生回用，重点企业废水达标率不足 80%，已造成 COD 和氨氮水环境容量严重超载。水污染负荷预测显示，由于人口集聚和工业增度过大，“十二五”时期西宁河湟谷地工业水污染排放效率方能达到“十一五”末的全国平均水平，工业污染负荷仍呈增加趋势，生活污水收集处理效率达到“十二五”规划目标下，氨氮的排放较现状仍然增加，水环境压力增大。

湟水河流域的水污染治理仍将是青海省环保工作的重点，需要加强实施水污染治理工程，加大水环境风险防范管理力度；在“十二五”期间尤其要加强市政和工业园区污水处理设施建设，以及现有污水处理设施进行提标改造，解决氮磷去除问题。

三、伊犁河流域存在战略性水环境风险

伊犁河流域面临水资源开发超出安全警戒线、水环境质量急剧下降的风险。风险来源于农业需水快速增加、伊犁河流域向外生态补水导致流域水资源可利用量减少、以煤炭能源转化为重点的高耗水重污染产业快速发展的三大影响效应叠加。

伊犁河年径流量 165 亿 m^3，是新疆水资源最丰富的河流，也是重要的国际河流。目前水质情况分别为 II、II、I 类，水质情况良好。流经的伊犁河谷地区农业用水有效利用系数为 0.39，预计 2020 年达到 0.47，属于全疆节水灌溉发展最滞后的地区，与全疆平均农业节水相比落后 10 年（新疆 2010 年农业用水有效利用系数水平为 0.47）。该地区作为国家粮食安全后备基地、新疆水土开发的重点地区，预计 2020 年耕地面积达到 90 万 hm^2，农业用水量较现状年增加 30 亿 m^3 左右。

位于天山北坡西部的艾比湖是阿拉山口大风通道上第一道也是唯一一道屏障，是保障天山北坡城市和绿洲安全的关键节点。目前艾比湖流域水资源超载严重，入湖河流断流、湖泊面积萎缩，周边区域地下水位下降，湿地和荒漠植被退化，极有可能直接演变为我国新的具有极大危害的沙尘暴策源地。按照艾比湖流域生态综合整治战略，将通过伊犁河流域引水弥补艾比湖生态需水，恢复艾比湖水面 800 km^2，预计 2020 年引水总量将占伊犁河流域水资源总量的 6% 左右。水资源供需预测结果表明，2020 年伊犁河流域全社会需水总量比 2010 年增长 81.2%，需水总量将占全流域水资源总量的 43% 左右。预计 2020 年伊犁河流域水资源开发利用率达到 50% 左右，超出流域水资源开发安全警戒线。按照国际经验判断，2010—2020 年时期，伊犁河流域进入用水紧张阶段，2020 年以后水资源可能成为经济发展的重要制约因素，需要制定对策措施预防用水需求急剧增长态势。

伊犁河谷煤、水组合条件好，是西北地区最具有煤化工发展优势的地区，也是我国战略布局的重要现代煤化工基地。根据自治区及伊犁州相关规划，2015 年伊犁州将形成约 200 亿 m^3/a 煤制天然气、650 万 t/a 煤制油、340 万 t/a 煤经甲醇制烯烃、60 万 t/a 合成氨、50 万 t/a PVC、500 万 t/a 焦炭、30 万 t/a 煤基化工多联产的煤化工规模。煤化工生产涉及易燃易爆有毒有害物质种类多，数量大；煤化工废水成分复杂，含氨、硫、氰等数十种无机物，以及酚、芳烃、联苯等多种毒性大、难降解的有机化合物。现代煤化工正处于技术成熟度不高、运行不稳定阶段，其废水处理和危险固体废物处理仍面临难题，无序布局、盲目发展极有可能使得“现代煤化工示范区”演变成“煤化工试验区”。与水资源开发利用超出安全警戒线叠加，水环境质量存在急剧下降的风险。伊犁河水环境敏感，水质要求高，需要主动采取对策措施，管理控制风险。

应对上述风险，伊犁河流域农业必须加快节水灌溉设施建设，与全疆节水灌溉水平同步提高。“十二五”时期，伊犁河谷现代煤化工发展应遵循“煤制气先行、园区化布局、有序发展”的策略，优先布局发展技术工艺成熟的“煤制气”现代煤化工，防止煤化工盲目发展。

四、内陆河干旱区河流受损严重，河流健康状况继续恶化

内陆河流域的水环境风险主要表现在工业废水污染物的复杂化、废水排放去向的多样化，以及地表水与地下水转换频繁的特征导致水污染物进入土壤和生物累积的效应增强。在天山北坡地区表现的主要是持久性有机污染物和重金属污染物的累积影响，在河西走廊表现的主要是重金属污染物的累积影响。

内陆河流域由于上游山区水库、山前水库控制，以及人工绿洲城市和农业灌溉大量用水，致使内陆河河流流程不断缩短，河流中、下游河道处于干涸或间歇断流状态，大部分河流受损状态中度以上，基本丧失了河流自然净化污染物的能力。

工业废水排放的环境影响多样化，难以阻断持久性有机污染物和重金属在土壤和生物中的累积途径，存在现实的水环境污染并潜在累积性环境风险。在以资源型产业发展为主导的工业化进程中，工业废水污染物组分将进一步复杂化，持久性有机污染和重金属污染将成为重要防控对象。

内陆河流域工业废水的排放去向多元化，包括河流、污水库、渗坑、荒漠等。直接或间接排入地表水体的工业废水量占总废水量的比例相对比较低，据不完全统计，河西走廊占21%，玛纳斯河流域占55%，天山北坡中段占38%，吐哈盆地占33%（见表46）。

表46　内陆河流域工业废水不同去向的比例统计　单位：%

地　区	地表水体		进入其他单位	直接进入灌渠	进入地渗或蒸发地	去向不详
	直接	间接				
河西内陆河流域	17	4	—	2	39	38
柴达木诸河	—	2.9	37.6	—	37.8	21.7
玛纳斯河流域	34	15	6	—	34	11
天山北坡中段诸小河	21	14	3	2	52	8
吐哈盆地诸河	0	33	—	0	57	10

在人工绿洲城市和工业污水排入天然河道后，一般在到达河流尾闾之前，或是潜入地下水，或是被引入灌溉渠系，少量污水进入河流尾闾湿地。水污染物的环境归宿或是随地下水出露进入地表水经渠灌进入农田土壤，或是随井灌用水进入农田土壤。山前地带的资源采、冶过程排放的污染物通过山谷小溪入渗进入地下水（“山前地下水库”），直接进入供水水源地，或是随地下水向下游输移，到达人工绿洲后可能进入供水水源地。

污水库是隔离避让自然水体，保护河流及尾闾湖泊不受污染的一种方式，但受到各种复杂因素影响也会存在一定的环境风险。在人工绿洲面积不断扩大的地区，原有的一些污水库，以及排污管末端的荒漠（或渗坑）已处于新的绿洲边缘，持久性有机污染物和重金属的累积影响因土地利用方式的不同逐渐显现出来。

在目前水资源开发利用模式下，地表水灌溉、地下水开采等增强地下水循环的影响，加剧地表水、地下水的频繁转化，水污染物迁移进入土壤和生物累积的效应增强。

在内陆河流域，维护生态安全需要恢复或重建“储水于山”“流水于洲”“涵水于漠”的河流健康体系。现阶段，内陆河流域河流健康的现实目标是“四不”，即河道不退缩、地下水位不持续下降、水质不超标、天然绿洲不萎缩。内陆河流域河流健康状况基本指标见表47。

表 47　内陆河流域河流健康状况基本指标

指标项	判断标准
河道不退缩	上游河道保持天然径流过程，中游河道基本不断流，下游河道季节性通水
地下水位不持续下降	下游地区地下水位埋深应在 2 ～ 5 m；中游地下水开采控制在合理规模，维持中游生态绿洲必需的地下水位
水质不超标	实现水环境功能区划目标要求；持久性有机污染物和重金属污染物的累积效应不显著
天然绿洲不萎缩	上游山区森林面积不减少，草场不退化；基本保持中游天然绿洲面积；恢复和保护下游绿洲

以“河道不退缩”“地下水位不持续下降”“水质不超标”“天然绿洲不萎缩”指标综合判断，在没有大规模的跨流域引水工程支撑的条件下，未来 10 年，内陆河干旱区主要河流健康状况将继续恶化。石羊河主要表现为大部分河段来水不能维持生态环境所需的最小径流量，河流污染严重，地下水位持续下降；玛纳斯河和乌鲁木齐河主要表现为水资源持续过度开发，河流断流状况不会明显改善。

内陆河流域在加强城市生活污水和工业废水深度处理和回用基础上，明确废水用途，需要将城市生活污水、工业废水与天然河流水体适当隔离，降低水环境风险，减少污水库存放压力及对野生动物、鸟类的影响。

第二节　大气环境风险分析

一、西北地区污染气象特征

西北干旱区位于内陆，远离海洋，年降水量从东部的 400 mm 左右，往西减少到 200 mm，甚至 50 mm 以下，冬季寒冷少雨、西风强盛，夏季炎热干燥。该地区南部为青藏高原，北部有阿尔泰山脉、天山，其中间地带以及向东延伸的平坦区域的大部分是沙漠、半沙漠。这一沙漠地带与蒙古国西部和我国内蒙古西部构成了亚洲最活跃的沙尘暴源区。

冬季，东亚盛行来自蒙古—西伯利亚高压前沿的偏北风，风力强劲，低温干燥；夏季，东亚盛行来自太平洋副热带高压西北部的偏南风，高温多雨。在西部地区除东部边缘区受季风气候影响外，大部分地区受到季风的影响较小；冬季中纬度地区的中东亚干旱区完全处于强大的冷高压控制之下；夏季则在热低压的控制下。冬季西风急流位置偏北，西风强盛，中纬度地区的长波槽脊减弱，纬向环流加强；夏季西风急流位置偏南，西风减弱，中纬度地区的长波槽脊加深，经向环流加强。

1 月、4 月受西伯利亚冷高压南移，我国西北地区平均风速较 7 月、10 月大，其中 1 月、4 月在张掖西部地区、酒泉南部地区和海西州东北部地区地面平均风速场有一高值区，平均风速可达 9 m/s 以上；7 月整个区域风速都较小，仅在南疆地区有一风速高值区，东北风向，风速在 3 ～ 7 m/s；由于南部高原和北部山脉的阻挡作用，甘肃与新疆的地面风速都较小。总体上地面风向的分布受地形的影响，没有一致性方向。

图 93、图 94 是西北三省（区）2010 年 1 月、4 月、7 月、10 月均及年均通风量分布。通风量为边界层内平均风速与边界层高度之积，主要反映污染物输送及扩散条件好坏。1 月、4 月新疆西藏接壤地区、青海南部及青海与甘肃接壤地区通风量均较大，为 8 000～15 000 m^2/s；7 月西北三省（区）的平均通风量都在 8 000 m^2/s 左右；10 月西北三省（区）的平均通风量最小，平均在 3 000 m^2/s 左右，仅在青海西南部及海西州东北部有 8 000 m^2/s 左右的高值区。年均通风量的分布与 10 月的分布形势基本一致，仅通风量稍大一些。

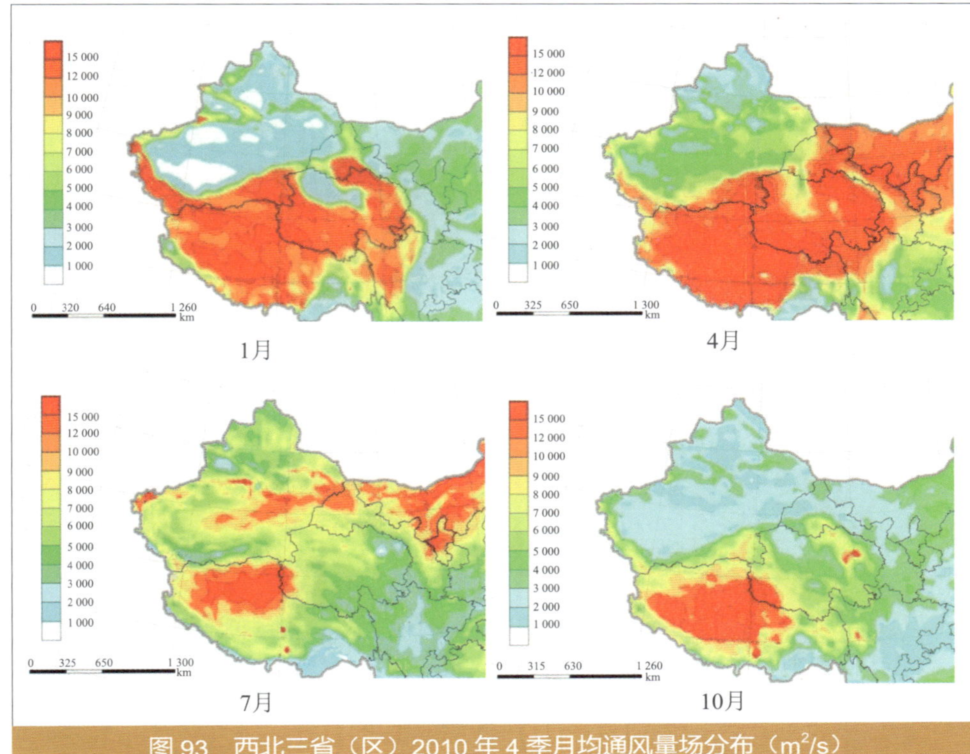

图 93　西北三省（区）2010 年 4 季月均通风量场分布（m^2/s）

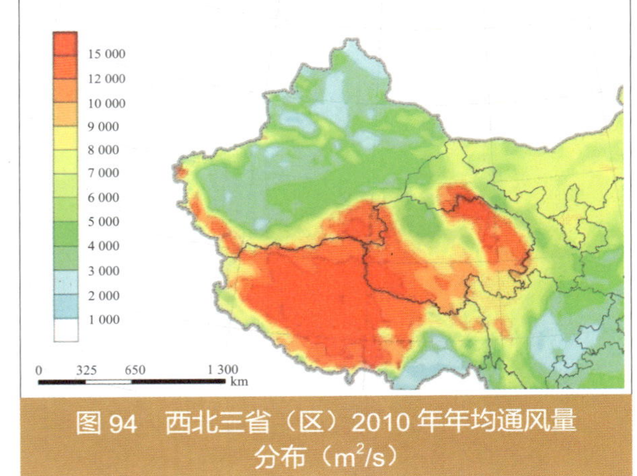
图 94　西北三省（区）2010 年年均通风量分布（m^2/s）

二、大气环境质量预测模型

1.CAMx 模型

CAMx 模型是美国 ENVI-RON 公司 20 世纪 90 年代后期开始开发的三维欧拉型区域空气质量模式，可应用于多尺度的、有关光化学烟雾和细颗粒物大气污染的综合模拟研究。见表 48，见图 95。CAMx 模式可以利用 MM5、WRF 等中尺度气象模式提供的气象场，在三维嵌套网格中模拟对流层污染物的排放、传输、化学反应以及去除等过程。CAMx 模拟过程中提供几项扩展功能，包括：臭氧源识别技术、颗粒物源识别技术、敏感性分析、过程分析和反应示踪。

CAMx 模式建立的物理基础是污染物的连续性方程：

$$\frac{\partial c_l}{\partial t}=-\Delta_H\cdot V_H c_l+\left[\frac{\partial(c_l\eta)}{\partial z}-c_l\frac{\partial}{\partial z}\left(\frac{\partial h}{\partial t}\right)\right]+\Delta\cdot\rho K\Delta\left(\frac{c_l}{\rho}\right)+\frac{\partial c_l}{\partial t}\Big|_{\text{Chemistry}}+\frac{\partial c_l}{\partial t}\Big|_{\text{Emission}}+\frac{\partial c_l}{\partial t}\Big|_{\text{Removal}}$$

式中：c_l——物种 l 的平均浓度；z——垂直方向的地形随动坐标；V_H——水平风矢量；η——垂

直方向的夹卷速率；ρ——空气密度；K——湍流扩散系数。

表 48　CAMx 模型中对与主要物理过程的模拟与计算方法

过　程	物理模型	计算方法
水平输送	欧拉连续方程	Boot/PPM
水平扩散	K 理论	二维方程
垂直输送	欧拉连续方程	隐式向后欧拉中心逆流求解
垂直扩散	K 理论 / 非局地混合	隐式后向欧拉 / 非对称对流扩散
气相化学	CB05/CB06/SAPRC99	EBI/IEH/LSODE
气溶胶化学	水相无机化学 / 有机与无机热动力学 / 静态双模态或多模态	RADM-AQ/ISORROPIA/SOAP/CMU
干沉降	气体与气溶胶阻力模式	利用垂直扩散计算沉降速度
湿沉降	气体与气溶胶去除模式	以去除系数指数消除

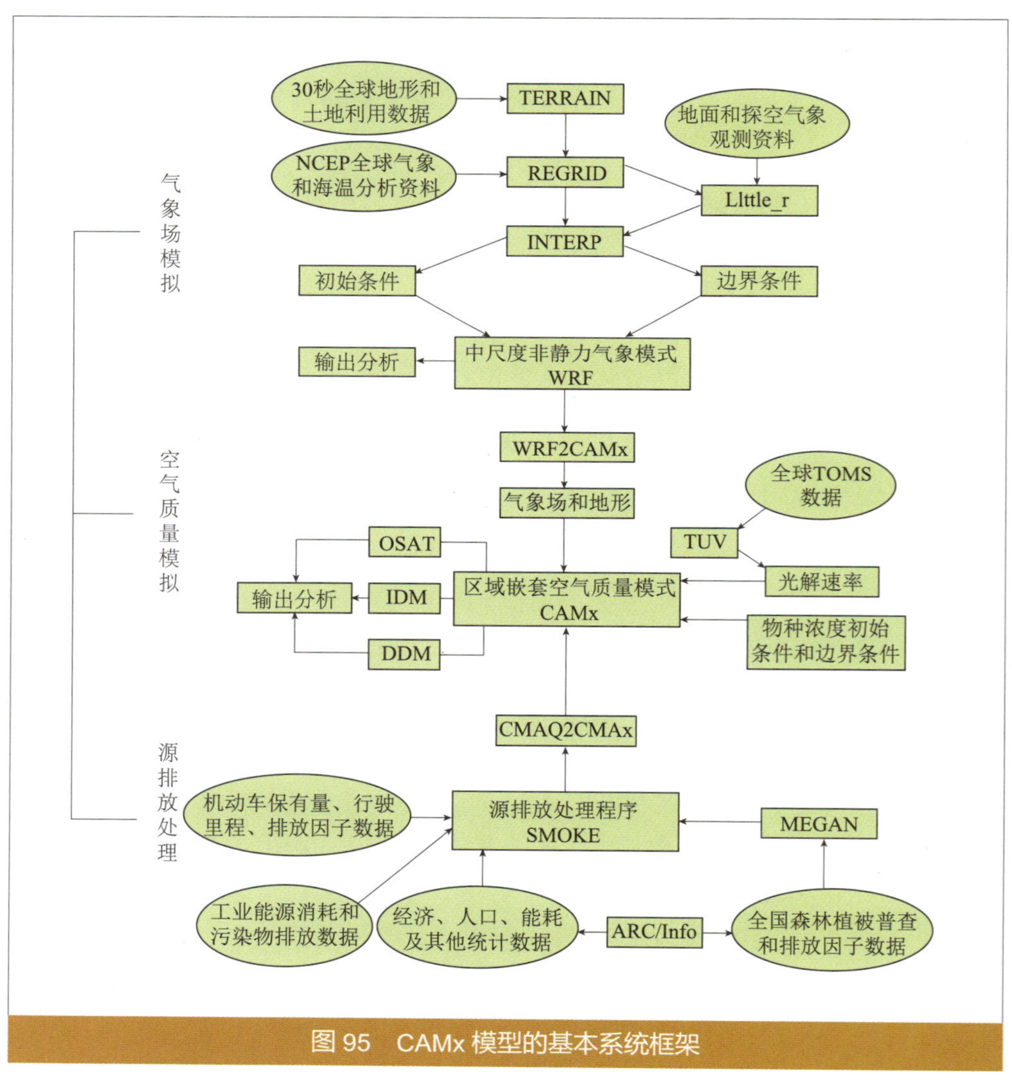

图 95　CAMx 模型的基本系统框架

2. CAMx 输入参数

（1）模拟区域和模拟网格

模拟的区域为东经 57°—161°，北纬 1°—59°，地图投影采用 Lambert 投影方法。模式模拟网格水平分辨率为 36 km，网格数为 200 160，垂直层次 20 层，模式顶高约为 15 km。图 96 为模式模拟范围示意，其中 D01 为整个东亚地区，D02 为西北三省（区）。

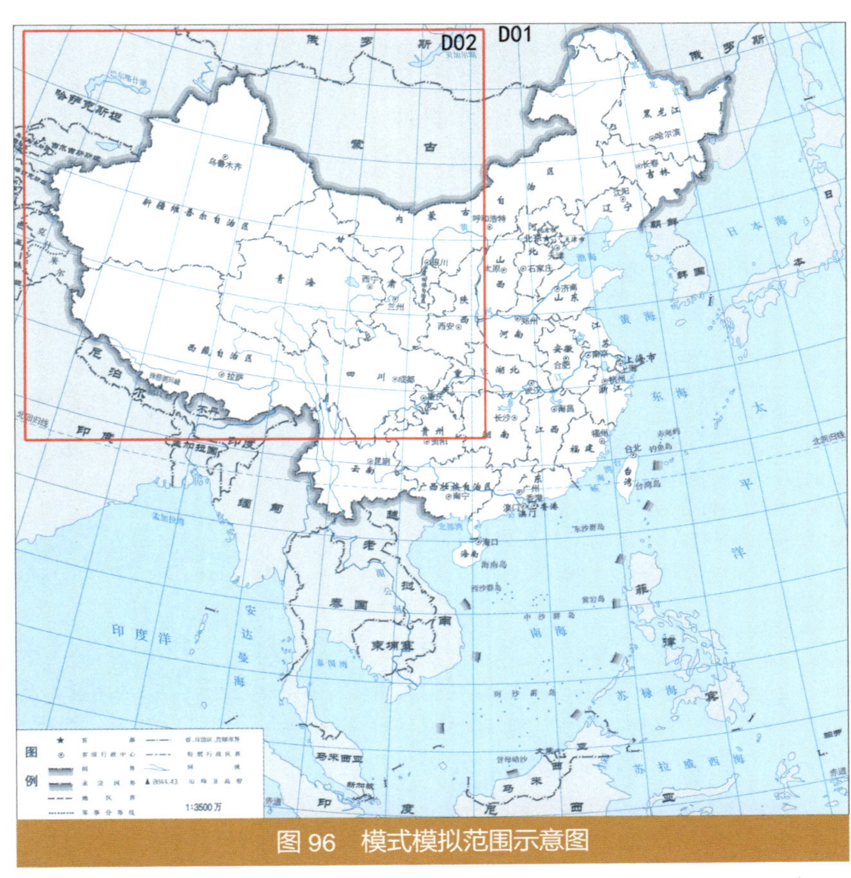

图 96　模式模拟范围示意图

（2）气象场输入

CAMx 模拟中逐时的气象参数是由中尺度气象模式 WRF 模拟结果提供。WRF 模拟了 2010 年全年的气象场，其模拟范围和网格数据与 CAMx 模拟参数设置基本一致。见表 49。土地利用、土壤类型、植被、陆地 - 水覆盖以及其他相关数据均从美国地质勘探局数据中心获得。土地利用数据有 13 种类型，分辨率为 30 分。

表 49　WRF 参数设置

WRF 输入选项	参　数
垂直坐标	地形追随质量坐标
嵌套网格方案	一重单向
投影坐标类型	Lambert 投影坐标
2 条真纬度	北纬 24° 和北纬 46°
模拟范围	北纬 1°—59°，东经 57°—161°
水平分辨率	36 km，网格数为 200×160
垂直层次	不等距 20 层，模式顶高约为 15 km，垂直分辨率在近地层较高
大尺度气象背景场和边界条件	1°×1° 的 NCEP 资料 (6 h 间隔)
积云参数化方案	Kain - Fritsch(new Eta) 方案
边界层参数化方案	ellor-Yamada-Janjic (Eta)，湍流动能方案
大气辐射方案	RRTM 长波和云 (Dudhia) 短波辐射方案

（3）污染源清单

本次模拟根据 2010 年西北三省（区）的污染源普查数据建立了污染源排放清单，主要统计污染物为 SO_2、NO_x、PM_{10} 等。计算范围为整个模拟区域，为了计算出西北三省（区）各地区较为详细的输送关系，利用 CAMx 示踪功能，对西北三省（区）的 41 个地区进行示踪。

（4）化学反应机理

本次模拟气相化学机理选用了 SAPRC99 机理，气溶胶化学机理中气溶胶粒径划分采用统计粗细粒子模型。机理中化学物种 114 个，217 个反应。光解速率是使用 TOMS 臭氧柱浓度资料，结合地面反照率变化范围和大气浑浊度的变化范围，由 TUV 模式计算得到。

（5）OSAT 和 PSAT 受体点的选取

本次模拟的西北三省（区），由于模拟区域内的州（市）区域跨度较大，且污染情况分布极不均匀，为了得到较好的污染物地区贡献，需选取合理的受体点。本次模拟受体点选择在各个州（市）污染最严重的网格。受体点具体选择过程为，首先对该地区 2010 年 1 月空气质量进行模拟，再计算每一个网格污染物的月平均浓度，然后从每个州（市）中选取污染物平均浓度最大的网格作为 OSAT 和 PSAT 受体点，进行污染物源识别追踪，从而得出地区贡献率。

三、二氧化硫和氮氧化物污染依然是主要环境问题

未来 5 ～ 10 年，石油化工、煤化工、火电、有色冶炼等产业将快速发展，区域能源消费结构依然以煤炭为主，预计 2015 年西北三省（区）能源消耗总量将比 2010 年增长 41%。

按现有大气污染物排放绩效水平，2020 年西北三省（区）重点产业产能发展情景下的主要大气污染物 SO_2 和 NO_x 排放总量将增加，大气环境承载力利用率有不同幅度提高（见表 50）。

表 50 西北三省（区）大气环境承载力利用水平 单位：%

地区		SO_2 环境承载率			NO_x 环境承载率		
		2010 年	2015 年	2020 年	2010 年	2015 年	2020 年
甘肃省		49	52	57	27	47	54
青海省		16	16	21	16	21	33
新疆维吾尔自治区		27	34	35	29	43	50
重点区域	甘肃省	59.0	62.9	70.6	35.4	66.9	77.7
	青海省	19.9	23.6	34.8	20.1	38.0	62.1
	新疆维吾尔自治区	44.9	57.6	63.7	49.0	80.3	90.4

参照表 50 区域大气环境承载率分级，2020 年西北三省（区）重点区域 SO_2 环境承载力处于有较大富余状态；新疆重点区域 NO_x 环境承载力趋于饱和，甘肃重点区域处于尚有一定富余状态，青海重点区域处于有较大富余状态。

在地市级以上城市尺度，2020 年 NO_x 承载力超载城市个数超过 28%，平凉、昌吉、哈密、伊犁、石河子等城市均将出现超载，城市大气污染控制任务艰巨。

采用 CAMx 模型进行环境空气质量预测（图 97 和图 98）。在区域尺度上，2015 年不同地区 SO_2 浓度值有增有减；与 2010 年相比，2015 年 SO_2 年均浓度净增加地区分布在天山北坡中部、西部和陇东地区，净增加量达到 10 ～ 20 μg/m³；SO_2 年均浓度净削减峰值区主要集

中在兰白、金昌和乌鲁木齐，净削减量达到 15 ～ 30 μg/m^3。

2015 年 NO_2 年均浓度总体上呈大面积片状增加，局部点状减小态势。NO_2 年均浓度净增加地区主要分布在天山北坡经济带、河西走廊地带、陇东、青海柴达木地区，其中伊犁净增量 40 μg/m^3 以上；武威增量超过 10 μg/m^3 以上，与平庆交界地带净增量 40 μg/m^3 以上，青海省柴达木北部区域净增量较小。

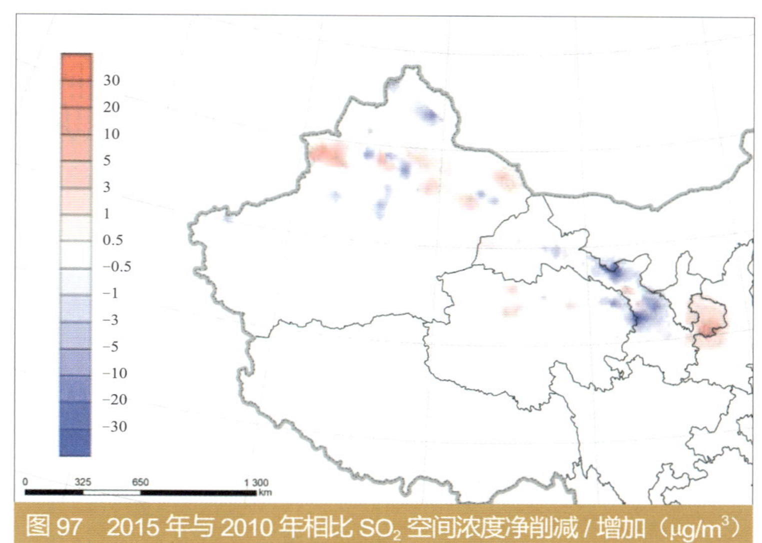

图 97　2015 年与 2010 年相比 SO_2 空间浓度净削减 / 增加（μg/m^3）

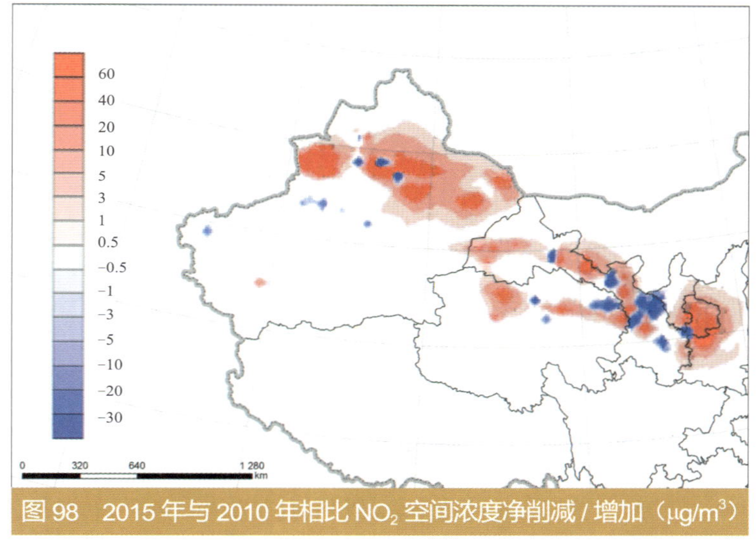

图 98　2015 年与 2010 年相比 NO_2 空间浓度净削减 / 增加（μg/m^3）

在地市级以上城市尺度，预计未来 10 年，乌鲁木齐、兰州、金昌的 SO_2 环境空气质量将有一定程度改善，其他城市 SO_2 环境空气质量将有所降低。超标城市局限在乌鲁木齐、昌吉和伊犁。2015 年 SO_2 浓度超标城市有昌吉和乌鲁木齐，超标 3.3%、7%，2020 年 SO_2 浓度超标城市有昌吉、伊犁和乌鲁木齐，分别超标 13.7%、11% 和 9.3%，具体见表 51。

现状 SO_2 污染相对较轻的昌吉、石河子、伊宁、酒泉和庆阳地区预计在 2015 年、2020 年火电装机容量将达到 4 000 万～ 7 000 万 kW，导致 SO_2 年均浓度均有大幅升高，其中昌吉、伊宁未来将出现超标，石河子、酒泉和庆阳 SO_2 年均浓度均接近饱和，占标率升至约 90%。

预计未来 10 年，大部分城市的 NO_2 环境空气质量均处于下降状态。2015 年 NO_2 浓度超标城市有兰州、平凉、昌吉、哈密、伊犁、石河子和乌鲁木齐，兰州市 NO_2 超标 17.9%，其他城市超标 30% 以上。2020 年 NO_2 超标城市包括兰州、平凉、昌吉、哈密、伊犁、石河子和乌鲁木齐，其中，兰州市超标 18.3%，其他城市超标 53% ～ 96%、NO_2 超标污染加剧，具体见表 52。

表 51　2015—2020 年 SO_2 年均浓度占标率 80% 以上城市年均浓度变化预测　单位：%

城　市	相对现状增长率		占新标准限值百分率		
	2015 年	2020 年	2010 年	2015 年	2020 年
乌鲁木齐	–28	–26	148	107	109
昌吉	38	52	75	103	114
石河子	53	58	55	84	87
伊宁	16	62	68	79	111
兰州	–49	–48	95	49	49
金昌	–39	–39	122	74	74
酒泉	35	55	57	76	88
庆阳	91	132	38	73	89

表 52　2015—2020 年 NO_2 年均浓度占标率 80% 以上城市年均浓度变化预测　单位：%

城　市	相对现状增长率		占新标准限值百分率		
	2015 年	2020 年	2010 年	2015 年	2020 年
乌鲁木齐	–6	–4	168	157	160
昌吉	35	46	110	148	161
石河子	64	75	80	132	140
克拉玛依	–49	–48	83	42	43
吐鲁番	55	82	45	70	82
哈密	191	274	53	153	196
伊宁	34	88	98	130	183
兰州	–2	–1	120	118	118
武威	27	29	68	86	87
平凉	129	193	60	137	176
庆阳	77	141	38	67	90

从重点行业 NO_x 预测源强来看，除了火电行业 NO_x 排放占比较大，建材水泥也是 NO_x 的主要排放源，此外机动车尾气已逐渐成为城市 NO_x 主要污染源之一。因此，控制 NO_x 排放在火电脱硝基础上应加大建材水泥企业脱硝力度。同时，实施点源、线源多目标协调控制，完善 NO_x 监测网络，建立区域控制协调机制实施联防联控等措施实现 NO_x 达标排放。实施城市建成区“退二进三”“腾笼换鸟”，传统产业技术升级、改造，远离市区合理布局重污染产业。在城市群一体化发展、建设城市新区、重化工业协调布局、大气污染联防联控等战略，将成为西北三省（区）实现经济社会跨越式发展与大气环境保护协调的重要途径。

四、工业园区空间布局引发的大气污染风险

目前，西北三省（区）空间布局型的大气污染风险与人群健康风险主要来自于工业化、城市化发展在国土空间利用上的矛盾与冲突。集中表现在：

——重化工业依托城市布局发展的态势相当突出，重化工业布局呈沿城市郊区蔓延、与城市交织状布局，甚至呈现工业园区“围城”的现象；

——受地形和土地利用空间限制，部分重点城市缺乏将城市与工业园区有效分隔布局的国土空间；

——新疆生产建设兵团工业化、城市化发展布局受到现有政策制约，工业化、城市化发展的国土空间利用矛盾尖锐。

1. 乌鲁木齐—昌吉重化工业布局呈沿城市郊区蔓延、与城市交织状布局，呈现工业园区“围城”态势，将加剧城市区域大气污染风险

乌鲁木齐市、昌吉市、五家渠市同处天山北麓、准噶尔盆地南缘，地域相连，乌鲁木齐—昌吉地区东南西三面环山，北面为冲积平原，呈现喇叭形状，乌鲁木齐市位于“喇叭”的最底部，五家渠市则位于“喇叭”的开口处。冬季静风频率高达 30% 以上，最高达 38% ～ 39%；冬季接地逆温出现频率 32%，低空逆温出现频率高达 97%，接地逆温、低空逆温强度每百米均超过 1℃。冬季逆温层厚，不利于空气的水平、垂直运动，大气污染物不易扩散、稀释，环境容量和自净能力十分有限。

随着经济的高速发展，城市人口持续增长，城市化进程逐步加快，用地需求持续增长，但由于三面环山，土地绝对量有限，导致部分城市原工业园区所处地段已经由工厂区变成了基础设施齐全、人口稠密的繁华区域，产业布局向城市边缘和近郊呈蔓延式发展。乌鲁木齐市—昌吉市—五家渠地区现布局 10 个国家级、省级工业园区，见图 99。其中 8 个园区发展煤电煤化工、石油化工、氯碱化工、有色金属冶炼等重污染行业，其特征污染物大多具有有毒有害的特性。大型工业园区基本上毗邻乌鲁木齐市布局，出于土地资源紧张和水安全等方面原因，这些工业园区均不得不分布于城市北侧，即城市的上风向，从而造成园区排放的污染物极易向城市扩散，加之天山山脉的阻隔作用，污染物将在城市沉降，加剧城市大气环境污染，对人群健康产生长期累积性影响。按目前的工业园区布局和主导产业发展定位，区域大气污染将从煤烟型转向复合型，人群健康风险加剧。

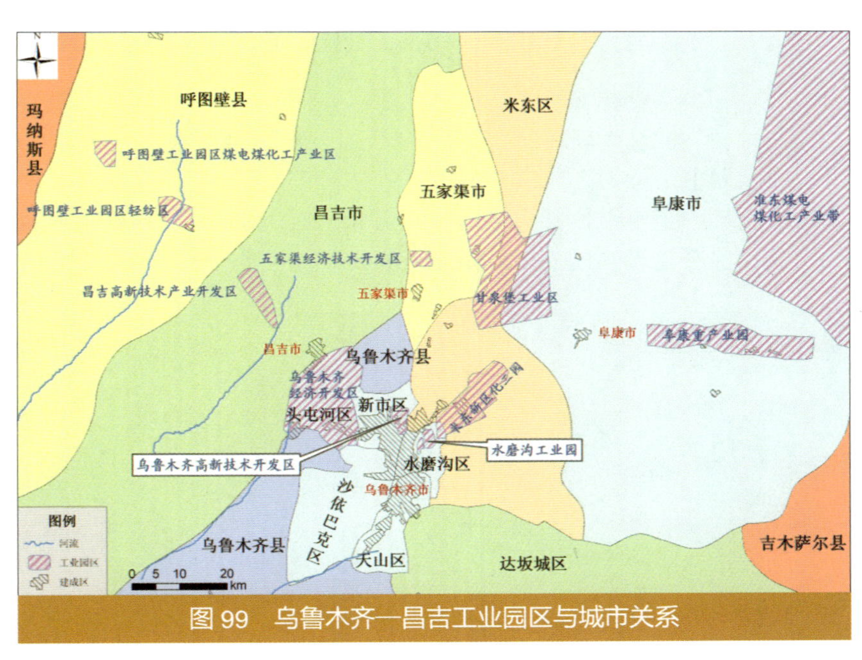

图 99　乌鲁木齐—昌吉工业园区与城市关系

根据产业规划，2015 年乌昌地区电解铝产能将达到 360 万 t，火电规划为 1 600 万 kW。随着大量重化项目的建设，区域污染物排放量将大幅度增加，该区域仅燃煤需求就超过 3 000 万 t，预计 SO_2、NO_x 的排放量分别达到 24.6 万 t、23.1 万 t。乌昌地区现状 SO_2、NO_x 排放量分别为 18.2 万 t 和 23.7 万 t，根据 A 值法测算乌昌地区 SO_2、NO_x 环境容量分别为 35.67 万 t、22.09 万 t，NO_x 排放量已超过环境容量。在现状污染物排放负荷下，乌鲁木齐市大气 SO_2 与

NO_x 已经超标，昌吉州 SO_2 虽然没有超标，但占标率已达到 75%。随着规划项目的建成，工业园区大量排放的污染物将抵消乌鲁木齐市为改善城市大气环境质量所付出的努力，并使乌鲁木齐原本污染严重的大气环境雪上加霜。根据大气预测，到 2015 年昌吉市 SO_2、NO_2 年均浓度超标明显，占标率分别达到 103% 和 148%，大气环境质量明显恶化，将成为预测区域中唯一的 SO_2 超标区。

大气环境影响模拟分析表明（表 53），乌鲁木齐、昌吉大气环境质量相互影响突出。在乌鲁木齐布局的工业污染源，若其导致大气污染物浓度升高 1.0，则昌吉大气污染物浓度升高约 1/3；在昌吉布局的工业污染源，若其导致大气污染物浓度升高 1.0，则乌鲁木齐大气污染物浓度升高约 1/5。在同等规模的大气污染源条件下，若布局在乌鲁木齐导致大气污染物浓度升高 1.0，将其布局在昌吉则导致大气污染物浓度升高约 0.35。实施乌鲁木齐—昌吉—五家渠城市群发展战略，推进乌鲁木齐重化产业布局外移，摆脱向城市近郊蔓延布局，对于改善区域大气环境质量效益十分明显。

表 53　乌鲁木齐、昌吉大气环境质量响应关系

单位源强 / 万 t	大气环境质量响应 / （mg/m^3）		
	乌鲁木齐	昌吉	石河子
乌鲁木齐	7.10×10^{-3}	2.24×10^{-3}	3.59×10^{-5}
昌吉	4.93×10^{-4}	2.46×10^{-3}	2.86×10^{-4}
奎屯	7.10×10^{-6}	2.24×10^{-6}	3.59×10^{-8}
石河子	1.16×10^{-4}	1.60×10^{-4}	4.38×10^{-3}

2. 奎屯—独山子—乌苏工业园区与城市交错布局，人群健康风险突出

奎屯（含农七师及天北新区）、独山子与乌苏三地位于天山北坡经济带西段，区位优势明显，被誉为新疆经济发展的“金三角”。现状城市人口 34.63 万人，是天山北坡经济带总体规划中定位为区域中心城市。

奎屯市、独山子区与乌苏市三地分属四区管辖，即奎屯是伊犁州直属县级市，又是新疆生产建设兵团农七师驻地；独山子是克拉玛依市的一个区，乌苏属于塔城地区管辖。行政管辖使“金三角”地区的经济版图割裂，缺乏协调一致的发展规划。在半径不到 20 km 的范围内，布局有总面积 147 km^2 的奎屯—独山子经济技术开发区、独山子石化工业园、乌苏化工园 3 个国家级石化工业园区，呈现化工园区与城市建成区交错布局的状况（图 100）。

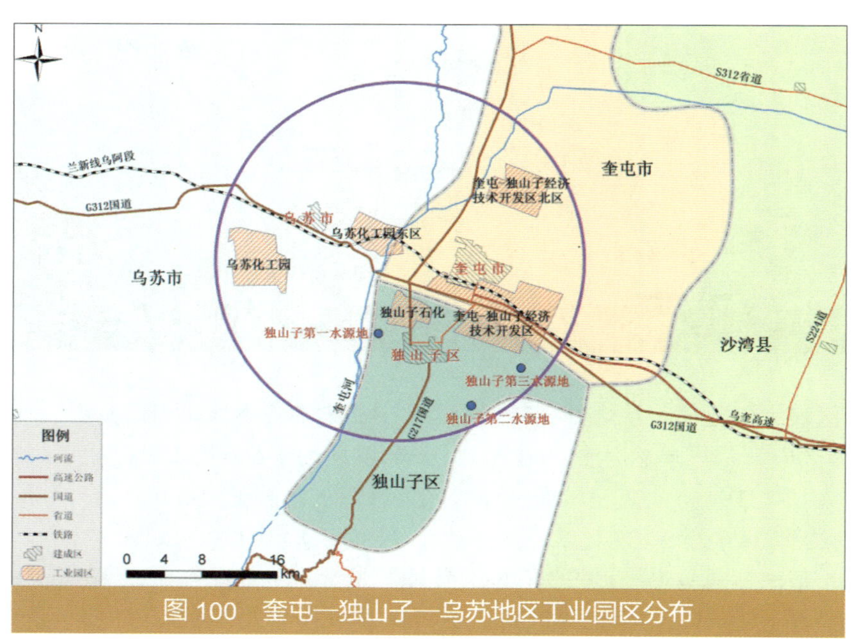

图 100　奎屯—独山子—乌苏地区工业园区分布

大规模发展石化园区与“金三角”区域中心城市的发展定位存在冲突。目前该区域已经布局规模为 1 000 万 t 炼油、122 万 t 乙烯的独山子石化，在“十二五”期间，奎屯—独山子经济技术开发区将重点建

设 800 万 t/a 重油制烯烃项目、15 万 t/a TDI、30 万 t/a MDI 等重污染项目，乌苏化工园将主要依靠区域内四棵树煤矿与独山子石化重点发展煤化工与石油化工。石化产业的 VOCs 以及光气、氯气、硝基苯、苯胺等有毒有害气体排放的人群健康影响突出，并可能影响人口集聚和城市发展。

亟待在规划发展中将三地作为整体对石化产业布局进行统一整合、合理布局、适度发展，避免与城市化发展与人群健康产生冲突。

3. 新疆生产建设兵团工业化、城市化发展空间冲突

以资源型产业为主导的工业化发展带来的污染极有可能威胁到新疆生产建设兵团城市化的发展。

西部大开发以来，新疆生产建设兵团工业化速度明显加快，城镇建设取得一定进展，但工业化程度不高，城镇集聚产业能力较弱，与新疆维吾尔自治区工业化、城镇化发展的差距加大。未来 5 ～ 10 年，石河子市（第八师）、五家渠市（第六师）是新疆生产建设兵团工业化和城镇化的重点。

“十二五”期间，石河子市在辖区 460 km^2 土地空间将工业园区用地规模由现状的 65 km^2 扩大至 120 km^2，工业园区用地面积占到辖区面积的 1/4 以上（图 101），重点发展纺织、氯碱化工、煤化工、电解铝、多晶硅等产业。至“十二五”末，石河子市火电产能预计将达到 1 000 万 kW、PVC 产能为 120 万 t、煤制烯烃 40 万 t、电解铝 160 万 t、多晶硅 2 万 t。按照工业发展规模测算，SO_2、NO_x 排放量就可分别达 15.4 万 t 和 14.5 万 t，超过城市大气环境承载力。

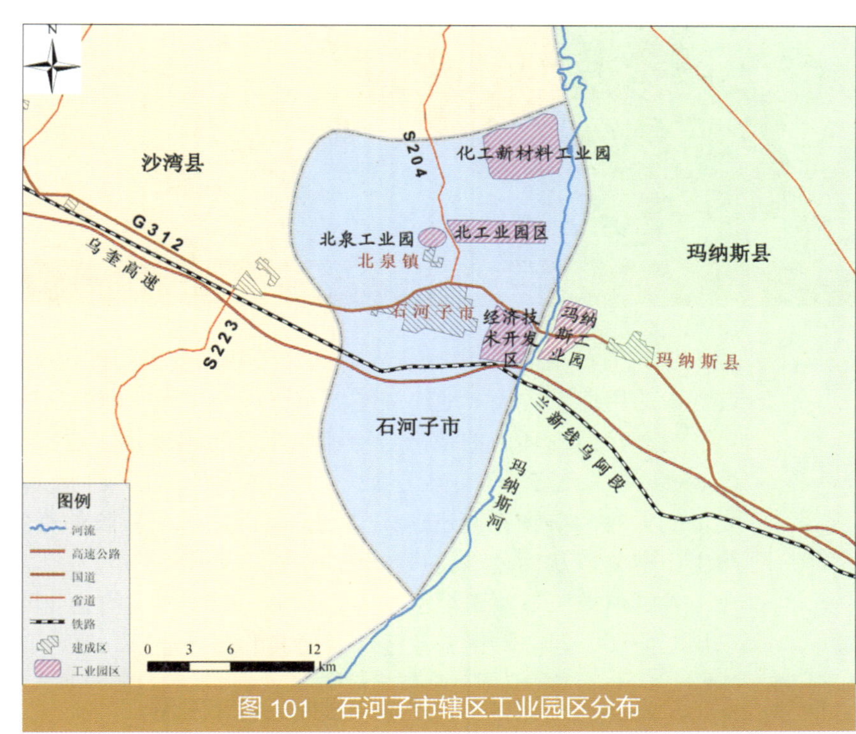

图 101　石河子市辖区工业园区分布

五家渠市面临类似局面，“十二五”期间将在 740 km^2 辖区范围内布局 76.3 km^2 的工业园区，“十二五”期间将重点规划建设 400 万 kW 火电、240 万 t 煤制油、40 万 t 煤制烯烃、60 万 t PVC、52 万 t 尿素、120 万 t 电解铝等重大项目。

国家赋予新疆生产建设兵团的税收政策在一定程度上加大新疆生产建设兵团城市化和工业化协调发展难度。在增加财政税收的利益驱动和只能在建制市辖区范围内收税的限制下，大量重化产业密集布局于有限的建制市辖区范围；石河子市和五家渠市等建制市辖区是新疆生产建设兵团集聚人口、实现城镇化的主要载体，重化产业项目大批密集布局不仅将严重影响城市大气环境质量，还将对人群健康带来较大风险。

4. 受地形和土地利用空间限制，以西宁为代表的部分重点城市缺乏进一步有效分隔城市和工业园区布局的国土空间

西宁市地处青藏高原河湟谷地南北两山对峙之间，地势西北高、东南低，东西狭长。北川河、南川河、湟水汇聚，呈现“四山夹三河”格局。目前，西宁市共有 7 个工业园区，其中 3 个毗邻西宁市区外缘（图 102）。

图 102 西宁市工业园区与城市相对位置关系

西宁市定位为青藏高原区域性现代化中心城市、最具特色魅力、适宜人居创业的和谐区。按照《西宁市 2030 年城市空间总体发展规划》，西川地区与多巴地区是西宁市未来发展的主要拓展空间。随着西宁社会经济的发展和城市化进程的推进，城市不断向外扩张，生活空间在向外拓展的过程中与各类产业空间相互混杂，城市生活品质受到显著影响。与此同时，工业用地建设四面出击、包围城市，严重影响到城市空间的拓展和区域服务能力的发挥。据统计，2001—2009 年西宁市新增建设用地 53.5 km^2，其中工业用地新增 18.3 km^2，占 34%，商贸用地新增 2.6 km^2，其他公共服务类用地仅新增 1.93 km^2，园区发展与城市发展过程中的用地矛盾极大地约束了城市服务和生活空间的拓展，也制约着城市产业进一步升级。

另外，四面环山的地形导致西宁市容易出现辐射逆温与地形逆温，两种逆温出现频率高达 85%（尤其是冬季），逆温层最厚可达约 200 m，污染物在垂直方向和横向扩散能力极为有限，大量的大气污染物不能迅速排到高空与四周，而狭长的山谷地形也导致污染物不宜沿侧向扩散出山谷外，从而使山谷内部形成较为严重的大气污染。工业园区布局于狭长山谷内，容易在山谷隧道效应下输送至西宁市。其中，影响较大的工业园区包括甘河工业园、南川工业园、东川工业园、西宁特钢工业区、大通县北川工业园。

5. 兰州市主城区石化产业发展制约城市发展

根据《西部大开发“十二五”规划》及甘肃省相关规划，兰州将建设成为国家战略性石化基地和国家战略石油储备基地。

兰州是一个典型的河谷型城市，可利用的土地资源极为有限。复杂的山谷盆地造成河谷城市内气流闭塞，受河谷地形特征影响，一年四季都存在逆温层，厚度大，大气层结稳定，不利于大气污染物的湍流扩散。随着城市化建设与人口规模的增长，预计到 2015 年，兰州市域总人口将达到 420 万人，中心城区人口规模 245 万人，建设用地面积约 210 km^2。

兰州市工业结构以能源、石油化工、有色冶金等原材料工业为主，重工业占比近80%。兰州市区现状大气污染较严重，其中，石化行业排放的大量VOCs有机物将导致臭氧、细颗粒物浓度增加，使得城市产生灰霾等复合型大气污染的概率增加。

研究表明：兰州市大气飘尘中含有美国环保局列出优先控制的全部16种多环芳烃，采暖期TSP中的PAHs总浓度和BaP浓度最大值分别可达到994.17 ng/m^3、54.54 ng/m^3，春夏秋冬四季的TSP中PAHs平均浓度分别为41.86 ng/m^3、15.01 ng/m^3、49.29 ng/m^3、507.92 ng/m^3，TSP中BaP季节平均浓度分别为2.34 ng/m^3、1.09 ng/m^3、3.37 ng/m^3、30.04 ng/m^3，超过国家新颁布的环境空气质量标准中1 ng/m^3（年均值）的限值，城市人群健康受到极大威胁。

石化产业发展带来的城市大气污染，是兰州市面临的突出环境问题。未来兰州石化产业的规模化发展，需要走出河谷，重新选择石化产业布局空间。

第三节　生态环境影响分析

总体上，区域“四屏一环一带”区域生态安全格局体系尚未形成，部分关键生态功能区受到矿产资源大规模开采和水资源不合理利用等严重威胁。

内陆河上游山区水源涵养服务功能受采矿、牧业发展的影响。中游城市、工业和农业需水量居高不下，无法保障下游湖泊湿地、天然绿洲保护与恢复的生态需水，河流缩短、河道断流、尾闾湖泊萎缩干涸、湿地旱化的景象将长期存在，绿洲内部、绿洲与荒漠过渡带的防风固沙等生态功能将进一步削弱。

一、水资源需求压力增长，面临防风固沙功能削弱的风险

1. 水资源开发潜力有限，水资源约束进一步趋紧

内陆河流域绿洲生态状况与水资源开发利用密切相关。经济社会发展的水资源需求依然呈增长态势，水资源约束进一步趋紧，保障生态需水难度进一步加大，绿洲—荒漠过渡带变窄、农田防护林网退化的状况难以得到根本性转变。

西北内陆河干旱区是典型的绿洲经济。人口、产业集聚在相对狭小的绿洲空间。水土资源不匹配、过度开发已经导致河流缩短、河道断流、尾闾湖泊湿地萎缩干涸，绿洲—荒漠过渡带变窄，绿洲的天然生态屏障削弱。

未来10年，在全面加快工业化、城镇化进程的大背景下，农业、工业、城镇生活需水量处于增加态势，需水结构有所变化，农业依然是西北三省（区）用水大户。水资源开发利用的潜力十分有限，以现状水资源条件，总体上处于“负潜力”状态。见表54。

2. 生态需水缺乏保障

目前，西北三省（区）内陆河干旱区流域用水竞争主要表现为上、中、下游之间以农业灌溉为主的用水竞争，以及农业用水和生态用水的竞争，处于弱势的下游地区用水缺乏保障、生态用水被挤占，导致艾比湖流域、玛纳斯河流域下游、石羊河流域下游等地区付出生态严

重退化的代价。

表 54 内陆河流域水资源开发利用潜力 单位：亿 m^3

分区	地（市）	水资源可利用量		现状耗水量		水资源利用潜力	
		地表水	地下水可开采量	地表水	地下水	地表水潜力	地下水潜力
天山北麓	乌鲁木齐、昌吉、克拉玛依、石河子	31.46	11.48	38.85	22.44	-7.39	-10.96
吐哈盆地	吐鲁番、哈密	7	9.31	7.01	12.91	-0.01	-3.6
伊犁河谷	伊犁州	80.5	13.43	32.85	2.9	47.65	10.53
	小计	118.96	34.22	78.71	38.25	40.25	-4.03
石羊河	武威	6.17	5.7	6.2	6.61	-0.03	-0.91
	金昌	1.54	2.47	4.66	0.92	-3.12	1.55
	小计	7.71	8.17	10.86	7.53	-3.14	0.64
黑河	张掖	9.34	7.4	12.46	5.39	-3.13	2.01
	酒泉	4.67	2.02	6.38	3.43	-1.72	-1.41
	嘉峪关	1.56	0.15	0.72	0.55	0.84	-0.4
	小计	15.56	9.57	19.56	9.37	-4	0.2
疏勒河	酒泉	5.6	5.09	10.04	2.26	-4.43	2.83
柴达木盆地		15	4.98	7.36	6.66	7.64	-1.68

注：天山北麓中段地表水耗水量包括跨流域调水工程水量 2.89 亿 m^3，利用潜力为负值表明区域水资源已无开发潜力。河西内陆河地表水耗水量不包括引黄入石羊河的水量，引硫济金（昌）0.33 亿 m^3 和景泰扬水供武威 1.29 亿 m^3。

在经济社会需水总量增长的条件下，流域上、中、下游地区的用水竞争依然存在，农业和工业之间的用水竞争、经济发展用水和生态用水的矛盾将进一步加剧，生态需水难以得到保障。

满足基本生态需水目标，需要减少地表水供水量或压减地下水开采量。天山北麓地表水、地下水均无进一步开发潜力，生态缺水十分严重。向河流的中、下游提供基本生态需水量，需要减少约 7.4 亿 m^3 的供水量；实现地下水资源采补平衡，需要在地下水超采区压减约 11 亿 m^3 的地下水超采量。在吐哈盆地实现地下水资源采补平衡，需要压减 3.6 亿 m^3 的地下水超采量。

随着城市化进程加快、人口增长，生活需水量将增加；在进一步实施田间农业措施以及设施农业推广，农业需水量将会有所减少；工业需水的快速增长将促使区域用水格局发生变化，以煤和石油资源开发利用为龙头的煤化工和石油化工产业的发展，将拉动工业需水量快速增长。

在采取各种节水措施的条件下，按照城镇生活、工业、农业需水预测结果，预计 2020 年天山北麓、吐哈盆地的经济社会需水总量分别为 69 亿 m^3 和 21 亿 m^3，较 2010 年用水总量略有增加。其中，采取农业节水措施，农业需水量将压缩至 66.7 亿 m^3，较 2010 年减少约 9.8 亿 m^3。

按照重点产业发展需水测算结果，2020 年天山北坡经济区重点产业（煤炭、电力、煤化工、石油化工、盐化工、有色金属、钢铁工业）发展需水量将达到 14.64 亿 m^3，比 2010 年增加

11.52 亿 m^3。其中，天山北麓地区重点产业发展新增需水量将达到 5.42 亿 m^3，吐哈盆地重点产业新增需水量将达到 1.65 亿 m^3。

因此，在现有水资源条件下，未来 10 年区域生态需水依然没有保障。河流健康状况将继续恶化，地下水超采引发的地下水位持续下降、坎儿井干枯、土地沙化、荒漠化加剧，绿洲—荒漠过渡带将进一步变窄，绿洲边缘和绿洲内部的防风固沙功能将进一步削弱。

近期（2015 年）吐哈盆地的吐鲁番、哈密以及乌鲁木齐、石河子、昌吉等地区供水需求难以得到解决，存在缺水风险；远期（2020 年）在跨流域调水工程的前提上，方能缓解缺水状况，伊犁地区由于水量外调也存在一定程度的缺水问题。

未来 10 年中，在水资源超载严重的地区（如吐哈盆地、天山北麓、河西地区），如果不大力扶持现代节水灌溉农业的发展，生态需水和农业需水均将可能失去可靠保障。

在绿洲内部，如果实施农业灌溉的节水量不能主要优先用于弥补生态需水不足，极有可能导致农田防护林网严重退化。

在天山北坡中段、吐哈盆地和河西走廊的地下水严重超采区，已经出现农田防护林网退化，进一步开采地下水存在原有地下水漏斗面积增大或增加新的地下水漏斗的风险，从而可能导致相应区域的农田防护林网退化。

在滴灌、微灌等高效节水灌溉条件下，灌溉用水按照作物需要，主要在根系分布的浅层表土中配置。应当考虑农田防护林网的生态需水，配置农田防护林网的灌溉水量配置，避免高效节水灌溉区农田防护林网因缺水而退化。

3. 水资源开发对防风固沙功能的影响

地表水资源过度开发利用导致中下游湖泊、湿地和天然绿洲萎缩、河岸林退，影响防风固沙和生物多样性保护功能。

（1）艾比湖流域大规模农业发展将大量消耗外调水资源，无法实现“湖区沙尘源、盐尘源全覆盖”

艾比湖流域的流域综合治理规划目标是：通过外调水实现裸露湖底沙尘、盐尘源的全覆盖。艾比湖流域是未来天山北坡农业重点发展的地区之一，耕地扩张导致的农灌用水总量增加将可能挤占艾比湖生态补水，与艾比湖流域综合治理规划战略目标发生冲突。

艾比湖流域近 5 年来，耕地面积不断增加，湖泊面积不断缩小，入湖水量仅约 5 亿 m^3，难以维持 500 km^2 的湖面的水量平衡，入湖水量缺口约为 2.5 亿 m^3。艾比湖周边植被退化明显，奎屯河下游三角洲甘家湖梭梭林也呈明显退化趋势。按照当前耕地面积继续增加的态势，艾比湖将继续萎缩，湖周植被将继续退化，湖西北盐尘危害将继续加重。

农业是艾比湖流域的支柱产业，水资源非常紧缺的情况下，宜控制农业灌溉面积和农灌用水总规模。将农田灌溉用水规模控制在现有水平，预测新增农田灌溉需水约 3 亿 m^3 用于补充艾比湖生态需水，将湖面维持在 750 ～ 800 km^2 的水平，基本能够实现艾比湖流域综合治理规划确定的沙尘和盐尘覆盖的目的。

（2）玛纳斯河中游湿地退化和玛纳斯湖生态补水中断，防风固沙功能面临削弱风险

近年来，为减缓玛纳斯河湿地和玛纳斯湖萎缩、退化趋势，自治区向玛纳斯河湿地自然保护区和玛纳斯湖进行生态补水已经连续实施 2 年，玛纳斯湖生态环境处于逐步恢复状态。但玛纳斯河上、中游的主要城市石河子市定位于未来天山北坡仅次于乌鲁木齐的次中心城市、工业化和城市化的重点区域。目前石河子地下水已经严重超采，地下水超采量超过 5 500 万

m^3，地下水漏斗面积超过 100 km^2。未来石河子市规划了大量的高耗水煤化工和天然气化工产业（煤制烯烃项目、聚氯乙烯项目、甲醇项目），将大幅度增加工业用水量，预计 2020 年工业和城市用水增量约 9 200 万 m^3，未来农业、工业用水和城镇生活用水增加将呈现加剧地下水超采及下游湖泊、湿地的萎缩、退化风险。

人工绿洲的退水是下游湿地和湖泊生态补水的主要来源。未来农业、工业用水和城镇生活用水增加以及农田灌溉退水量减少将导致玛纳斯河下游湿地和玛纳斯湖面临萎缩、退化风险。下游湖泊、湿地萎缩，河岸林等天然绿洲退化，区域防风固沙功能面临削弱的风险。若要保障下游生态补水，需要逐步退还中游的超采地下水，并适度控制以石河子为核心的中游城市和产业的发展规模，特别是化工等高耗水型产业的发展规模。

（3）吐哈地区耗水产业的发展将导致绿洲荒漠退化加剧

吐哈地区水资源极度短缺，地下水超采严重。重要湖泊艾丁湖萎缩、干涸，湖周草原植被退化，甚至成为沙尘东进通道中的沙尘源地。当地水资源开发程度已经很高（地下水漏斗已经长期存在，坎儿井大量干涸），外调水短期内无实现可能。规划发展煤电、煤化工、石油化工和冶金产业等高耗水产业，水资源需求量大幅度增加，必将导致大量挤占农业和生态用水，绿洲、荒漠植被面临退化风险，防风固沙功能将被削弱。东天山北麓是生态退化（如巴里坤湖萎缩、干涸及湖周天然绿洲退化、矿区及水源区植被退化等）、防风固沙功能削弱的高风险区。

吐鲁番通过修建出山口水库支撑高耗水型产业发展，将导致山前冲洪积扇地下水位下降，山前地带天然绿洲退化，中下游坎儿井断流进一步加剧，绿洲农业生态受到严重影响，下游荒漠植被退化风险加剧。

在现状农业有效灌溉综合利用率约为 0.7 的情况下，实现 25% 的节水量存在较大困难，在吐鲁番地区大面积退耕是减少农业用水的有效途径。大面积退耕宜分步分区渐进开展，合理有效有序处置退耕地，可按绿洲—荒漠过渡带方向进行保护和建设。

（4）发展耗水产业将对民勤绿洲生态构成强烈冲击

石羊河流域下游的民勤绿洲，地处巴丹吉林沙漠和腾格里沙漠合拢处。两大沙漠一旦合拢南下，将直接威胁到亚欧大陆桥的安全，是亚欧大陆桥北部重要的生态屏障，民勤绿洲也是生态安全格局“一带”中防风固沙的重要节点。生态地位极为重要。石羊河流域现状水资源极度短缺，民勤绿洲生态退化严重，发展耗水型产业将对民勤绿洲生态补水战略构成冲击。预计 2020 年跨流域向石羊河流域引水水量约为 2 亿 m^3，2030 年引水水量约为 6 亿 m^3，2020 年和 2030 年经济社会发展需求总量将分别增加 1.36 亿 m^3 和 2.7 亿 m^3，外调水资源能够解决有色金属产业发展和民勤绿洲的生态需水要求，逐步减少地下水开采和进行地下水回补将有助于解决金昌、武威的四个地下水漏斗的地下水超采问题。依靠外调水解决民勤绿洲生态补水的战略下，应坚持严格限制发展高耗水产业的战略。

二、矿产资源开发将加大水源涵养、防风固沙、土壤保持功能保护压力

矿产资源分布区（现有矿区或规划矿区）与区域水源涵养重要区在空间上重叠（见图 103），矿产资源开采与水源涵养功能保护存在矛盾，主要影响区域包括天山北坡（包括伊犁

河谷上游和天山北坡中段）和祁连山（主要为北坡西段、中段和东段）等区域。天山北坡的准南煤田、祁连山北麓的有色金属矿（主要在西段）、煤矿（主要在中段和东段）、伊犁河谷上游的铁矿和煤矿开采已经造成山区或流域上游破坏植被，削弱水源涵养功能。甘肃煤炭资源主要分布在黄河流域土壤保持生态功能区，煤炭资源开发活动与土壤保持主导生态功能存在冲突。

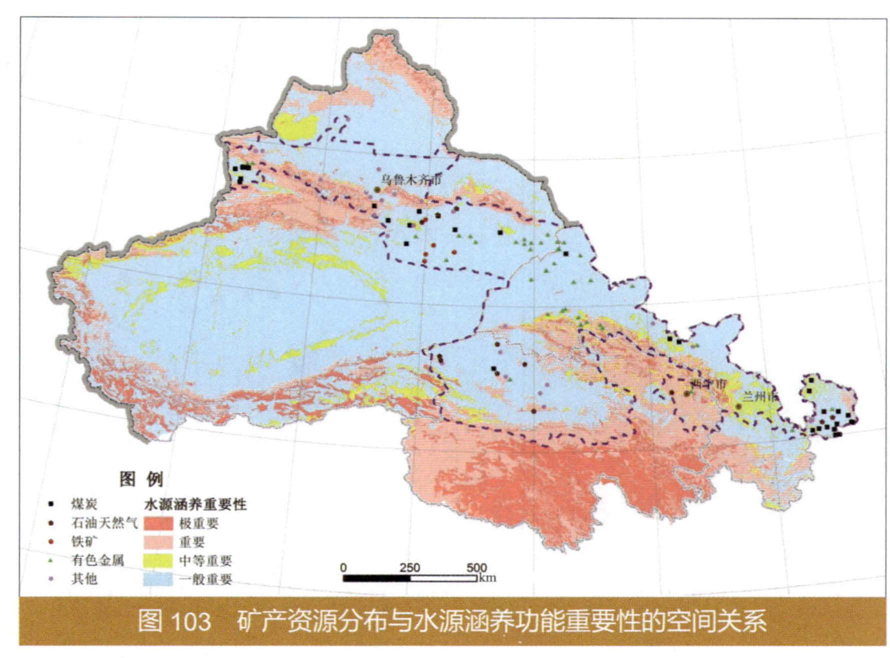

图 103　矿产资源分布与水源涵养功能重要性的空间关系

按照煤炭资源开发的特点和煤炭资源分布状况与水源涵养重要区、防风固沙重要区的关系，不同地区的煤炭资源开采生态敏感等级见表 55。

表 55　煤炭资源开采生态敏感等级评估

生态敏感等级	区　域	基本特征
I	天山北坡山麓	水源涵养功能重要区，生态极难恢复
	祁连山	高寒冻土、水源涵养功能重要区，生态极难恢复
II	准东煤田	防风固沙功能保重要区，生态恢复困难
	吐哈地区	防风固沙功能保护区、生物多样性功能重要区，生态恢复困难
	陇东地区	土壤保持功能重要区，生态恢复困难
III	伊犁煤田	水源涵养、防风固沙功能重要性一般，生态具有一定的自我修复能力

1. 矿产资源开发格局对水源涵养功能的影响

天山北麓河谷、祁连山的煤炭开采涉及水源涵养重要区，采取煤炭资源加快开发的策略，将严重损害水源涵养功能，生态代价过大；应坚持生态保护优先，严格控制煤炭的开采规模。

天山北坡中段准南煤田以中小煤矿为主，数量达到数十个，如四棵树、红沟、石场、水沟、塔西河、硫磺沟、白杨河、南山、苇梁湖、六道湾、大洪沟、小洪沟、碱沟、阜康、大黄山、西沟等，开采方式以露天开采为主。大多位于天山北坡水源涵养重要区（图 104），煤炭开采已经对天山北坡中段诸小河上游的水源涵养功能产生不利影响；在准东等大型整装煤田大规模开发的情景下，新疆维吾尔自治区煤炭资源由于受输电线路及地面运输能力以及煤炭资源就地转化能力的限制，煤炭产能过剩，从维护天山水源涵养生态屏障、保护天山北坡中段诸小游上游山区水源涵养功能的角度出发，宜总体上控制准南煤田的开发总规模，优先控制准南煤田天山山区的煤炭资源开发，加快中小煤矿的整合、关停步伐。另外，祁连山中段黑河上游煤矿也主要为中小煤矿，高强度的中小煤矿开采对黑河上游水源涵养极为不利，宜加快

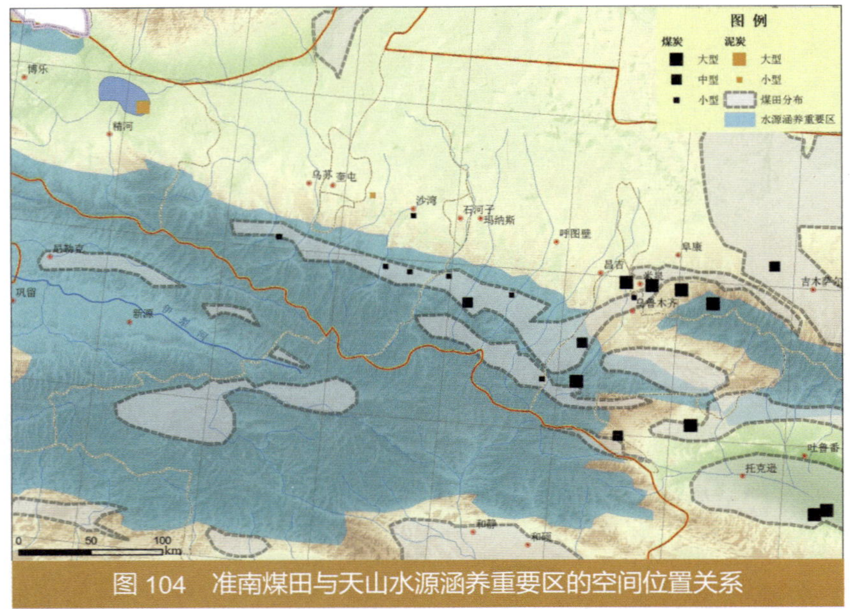

图 104 准南煤田与天山水源涵养重要区的空间位置关系

图 105 木里煤矿与大通河源区和大通河调水布局示意

整合、关闭步伐。

祁连山东段木里煤矿位于大通河源区（图 105），地处高海拔地区，冻土层发育，矿区位于沼泽湿地发育的一个小型山间盆地内，开采工艺主要为露天开采。煤炭资源以焦煤为主，属保护性煤种。大通河流域上游水源涵养对河西走廊、河湟谷地、兰州新区发展的水资源支撑具有重要的战略意义，煤炭资源大规模开采对水源涵养功能影响的敏感性高，煤炭开采战略应以满足本地焦炭需求为原则，适当考虑附近炼钢、盐湖产业对焦炭的需求，服从水源涵养区保护战略，严格控制煤炭开采规模。

祁连山北麓西段有色金属（如铜、钒、铬等）和贵金属（如金）资源主要分布在疏勒河和党河流域上游水源涵养区（图 106）。党河、疏勒河、黑河和石羊河位于祁连山北麓，对于河西走廊可持续发展和保障居延海生态输水至关重要。祁连山有色金属矿产开采多年，已对疏勒河、党河上游水源涵养产生一定负面影响。区域重要的有色金属冶炼基地发展定位，可能激发对本地有色矿产资源的开发强度进一步加大，对疏勒河上游水源涵养造成较严重影响。应严格限制祁连山山区水源涵养功能区内的有色金属矿开采规模，禁止在自然保护区内开采有色金属矿产资源。

2. 矿产资源开发对防风固沙功能的影响

矿产资源开发对防风固沙功能的影响主要集中在准东煤田开采和吐哈盆地煤矿和铁矿开采。

准东煤田是西北三省（区）开采量最大的整装煤田，将规划布局发展亿吨级煤矿，煤炭开采以露天矿为主。并且准东煤田位于沙尘暴东进的路径上，水资源极度短缺，植被稀疏，大风日数超过全年的 1/3，地表植被一旦破坏，表层薄土和细沙将被大风吹走，恢复极为困难。

准东矿区有可能成为新的沙尘源区。见图 107。

哈密地区位于沙尘暴东进的重要通道上（包括东天山北部和南部）。哈密盆地煤炭和铁矿资源丰富，区内植被稀疏、水资源极度短缺、植被一旦破坏，极难恢复。哈密煤炭资源开采规模和铁矿资源开采规模在未来将有较大的增长。哈密规划 2015 年煤炭产量为 12 000 万 t，为各区之最；规划 2020 年煤炭产量为 18 000 万 t，仅次于昌吉；规划 2015 年形成铁矿石开采规模 1 200 万 t/a，铁精粉生产规模 450 万 t/a，球团 450 万 t/a，特种钢 200 万 t/a。在现有技术条件下，可能导致使矿区附近生态系统进一步恶化且难以恢复，煤炭和铁矿以露天开采为主，极易成为新的沙尘源地。

准东煤田的发展宜按照适度规模、有序开发的原则，着眼未来，统筹规划（包括道路、水、电等），实现科学可持续发展。哈密大型煤田开采按照西电东送、疆煤东运的要求，适度规模，有序开采。中小煤矿通过整合、关闭，逐步削减产能规模。

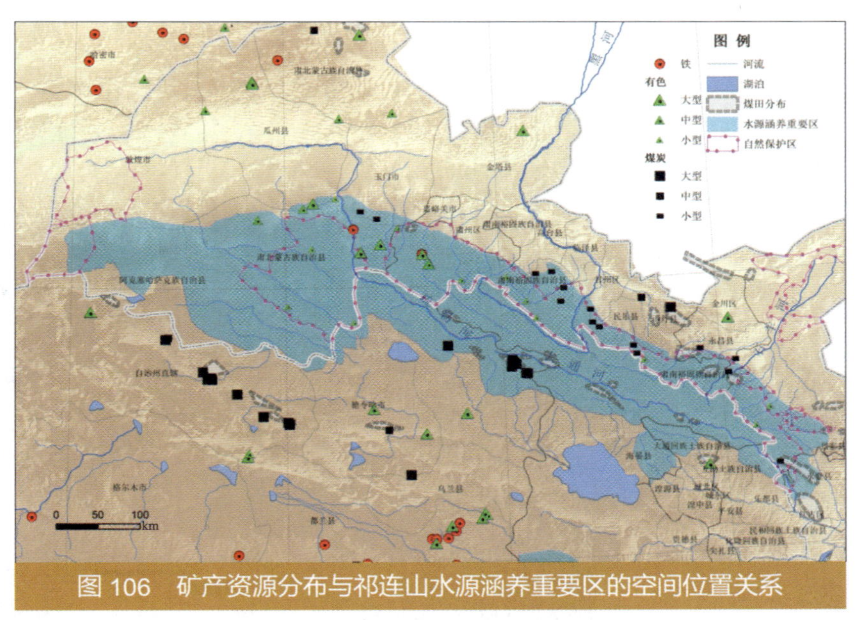

图 106　矿产资源分布与祁连山水源涵养重要区的空间位置关系

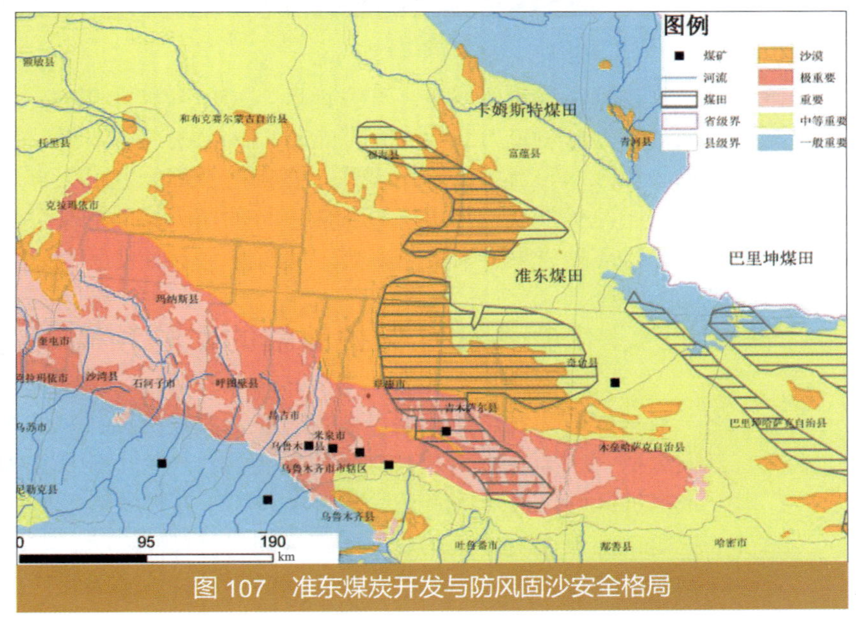

图 107　准东煤炭开发与防风固沙安全格局

3. 矿产资源开发对土壤保持功能的影响

西北三省（区）重点区域内，陇东黄土高原丘陵沟壑区是国家划定的水土流失重点治理区，是土壤保持功能最重要的地区。煤炭资源开采对该区域土壤保持功能可能产生一定的影响。

陇东黄土高原丘陵沟壑区水土流失严重。目前水土流失经过多年退耕还林和小流域治理，已经得到较好控制，但仍需加强退耕还林成果的巩固，同时一部分陡坡耕地还没有做到应退尽退，水土流失面积大，治理和巩固治理成果的任务仍很艰巨。

煤炭资源开采区及分布区与土壤保持重要区高度重叠（图 108），大规模煤炭资源开采必将对该区域土壤保持功能产生不利影响。以平凉、庆阳为代表的陇东地区，煤炭资源丰富，

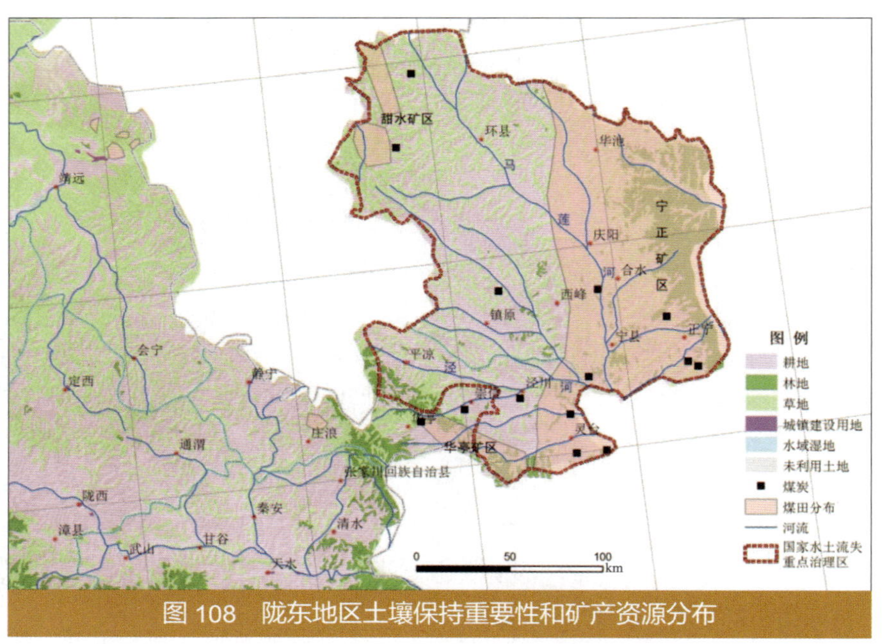

图 108 陇东地区土壤保持重要性和矿产资源分布

是未来规划的煤炭资源重点开发地区。2010 年两市煤炭产量为 2 500 万 t，2015 年和 2020 年规划产能为 10 000 万 t，为现有产能的 4 倍。虽然主要采煤方式均为井工开采，但由于数量巨大，又位于国家水土流失重点治理区，在矿区及配套基础设施（如道路）建设中，必然会带来局部的水土流失加剧，增大区域土壤保持的压力。大规模井工矿开采导致地下水位变化，也可能对退耕还林成果带来负面影响，从而进一步加大土壤保持的压力。

三、生物多样性保护面临的影响和风险

准东煤田开发可能影响以蒙古野驴、鹅喉羚为代表的有蹄类动物及其生境，突出表现为露天煤矿开采地表剥离植被破坏将挤占生存空间、阻碍迁徙通道；大规模煤炭开采极有可能导致保护区内野生动物的天然饮用水水源地干涸，恶化蒙古野驴的生存环境。

哈密部分煤炭矿区在罗布泊国家级自然保护区内，另有较多的铁矿资源也分布在罗布泊国家级自然保护区内，哈密煤炭、铁矿资源开发将对以野骆驼为代表的荒漠动物及其生境产生不利影响。应严格按照自然保护区的管理规定，禁止在罗布泊野骆驼国家级自然保护区开采煤炭和铁矿资源。

水资源过度开发利用导致生物多样性保护功能退化的区域主要包括艾比湖、玛纳斯河中游湿地和可鲁克湖—托素湖等。近年来艾比湖流域耕地面积不断增加，入湖水量不断减少，湖面面积不断缩小，湖周天然植被退化严重，湖区生物及其栖息环境受到较大破坏，生物多样性保护功能受损。玛纳斯河国家级湿地自然保护区主要由数个农灌和景观水库及玛纳河故道组成，是生物多样性保护的重要基地，是对已经干涸的玛纳斯湖生物多样性保护功能的一种补偿，在空间上也能够与艾比湖相互呼应。玛纳斯河国家级湿地自然保护区有国家级保护动物 16 种，国家级保护植物 7 种，年经停歇鸟类在 10 万只以上，具有重要的生物多样性保护功能。玛纳斯河上、中游的主要城市是石河子市，未来大规模发展煤化工和石油化工将使

地下水超采区地下水回补压力增大，并威胁着下游玛纳斯河湿地自然保护区的水资源补给，从而可能削弱玛纳斯河自然保护区的生物多样性保护功能。可鲁克湖—托素湖是西北地区为数不多的天然淡 - 咸水双湖结构的湖泊，具有极其重要的生物多样性保护价值。可鲁克湖—托素湖自然保护区是鸟类迁徙的重点节点，湖区主要鸟类包括黑颈鹤、斑头雁、鱼鸥、灰雁、棕头鸥、天鹅等，具有为青海湖的候鸟长距离迁徙前提供短暂停留（15 ～ 25 天）、补充食物和淡水的重要功能。

巴音郭勒河中游城市和灌溉农业的发展已经导致托素湖的萎缩，预计 2020 年以盐碱化工为主导的重点产业发展新增需用水量约为 5 500 万 m^3，如果不实施大规模农业节水，届时巴音郭勒河水资源开发利用率将达到 70% ～ 75%，远超出水资源开发利用安全警戒线。根据生态需水分析，维护可鲁克湖淡水特性的生态需水量约为 2.95 亿 m^3, 水资源过度利用的直接生态代价是可鲁克湖的淡水补给水量将明显减少，咸化加速，可鲁克湖—托素湖湿地自然保护区生物多样性保护功能被削弱。

第七章

基于资源环境承载力与环境风险的产业发展调控

第一节　总体思路与目标

西北三省（区）工业化、城镇化滞后，传统粗放发展方式尚未根本性改变。水资源短缺、生态脆弱，环境承载力不足，区域性水危机、城市大气污染和关键区域生态退化问题突出。未来 5 ～ 10 年，经济社会进入加速发展阶段，资源驱动和投资驱动仍然是经济增长的主要动力，资源型产业处于价值链低端跟随状态，具有高投入、高消耗、高污染特征，存在生态破坏和环境污染加剧、重蹈“先污染后治理”覆辙的风险。

必须树立尊重自然、顺应自然、保护自然的生态文明理念，把生态文明建设放在突出地位，融入经济建设、政治建设、文化建设、社会建设各个方面和全过程的总体要求，推进新型工业化、城镇化和农业现代化。坚持在发展中保护、保护中发展，按照转变经济增长方式、优化空间布局、增强民生基础、保障人群健康的总体思路，促进资源节约，创新绿色发展、循环发展和低碳发展等新的发展模式，统筹保障区域发展的资源环境和维护良好人居环境，引导生产力优化布局，推动产业结构战略性调整，实施战略性生态环境保护工程，构建以环境保护优化经济社会发展的长效机制。探索在水资源缺乏、生态脆弱地区，不以牺牲生态、不以牺牲人群健康环境为代价的新型工业化、城镇化和农牧业现代化发展途径。

第二节　环境优化经济发展的调控原则

一、生态文明建设与经济建设相促进

西北三省（区）自然环境恶劣、水资源缺乏、生态脆弱、生态安全战略区位十分重要，能源矿产资源富集、经济发展滞后、少数民族集聚、是全面建成小康社会的攻坚区域。制订区域经济与产业重大发展战略时，要以国家和区域生态文明建设为基础，以构建资源节约型

和环境友好型的产业体系为导向，优先水安全和生态安全建设投入，建立健全以维护水安全、人群健康、生态安全的保障机制、引导机制和约束机制，优化产业发展方向和布局，实现生态文明建设与区域经济发展相促进。

二、生产力发展与资源环境承载能力相匹配

强化生产力发展与资源环境承载能力相协调。着力化解区域经济发展规模与水资源承载力之间的矛盾、区域生产力布局与保障生态安全矛盾、资源型产业发展与城市化发展的矛盾。推动经济基础好、人力资源丰富地区加快发展，鼓励资源丰富、环境承载能力较好地区快速提高经济集聚能力，扶持贫困地区发展，培育战略位置重要地区形成新的经济增长点。

要坚持以水资源承载定发展规模，以生态安全和环境容量优布局，以循环经济调结构，引导资源型开发产业合理布局、有序发展，确保生态不退化、环境质量不下降。

三、资源型产业发展与循环经济产业体系建设战略相适应

加快发展循环经济。以构建循环经济产业体系为核心，支持煤炭资源转化综合利用、盐湖资源综合利用、油气化工和有色冶金产业向下游延伸，积极推动资源利用产业链之间的横向耦合。以技术升级改造、产业链延伸为基础，积极承接东部产业转移。

四、资源环境效率水平与科技发展水平相协调

积极支持投入产出效率高、技术水平高、能耗污染物排放低的产业发展。充分发挥资源优势，重点支持技术稳定、工艺成熟的产业发展。有效发挥西北三省（区）在有色冶炼、盐湖化工、石油化工等产业积累的技术优势，结合东部企业转移带来的技术优势，推动资源优势产业又好又快发展。严格控制生产工艺技术尚不成熟的产业发展速度，严格控制中东部地区的生产工艺、技术装备水平低下的重污染产业向西北三省（区）转移。加快传统产业的“绿色化”技术改造、升级换代，淘汰高能耗、高污染落后产能，提高存量产业的资源环境效率。

第三节 积极推动转变产业发展方式

一、加快建设循环经济产业体系

1. 积极推进实施循环经济试点、示范战略

积极推进甘肃循环经济示范区、石河子循环经济试点以及青海柴达木循环经济试验区、西宁经济技术开发区等循环经济试点园区建设。建议将伊犁煤炭综合示范区纳入国家循环经济示范区战略，准东煤炭能源基地纳入国家循环经济试验区。

加强石河子循环经济试点城市产业发展引导，鼓励符合纺织城战略和建设循环经济体系

为核心的产业布局发展。将金昌、白银、玉门纳入循环经济试点、示范城市，加快推动金昌、白银、玉门等资源型城市的产业转型。积极支持酒泉、嘉峪关清洁能源、冶金新材料循环经济基地，促进酒泉—嘉峪关城市可持续发展。

以构建循环经济产业体系为核心，加快国家级柴达木循环经济试验区建设，建成全国最大的盐湖化工基地、钾肥生产基地、太阳能发电基地、区域性石油天然气化工基地、国内重要的镁锂深加工基地。

积极支持盐湖资源综合开发技术创新、技术引进，先行先试。着力推进盐湖化工与石油天然气化工、煤化工、有色金属和新能源、新材料的融合发展，加快盐化产业向规模化、集约化、精细化方向发展。尽早实现从“试验区”向“示范区”的转变。

2. 大力发展建设一批循环经济产业基地

图 109　重点循环经济示范区和基地建设

按照大型、高端、循环发展的方向，重点打造一批依托优势资源的循环经济产业链和产业集群。积极支持全面实施《甘肃省循环经济总体规划》，落实扶持政策，重点建设兰州、白银石油化工和有色冶金循环经济基地，平凉、庆阳煤电-石油化工循环经济基地，张掖、武威特色农副产品加工循环经济基地，陇南生态循环经济基地等循环经济基地和培育产业链，努力形成循环经济产业集群。见图 109。

资源加工地区着重产业链延伸和资源综合利用，形成循环型产业体系。大力开展以节能、降耗、减污、增效为目标的清洁生产，尤其是与煤炭能源基地战略匹配，扶持煤炭等矿产资源综合利用，加快推进粉煤灰、煤矸石、冶金和化工废渣及尾矿等工业废物利用。

3. 努力将工业园区建设成为“新型工业化”的主要载体

巩固发展现有园区，规划建设一批省级和地市（县）园区，促进省级园区升格为国家级产业园区。积极支持国家级经济技术园区、高新技术产业开发区等发展，培育一批循环型工业园区和生态型工业园区。同时，要统筹产业园区的发展定位，协调园区与城市发展布局，整合各类工业集中区，提升园区化水平，重点预防布局型大气污染和人群健康风险等突出的环境问题。

依托煤炭、石油、天然气等能源资源和盐湖资源优势，努力打造一批资源开采、加工、转化一体化的循环产业工业园区，使之成为西北地区新型工业化发展的重要载体。

水煤资源组合比较好的伊犁地区，在保障水环境安全的前提下，积极支持以煤制天然气为主的煤炭资源深加工基地发展。

具有传统有色冶金产业优势的地区，要大力推动产业技术升级、改造，按照“定点选矿、集中冶炼、强化加工”原则，促进有色冶金产业链的延伸，对现有冶金工业园区进行整合。

支持有条件的地方以“园区化”发展模式，重点建设乳品加工、肉类加工、玉米和天然食品等深加工基地。

4. 进一步完善促进循环经济发展的支撑体系

尽快制定建立健全的地方循环经济法规体系。综合运用财政预算、税收、投融资、信贷、价格等政策手段，形成支持循环经济发展的资金渠道和投入机制。从政府采购、财政补贴、环保专项基金、贴息贷款、税收减免等方面，建立中小企业发展循环经济的财政扶持政策。

二、加速现代农牧业发展

加快转变农牧业发展方式，加速现代农牧业和特色农业发展，实现区域农业用水总量下降、农田种植面积下降、农产品产量增加、农产品附加值增加的“双降双增”。

促进土地资源集约利用和优化配置，加强中低产田改造、标准粮田建设，变粗放经营为集约经营，提高土地的产出率与效益，提高科学、合理利用土地的水平；建立区域性畜牧业经营优化模式，采用先进的牧草种植技术、退化草场改良技术、飞播种草技术和鼠虫害防治技术，以及遥感技术等，推广舍饲圈养；在传统节水建设基础上，大力发展设施农业、现代节水灌溉技术，以建设节水型农业、加速推广现代农业节水技术为重点，推进水资源利用方式转变。

加快农牧业结构调整。粮食、棉花生产稳定种植面积，提高粮食综合生产能力和加工转化能力、棉花生产能力，保障国家和区域粮食、棉花安全。集中力量建设一批现代农牧业示范区和种植、养殖、制种基地，培育一批特色主导产业和品牌。

维护粮食安全。重点扶持和推进艾比湖流域、石羊河流域、黑河流域的高效节水灌溉，缓解生态退化压力；推动在伊犁河流域建设国家粮食安全后备基地，按照区域生态安全和建设现代化粮食生产基地的要求，建设规范化高标准粮田，配套高效节水灌溉设施。

以龙头企业为依托，重点围绕棉花、粮油、林果、畜产品、区域特色农产品，大力发展高科技含量、高档次、高附加值的农产品精深加工业。

把推进发展现代农牧产品加工业作为实现农牧业现代化的重要突破口，引导现代农牧产品加工业按园区模式布局发展，鼓励农产品加工龙头企业整合资源，形成产业集群；积极扶持构建信息服务、科技支撑、产业园区和农产品及加工品外销四大平台。

在天山北坡、河西走廊地区、河湟流域，加强节水型、特色型农牧产业基地建设，积极扶持特色农副产品和畜产品精深加工发展，大力推进建设具有民族特色、地方特色的农产品生产加工基地。积极扶持发展优质中药材药源和加工产业发展，加快建设规范化的优质中药材生产加工基地。加快特色农牧业服务体系基础设施建设。

三、以信息化和高新技术带动特色工业现代化

西北三省（区）工业化发展滞后，面临着东部地区生物、电子、网络等高新技术上巨大优势的压制。需要大力扶持信息化和高新技术产业发展，以信息化带动工业现代化。

传统特色工业要运用高新技术提升改造，促进产业链延伸。在有色金属、电解铝、石油化工、盐湖化工、中成药和特色农副产品加工等产业，围绕产业结构调整、产品换代、节能减排和提高要素生产率，有重点地选择一批骨干企业，开展运用信息高新技术进行改造和提升的试点、示范。

在兰州、金昌、白银、酒泉—嘉峪关、乌鲁木齐、独山子—克拉玛依、格尔木等地市，应当实行国家对老工业基地改造的政策支持，全面推进高新技术和先进技术改造提升石油化工、冶金工业等传统特色产业，促进循环经济产业基地建设，见图 110。

煤炭生产与煤炭转化（煤电、煤化工）一体化发展，传统煤化工（煤焦化、电石、煤制化肥）必须以技术升级改造、延伸产业链为基础，严格环境准入门槛，避免“产业转移”演变为“污染转移”。

1. 轻工纺织工业要积极推进技术升级换代

以承接东部产业转移为契机，积极引进国内外知名企业、信息化高新技术和先进适用技术，加快传统轻工纺织业技术改造、产业结构优化调整，推进轻工纺织产业由劳动密集型向劳动技术复合型转变，加快特色纺织产业实现规模化、精细化、品牌化、集群化，振兴发展轻工纺织工业。

依托兰州、乌鲁木齐、独山子—克拉玛依石化产业基地资源优势，加强化学纤维高端产品开发；发挥毛纺品牌优势和棉花种植资源优势，积极发展高档精纺面料，促进采棉纺织、亚麻纺织等产业发展；积极发展针织、印染、服装、家纺、产业用纺织品等深加工，加快建设纺织品出口加工基地。

依托青海省内“西宁毛”的资源优势，以西宁为产业基地，积极发展藏毯和绒纺产业，推进纺织产业由劳动密集型向劳动技术复合型转变。

轻工业要以农牧产品、石化下游产品等综合开发为重点，鼓励企业向“专、精、特、新”方向发展，重点发展绿色食品、保健食品、饮料制造业，优化发展塑料、皮革、家具及人造板、日用化工等产业，积极发展地毯、玉雕、民族手工艺、旅游纪念品等劳动密集型产业。

2. 有色冶金产业向深加工发展，突出高新技术支撑，建设循环经济产业体系

加快推进以循环经济产业链为特色的有色金属新材料基地建设战略。加强铝、镁、铜、铅、锌、镍、钴等有色金属冶炼及下游精深加工配套能力建设，淘汰落后产能；严格限制有色冶金（铅、锌、铜、镍、电解铝）初级产品产能的盲目扩张。

扶持酒泉—嘉峪关经济区、金昌—武威经济区实施一体化发展战略，支持一批骨干企业加快利用信息高新技术进行技术改造和升级换代，实施节能减排；结合新能源基地发展，推进电 - 冶 - 加一体化发展。鼓励白银、金昌市有色冶金产业链延伸、升级换代，原则上不再建设单纯扩大初级产品产能的项目。

在全国产能过剩、东中部产业转移的大环境下，限制东中部企业单纯利用能源廉价优势向西北三省（区），尤其是向远离市场的天山北坡经济带转移电解铝产能。积极支持具有一定电解铝生产基础的兰州—白银、西宁等地产业链升级，向铝制品深加工发展。

3. 钢铁产业要加大技术改造，加快产品结构调整，提高产业集中度和资源综合利用水平

加快现有生产工艺的技术改造，促进产品升级换代，鼓励酒钢建设成为西部新的特钢生产

基地，稳定和巩固西宁特钢的生产能力，建议将西宁特钢前段炼铁、粗钢搬迁至柴达木盆地内资源环境条件适宜地区发展。

天山北坡经济带应结合城镇化发展和环境治理优化钢铁企业布局，加快铁合金企业资源整合和产业重组，提高产业集中度；推进“八钢”技术改造，促进钢铁企业向精特新发展，严格限制低水平重复建设。

图 110 特色产业（钢铁、有色金属、电解铝）调控

4. 建材业要大力推进非金属材料制造业及水泥行业结构升级和产业链延伸

大力采用先进技术、工艺和设备，加强资源综合利用和节能减排。促进高档玻璃、节能玻璃、功能性玻璃、新型墙体材料等轻质、隔热、保温环保节能建材产品发展。稳步发展新型干法水泥、特种水泥及水泥制品，加快淘汰落后水泥产能。

四、积极培育战略性新兴产业

1. 稳步推进新能源产业发展

西北三省（区）太阳能、风能、土地、能源资源优势突出，作为我国新能源产业发展的重点区域和示范区域，应结合风电、太阳能等新能源基地建设，加快新能源产业配套延伸，形成完整的新能源产业链。

重点扶持光伏产业核心技术研发与应用，扩大单晶硅、多晶硅生产规模，带动和构建晶体硅、太阳能电池、光伏发电系统集成的光伏产业。

培育风能发电产业链，建成集风能整机及附属设备制造、测试、配件供应等为一体的风能装备制造业和服务基地。

2. 积极支持新材料产业发展

发挥有色金属和非金属矿产资源优势，大力发展高纯铝、电子铝箔、电极箔等铝电子材料，加快形成铝电子材料产业链。

加快实施金属镁一体化、镁合金压铸件、电解铜箔等项目。积极开发以基础锂盐为原料的新型电极材料，为高性能储能电池提供配套关键材料。

发展以石油、天然气、煤炭为基础的工程塑料、新型高分子材料、聚氨酯、弹性体、有机硅、新型复合材料。

积极推动稀有金属材料、光电功能材料、高纯度高性能合金材料、功能陶瓷材料、非金属矿物材料和新型建筑材料的产业化发展。

3. 加快生物产业发展

加快生物技术产业化进程，促进生物育种、生物肥料、生物农药和绿色生物产品的推广应用，以及生物医药产品研发。应用生物技术提升民族医药和中医药产业，重点发展拥有自主知识产权的医药产品，支持有实力的企业整合和开发民族医药资源。

五、加快建设节水型社会

1. 大力发展农业节水

水资源是西北三省（区）经济社会发展关键制约性要素。结构性缺水矛盾突出，农业灌溉设施落后、用水粗放，农业用水量占比高、效率低；农业节水是节水型社会建设的重点，按照循环经济用水指标的要求，以调整产业结构发展农业、通过农业节水支持工业发展，建立以农业节水为龙头的社会节水体系。

将高效节水农业和设施农业建设纳入基础设施建设的最优先位置，加大国家扶持节水工程力度，以发展高效节水农业为核心，加快高效用水、节约用水基础设施建设，提高灌溉水利用效率，降低农业用水在全社会供水中的比例。未来 10 年，力争农业灌溉水有效利用系数年提升 12 ～ 15 个百分点。2015 年天山北麓实现农业灌溉用水总量“零增长”，河西走廊基本实现“负增长”。

积极扶持、推动建立高效节水综合示范区。加强大中灌区续建配套和节水改造工程建设，抓好土地平整、渠道防渗等常规节水建设，全面推广滴灌技术，因地制宜发展喷灌、管道灌等节水技术，大力发展旱作节水农业，改善灌溉条件，建立标准化、规范化高效节水综合示范区，促进现代农业发展。

结合发展高效节水灌溉，加快改革耕作制度，优化栽培模式，调整种植结构，积极推广多熟高效种植，推进现代农业发展，大幅度提高土地产出率和资源利用率。

2. 积极支持节水型产业发展

积极引导发展节水型产业和节水型生活方式，重点推进有色冶金、食品、纺织等高耗水行业节水技术改造；坚持以水资源确定产业结构和发展规模，加大现有企业节水技术改造力度，严格限制高耗水产业盲目扩张；大力发展城市节水和中水回用，降低城镇供水管网漏损率，加强公共建筑和住宅节水设施建设，普及节水设备和器具。

坚持因水制宜，量水而行，以水定发展。积极推动建立与水资源、水环境承载力相协调的工业体系，优化产业布局，加快各类节水型社会示范区建设。

科学有序开展城镇供水、农业供水、地下水开发利用、盐碱地改良、防治水土流失，以及各种水利枢纽工程的合理运用。

3. 建设内陆河流域水资源循环经济示范区

按照“优水高用、低质低用”的用水原则，大力发展污水资源化、再生水利用。

2020 年内陆河流域的污水处理率要达到 90% 以上，其中，城市生活污水 100% 处理，城市污水回用达到70%。要建立再生水蓄水库，再生水与其他水源联合调控、统一使用。

“十二五”时期，建议在天山北坡玛纳斯流域建设2～3个以水资源循环经济示范区，发展促进城市污水资源化利用，工业园区水资源分质利用、梯级利用；推动冶金、电力、石油化工、煤化工等工业部门优先使用城市再生水资源。

第四节 促进产业集聚、优化空间布局

一、建设天山北坡经济带、兰州—西宁—格尔木经济区两大经济新高地

深入实施西部大开发战略，着力培育兰州—西宁—格尔木经济区和天山北坡经济带。积极推进工业化和城镇化协调发展，促进产业集聚布局、人口集中居住、土地集约利用，形成西部大开发战略新高地，辐射和带动周边地区发展。

天山北坡经济带建设我国面向中亚、西亚地区对外开放的陆路交通枢纽和重要门户，全国重要的综合性能源资源生产及供应基地，现代化农牧业示范基地，西北地区重要国际商贸中心、物流中心和对外合作加工基地。

兰州—西宁—格尔木经济区建设全国重要的新能源、盐化工、石化、有色金属和农畜产品加工产业基地，区域性新材料和生物医药产业基地；着力推进国家级兰州新区建设，打造西北地区重要的经济增长极、国家重要的产业基地、向西开发的重要战略平台、承接产业转移示范区。

在西北地区依托石油天然气、煤炭、有色金属、盐湖资源以及特色农畜产品等传统特色优势资源大力发展资源加工型产业，呈现产业加速集聚、生产力优化布局、区域中心城市核心竞争力和辐射带动作用大幅增强的局面，迅速成长为国家协调区域发展的战略支撑点和西部经济新高地。

二、积极促进产业集聚布局

产业集聚布局见图111。

1. 石油天然气化工

积极推进独山子、鄯善国家级石油储备基地和乌鲁木齐、克拉玛依国家级成品油储备基地建设。围绕国家石化工业基地和石油储备基地建设战略，大力推进（兰州、乌鲁木齐、独山子—克拉玛依、玉门、格尔木）石化产业结构优化升级。推进石油天然气下游产品开发，巩固以兰州、乌鲁木齐、独山子—克拉玛依为主体的石化产业集群。鼓励利用柴达木盆地资源综合优势，在格尔木建设区域性石油天然气化工基地。

2. 有色金属产业

积极推进河西地区实施建设全国重要的有色金属基地战略，建设金昌、酒泉、嘉峪关金

属综合加工利用基地。结合新能源基地发展，推进电-冶-加一体化发展。积极引导电解铝产业在河湟谷地、准东地区（不含乌鲁木齐—昌吉）集聚，科学合理布局，有序发展。在柴达木盆地加快实施金属镁一体化建设。

3. 煤炭资源综合利用

积极推动天山北坡及东部地区建设国家重要的能源矿产资源基地和产业聚集区。坚持“统筹规划、环保优先、集约高效、规模适度、有序发展”，以准东、吐哈、伊犁、陇东煤田为重点建设现代化大型煤炭基地，有序推进准东、伊犁、陇东能源综合利用示范区建设。重点推进吐哈、准东煤炭东运、煤电一体化基地建设，准东煤炭和伊犁现代煤化工基地建设。积极推进柴达木盆地煤炭资源综合利用、清洁利用，促进盐湖化工-煤化工-天然气化工-冶金产业等多产业融合发展。

4. 盐湖资源综合利用

推进青海、新疆盐湖资源综合利用，加快建设大型钾肥基地，优化发展氯碱化工；积极引导盐化工产业向柴达木盆地集聚，建成全国最大的盐湖化工基地和国内重要的镁锂深加工基地。

5. 纺织工业

以技术进步为支撑，以承接内地纺织产业转移为契机，加快纺织工业产业结构优化升级。重点建设石河子纺织工业城，加快发展呼图壁、奎屯、博乐等纺织工业园区；支持西宁发展藏毯绒纺产业。

6. 特色农牧业和农牧产品加工业

全力打造青海省河湟流域特色农牧业百里长廊，实施8个百里万亩（万头）工程，建设海东地区高原特色现代化农业示范区；大力发展柴达木盆地枸杞种植和深加工等林果产业；加快天山北坡特色农副产品和畜产品精深加工产业，稳定粮食、棉花生产面积，建设伊犁河流域国家粮食安全后备基地；稳定吐哈盆地、天山北坡、伊犁河谷等特色林果业基地面积，提质增效，大力提升果品储藏保鲜、精深加工能力。

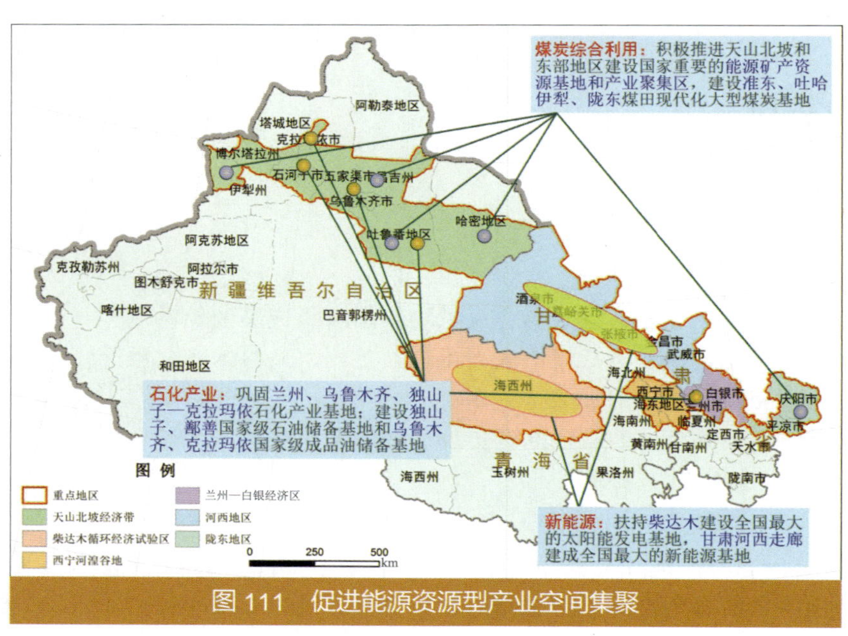

图 111 促进能源资源型产业空间集聚

7. 新能源

培育风能发电产业链，建成集风能整机及附属设备制造、测试、配件供应等为一体的风能装备制造业和服务基地；有序发展晶体硅、太阳电池、光伏发电系统集成的光伏产业链。推进青海格尔木“光伏城”建设、甘肃河西走廊新能源基地建设，扶持柴达木建设全国最大太阳能发电基地、甘肃河西走廊建成全国最大的新能源基地。

8. 装备制造业

改造提升装备制造业。建设昌吉、西宁等重大电力装备生产基地；建设兰州、克拉玛依等石油化工设备及石油钻探设备生产基地；建设乌鲁木齐汽车产业基地；建设西宁数控机床研发生产基地。

三、协调工业化与城市化合理空间布局

按照“创造良好生产生活环境”的战略目标要求，协调工业化与城市化合理空间布局。加快解决传统重化工业和城市化发展过程中形成的布局冲突，创造新型城市化发展的基础条件。

1. 兰州—西宁—格尔木经济区

加快兰州—白银核心经济区发展，全面推进国家级兰州新区建设，打造兰州—白银核心经济区的先行区和示范区。

兰州市主城区应严格控制产业链上游的重化产业发展，着力技术升级改造，淘汰落后产能，积极实施“退二进三”。抓住建设发展兰州—白银经济区和兰州新区的机遇，主要依托白银、兰州新区，打造全国重要的石化产业基地，在兰州市主城区石化产业基地不再扩大炼油炼化能力。

白银市着力解决历史遗留的有色金属产业发展与城市发展的矛盾，积极规划建设白银工业集中区，调整优化区域产业布局，加快资源型城市转型。

积极推进以西宁为中心“一核一带一圈”城市群发展，强化西宁“核心”城市的聚集辐射作用，加快推进平安、乐都、民和、互助沿湟“带”城市化进程，着力提升大通、湟中、湟源等1小时“圈”的城市功能。按照山水环城、生态和谐、产城融合的思路协调城镇化、工业化、农业现代化发展布局。

突出西宁夏都、青藏高原区域性现代化中心城市发展定位，优化重化产业布局。着力解决西宁甘河工业园、西宁特钢与西宁市城市发展空间的矛盾和冲突，为城市远期发展预留足够的国土利用空间；严格限制冶金工业发展，不宜布局发展煤化工产业。

加快青海省海西工业化和城乡一体化进程，打造全国区域循环经济发展示范区。将格尔木建成全国西部重要交通枢纽、电力枢纽、以盐湖资源综合利用为重点的资源加工转换中心，建设区域性石油天然气基地，促进盐湖资源综合利用与油气化工、煤化工融合发展；德令哈建成新型高原绿洲城市和盐湖资源综合利用循环经济基地。

积极推进青海省海东地区承接我国东中部地区产业转移，延伸西宁（国家级）经济技术开发区、柴达木循环经济试验区的资源精深加工产业链，在东部城市群建设资源节约型、环境友好型的“承接产业转移示范区”，海东工业园区“打造以中小企业为主体的现代化工业园区”。

2. 天山北坡经济带

积极推动天山北坡经济区按照“以线串点、以点带面”的空间开发模式，以重要交通干线为发展轴，以中心城市为节点，促进人口和产业集聚，形成“一核一轴五片区”城市发展格局。

按照“乌鲁木齐—昌吉—五家渠一体化”格局，优化城市功能布局和重化工业园区布局，避免乌鲁木齐—昌吉—五家渠城市组群与工业园区交错密集布局，以及沿城乡结合地带、郊区蔓延式布局，在乌鲁木齐—昌吉城市边缘和近郊地带，要抑制传统煤化工、氯碱化工、电解铝的产业过度集聚。乌鲁木齐主城区和周边工业园区不宜扩大石化、钢铁产能，也不宜布局发展煤化工产业，见图112。

加强独山子—奎屯—乌苏“金三角”城市群与独山子—克拉玛依石化基地的协调发展，合理空间布局，保护城市饮用水源地安全和人群健康环境，严格限制光气等高风险产品项目的发展。

石河子市应坚持建设国家级循环经济型城市。充分利用现有的农副产品资源优势大力农副产品产业发展；加大纺织城发展力度，鼓励纺织与下游石化产业耦合。在狭小的城市规划发展空间内不宜大规模布局高载能、重污染资源加工型产业。

图 112　协调工业化与城市化合理空间布局

3. 河西地区

积极推进酒泉—嘉峪关经济区一体化、金昌—武威经济区一体化战略。加快建设金昌有色金属新材料循环经济基地、酒泉和嘉峪关清洁能源-冶金新材料循环经济基地，努力推进资源型城市可持续发展。

金昌市要抓住建设河西地区金属综合加工利用基地和金昌—武威经济区一体化的战略机遇，调整城市发展定位和产业发展布局。

四、促进煤炭资源富集区产业优化布局

1. 坚持生态保护优先，有序开发煤炭资源

支持准东、吐哈、伊犁煤田的煤炭资源有序开发。加大对现有中小煤矿资源整合、生态恢复治理力度，严格限制天山北麓、祁连山水源涵养服务功能重要区及地下水源功能区的煤炭开采。

2. 积极推动煤炭资源富集区煤电煤化工产业健康发展

鼓励在煤炭资源丰富、煤种合适、水资源充足、环境容量较大的地区有序发展煤化工产业，形成循环经济产业体系。

3. 煤炭能源综合利用要加强煤炭转化方向和技术路径的管控

图 113 煤炭转化方向和技术路经的管控

科学合理布局现代煤化工、提高深加工程度，重点推进建设以煤制天然气为主导的现代煤化工产业集群。加强传统煤化工整合提升，严格限制煤焦化发展。支持石油天然气化工与盐化工、煤化工耦合，建设循环经济产业体系，见图113。

伊犁应严格遵循国家煤化工示范基地战略部署，依托天然气通道，发展以煤制气为主导的现代煤化工，严格限制大规模布局工艺技术不成熟的现代煤化工产业，避免“示范区”演变为“试验区”。适度发展煤电，严格限制煤焦化产业布局。

积极支持准东煤电煤化工产业带有序布局煤化工产业，优化以煤化工为主导产业的工业园区布局，严格以水定煤化工产业链规模、以产业链定项目，依照国家煤电化热一体化发展战略，建设煤炭基地循环经济产业链，参与“疆煤东送”。在跨流域调水规划未取得突破之前，地下水严重超采、地下水位持续下降地区严格限制了煤化工产业发展。

吐哈煤田以“疆煤东运”为主，在水资源条件允许情况下，适度发展煤电及电力外送；陇东煤田以发展煤电一体化为主，发展煤化工要严格以水定产。

第五节 大力增强民生发展的基础

一、着力提高以中小城市和乡镇为主体的城镇化质量

以中小城市和乡镇发展为主体积极稳妥推进城镇化进程，着力提高城镇化质量，避免盲目扩张城市规模。

西北三省（区）基础设施建设重点转向加强中、小城市和乡村市政基础设施，信息化服务、旅游基础设施建设，以及职业教育和技能培训基地建设。建议国家进一步加大对西北三省（区）基础设施建设支持、扶持力度。

在发展建设区域中心、次中心城市的同时，建议加快区域中心、次中心辐射区域的县级市和乡镇基础设施建设，缩小公共服务水平与中心、次中心城市的差距。

加速新疆生产建设兵团城镇化进程，加大投入，将第六师（五家渠）和第八师（石河子）

的团场、分场建设成为新疆生产建设兵团和西北地区新型城镇化示范区。

加快国家农产品基地村、镇基础设施建设（交通、信息、供水、垃圾资源化、污水资源化）。

二、大力推进特色农牧产品加工基地建设

加强节水型、特色农牧业基地建设，鼓励多样化农产品发展；大力推进具有民族特色、地方特色的农产品加工业基地建设。引导农产品加工、流通、储运企业向农产品主产区集聚，形成加工、生产、销售、服务一体化产业链，建设全国重要的特色农产品生产加工基地，扶持一批大型龙头企业和农民专业合作社，鼓励农产品龙头加工企业整合资源，引导企业按园区模式布局，发展产业集群。

积极发展特色林果业基地，稳定面积，提质增效，大力提升果品储藏保鲜、精深加工能力，将特色林果业打造成为农民增收的重要支柱产业。

三、加强旅游基础设施建设，发展多元化特色旅游服务体系

依托丰富旅游资源，深入挖掘文化内涵，积极发展文化、生态、休闲、度假旅游，提升旅游服务水平，打造富有西部特色旅游产品体系。加强旅游基础设施建设，鼓励旅游公共服务主体多元化，促进旅游公共服务建设和运营市场化。重点培育一批跨区域精品旅游线路，形成一批国内著名和国际知名的旅游目的地。

第八章

促进经济社会可持续发展的环境保护对策建议

第一节　促进经济发展方式转变的环境保护战略重点

一、建立资源环境保护红线机制

建议以提升生态保护和资源环境效率为目标，设立生态保护、水资源利用、主要资源环境绩效、清洁生产水平四条红线。

1. 生态保护红线

“水源涵养”“防风固沙”生态功能不退化。人工绿洲保持稳定，草原“三化”持续遏制，区域生态环境有所改善。

遏制艾比湖流域、石羊河下游民勤盆地生态退化、恶化趋势；维持玛纳斯湖入湖水量和湿地生态。

2. 水资源保护红线

区域全社会新鲜水用水总量力争保持在“零”增长水平；石羊河、黑河、疏勒河、玛纳斯河流域等当地常规水资源开发利用总量力争实现“负”增长，逐步减少地下水超采，弥补生态用水。

农业灌溉用水总量逐步下降。玛纳斯河流域、黑河流域、石羊河流域等重点生态治理流域，以及天山北坡经济带和河西走廊的区域中心、次中心城市的地下水降落漏斗不再扩大。

3. 主要资源环境利用绩效基线（2015—2020 年）

2015 年全社会主要资源环境利用绩效指标与全国水平的差距不扩大并逐步缩小（见表 56）；特色优势产业（煤炭采掘、煤电、煤化工、石油化工、有色冶金、农副产品加工等）主要资源环境绩效指标不低于当年全国平均水平。

2020 年全社会主要资源环境利用绩效指标力争优于 2015 年全国平均水平。以 2015 年为基数主要污染物排放总量不增加并有所下降。

4. 清洁生产技术门槛

单位产品的能耗、物耗、水耗及污染物排放达到国内先进水平；化工、冶金项目均应采用现代化技术工艺，清洁生产达到国际先进水平。

新、改、扩建工业项目用水指标和水污染物指标均应达到清洁生产二级水平或国内先进水平。

表 56　2015 年西北三省（区）主要资源环境利用绩效目标

目标	指 标	西北三省（区）	
		2010 年实际量	2015 年目标量
主要资源环境利用绩效指标与全国水平的差距不扩大	单位 GDP 能耗 /（kg/ 万元）	1.54	＜ 1.28
	单位 GDP 的 SO_2 排放量 /（kg/ 万元）	11.76	＜ 5.45
	单位 GDP 的氮氧化物排放量 /（kg/ 万元）	9.22	＜ 4.97
	单位 GDP 的 COD 排放量 /（kg/ 万元）	5.01	＜ 3.09
	单位 GDP 的氨氮排放量 /（kg/ 万元）	0.54	＜ 0.30
区域全社会用水总量保持“零”增长	单位 GDP 的新鲜水耗量 /（m^3/ 万元）	532.5	＜ 327.3

二、实施“四个优先”战略

基于资源环境约束和环境风险，建议实施“四个优先”。

1. 优先发展循环型经济体系的核心产业

积极推进柴达木循环经济试验区、西宁经济技术开发区、甘肃循环经济示范区、石河子循环经济试点等循环经济产业体系建设。引导产业向循环经济试点区、示范区、试验区集聚，优先安排符合循环经济产业体系的重点项目入区入园。

在保障资源环境可承载的前提下，优先扶持伊利、准东等发展以煤炭资源深加工和综合利用为主体的循环型产业体系；柴达木盆地发展以盐湖资源开发综合利用为龙头的循环型产业体系；积极支持和扶持冶金产业的技术改造和升级，实现有色冶金产业采、选、冶、加工一体化发展和园区化发展。对有利于构建循环经济产业体系的龙头项目、有利于产业链纵向延伸和横向融合的关键性项目，优先配置相应的用水、用地指标和污染物排放指标。

积极支持废物资源化和综合利用产业发展，在采用国内先进生产工艺的条件下，优先配置污染物排放指标。

2. 优先发展节水型产业

大力推进节水建设，优先保障饮用水源安全和城镇生活用水，弥补生态用水。以黑河流域、石羊河流域、玛纳斯河流域和艾比湖流域等为重点，加大建设农业节水灌溉和设施农业的财政扶持，推动节水型农业快速发展。

大力发展污水资源化和水分质利用、梯级利用，积极推动建设城市污水处理再生利用工程、工业园区废水处理回用工程、微咸水利用工程、煤矿疏干水利用工程等。

建议国家加大对甘青新三省（区）节水工程、跨流域与跨行政区引水工程的支持力度，加快建设一批保护生态和支撑新型工业化发展的引水工程，缓解部分地区水资源严重短缺对经济增长的刚性制约；尽快启动南水北调西线前期研究，设立专项研究南水北调东线工程和中线工程完成后的增加黄河上游甘肃、青海黄河取水指标配置。

3. 优先保障环保投入

“十二五”期间，全社会环保投资占 GDP 比例不低于 3%。政府部门在环保基础设施建设投入年增速不低于 20%。加快发展城市节能和环保基础设施建设，完善国家级和自治区级工业园区基础设施建设；安排有色金属矿山生态治理专项资金，消除尾矿库环境隐患，加大农村牧区环境综合整治的投入。

4. 优先环保设施能力建设

大力推进城市、工业园区环境保护基础设施建设和环境保护管理能力建设，以及工业园区突发环境事件预防、快速响应处置能力。

工业园区、工业集中区必须建设集中供热工程、废水处理再生利用工程，必须配套建设完备的固体废物回收、处置设施，建议财政予以专项资金扶持。

三、促进环境保护与主导产业发展的协调融合

1. 优化发展能源工业

“十二五”期间，优化发展能源工业战略的核心是以煤炭、石油、天然气的开采利用为基础，发展煤、油、气相融合的产业链，进一步加快石油天然气资源的勘探开发，加快建设国家能源基地。

（1）煤炭工业发展需合理调控开发规模

实施煤炭资源开发与煤炭转化利用生产力建设相匹配、煤炭资源开发强度与生态恢复、生态建设能力相匹配的发展战略。以水资源、环境承载能力定煤炭转化规模，以煤炭转化规模、生态恢复与建设能力定煤炭生产规模。

准东煤田、准南煤田、吐哈煤田、陇东煤田等煤炭资源富集区分别位于内陆河干旱区防风固沙功能重要区、黄河流域上游水土保持功能重要区，大规模高强度的煤炭开采导致的生态破坏难以修复，必须坚持生态优先、保护中开发的原则。

严格限制天山北坡水源涵养保护区、祁连山水源涵养保护区内的煤炭资源开发，加快现有煤矿资源整合和生态修复。

（2）火电行业需优化布局、有序发展

火电行业需要继续提高能源环境绩效，优化空间布局。在实施“上大压小”、淘汰落后火电装机、提高现有燃煤火电脱硫脱硝效率的前提下，支持优化布局大型高效环保机组（如 1 000 MW 级超临界机组）。加快区域集中供热、热电联产，强化燃煤脱硫脱硝。

支持准东、哈密建成国家级现代化煤电基地，火电装机规模与电力通道建设相匹配，与电力需求相匹配。

受到大气环境容量约束的地区，在大气环境质量未得到持续改善之前，原则上除了热电项目，不再新布局和建设燃煤火电机组（如乌鲁木齐市、兰州市、金昌市等）。

2. 化学工业重点解决大型化发展与产业、产品链延伸

石化产业（石油、天然气、煤炭、盐湖资源加工）发展要以构建循环经济产业链体系为核心，重点发展强调产业链的横向联系和纵向延伸的下游产业或横向衍生产业。

现代煤化工的发展，应坚持构建煤气化、液化循环型化工产业链的发展方向。

大部分煤化工属高耗水产品，发展规模必须量水而行，按循环经济产业链发展。严格要求煤化工的生产工艺水平。

3. 有色金属产业实施采 - 选 - 冶 - 加工一体化，着力解决遗留环境问题

有色金属产业实施采 - 选 - 冶 - 加工一体化战略，将有利于解决产业发展带来的结构性矛盾，提升技术装备水平。

铝产业发展需顺应国家宏观调控方向，在积极承接东中部产业转移的大环境下，向铝深加工发展，铝加工转化率达到 90%。

铜、铅、锌等有色金属产业发展应严格落实行业和环保准入条件，淘汰落后技术装备，加强矿山生态治理和污染控制。解决历史遗留矿山生态修复、污染治理和环境隐患。

第二节　大力推进生态建设，构筑可持续发展的生态安全屏障

一、强化国家生态安全屏障区建设

大力扶持将三江源地区建成国家重要的生态安全屏障。三江源地区要把生态保护和建设作为主要任务，全力推进国家级生态保护综合试验区建设，建立生态补偿机制，创新草原管护体制，强化生态系统自然修复功能，建成国家重要的生态安全屏障。

将天山北坡准噶尔盆地南缘防风固沙带建设纳入国家生态安全屏障战略，与原拟定的西北防风固沙带相连，西起阿拉山口，东至祁连山构筑沿“欧亚大陆桥一带”的防风固沙生态屏障，形成绿色走廊，保障内陆河人工绿洲生态安全。

将天山冰川、山地水源涵养重要功能区纳入国家生态安全屏障战略，天山北坡水源涵养重要功能区与祁连山水源涵养重要功能区、阿尔泰山水源涵养区共同构成“欧亚大陆桥一带”绿洲水源涵养生态安全格局。

甘肃构建以甘南黄河重要水源补给生态功能区为重点的黄河上游生态安全屏障、以“两江一水”流域水土保持与生物多样性保护区为重点的长江上游生态安全屏障、以祁连山冰川与水源涵养生态保护区为重点的内陆河生态安全屏障，形成“三屏四区”生态安全屏障格局。

青海构建以三江源草原草甸湿地生态功能区为屏障、以青海湖草原湿地生态带、祁连山水源涵养生态带为骨架的“一屏两带”生态安全格局。

新疆构建由阿尔泰山地森林、天山山地草原森林和帕米尔—昆仑山—阿尔金山荒漠草原三大生态屏障，以及环塔里木和准噶尔两大盆地边缘绿洲区组成的“三屏两环”生态安全战

略格局。

二、加快建设国家重点经济区的生态安全屏障

建议国家进一步加大对甘青新三省（区）生态保护建设的政策、资金、项目和生态补偿转移支付的支持力度，加快建设国家重点经济区（兰州—西宁—格尔木经济区、天山北坡经济带）的生态安全屏障，增强水源涵养、保持水土、防风固沙能力，保护生物多样性，保障人居生存环境和产业发展的环境基础，见图 114。

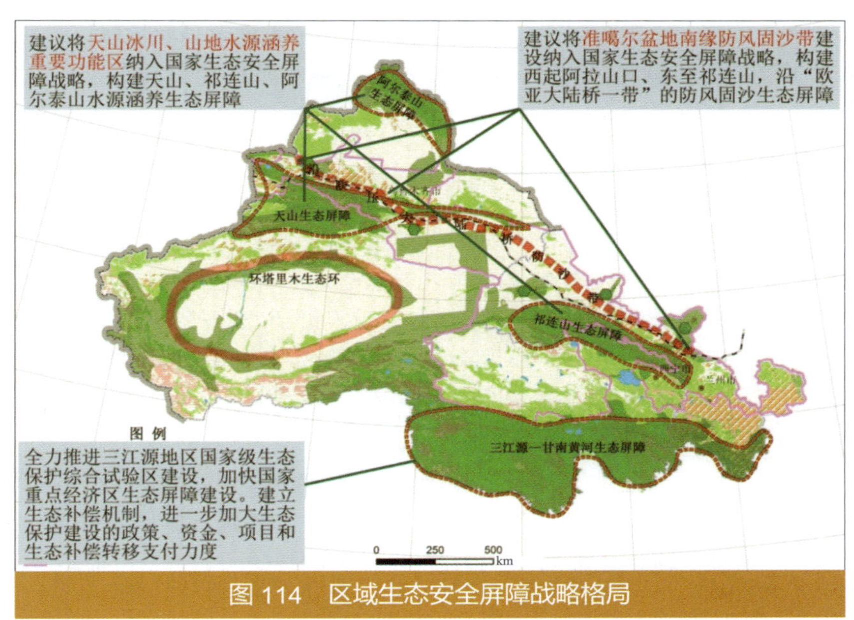

图 114 区域生态安全屏障战略格局

1. 内陆河流域要加强以绿洲节水和防风固沙为核心的生态保护与建设

加快石羊河流域综合治理和下游生态保护工程建设、敦煌生态环境和文化遗产保护区建设。大力推进艾比湖流域预防性综合治理工程（农业灌溉节水、跨流域调水、艾比湖水面恢复 500 km^2 以上）。建设玛纳斯河流域统一水资源配置与管理体制；加大玛纳斯河流域下游生态保护与恢复力度。

2. 强化天山和祁连山水源涵养重要区的生态保护

强化天山北坡山地水源涵养功能保护，加强受损水源涵养区生态修复，重点推进天山北坡河谷森林植被保护与恢复，林草交错带畜牧业发展模式调整。强化祁连山水源涵养区生态建设和环境保护，加快推进河西（疏勒河、黑河、石羊河）三大流域生态综合治理，切实保护好水源地林草植被，强化水土流失和沙化土地综合管理治理。

3. 实施柴达木盆地生态保护与综合治理工程

依法建立一批封禁保护区，加强沙生植被和天然林、草原、湿地保护；实施沙漠化防治工程，以防风固沙工程为重点，加强水资源保护和节水工程建设，合理分配、高效利用水资源，控制地下水位下降，构建以绿洲防护林、天然林和草原、湖泊、湿地点块状分布的圈带型生态格局。

4. 黄河流域上游要加强水源涵养与水土保持为核心的生态保护与建设

切实保护好大通河、湟水河等水源涵养区林草植被，强化水土流失和沙化土地综合管理治理；实施渭河、泾河等中小流域综合治理工程。做好大夏河、白龙江、白水江等河流水源涵养保护工程前期工作。

积极开展水土保持生态建设，加快黄土高原地区淤地坝、坡改梯工程建设。支持草原“三北”和生态治理、暖棚养殖、饲草料基地建设，推行草原禁牧、休牧和轮牧制度，继续搞好游牧民定居。

5. 大力推进生态保护与建设工程

继续实施好天然林保护工程、三北防护林建设工程、退耕还林工程、天然草原退牧还草工程、祁连山水源涵养区生态建设和环境保护工程、防沙治沙工程、公益林补偿工程等，研究实施天山水源涵养区生态建设和环境保护工程，落实草原生态保护补偿奖励机制，建立天山、祁连山山区水源涵养功能保护生态补偿奖励机制。加快实施伊犁河等流域水土保持工程。对暂不具备治理条件但生态区位重要的连片沙化土地，实行严格的封禁保护。研究建立森林、湿地生态效益补偿机制。

加强生态监测，强化自然保护区建设与管理，严格实施森林公园、地质公园、风景名胜区等生态保护，积极推进自然保护区基础设施和管护能力建设。加强农田防护林体系建设，加大湿地恢复与保护力度。

第三节　着力解决和预防突出的资源环境问题

一、着力缓解区域经济增长的水资源环境制约

着力协调水资源开发利用与生态保护关系。优先保障生活用水、大力推进农业节水、优化工业用水、弥补生态用水。以提高水资源利用效率和效益为核心，推动区域水资源的合理配置和优化利用，逐步扭转挤占生态用水状况。坚持走节水型产业发展的道路，以能源化工基地为核心的产业发展应当“量水而行，以水定发展”，严格控制发展规模。

以水资源支撑定城市发展规模，走发展中小城市为主体的城镇化道路，建设节水型城市。在严重缺水城市，要着力提升城市公共服务功能、控制城市规模盲目扩张，不宜布局发展耗水量大的工业。

在严重缺水的吐鲁番—哈密地区，不应布局高耗水的煤化工、石油化工产业；在准东地区和柴达木盆地，跨区域调水可解决一部分工业用水，应严格控制耗水量大的初级产品加工规模过度扩张，选择向中、下游产业链延伸发展，大力建设循环型经济体系。

二、加快城市大气污染综合治理，保障人群健康和环境安全

加快推进城市大气污染综合治理。要加强运用宏观调控手段，推动重点城市和资源型城市的产业结构调整、能源消费结构调整、优化产业布局，着力解决乌鲁木齐、兰州、金昌、白银等城市大气污染严重问题，预防西宁、格尔木、德令哈、兰州新区、石河子、昌吉—五家渠、奎屯—独山子—乌苏等城市和城市群的大气环境质量下降问题。大力实施重点城市热电联产、煤改气、集中供热、热网改造、电厂脱硫、机动车尾气治理工程。加快推进火电、

钢铁、有色、化工等行业二氧化硫、氮氧化物、颗粒物以及特征污染物治理。

三、加快恢复河 - 湖水环境健康，保障饮用水源安全

加快重点流域水环境综合治理，加强城市和工业园区污水处理厂建设，大力推进废水再生利用工程，着力解决黄河流域以及湟水河、渭河、泾河等支流水污染，维护伊犁河流域的水环境健康，加快艾比湖流域、玛纳斯河流域和石羊河流域水环境综合整治。推进内陆河流域废水再生利用、废水“零”入河工程，逐步恢复河—湖水环境健康状态。

严格饮用水源地保护制度，加强以保护城乡饮用水源为核心的地下水污染防治，确保城市集中式饮用水源地水质达标率在 90% 以上。大力推进城镇生活污水、生活垃圾、危险废物、医疗废物处置等环境基础设施建设，提高污水处理率和垃圾无害化率。2015 年，设市城市污水处理率达到 80%，生活垃圾无害化处理率达到 90%。

加强矿区，尤其是水源涵养功能重要区内矿区的环境污染综合整治，加快处置历史堆存和遗留的危险废物。

四、积极推进农村环境综合整治

积极推进以加强农村水源地保护、改善乡村人居环境为重点的农村环境综合整治。实施农村清洁工程，加快农村垃圾集中收集处理，因地制宜开展农村污水治理；综合治理土壤污染，防止农药、化肥、农膜等面源污染和规模化养殖场污染。

第四节　实施差别化管理，建设创新型环境管理体制

一、建议煤炭资源产业试行环境类型区管理

西北三省（区）水资源短缺、生态环境十分脆弱，能源资源产业布局受到明显制约。新疆煤炭资源主要分布在防风固沙功能重要区（准东、吐鲁番—哈密、伊犁），甘肃煤炭资源主要分布在土壤保持生态功能区（陇东），煤炭资源开发活动与当地主导生态功能存在冲突。

根据能源资源分布特点和生态空间管控、环境风险防范的需求，建议划分能源资源开发及加工产业环境保护分类管理区域，实行差别化管理，探讨由限制为主策略转向生态恢复与补偿、优化发展为主管理方略。

建议充分考虑煤炭能源战略中的重要性、煤炭资源开发的生态敏感性、煤炭能源加工产业布局的环境风险，确定差别化的煤炭—煤电—煤化工产业体系空间管控原则（表 57）。

实施煤炭开采、煤电、煤化工一体化战略，建设煤炭开发、利用全流程环境监管试点、示范工程，保障在煤炭开发、利用过程中的有关煤炭开发布局、煤炭开采技术政策、资源综合利用政策、污染控制政策的协调实施，实施煤炭开采及煤电煤化工产业体系在空间上差别化管理要求，见表 58、表 59。

表 57 煤炭 - 煤电 - 煤化工产业体系的空间管控原则

生态敏感等级	基本特征	差别化管理
Ⅰ	生态服务功能重要，影响人居环境，生态难以恢复	严格限制或禁止煤炭开采活动
Ⅱ	生态服务功能重要，影响人居环境，采取措施可使生态得到恢复	加强煤炭开采的生态保护与建设，并进行生态补偿
Ⅲ	生态服务功能重要性一般，采取措施可使生态得到恢复	
环境风险等级	基本特征	差别化管理
Ⅰ	区域中心、次中心等城市，具有直接影响人群健康或饮用水安全的风险	原则上不再布局或扩大能源资源加工产业规模
Ⅱ	具有引起不同部门间用水竞争，或引起跨界水污染纠纷等，并存在经济社会发展严重挤占生态用水或地下水严重超采	必须优化产业发展路线，采用先进技术工艺和装备，降低水耗、能耗和污染物排放，严格“以水定产”“以产业链定项目”
Ⅲ	存在经济社会发展严重挤占生态用水或地下水严重超采	必须优化产业发展路线，采用先进技术工艺和装备，降低水耗、能耗和污染物排放，严格以水定产，力求“以产业链定项目”

表 58 煤炭资源开采环境管理类型区

生态敏感等级	区 域	基本特征
Ⅰ	天山北坡山麓	水源涵养功能重要区，生态极难恢复
	祁连山	高寒冻土、水源涵养功能重要区，生态极难恢复
Ⅱ	准东煤田	防风固沙功能保重要区，生态恢复困难
	吐鲁番—哈密地区	防风固沙功能保护区、生物多样性功能重要区，生态恢复困难
	陇东地区	土壤保持功能重要区，生态恢复困难
Ⅲ	伊犁煤田	水源涵养、防风固沙功能重要性一般，生态具有一定的自我修复能力

表 59 煤电 - 煤化工产业布局环境生态风险类型区

环境风险等级	区 域	基本特征
Ⅰ	天山北坡主要城市市区及规划区	煤化工产业竞争性布局，存在与城市发展空间冲突，环境质量下降与人群健康风险加剧
Ⅱ	伊犁河谷	现代煤化工示范区演变成试验区，引发水环境安全风险
Ⅱ	吐鲁番—哈密地区	煤电发展的需水压力向农牧业转移，导致地下水位持续下降，存在牺牲局部生态和农牧业的风险
	河西走廊	煤炭和水资源缺乏，发展煤化工产业将加剧用水竞争，影响下游生态恢复
	陇东地区	缺乏有效的水资源支撑，选择发展煤化工存在牺牲城镇生活、局部生态和农业的风险
	柴达木盆地	煤电、煤化工产业发展存在加速河流尾闾湖盐化、干涸的风险
Ⅲ	准东南缘地区	煤电、煤化工产业发展的需水压力向绿洲平原区地下水转移，导致区域地下水位持续下降，存在生态退化风险

二、实施主要污染物排放总量指标转移机制

西北三省（区）属于经济欠发达地区，经济发展起步晚，工业经济比重小，污染物总量控制指标分配的基数相对较小。

在实施国家西部大开发战略的大背景下，应当研究主要污染物总量控制管理策略。实施基于环境容量不超标的污染物总量控制，同步实施区域污染物排放指标转移管理。

1. 区域污染物排放指标转移管理策略构想

对于煤基清洁能源（电力、天然气等）输入地区，煤炭用量以及燃煤导致的污染物排放量大幅减少，在这些地区可适当推行污染物总量指标转移，鼓励西部地区能源资源输出和经济建设。

全国对口援疆、援青、援甘项目审批时给予总量控制指标倾斜，对具有环境容量但总量指标缺乏地区由对口援建地区提供污染物总量控制指标的支援。

在承接东部产业转移中，对于大型跨界企业项目审批时，可考虑带着总量指标转移，或从企业内部调剂解决，通过适当"区别对待"为西北地区的发展腾出环境空间。

2. 建立主要污染物排放总量指标转移机制

在具有资源优势和环境容量的地区，建议设立 1 ～ 3 个主要污染物排放总量指标转移试验区，柴达木盆地的格尔木、伊犁河谷、兰州新区可作为首批主要污染物排放总量指标转移试验区。

严格环境准入标准，防止污染转移。在符合循环经济产业体系建设的前提下，建设项目主要污染物排放总量转移指标值按至少达到国家清洁生产二级水平核定；其中，煤化工、煤电、氯碱化工等转移指标值按国家清洁生产一级水平核定。

三、建立内陆河流域河流健康的环境管理体系

1. 内陆河流域河流健康水循环模式

按照"储水于山""流水于洲""涵水于漠"的基本思路，严格区域水资源和水环境管理，实现河流健康水循环（见图 115）。

"储水于山"，加强山地生态系统水源涵养功能保护和建设，严格控制山区垦殖、林木采伐和林草交错带游牧，以及河流出山口以上流域的矿山开发和工业生产活动，维护河流上游的生态流量过程，保障上游来水符合优质水源。

"流水于洲"，合理配置城镇、农业和工业生态系统水资源，保障平原绿洲区河流流动性和清洁性，水流达到河流下游。实行水资源的"优水

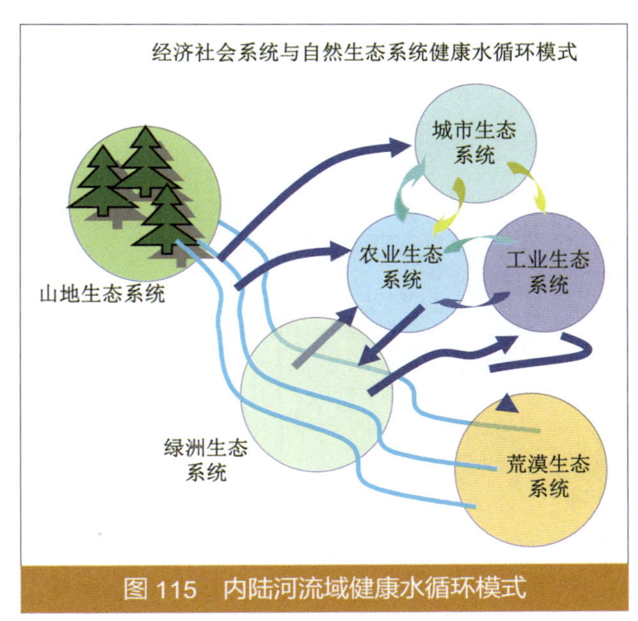

图 115　内陆河流域健康水循环模式

优用”“循环利用”。大力推动节水型社会建设，流域上中游地区全面推行污水资源化、污水再生利用，实施生活污水、工业废水排放避让天然水体，实现城市污水、工业废水“零入河”。

“涵水于漠”，河流地表水流达下游绿洲与荒漠过渡带，补给河流下游两岸的地下水，支持两岸的荒漠植被，保障绿洲与荒漠过渡带地下水埋深和矿化度在植物适宜生长范围内；保障主要河流尾闾、湖泊湿地生态用水。

2. 实施差别化管理策略，促进河流健康水循环

在水资源短缺、河流生态流量缺乏的条件下，建议构建流域“自然生态系统”与“经济社会生态系统”水循环的“隔离 - 耦合”机制，采用隔离、避让的手段，使经济社会系统水循环对自然生态系统水循环的干扰降低到最低限度，使地表环境水体的物理完整性、化学完整性、生物完整性能够得到最大限度保护及恢复。遏制严重受损的河流生态健康恶化的趋势。

全面推行污水资源化、污水再生利用，实现城市生态系统、工业生态系统和农业生态系统之间水循环；实行工业废水排放与天然水体适当隔离、避让，工业废水经处理达标后有选择地进入农业生态或荒漠生态系统。主要河流健康恢复的主要标志见表 60。

表 60　2020 年内陆河流域主要河流健康恢复的主要标志

流域	河流健康恢复的主要标志
石羊河流域	流域中游河流水质达标，实现石羊河蔡旗断面下泄水量多年平均达到 3.4 亿 m^3，民勤盆地地下水开采量小于 3.0 亿 m^3；恢复石羊河尾闾湖（青土湖）湿地，民勤绿洲地下水位埋深恢复到 4 ～ 5 m
黑河流域	多年平均上游莺落峡来水 15.8 亿 m^3 时，保障黑河正义峡下泄水量为 9.5 亿 m^3，东居延海进水 0.5 亿 m^3；实现山丹河“工业废水零入河”，中下游绿洲地下水超采区不扩大
疏勒河流域	保护大 / 小苏干湖，保障干流尾闾西大湖、党河月牙泉等湖泊湿地的生态水量，实现石油河工业废水“零入河”
巴音河	保持工业废水“零入河”，严格控制河流中游用水量增长，保障可鲁克湖淡水特征，维护“可鲁克湖—托素湖”淡、咸水双湖自然水循环
格尔木河	保持格尔木河天然径流过程和察尔汗盐湖可持续开发的生态需水
艾比湖流域	实现生态补水，恢复艾比湖水面 800 km^2，遏制湖水咸化和盐尘污染，艾比湖湿地保护功能区面积不萎缩，奎屯河实现工业废水“零入河”
玛纳斯河流域	保障玛纳斯河基本生态需水量，构建玛纳斯中下游湖库群清污分流、再生利用、分质供水体系，玛纳斯河水质达标；中下游地下水超采区不扩大；保障玛纳斯河中游湿地（玛纳斯河流域湿地自然保护区）、玛纳斯湖湿地生态用水，湿地不退化、不萎缩
艾里克湖流域	维持艾里克湖生态补水，恢复大 - 小艾里克湖双湖结构
乌鲁木齐诸河流域	严格保护山区河流、水库水质，中下游实行工业废水“零入河”，合理选择荒漠区受纳经处理达标的工业废水
吐哈盆地	严格控制用水总量增长，加强坎儿井保护与恢复
伊犁河流域	严格国际河流水环境风险管理，避免跨界污染问题

西北内陆河流域水与生态安全专篇

编 写 组

主　　编　李小敏

主要编写人员　李彦武　马建锋　董林艳　赵玉婷　富　国　赵　健　刘国华　钱云平　许亚宣　邹广迅　杨荣金　冯　祯　赵　帅　史聆聆　赵　娟　李　萌　姚懿函

第一章

研究区域概况

第一节　自然地理概况

评价区域涉及的西北三省（区）包括新疆、青海和甘肃三省（区）[简称“西北三省（区）”]，总面积约为284万km^2，占我国国土面积的32%。研究范围的内陆河流域主要包括新疆准噶尔盆地的天山北麓诸小河区、塔里木盆地的吐哈诸小河区，青海柴达木盆地和甘肃河西内陆河区等，具体范围见图1-1。

图1-1　西北内陆和流域范围

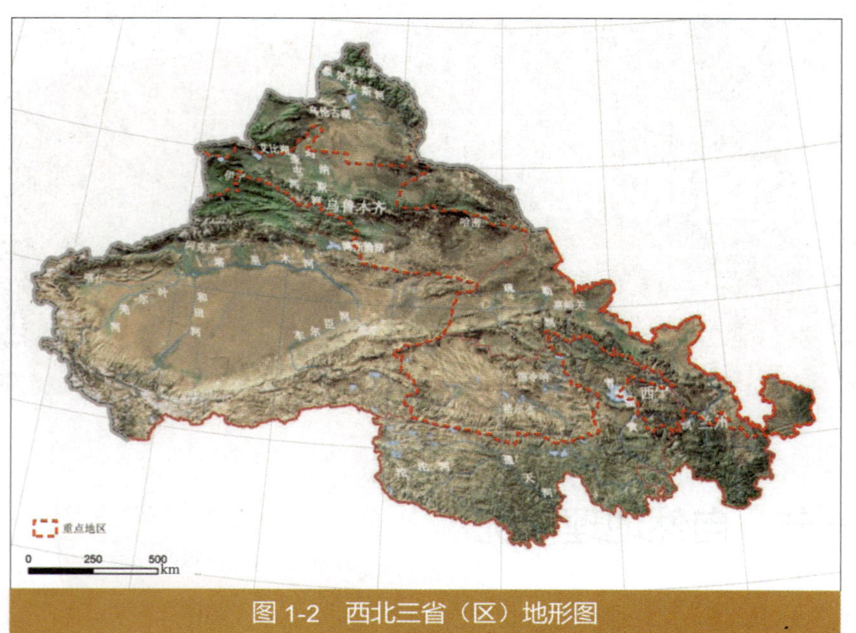

图 1-2 西北三省（区）地形图

一、地形地貌

西北三省（区）属全国地势三大阶梯中的第一阶梯和第二阶梯，在内陆河流域中，柴达木循环经济区位于第一阶梯内；天山北坡经济带和河西地区位于第二阶梯内（见图 1-2）。区域幅员辽阔，地貌类型主要以山地、高原、盆地相间分布。在内陆河地区主要分布有天山、准格尔盆地、吐哈盆地、柴达木盆地、伊犁河谷、祁连山山地等。

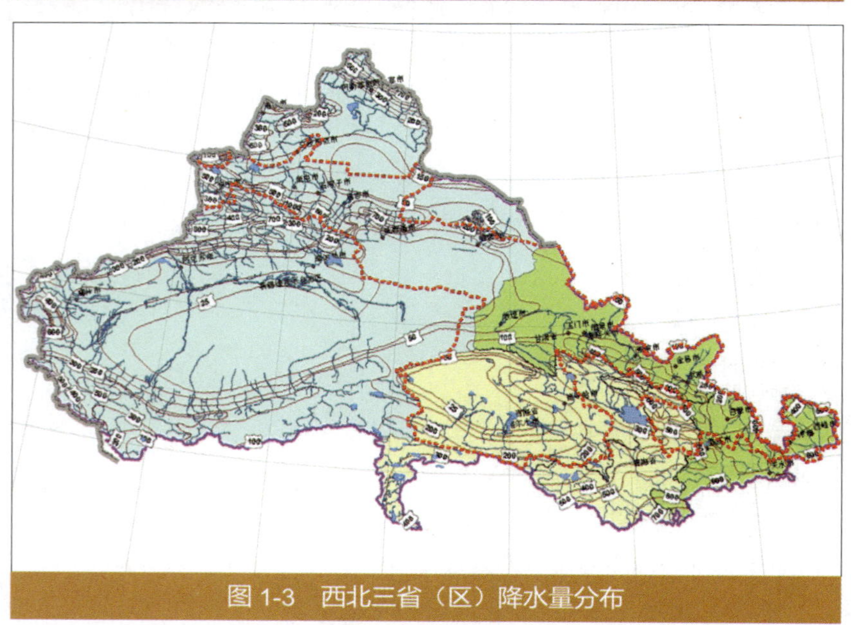
图 1-3 西北三省（区）降水量分布

二、气候特征

西北区位于中亚大陆腹地，贺兰山以西，主要受蒙古高压、大陆气团控制，为典型的大陆性气候，干旱少雨，气温高，蒸发量远大于降水量，多风沙。

降水量在地区上总的分布是东多西少，新疆伊犁地区受西风带的影响和天山山脉的阻隔，是本次研究区域降水最为丰富的地区，年降水量最大可达 1 000 mm。塔里木盆地、吐哈盆地、河西走廊西端、柴达木盆地西北部一带是最为干旱地区，部分沙漠和戈壁在 10 mm 以下。蒸发量明显大于降雨量，大部分地区的年蒸发量在 1 000 ～ 1 800 mm，最大值区位于新疆吐哈盆地，年蒸发量为 2 200 ～ 2 500 mm。西北三省（区）降水量分布见图 1-3。

新疆是典型的温带大陆性干旱气候。空气干燥，日照时间长，降水量少，气温变化大，年日照时间达 2 500 ～ 3 500 h，年平均降水量在 150 mm 左右，且各地降水量相差很大。高山地区为高地气候，山顶有冰川，地形雨偏多；北疆为中温带，受西风带影响，降水稍多。

柴达木盆地年平均温度 2 ～ 5℃，年降雨量近 200 mm。东北部高山区和青南高原地区温度低，除祁连山、阿尔金山和江河源头以西的山地外，年降雨量均在 100 ～ 500 mm。

河西地区年平均降水量 300 mm 左右，自东南向西北减少。各季降水分配不匀，受季风影响，主要集中在 6—9 月，占全年降水量的 50%～70%。

西北三省（区）内分布有广泛的戈壁、沙漠、荒漠，沙源丰富，加之干旱少雨，地表植被稀疏，是沙尘天气和沙尘暴的高发地区。区域内风沙高发区集中在新疆的塔克拉玛干沙漠南缘、吐鲁番地区、北疆的古尔班通古特沙漠和大面积开垦区、甘肃的河西走廊和青海的柴达木盆地等。

三、河流水系

1. 河流

西北三省（区）河流众多，大小河流有 800 余条，在我国境内除出境河流伊犁河、额尔齐斯河和黄河外都是内陆河。内陆区河流是联系山区和沙漠的生态纽带，内陆河流以高山的降水与冰川积雪融水为主要水源，流经山坡下的冲积平原，归属于沙漠中的湖泊湿地或消失于沙漠中。

新疆河流大多为直接或间接发源于山区，山区自然降水形成河川径流，河流的补给主要靠山地降水和三大山脉的积雪、冰川融水，形成水域面积 5 505 km^2，大小河流 570 多条。其中小河流居多，水量小，流程短。年径流量 1 亿 m^3 以下的河流有 487 条，占河流总条数的 85%，径流量为 82.5 亿 m^3，占新疆径流量总量的 9.4%；年径流量大于 10 亿 m^3 的河流 18 条，占河流总条数的 3%，径流量为 534 亿 m^3，占新疆总径流量的 60.4%。

青海内陆河流域由柴达木盆地水系、青海湖水系、哈拉湖水系、茶卡—沙珠玉水系、祁连山地水系、可可西里盆地水系组成，流域总面积 37.4 万 km^2，有流域面积在 500 km^2 以上的河流 74 条。

甘肃省分属内陆河、黄河和长江三大流域，共 9 个水系，共有大小河流 152 条。其中：内流河流域分石羊河、黑河、疏勒河（含苏干湖区）3 个水系，共有河流 60 条，年径流量大于 10 亿 m^3 以上的河流有 1 条，1 亿～10 亿 m^3 的河流 14 条，1 亿 m^3 以下的河流 45 条。

2. 湖泊

西北三省（区）湖泊众多，主要分布在新疆和青海，多为河流尾闾式汇集型湖泊。据《中国湖泊名称代码》统计，新疆面积大于 1 km^2 湖泊有 198 个，水域面积合计 12 949 km^2，占全国湖泊面积的 14%。其中著名的十大湖泊是：博斯腾湖、艾比湖、布伦托海、阿雅格库里湖、赛里木湖、阿其格库勒湖、鲸鱼湖、吉力湖、阿克萨依湖、艾西曼湖。其中博斯腾湖水域面积为 972 km^2，是中国最大的内陆淡水湖。

青海水面面积大于 1 km^2 的天然湖泊共有 262 个，面积合计 1.29 万 km^2，其中面积大于 500 km^2 的湖泊有青海湖、扎陵湖、鄂陵湖、哈拉湖、乌兰乌拉湖等，面积在 1 km^2 以上的淡水湖有 52 个。

甘肃省境内湖泊较少，最大的湖泊为苏干湖，面积约为 105 km^2；此外另有小苏干湖、文县天池、碌曲尕海、常爷池等小湖泊。

3. 冰川

冰川资源是西北三省（区）水资源的主要组成部分，它是相对稳定的河川径流的主要补给源。从分区情况看，新疆和甘肃的冰川分布全部在内陆河区，青海冰川除大部在内陆河区外，还涉及黄河流域。

新疆是中国冰川资源较丰富的地区之一，主要为大陆性的山岳冰川。新疆的冰川绝大部分分布在天山、帕米尔高原和喀喇昆仑山、昆仑山，阿尔泰山只分布有少量的冰川。境内冰川共计 1.86 万余条，总面积 2.4 万多 km^2，占全国冰川面积的 42%，冰储量 21 347 km^3，是新疆的天然“固体水库”。新疆冰川融水量占全国的 34%，其中天山冰川消融量最大，为 95.9 亿 m^3，占总消融量的 53.70%。冰川水资源中的动态部分是冰川消融量，每年新疆冰川消融量为冰川总储量的 0.64%，全部补给河流径流，约占河流总径流量的 20%，是新疆河流径流量的重要补给来源之一。

青海境内祁连山、昆仑山、巴颜喀拉山、唐古拉山等多为海拔 5 000 m 以上的高大山体，山上终年积雪，广布冰川，形成许多天然巨型固体水库。全省冰川面积 4 873 km^2，占全国冰川总面积的 8.8%，冰川覆盖率为 0.67%，冰川年融水量为 32 亿 m^3。冰川主要分布于柴达木盆地、河西内陆河、羌塘高原、长江源头等地。昆仑山脉冰川面积为 1 551 km^2，祁连山脉冰川面积为 1 311 km^2，唐古拉山脉冰川面积为 2 010 km^2。

甘肃冰川主要分布于祁连山区，据《中国冰川目录》记载，共有冰川 2 444 条，冰川面积为 1 657 km^2，储水量为 801 亿 m^3。

第二节　内陆河流域生态保护战略定位与目标

一、生态保护战略定位

1. 国家生态安全格局的重要组成部分

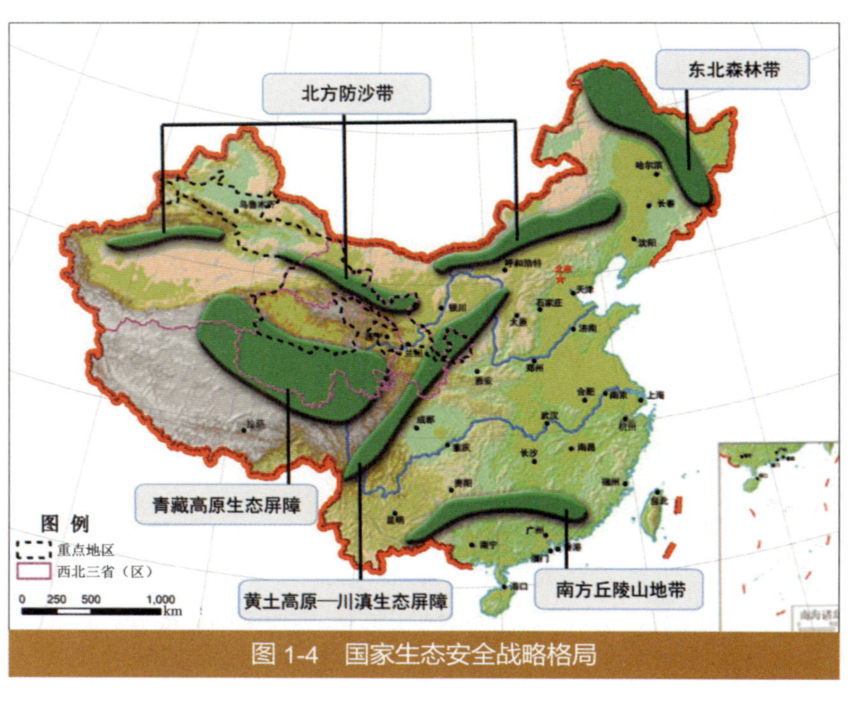

图 1-4　国家生态安全战略格局

在《全国主体功能区规划》（国发 [2010]46 号）确定的“两屏三带”的国家生态安全格局中，西北三省（区）的三江源地区是青藏高原生态屏障的重要组成部分，具有重要的水源涵养功能；塔里木河上中游防沙带和河西走廊防沙带是北方防沙带的重要组成部分，具有重要的防风固沙功能（图 1-4）。西北三省（区）是国家生态安全格局的重要组成部分，在国家生态安全格局中具有重要地位，对于大江大河（如长江、黄河、澜沧江等）中下游的水源补给和全国风沙危害控制具有重要战略意义。

2. 国家防风固沙的重点区域

在《全国生态功能区划》中，西北三省（区）是全国重要的沙尘源区，位于我国沙尘的上风向，也是沙尘暴西方路径和西北路径的主要分布区域，防风固沙功能极为重要。塔里木河流域防风固沙重要区、阿尔金山草原荒漠防风固沙重要区和黑河中下游防风固沙重要区是《全国生态功能区划》确定的防风固沙功能重要区。

在本次重点研究范围内，内陆河地区水源涵养重要生态功能区面积相对较小，主要分布在天山山地和祁连山山地；防风固沙功能区主要分布在准噶尔盆地、吐鲁番—哈密地区、柴达木盆地和甘肃省的河西走廊地区。环塔里木盆地、天山北坡和河西走廊是国家防风固沙的重点区域。

二、区域生态安全格局与重点保护区域

1. 区域生态安全格局

西北三省（区）生态安全格局中与内陆河流域生态安全息息相关的主要包括水源涵养、防风固沙生态服务功能。

（1）水源涵养功能安全格局由阿尔泰山、天山、祁连山和三江源—甘南黄河等“四屏”组成（图 1-5）

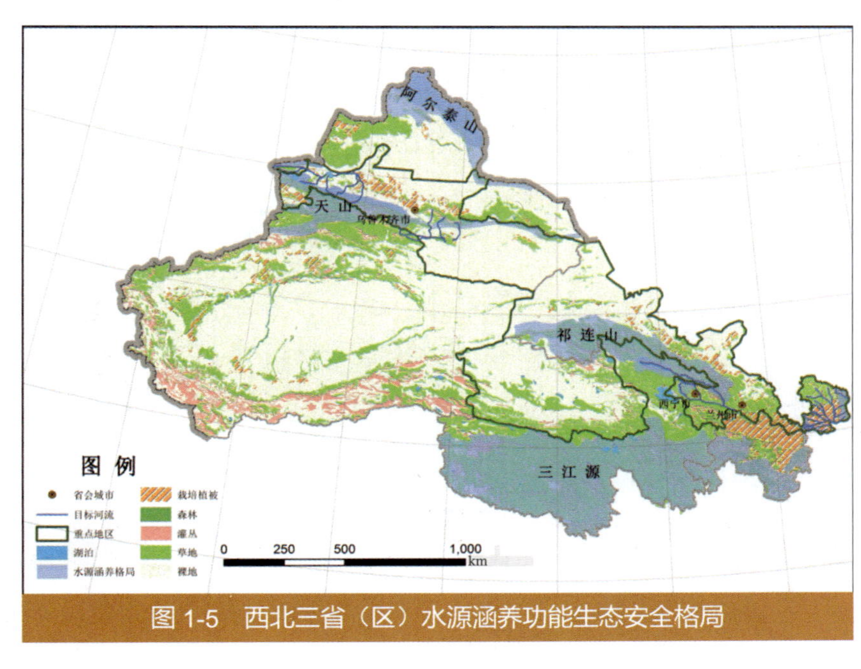

图 1-5 西北三省（区）水源涵养功能生态安全格局

虽然阿尔泰山和三江源—甘南黄河位于重点区域外，但阿尔泰山水源涵养区是额尔齐斯河水源的重要保障，提升水资源支撑能力，战略地位极为重要；三江源—甘南黄河水源涵养功能区作为长江、黄河、澜沧江的源头区和重要水源补给区，也是我国淡水资源的重要补给地，对于中下游社会经济发展所需的水资源支撑具有极为重要的作用。

天山水源涵养区由伊犁河谷上游水源涵养区、天山北坡中段内陆河上游山区水源涵养区和东天山水源涵养区组成，伊犁河谷上游水源涵养区对于伊犁河谷未来产业的发展提供重要水资源支撑；天山北坡中段内陆河上游山区水源涵养区对于中下游人工绿洲的稳定和天然绿洲的维持具有基础性作用；东天山水源涵养区对于支持未来吐哈盆地资源开发、特色优势产业发展、绿洲安全与稳定和欧亚大陆桥安全具有重要意义。

图 1-6 祁连山水源涵养功能区和大通河引水工程

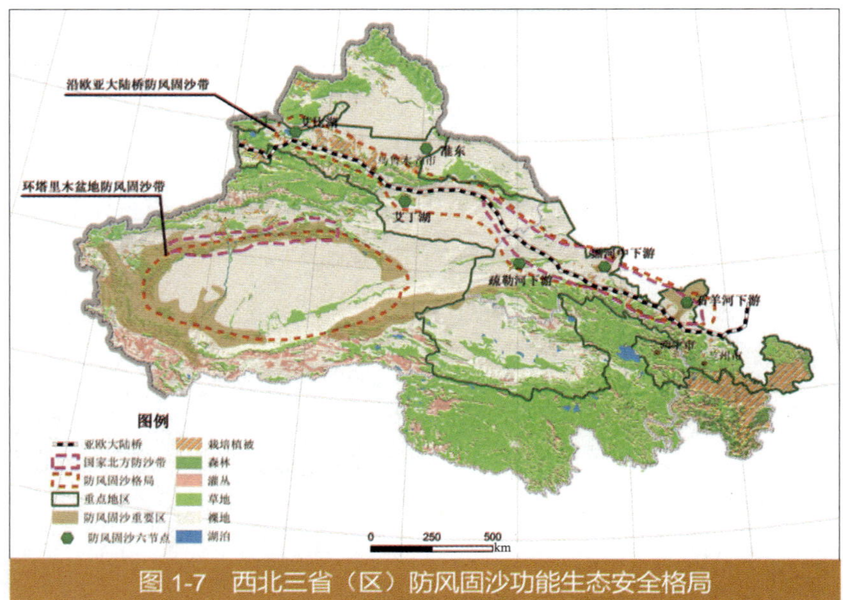

图 1-7 西北三省（区）防风固沙功能生态安全格局

祁连山水源涵养区是河西走廊三条内陆河（疏勒河、黑河和石羊河）的水源涵养区，对于严重缺水的河西走廊的发展和生态保护至关重要；祁连山水源涵养区也是柴北缘巴音郭勒河、鱼卡河、塔塔陵河和布哈河的水源涵养区，对于德令哈、大柴旦等柴北缘的产业发展和生态保护非常重要，布哈河是青海湖的“母亲河”，其入湖地表水量约占青海湖入湖地表水量的一半，因此祁连山水源涵养区对于青海湖也有十分重要的作用；祁连山水源涵养区还是大通河的水源涵养区，而大通河是未来周边区域发展引水的最主要河流，通过大通河引水支持河湟谷地、兰州新区和河西走廊的发展，水源涵养功能极为重要（图 1-6）。

（2）防风固沙功能安全格局由“一环一带多节点”组成（图 1-7）

“一环”指环塔克拉玛干沙漠防风固沙带；“一带”指从阿拉山口—天山北坡—准东—吐哈盆地—河西走廊防风固沙带；“多节点”指艾比湖防风固沙区、疏勒河下游防风固沙区、黑河中下游防风固沙区（金塔中部位于重点区内）和石羊河下游防风固沙区（重点是民勤绿洲）等多个防风固沙的关键节点。

环塔克拉玛干沙漠防风固沙生态功能区不在重点区域内。环塔克拉玛干沙漠防风固沙生态功能区包括塔里木河流域防风固沙区和阿尔金山草原荒漠防风固沙区两部分，荒漠化极为敏感，对于维护南疆绿洲安全和城市人居环境、遏制沙尘对河西走廊及其以东地区的影响具有重要意义。

从天山北坡到河西走廊包含国家划定的“北方防风固沙带”，是“西沙东进”的重要通道，其防风固沙功能不仅对于本地区的绿洲安全和城市人居环境以及欧亚大陆桥的安全具有重要意义，而且对于控制本区沙尘对区外（特别是本区域以东地区）的影响也有重要意义。

艾比湖防风固沙区、疏勒河下游防风固沙区、黑河中下游防风固沙区和石羊河下游防风固沙区是“一带”中的多个重要节点（图 1-8），也是“西沙东进”通道中的重要节点，是防风固沙较为薄弱的环节，也是需要加强防风固沙功能保护和建设的重点地区。艾比湖防风固沙区位于阿拉山口下风向，是我国四大浮尘源，是天山北坡中段防风固沙最重要的屏障区域，也是目前重要的沙尘、盐尘源区，对于天山北坡中段（包括乌鲁木齐）的农业生产、城市人居环境、绿洲安全和欧亚大陆桥安全具有重大意义。疏勒河下游防风固沙区位于河西走廊上风向，是河西走廊防风固沙的屏障区域，也是准噶尔盆地和塔里木盆地风沙通道汇合的区域，防风固沙区位极为重要。黑河流域下游的金塔中部位于重点区内，是国家生态功能区划中黑河中下游防风固沙重要区的组成部分。石羊河流域下游是我国浮尘、扬沙、沙尘暴发生最严重地区之一，民勤绿洲是阻止巴丹吉林沙漠和腾格里沙漠合拢南下、保障河西走廊通道安全的重要生态屏障，防风固沙功能极为重要。

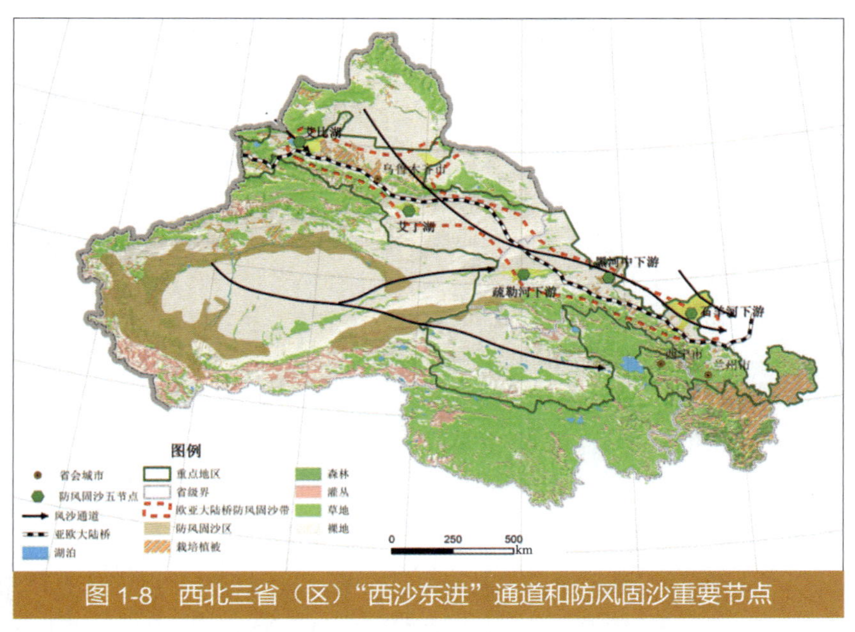

图 1-8 西北三省（区）“西沙东进”通道和防风固沙重要节点

2. 生态安全格局重点保护区域

为确保内陆河流域生态安全，需要重点保护和建设的区域包括：

（1）艾比湖及其周边地区：该区位于中国第一大风口——阿拉山口的下风向，天山北坡中段和首府乌鲁木齐的上风向，欧亚大陆桥的北侧，目前湖泊萎缩，周边植被退化严重，风沙危害严重（已经导致欧亚大陆桥和 312 国道多次改线），防风固沙功能极为重要，且亟待加强保护。

（2）准东地区：该区位于西沙东进的通道上，荒漠生境极为脆弱，准东煤田是未来重要的煤炭开采基地（几乎全为露天开采），与部分天然绿洲和自然保护区重合，煤炭开采对防风固沙和生物多样性保护功能以及天然绿洲保护将产生负面影响。

（3）疏勒河下游：该区地处河西走廊通道的上风向，是准噶尔盆地和塔里木盆地风沙通道汇合的区域，也是鸟类迁徙的通道的重要节点，防风固沙和生物多样性保护功能极为重要。

（4）民勤绿洲：民勤绿洲是阻止巴丹吉林沙漠和腾格里沙漠合拢南下、保障河西走廊通道安全的重要屏障，也是河西走廊生态退化、浮尘、扬沙、沙尘暴发生最为严重的地区，防风固沙功能极为重要。

（5）阿尔泰山区域：该区水源涵养功能极为重要，额尔齐斯河是未来天山北坡中段发展的主要新增水资源来源地，而阿尔泰山的水源涵养功能对于额尔齐斯至关重要；同时阿尔泰山区域也是生物多样性保护优先区域，需要加强该区域的生物多样性保护。

三、内陆河流域生态保护目标

西部大开发提出的总体目标是：生态环境持续改善，重点生态区综合治理取得积极进展，森林覆盖率增加，草原生态持续恶化势头得到遏制，水土流失面积大幅减少。

以生态服务功能评价为主体，以生态安全格局关键区域生态服务功能明显改善、重点开发区域生态不退化为原则。内陆河流域应重点关注的区域见表 1-1。

——艾比湖流域和石羊河民勤绿洲是西北生态保护最为热点的地区，主要是控制艾比湖湖面萎缩，遏制沙尘和盐尘危害；恢复民勤绿洲，防止两大沙漠合拢。

——疏勒河下游、黑河中下游和可鲁克湖—托素湖具有重要的防风固沙和生物多样性保护功能，应保证入湖水量，保障下游湖泊湿地不萎缩，维持湖泊湿地的防风固沙、生物多样性保护等生态服务功能。

——重点关注阿尔泰山、天山和祁连山山地水源涵养区，扩大水源涵养区，提升该区的水分纳蓄、径流调节和水土保持能力。

表 1-1　重点区保护对象和保护目标

保护对象	保护目标
天山山地、祁连山山地、阿尔泰山	提升上游山区生态系统水源涵养功能
艾比湖	保障湖区沙尘、盐尘全覆盖
艾丁湖	提升湖周平原草原防风固沙功能
黑河中下游	保障黑河中游湿地安全，保证下游输水
石羊河下游	保证下游输水和恢复民勤绿洲
疏勒河下游	保障以西湖湿地为核心的天然绿洲安全
伊犁河谷	保护上游山区生态系统水源涵养功能

第二章

水资源现状及承载力分析

第一节　内陆河流域水资源基本特征

我国西北干旱内陆河地区，河流大多发源于山区，河流的主要补给源为山区降水、积雪和冰川融水等。其水资源具有如下一些特点：

（1）水资源可划分为径流形成、利用和消失区，山区降水资源丰富，是河川径流的主要形成区，平原地区和沙漠区降水稀少，蒸发强烈，基本不产生地表径流，是径流散失区。

西北内陆河地区独特的地形条件所形成的由山区流向盆地的向心水系有利于水资源的开发利用，水资源来源于山区，降水多蒸发少，地势陡，有利于径流产生。而平原区土地肥沃，光热气候资源丰富，盆地边缘有利于农业土地的开发利用。

（2）水资源时空分布很不均衡，水资源区域差异很大，山区多平原少，西部多东部少。

新疆西北部地区受西北方向水汽影响，年降水量为 250 ～ 300 mm，伊犁河谷迎风坡降水量可达 1 000 mm，北疆平原区仅为 150 ～ 200 mm，河西地区为 130 mm，南疆平原区在 70 mm 以下。

（3）冰雪融水对地表水资源贡献大，大部分河川径流量年际变化较为平稳，但年内分配不均，随补给来源的不同而变化。新疆冰雪融水量占总径流量的 22.6%，其中天山冰雪融水量占总融水量的 48.5%。由于冰雪融水量的稳定补给，使河川径流量年际变化较小，变差系数一般在 0.1 ～ 0.5。河西地区石羊河和黑河流域水资源主要补给为山区降雨，石羊河流域冰雪融水比例小，补给量占年径流的 3.8%，黑河次之，占 8.2%，径流量主要集中在夏季的 6—9 月；疏勒河冰雪融水补给比例大，冰雪融水补给量占年径流的 32%，径流年内分配相对其他两河年内分配较均匀，年际变化也相对较少。

（4）地表水与地下水转换强烈。以河西地区为例，河流大多发源于祁连山，河流出山以后，进入河西走廊中游盆地，水量大部分被农业引灌和下渗进入洪积扇，转化为地下水，在洪积扇边缘地带又以泉水的形式溢出地表，形成众多的泉水河道，再次汇合成河流，此后河流向北进入下游盆地，河流大量补给地下水，维持下游天然绿洲，同时水流经引灌而耗于蒸发，河流也逐渐消失。

（5）大部分河流流程短，水量小，西北内陆河地区年径流量不足 1 亿 m^3 的河流约有 500 条，占区域总径流量不足 10%。

（6）水资源的分布与区域经济发展布局不相适应。新疆乌鲁木齐－奎屯－克拉玛依这一经济带集中了新疆 83% 的重工业和 62% 的轻工业，占历年国民生产总值和科技力量的 40% 以上，是新疆经济发展的重要地区，但是这一地区水资源严重短缺，仅占全疆的 7.4% 左右。青海柴达木盆地在国家循环经济试验区的政策推动下经济发展迅速，水资源很贫乏，供需矛盾突出。水资源空间分布格局影响了区域经济的发展，制约了水资源的合理配置以及土地资源的合理利用。

第二节　水资源分区

根据全国水资源分区的统一划分，重点评价区的内陆河流域涉及天山北麓、吐哈盆地、柴达木盆地、河西走廊等水资源分区，流域面积分别为 148 950 km^2、133 599 km^2、16 005 km^2、274 085 km^2，流域面积合计占西北三省（区）总面积的 20%，具体见表 1-2。

表 1-2　西北三省（区）内陆河流域水资源分区表

一级区	二级区	三级区	涉及行政区
名称	名称	名称	
西北诸河	吐哈盆地小河	巴伊盆地	哈密地区
		哈密盆地	哈密地区
		吐鲁番盆地	乌鲁木齐市、吐鲁番市、哈密地区、巴音郭楞蒙古自治州
	天山北麓诸河	东段诸河	昌吉州
		中段诸河	乌鲁木齐市、克拉玛依市、吐鲁番市、昌吉州、巴音郭楞蒙古自治州、塔城市、石河子市
		艾比湖水系	博尔塔拉蒙古自治州、伊犁州、塔城市、克拉玛依市
	柴达木盆地	柴达木盆地东部	海西州、果洛州
		柴达木盆地西部	海西州、玉树州
	河西走廊内陆河	石羊河	张掖市、金昌市、武威市、白银市
		黑河	张掖市、酒泉市、嘉峪关市
		疏勒河	酒泉市、张掖市、嘉峪关市

第三节　水资源总量

一、水资源总量及变化趋势

西北三省（区）内陆河流域地广人稀，气候干旱，生态环境脆弱，天山北坡诸河流域、吐哈盆地、柴达木盆地和河西地区等地区多年降水量为 153 mm，远低于全国多年平均降水量 648 mm。西北内陆河流域多年平均水资源总量为 254.37 亿 m^3，占三省（区）水资源总量（1 743.4 亿 m^3）的 14.6%。其中，天山北麓、吐哈盆地、柴达木盆地、河西走廊内陆河地区的水资源量分别为 115.3 亿 m^3、25.07 亿 m^3、52.7 亿 m^3、61.3 亿 m^3。

西北内陆河区域重点地区 2000—2010 年平均水资源总量为 198.82 亿 m^3，其中地表水资源量为 174.14 亿 m^3，占水资源总量的 87.6%；地下水资源量为 43.4 亿 m^3，占水资源总量的 21.8%。区域水资源总体以地表水为主，其中吐哈盆地的地下水资源相对比较丰富，占到水资源总量的 23%。近 10 年西北内陆河流域水资源量见表 1-3。

表 1-3　西北三省（区）内陆河流域 2000—2010 年水资源量　　单位：亿 m^3

流　域	地表水资源量	地下水资源量	重复计算量	总水资源量
天山北麓重点地区	44.05	6.48*	—	50.53
乌鲁木齐市	10.24	0.44*	—	10.68
克拉玛依市	0.06	0.72*	—	0.78
石河子市	0.06	0.2*	—	0.26
昌吉州	33.69	5.12*	—	38.81
吐哈盆地重点地区	17.69	5.40*	—	23.09
吐鲁番市	6.04	1.98*	—	8.02
哈密地区	11.65	3.42*	—	15.07
柴达木盆地	50.8	43.4	36.5	58.5
河西走廊	61.60	53. 5	47.0	66.7
疏勒河	24.04	17.85	17.19	24.70
黑河	21.48	22.65	20.09	23.43
石羊河	16.09	12.94	11.07	17.78
合计	174.14	43.4	83.5	198.82

* 注：地下水量为不重复水资源量。

西北内陆河区域重点地区近 10 年平均水资源总量较多年平均水资源总量有所增加，其中天山北麓、吐哈盆地重点地区的地表水资源量较多年平均地表水资源量增加 7%，柴达木盆地、河西走廊内陆河流域的水资源总量较多年平均地表水资源量分别增加 11%、9%。一般认为气温升高导致降水量增加及冰川退缩加剧，从而使以降雨和冰川融水为主要补给水源的内陆河流径流量增大，水资源量有所增加。但从长远角度来看，气候变暖会导致蒸发量明显增加，同时冰川萎缩、冰川储量减少，将导致水资源总量减少。

二、人均水资源量

2010 年，西北内陆河流域人均水资源占有量在 1 919 m^3 左右，略低于全国平均水平，其中柴达木盆地的人均水资源占有量为 18 572 m^3，远高于全国平均水平；天山北麓、河西走廊内陆河流域的人均水资源占有量较低，分别约为全国人均水资源占有量的 64%、62%，水资源紧缺，水资源开发利用受到生态环境的严重制约。人均水资源量见表 1-4 及图 1-9。

表 1-4 西北内陆河地区人均水资源量（2010 年） 单位：m³

流域	行政分区	人均水资源量	流域	行政分区	人均水资源量
天山北麓	乌鲁木齐市	307	吐哈盆地	吐鲁番市	1 345
	克拉玛依市	235		哈密地区	2 916
	石河子市	47		平均	2 270.6
	昌吉州	2 638	柴达木盆地		18 572
	平均	1 348.7	河西走廊	酒泉市	2 850
				嘉峪关市	32
				张掖市	2 887
				金昌市	176
				武威市	538
				平均	1 296.6
			区域平均		1 919
			全国		2 100

图 1-9 西北内陆河地区人均水资源量分布

第四节 水资源开发利用现状

一、用水结构

2010 年西北三省（区）内陆河重点地区总用水量为 177.69 亿 m³，农业用水量为 151.65 亿 m³，占总用水量的 85.3%；工业用水量为 17.24 亿 m³，仅占总用水量的 9.7%。其中，天山北麓、吐哈盆地、河西走廊内陆河地区的农业用水量占比分别为 86%、92%、90%，仅柴达木盆地的农业用水占比为 50%，低于全国平均水平（61.3%）。用水效率低的农牧业的用水占比很大，不符合水资源匮乏地区的经济发展要求，在西部跨越式发展背景下，当前的用水结构亟待改变。具体见表 1-5、图 1-10。

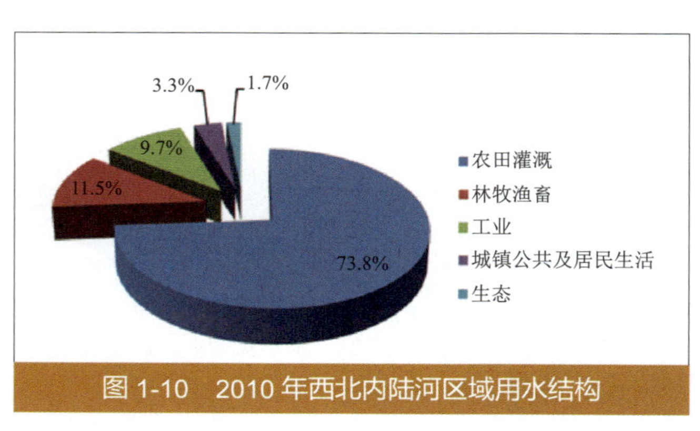

图 1-10 2010 年西北内陆河区域用水结构

表 1-5 2010 年西北内陆河重点地区用水量表 单位：亿 m³							
流域		农田灌溉	林牧渔畜	工业	城镇公共及居民生活	生态	总用水量
天山北麓重点区		50.64	7.42	6.19	2.86	0.43	67.53
吐哈盆地重点区		12.47	5.99	0.95	0.63	0.08	20.11
柴达木盆地		5.32	2.15	6.40	0.29	0.68	14.84
河西走廊	石羊河	20.39	0.58	1.47	0.86	0.62	23.91
	黑河	24.12	2.39	1.41	0.91	0.31	29.14
	疏勒河	18.22	1.96	0.82	0.25	0.90	22.16
合计		131.16	20.49	17.24	5.8	3.02	177.69

二、水资源利用效率

2010 年西北内陆河地区的用水指标见表 1-6。区域人均用水量平均为 1 722 m³，为全国平均的 3.8 倍，其中柴达木盆地平均为 3 296 m³，为全国平均的 7.3 倍，重点行政区中仅有乌鲁木齐市的人均用水量（357.4 m³）低于全国平均水平，其他地区人均用水量均高于全国平均水平。

表 1-6 2010 年西北内陆河地区用水指标分析表							
流域	行政分区	人均用水量 / m³	万元 GDP 用水量 /m³	万元工业增加值用水量 /m³	农业灌溉亩均用水量 / m³	人均生活用水量 / (L/d)	
						城镇生活	农村生活
天山北麓	乌鲁木齐市	357.4	83.0	41.5	525.0	156.9	69.3
	克拉玛依市	2 006.7	77.9	16.1	611.8	150.6	80.0
	石河子市	2 362.6	1 111.6	223.5	488.3	109.9	79.0
	昌吉州	2 483.0	635.7	113.3	431.1	135.1	69.3
	平均	1 802.4	477.1	98.6	514.1	138.1	74.4
吐哈盆地	吐鲁番市	2 143.2	730.2	44.1	631.3	122.3	50.0
	哈密地区	1 811.9	619.6	65.9	492.3	135.0	83.3
	平均	1 977.6	674.9	55.0	561.8	128.7	66.7
柴达木盆地		3 296	460		1 145		
河西走廊内陆河	酒泉市	2 436	659	75	798	120	49
	嘉峪关市	695	88	53	736	124	48
	张掖市	1 963	1 107	77	645	117	61
	金昌市	1 370	302	58	703	123	62
	武威市	974	772	109	592	115	58
	平均	1 487.6	585.6	74.4	694.8	119.8	55.6
区域平均		1 722.0	535.3	79.0	608.6		
全国		450	150	90	421		

注：区域平均数中，万元工业增加值用水量、农业综合亩均用水量 2 个指标计算时不包含柴达木盆地。

万元 GDP 用水量平均为 535 m^3，为全国平均的 3.6 倍，其中吐哈盆地万元 GDP 用水量平均为 675 m^3，为全国平均的 4.5 倍，与全国平均水平相比有明显差距。从行政分区看，乌鲁木齐市、克拉玛依市和嘉峪关市的万元 GDP 用水量较小，分别为 84 m^3、78 m^3、88 m^3，优于全国水平低，石河子、张掖远高于全国平均水平。

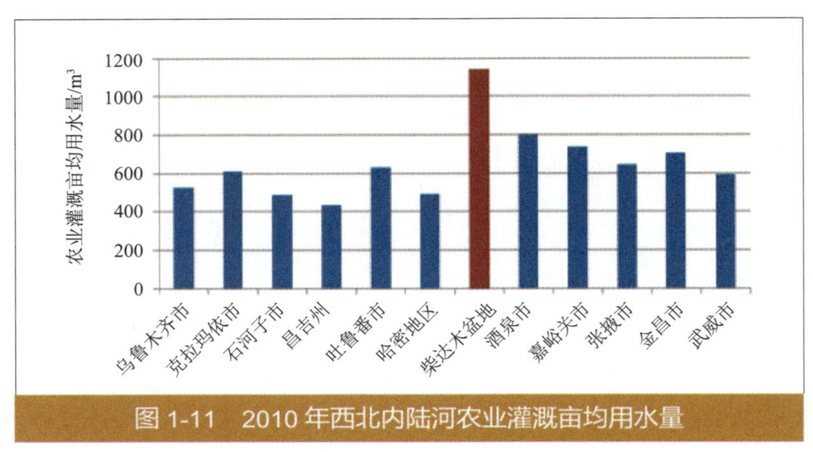

图 1-11 2010 年西北内陆河农业灌溉亩均用水量

由图 1-11 可知，西北内陆河流域的农田灌溉亩均用水量普遍高于全国平均水平（421 m^3/ 亩），区域农业亩均用水量平均约为 608 m^3，是全国平均的 1.4 倍，其中柴达木盆地的农业亩均用水量为 1 145 m^3，是全国平均水平的 2.7 倍。

西北内陆河区域水资源利用效率低下，人均用水量、万元 GDP 用水量及农业灌溉亩均用水量均劣于全国平均水平。

三、水资源开发利用率

根据中国工程院重大咨询项目《西北地区水资源配置生态环境建设和可持续发展战略研究》成果，西北内陆干旱区生态环境需水量约占地区水资源总量的 50%，若地区水资源利用率大于 50%，则该地区就处于严重缺水状态，水资源开发利用将导致环境安全问题，并成为经济发展的重要制约因素。

表 1-7 西北内陆河地区水资源开发利用率

流 域	近十年平均水资源量 / 亿 m^3	2010 年用水量 / 亿 m^3	水资源利用率 /%
天山北麓	50.53	67.53	133.6
吐哈盆地	23.09	20.11	87.1
柴达木盆地	58.5	14.84	25.4
河西走廊	66.7	75.21	112.8
合 计	198.82	178.36	89.7

西北内陆河区域除柴达木盆地外，其他地区的水资源开发利用率均高于 50%。其中，天山北麓与吐哈盆地的乌鲁木齐、克拉玛依、石河子、昌吉、吐鲁番的水资源利用率已超过 100%（现状用水含外调水、重复用水和超采地下水），表现出严重的资源型缺水；河西地区的金昌和嘉峪关的水资源利用率分别达 785% 和 2013%，生活、生产用水在很大程度上已经挤占石羊河、疏勒河的生态用水，地区资源型缺水导致的水资源过度开发利用，将会引发严重的生态安全问题。见表 1-7、图 1-12。

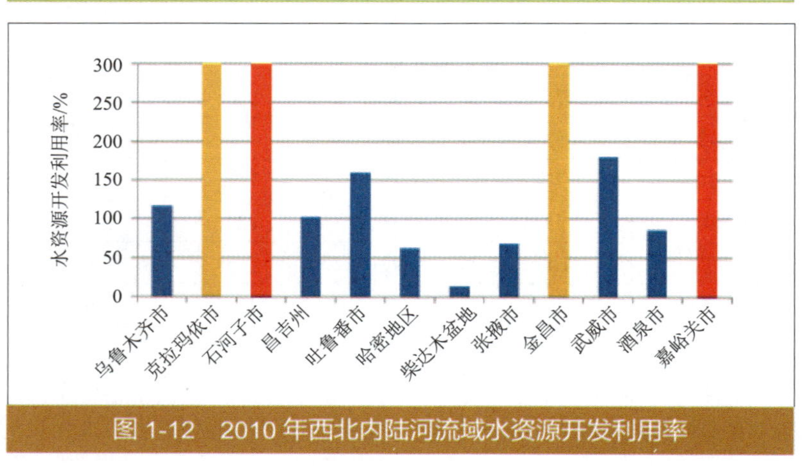

图 1-12 2010 年西北内陆河流域水资源开发利用率

四、内陆河流域地下水超采情况

1. 经济社会发展供水对地下水资源依赖程度提高

根据表 1-8，农业用水量持续增长，相应的区域内地下水供水量呈现出增长趋势，地下水供水占比由“十五”期间的 15% 左右增长至“十一五”期间的 18% 以上，2010 年达到 19.5%，经济社会发展供水对地下水资源的依赖程度提高。

表 1-8 西北诸河区农业用水及地下水供水量变化趋势

年份	总用水量 / 亿 m^3	农业用水量 / 亿 m^3	农业用水占比 /%	地下水供水量 / 亿 m^3	地下水供水占比 /%
2002	575		93.9		15.4
2003	603		90.7		14.0
2004	599.7	548.4	91.4	91.3	15.2
2005	616.6	552.1	89.5	95.7	15.5
2006	622.0	556.1	89.4	93.5	15.0
2007	626.9	566.4	90.3	105.0	16.7
2008	641.2	575.1	89.7	118.1	18.4
2009	636.2	574.2	90.3	118.8	18.7
2010	639.5	569.4	89.0	124.0	19.5

2. 地下水超采使地下水漏斗情况加剧

西北内陆河地区经济社会用水总量已经达到极限，内陆河流域地表水已无进一步开发潜力，中、下游地区地下水资源开采量逐年增加，超采严重，地下水超采引发的地下水位下降、地下水降落漏斗情况严峻。目前新疆天山北坡中段、吐哈盆地和甘肃河西走廊由于人口增加、城市、工业和农业的发展，过度超采地下水，已经导致出现了多个地下水漏斗区，见图 1-13。内陆河流域中下游地区是地下水超采严重地区，亦是生态退化最严重的地区。

图 1-13 西北内陆河地区地下水漏斗区分布

（1）天山北坡地区

新疆天山北坡地区的内陆河流域均已出现不同程度的地下水超采区，2005 年超采量达 15.2 亿 m^3，见表 1-9。近年来，天山北麓中段，呼图壁河、玛纳斯河、金沟河下游的沙漠边缘区域沙存在较为普遍的开荒打井情况，由于大规模集中开采地下水，又无地表水转化补给，造成区域地下水位持续下降，井深由起初的 100 m 左右逐渐加深到 150 ～ 500 m。吐哈盆地超采区的超采系数为 0.94，超采面积为 5 030 km^2，属大型严重超采区。

哈密地区及周边区域地下水超采严重，地下水水位以每年 0.4 m 的速度持续下降，并在西郊工业、农业集中区形成直径为 23 km 的降落漏斗，中心水位下降速度高达 1.7 m（贾丽丽，2010）。

在吐鲁番市，近 10 年间地下水位下降为 5 ～ 25 m，年均下降 1 m。部分区域已出现严重超采现象，致使机电井越打越深，抽水成本越来越高。截至目前，下泵深度已达 30 ～ 40 m 甚至 80 m，在用水高峰期，仍然会出现机电井难以抽水的严重情况。

表 1-9　新疆内陆河地区地下水超采区超采量统计表（2005 年）

地区	超采区名称	可开采量 / 亿 m^3	实际开采量 / 亿 m^3	超采量 / 亿 m^3	备注
天山北麓	乌鲁木齐超采区	14 853	26 226	11 373	乌鲁木齐市、乌鲁木齐县
	石河子超采区	9 838	15 405	5 567	石河子市
	昌吉天山北麓东段超采区	31 554	57 368	25 814	奇台县、木垒县、吉木萨尔县
	昌吉天山北麓中段超采区	59 626	110 029	50 403	阜康市、米泉县、昌吉市、呼图壁县、玛纳斯县
	小计	115 871	209 028	93 157	
吐哈盆地	吐鲁番超采区	40 661	73 977	33 316	吐鲁番市、鄯善县
	哈密超采区	22 667	48 633	25 966	哈密市
	小计	63 328	122 610	59 282	
合计		179 199	331 638	152 439	

在乌鲁木齐市河谷区、北部倾斜平原区及柴窝堡区，地下水超采严重，河谷区、北部倾斜平原区地下水位持续下降，市区动物园至卡子湾一带大面积河床含水层被疏干，大量机井出现吊泵现象甚至报废。

这些地区地下水位持续下降，造成泉水流量和坎儿井出水量枯竭，石河子市泉水流量由于渠道建设和地下水开采，年均减少 414 万 m^3（30 年资料统计）。吐鲁番地区泉水和坎儿井水逐年减少干涸。泉水流量由 1949 年的 3.6 亿 m^3 减少到目前的 1.45 亿 m^3；坎儿井流量则由 1949 年的 4.9 亿 m^3 减少到目前的 2.4 亿 m^3。哈密地区坎儿井由 1943 年的 495 条减少到目前的 197 条，且坎儿井出水量逐年减少，濒临衰竭。

（2）河西地区

主要发生在石羊河、黑河流域的中下游，如民勤盆地红沙梁双茨科、昌宁盆地、武威城北的双城等处，20 世纪 90 年代年超采量为 5 亿～ 6 亿 m^3；黑河流域中下游的高台骆驼城及金塔县，90 年代年超采量约为 1.5 亿 m^3。目前河西地区已形成 7 处地下水开采漏斗，主要分布于河西走廊平原区的石羊河流域武威盆地武南镇、黄羊镇，民勤盆地大滩、金川—昌宁盆地双湾、山丹县城、高台骆驼城、酒泉市肃州区总寨等区域。见表 1-10。

表 1-10　河西地区地下水降落漏斗情况

地下水降落漏斗名称	中心位置	地下水降落漏斗情况
酒泉市总寨降落漏斗	酒泉市总寨镇	2009 年漏斗面积为 182 km^2，漏斗中心水位埋深 28.2 m，2003—2009 年漏斗面积和中心水位埋深分别增加 21 km^2 和 4.0 m。浅层地下水漏斗
高台骆驼城降落漏斗	张掖市高台县骆驼城	2009 年漏斗面积为 543 km^2，漏斗中心水位埋深 59.8 m，2003—2009 年漏斗面积和中心水位埋深分别增加 9 km^2 和 2.9 m。浅层地下水漏斗
山丹县城关镇降落漏斗	张掖市山丹县城关镇	2009 年漏斗面积为 602 km^2，漏斗中心水位埋深 131.2 m，2003—2009 年漏斗面积和中心水位埋深分别增加 13 km^2 和 5.2 m。浅层地下水漏斗
双湾—昌宁降落漏斗	金川区双湾、民勤县昌宁	2009 年漏斗面积为 703 km^2，漏斗中心水位埋深 59.0 m，2003—2009 年漏斗面积和中心水位埋深分别增加 71 km^2 和 10.5 m。浅层地下水漏斗
水源—朱王堡降落漏斗	永昌县水源、朱王堡	2009 年漏斗面积为 466 km^2，漏斗中心水位埋深 16.7 m，2003—2009 年漏斗面积和中心水位埋深分别增加 6 km^2 和 –1.9 m。浅层地下水漏斗
武南—黄羊镇降落漏斗	武威市武南镇、黄羊镇	2009 年漏斗面积为 1 168 km^2，漏斗中心水位埋深 68.0 m，2003—2009 年漏斗面积和中心水位埋深分别增加 38 km^2 和 3.1 m。浅层地下水漏斗
民勤大滩降落漏斗	民勤县大滩乡、双茨科	2009 年漏斗面积为 133 km^2，漏斗中心水位埋深 59.8 m，2003—2009 年漏斗面积和中心水位埋深分别增加 9 km^2 和 3.0m。浅层地下水漏斗

五、生态型缺水严重

按照国际经验，水资源利用率大于 40%，区域严重缺水，水资源开发利用将导致环境安全问题，并成为经济发展的重要制约因素。见表 1-11。

在西北内陆河区域，柴达木盆地水资源利用率较低，在 15% 左右，处于应努力控制用水需求类型。在天山北麓、吐哈盆地及河西走廊内陆河地区的水资源利用率达到 90% 或以上，表现出严重的生态型缺水，水资源过度利用导致严重的生态环境安全问题。

表 1-11　水资源利用与制约状态判据

水资源利用率	制约状态	响应
低于 10%	不会受资源环境约束	可加大水资源开发利用
10% ～ 20%	资源环境约束开始显现	应努力控制需求
大于 20%	进入紧张阶段，且对生态环境产生不利影响	必须加强管理，严格控制需求
大于 40%	严重缺水，导致环境安全问题，制约经济发展	

水是西北干旱区的生态环境状况的决定因素。随着人口与经济发展，生态用水被人类生活与生产挤占，使原来靠水生存的天然植被因失水或少水而退化。挤占生态环境用水是西北干旱地区生态环境退化的主要原因，生态环境保护和建设规划必须充分考虑水资源的因素，因此在干旱区要合理配置生产用水和生态用水，河流的上、中、下游的用水给生态留出必要的用水量。

根据中国工程院钱正英院士主持的“西北地区水资源配置、生态环境建设和可持续发展战略研究”课题成果，西北地区主要内陆河流域生态需水量见表 1-12。

表 1-12 西北主要内陆河流域生态需水量

流域	水资源量 / 亿 m^3	河道外生态环境需水量 / 亿 m^3	河道生态环境需水量 / 亿 m^3	生态需水总量 / 亿 m^3	所占比例 /%
疏勒河	20.83	12.27	2.25	14.6	70.2
黑河	44.71	25.20	3.17	28.4	63.4
石羊河	16.86	8.10	3.23	11.4	76.2
河西内陆河	90.58	48.19	11.28	59.5	65.7
柴达木盆地	56.99	23.11	24.89	48.0	84.23
准噶尔盆地	148.06	16.41	18.81	35.22	23.79

内陆河流域生态用水占水资源总量的 50% 左右，才能维持生态环境现状。区域性水资源过度开发状态不可能在短期内根本扭转，部分地区的水资源竞争还有可能加剧，全面改善区域生态环境质量缺乏水资源的支撑。

六、内陆河流域水资源开发利用存在的问题

1. 重点经济发展区域水资源开发利用程度高，水资源进一步开发利用潜力小

目前天山北麓东段和中段、吐哈盆地、河西地区水资源开发利用程度已超过 70%，这些地区均呈现出水资源过度开发利用状态，水资源开发利用潜力很小或基本没有，唯一的解决途径是节水和调水。

2. 天山北坡、河西地区水资源开发过度，地下水超采严重

地下水超采已引发了地下水位下降、地下水降落漏斗、坎儿井大量干枯、机井吊泵或报废、土地沙化、荒漠化加剧等一系列生态环境问题。

3. 生态环境用水得不到保障

主要依靠扩大面积发展的灌溉农业和以游牧为主的草原畜牧业的不断扩大，造成生态用水被大量挤占，生态环境问题日趋恶化。由于干旱缺水和生态用水被挤占，绿洲植被群落由湿生、中生向旱生、超旱生和盐生、沙生种类演替，荒漠林和天然绿洲植被减少，荒漠化加剧。地表水资源的大量开发利用，导致河湖生态环境质量下降。许多内陆河流出现不同程度的季节化，河流流程缩短甚至断流，导致河流尾闾的湖泊萎缩甚至干涸。

4. 水利基础设施建设滞后，开发利用方式落后

河道天然径流年内分配极不均匀，春旱和夏洪是实现水资源合理配置、高效利用首先应解决的基本问题。由于总体投入不足，水利基础设施薄弱，不适应经济社会发展的要求。已建的大中小型水库中，平原水库占 90% 左右，普遍缺乏控制性山区水库；农田水利设施配套不完善且老化失修，长期的重灌溉、轻排水不仅使农业灌溉定额高，而且导致大面积的土壤盐碱化，大部分地区农业用水普遍表现出“大水大引、小水大旱”的现象，浪费严重、保证率低。

第五节　水资源承载能力与利用潜力

一、水资源承载能力分析

水资源可利用量是一个流域或区域水资源开发利用的最大控制上限，是保证生态环境可承载的前提条件。水资源可利用量是在保护生态环境和水资源可持续利用的前提下，在可预见的未来，通过经济合理、技术可行的措施，在当地水资源中可供河道外经济社会系统开发利用消耗的最大水量。

水资源可利用量包括地表水可利用量和地下水可开采量两部分。

1. 地表水可利用量

地表水可利用量是考虑河道内生态需水的前提下，根据水资源开发利用工程调蓄能力，河道外能够一次性利用消耗的水量。西北内陆河流域包括天山北麓、吐哈盆地、柴达木盆地和河西走廊地区，据1956—2000年系列地表水资源量为179.54亿m^3，考虑维持区域河流水系、绿洲生态系统稳定的生态环境需水量为97.2亿m^3，区域地表水可利用量为82.56亿m^3，地表水可利用率为49.8%。分区地表水可利用量见表1-13。

表1-13　西北内陆河流域地表水可利用量

流域		地表水资源量/亿m^3	地表水可利用量/亿m^3	地表水可利用率/%
天山北麓		63.38	31.46	49.60
吐哈盆地		15.14	7.00	46.20
柴达木盆地		44.40	15.00	33.80
河西走廊	石羊河	15.60	8.58	55.00
	黑河	27.77	13.89	50.00
	疏勒河	13.25	6.63	50.00
合　计		179.54	82.56	45.90

2. 地下水可开采量

地下水资源可开采量，是指在可预见的时期内，通过经济合理、技术可行的措施，在不引起生态环境恶化的条件下允许从含水层中获取的最大水量。内陆河流域地下水对于维持区域生态环境具有重要意义，评价内陆河地区地下水可开采量时应首先考虑保护绿洲生态环境用水需求，控制合理的地下水生态水位，在技术经济合理可行的条件下，分析能够从地下水含水层中可持续开采的地下水量。

西北内陆河地区地下水可开采量见表1-14。区域多年平均地下水资源量为113.67亿m^3，考虑维持区域生态环境的水量需求，地下水可开采量为48.6亿m^3。

表1-14　西北内陆河流域地下水可开采量　　单位：亿m^3

流　域	地下水资源量	地下水可开采量
天山北麓	27.35	11.48
吐哈盆地	15.92	9.31
柴达木盆地	29.83	4.98
河西走廊	40.57	22.83
合　计	113.67	48.6

二、水资源利用潜力分析

2010 年区域实际供水量为 177.69 亿 m^3，其中地表供水量为 117.58 亿 m^3（折算地表水耗水量为 93.68 亿 m^3），其中含跨流域调水 4.18 亿 m^3，地下水供水量为 59.64 亿 m^3，非常规水源供水 0.47 亿 m^3。西北内陆河流域多年平均地表水可利用量为 82.33 亿 m^3，地下水可开采量为 48.6 亿 m^3。总体来看，西北内陆河流域地表水利用量已超过水资源可利用量，地下水利用量也已超过浅层地下水可开采量。水资源开发利用潜力见表 1-15、表 1-16、图 1-14。

表 1-15 西北内陆河流域 2010 年供水量 单位：亿 m^3

流域		地表水供水量	其中跨区域调水量	地下水供水量	其他水源供水量	总供水量
天山北麓		45.04	2.57	22.44	0.053	67.53
吐哈盆地		7.01	0	12.91	0.19	20.11
柴达木盆地		8.18	0	6.66	0	14.84
河西走廊	石羊河	17.71	1.61	6.09	0.11	23.91
	黑河	22.01	0	7.01	0.12	29.14
	疏勒河	17.63	0	4.53	0	22.16
合计		117.58	4.18	59.64	0.473	177.69

表 1-16 西北内陆河流域水资源开发利用潜力分析 单位：亿 m^3

流域		水资源可利用量		现状耗水量		水资源开发利用潜力	
		地表水	地下水	地表水	地下水	地表水	地下水
天山北麓		31.46	11.48	38.85	22.44	−7.39	−10.96
吐哈盆地		7	9.31	7.01	12.91	−0.01	−3.6
柴达木盆地		15	4.98	7.36	6.66	7.64	−1.68
河西走廊	石羊河	7.71	8.17	10.86	7.53	−3.14	0.64
	黑河	15.56	9.57	19.56	9.37	−4	0.2
	疏勒河	5.6	5.09	10.04	2.26	−4.43	2.83
合计		82.33	48.6	93.68	61.17	−11.33	−12.57

注：天山北麓中段地表水耗水量包括引额济克水量 2.89 亿 m^3。

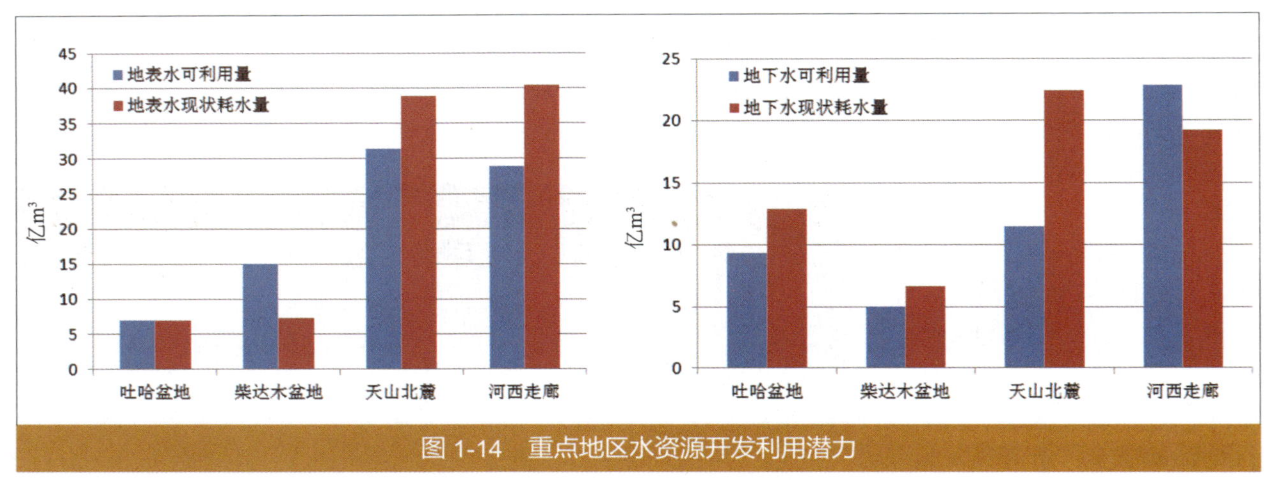

图 1-14 重点地区水资源开发利用潜力

从水资源开发利用潜力的空间分布来看，水资源超载区主要分布在人口相对稠密、经济社会相对发达的区域，如天山北麓、吐哈盆地的地表水、地下水均超载；河西走廊的地表水耗水量超过可利用量，而石羊河、黑河流域的地下水耗水量已接近可开采量；柴达木盆地的地表水利用仍有较大的潜力，地下水开采量已超过浅层地下水的可开采量。

从战略布局上分析，未来重点产业布局（尤其是高耗水产业）应尽量避开超载区，适度增加跨流域和区域的调水工程、调节水资源的空间不均问题，提高区域水资源承载能力，优化产业布局。

河西内陆河地表水耗水量不包括引黄入石羊河的水量，引硫济金（昌）0.33 亿 m^3 和景泰扬水供武威 1.29 亿 m^3。

利用潜力为负值表明区域水资源已无开发潜力。

三、节水潜力分析

节水潜力是以各部门和各行业（或作物）通过综合节水措施所达到的节水指标为参照标准，分析现状用水水平与节水指标的差值，并根据现状发展的实物量指标计算可能最大的节水数量。在现状各项用水水平分析的基础上，分析各部门和各行业（或作物）用水水平及实物量指标，结合各部门和各行业（或作物）节水指标，计算各部门和各行业（或作物）用水指标与节水指标之差，估算节水潜力。

1. 节水潜力

新疆天山北坡经济区节水潜力为 36.2 亿 m^3，其中城镇生活节水潜力为 0.117 亿 m^3，工业节水潜力为 5.127 亿 m^3，建筑业和第三产业节水潜力为 1.171 亿 m^3，农业灌溉节水潜力为 29.80 亿 m^3。

柴达木盆地节水潜力为 9.42 亿 m^3，其中城镇生活节水潜力为 0.03 亿 m^3，工业节水潜力为 1.39 亿 m^3，建筑业和第三产业节水潜力为 0.04 亿 m^3，农业灌溉节水潜力为 7.98 亿 m^3。

河西走廊节水潜力为 20.64 亿 m^3，其中城镇生活节水潜力为 0.098 亿 m^3，工业节水潜力为 3.65 亿 m^3，建筑业和第三产业节水潜力为 0.10 亿 m^3，农业灌溉节水潜力为 16.79 亿 m^3。

2. 水平年节水量

按照西北内陆河流域的水资源条件、用水性质、经济实力和目前的用水水平，从提高用水效率作用显著、投资合理、节水效果优、边际成本小等方面考虑选择节水措施。区域 2015 年工程节水量为 8.57 亿 m^3，2020 年工程节水量为 10.4 亿 m^3，单方水成本在 10 元左右，见表 1-17。

其中，天山北麓、吐哈盆地内陆河地区 2015 年工程节水量为 3.79 亿 m^3，2020 年节水量为 4.95 亿 m^3。柴达木盆地 2015 年工程节水量为 1.37 亿 m^3，预算工程投资 10.75 亿元，单方水节水成本 7.86 元；2020 年节水量为 2.06 亿 m^3，总投资 19.49 亿元，单方水节水成本 9.46 元。河西走廊 2015 年可节水 3.05 亿 m^3，概算工程投资 27.80 亿元，单方水成本为 9.12 元；2020 年节水 2.92 亿 m^3，工程投资 31.38 亿元，单方水成本 10.76 元。

表 1-17 西北内陆河流域水平年节水量 单位：万 m³

流 域		水平年	生活节水量	工业节水量	农业节水量	总节水量
天山北麓		2015 年	0.11	11 104	20 387	31 491.11
		2020 年	0.13	14 509	26 703	41 212.13
吐哈盆地		2015 年	0.04	1 115	5 298	6 413.04
		2020 年	0.04	1 683	6 587	8 270.04
柴达木盆地		2015 年	80	9 888	3 728	13 696
		2020 年	91	16 751	3 728	20 570
河西走廊	石羊河	2015 年	676	1 002	5 936	7 614
		2020 年	902	1 633	7 291	9 826
	黑河	2015 年	439	970	19 683	21 092
		2020 年	503	1 175	17 188	18 866
	疏勒河	2015 年	116	426	4 860	5 402
		2020 年	127	452	4 685	5 264
合 计		2015 年	1 311.15	24 505	59 892	85 708.15
		2020 年	1 623.17	36 203	66 182	104 008.17

四、可供水量分析

1. 新疆内陆河地区通过加大跨区和区域性供水工程建设提高供水能力，河西地区严格控制地表水供水量保障河流生态用水

新疆评价区深居内陆，水资源贫乏，且时空分布不均匀，评价区降水量在 250 ～ 300 mm，从空间分布来看总体呈现西多东少的分布特征，而从时间分布来看 6—8 月集中了全年水资源量的 70% 左右，春旱、夏洪、秋缺、冬枯极易引发局地洪旱灾害。只有通过加大跨区和区域性工程建设，方能提高内陆河区域的供水能力。根据河流健康和区域生态环境要求，评价水平年通过引额济克和引额济乌、艾比湖补水等跨流域调水工程增加区域供水量，预测 2015 年新疆评价区地表水可供水量为 118.74 亿 m^3（其中跨流域调水 12.16 亿 m^3），2020 年地表水供水量达到 121.83 亿 m^3（其中跨流域调水 14.7 亿 m^3）。

河西内陆河下游生态恶化是多方面的，但究其根本原因是中上游农业灌溉用水大量挤占了生态用水。现状河西内陆河地区缺水主要为资源性缺水，三条河来水量不能满足地区不断增长的用水需求。对河西内陆河区域需采取以保护为主的保障河流生态环境用水需求的水资源利用方式，严格控制地表水利用。根据河西内陆河评价水平年的水资源紧张程度，2020 年前实施引哈济党、景电向民勤供水等跨流域供水工程以缓解区域供需矛盾，同时有效控制河道外取水量，预测 2015 年河西内陆河区域地表水供水量控制在 49.22 亿 m^3，较现状减少 8.73 亿 m^3；2020 年进一步减少到 43.68 亿 m^3。

2. 开发与保护相结合，合理利用地下水

由于对地下水的不合理开发利用，已出现一系列生态环境问题。据统计，2010 年天山北麓、吐哈盆地等地区地下水超采严重，在吐鲁番、哈密盆地、天山北坡经济带、塔城盆地等地区地下水超采超过 16.64 亿 m^3，地下水超采引发了地下水位持续下降、坎儿井干枯、土地沙化、

荒漠化加剧。河西内陆河尤其是石羊河流域地下水超采严重，地下水水位持续下降，形成大范围地下水降落漏斗，20 世纪 90 年代以来石羊河流域地下水水位下降 10 ～ 20 m，民勤县一些地方甚至达 30 m 以上。地下水水位的下降，进一步加剧了植被的退化和土地沙化的进程，生态环境面临重大灾难。当前吐哈盆地、天山北坡及河西内陆河地区的地下水超采问题急需得到有效控制，并有效保护。

评价水平年对西北内陆河地区地下水采取利用和保护相结合的策略，根据地下水可开采量评价成果结合地下水利用现状，将评价区划分为超采区、潜力区。对于超采区，严格根据地下水可开采量限制开采，逐步退还超采的地下水量；对于地下水尚有潜力的地区，可在其可开采量范围内适度开采，并对地下水位变化加强观测。

2015 年、2020 年将在天山北麓、吐哈盆地和河西地区有计划实施地下水退减，并在部分潜力区增加开采，预测 2015 年地下水开采量为 19.37 亿 m^3，2020 年为 19.48 亿 m^3；河西内陆河地下水开采量将从近 10 年平均的 20.63 亿 m^3，减少到 2015 年的 18.81 亿 m^3，2020 年的 19.12 亿 m^3。

3. 加大投入，积极利用非常规水源

通过加大非常规水源的利用力度，预测 2015 年新疆地区可利用再生水 1.25 亿 m^3，2020 年利用再生水 1.65 亿 m^3；柴达木盆地 2015 年、2020 年非常规水源利用量分别为 0.06 亿 m^3、0.14 亿 m^3；河西内陆河地区 2015 年、2020 年利用非常规水源分别为 0.42 亿 m^3 和 0.69 亿 m^3。

根据区域水资源保护的总体要求，通过合理利用地表水、有效保护地下水以及实施劣质水利用和再生水利用等措施，考虑跨流域调水工程、水源工程增加供水量。

表 1-18、表 1-19 为西北内陆河区域 2015 年、2020 年水平年可供水量，2015 年西北内陆河流域各种水源的可供水量为 170.59 亿 m^3，2020 年略有下降为 167.55 亿 m^3，其中地表水供水量为 106.28 亿 m^3，地下水供水量为 42.43 亿 m^3，跨流域调水 16.70 亿 m^3，非常规水源利用 2.12 亿 m^3。在积极采取保护措施，合理增加水源工程等策略下，吐哈盆地、柴达木盆地的地表水供水量有所增加，河西内陆河地区的地表水供水量有所减少；天山北麓、吐哈盆地、柴达木盆地的地下水供水量有所减少。

表 1-18 西北内陆河流域 2015 年可供水量分析 单位：亿 m^3

流域		地表水	地下水	跨区调水	非常规水源	合计
天山北麓		42.93	9.87	11.52	0.89	65.21
吐哈盆地		10.29	8.59	0.65	0.16	19.68
柴达木盆地		10.22	4.97	0	0.065	15.25
河西走廊	石羊河	13.21	8.22	2.00	0.065	23.50
	黑河	27.28	6.63	0	0.35	34.26
	疏勒河	8.73	3.96	0	0	12.69
合计		112.66	42.24	14.17	1.53	170.59

表 1-19　西北内陆河流域 2020 年可供水量分析　单位：亿 m^3

流　域		地表水	地下水	跨区调水	非常规水源	合计
天山北麓		41.85	9.96	13.41	1.13	66.36
吐哈盆地		10.19	8.61	1.29	0.17	20.26
柴达木盆地		10.56	4.74	0	0.14	15.44
河西走廊	石羊河	10.38	7.66	2.00	0.26	20.31
	黑河	25.02	7.47	0	0.31	32.81
	疏勒河	8.28	3.99	0	0.11	12.37
合　计		106.28	42.43	16.70	2.12	167.55

第三章

水资源开发利用引发的生态环境问题

第一节　内陆河流域生态系统与水资源的关系

一、内陆河流域生态系统与水资源的关系

我国内陆干旱区的自然环境特点是高山环绕盆地，荒漠包围绿洲，发源于山地的河流孕育着平原绿洲，要保护和改善内陆河流域生态环境，需以流域为单元从山上到平原进行综合整治。

干旱区内陆河流域生态系统类型与水资源形成、消耗、转化、蓄积和排泄紧密相关。内陆河流域生态系统类型与水资源关系见表1-20。

表1-20　干旱区内陆河流域生态系统类型、单元与水资源关系

生态系统类型	生态系统单元	在水资源系统中的功能
山地生态系统	极高山冰川永久积雪 高山草甸、草原 中山森林、草原、半荒漠 低山半荒漠、荒漠	径流形成区
人工绿洲生态系统	人工水域（水库、灌排渠系） 农田 人工林 畜禽养殖 村镇 绿洲城市	径流消耗和强烈转化区
自然绿洲生态系统（乔、灌、草）	荒漠河岸林 河谷低地草甸 河谷灌丛	径流排泄、蓄积及蒸散区
自然水域和低湿生态系统	河流 湖泊 湿地	
荒漠生态系统	沙质荒漠 盐质荒漠 砾质荒漠 土质荒漠	缺水或无水、少流区

在内陆河流域生态系统中，山地生态系统是基础，它是荒漠中的“湿岛”起着产流和涵养水源的作用，除了向绿洲供水外，还输送泥沙、养分和无机盐类。没有山地形成的径流向平原荒漠输送，则没有平原绿洲，平原绿洲生态系统是“叶”，山地是“根”，根深才能叶茂。

人工绿洲生态系统是内陆河

流域生态系统的核心，它是内陆河地区人类生存和发展的空间。以新疆为例，人工绿洲面积仅占新疆国土面积的4.0%，但却承载了95%的人口，干旱区人类的社会、经济、生产和文化活动，基本上都是在绿洲中进行。人工绿洲的过度开发带来的环境污染，特别是水环境污染，是影响内陆河生态安全的要素之一。

自然绿洲是内陆河流域生态系统的屏障。由非地带性植被乔、灌、草构成的自然绿洲，它的生态功能成为人工绿洲外围防风、固沙、阻沙的天然绿色屏障，起着“绿洲卫士”的作用，没有乔、灌、草的保护，人工绿洲就有可能被风沙吞没。自然绿洲和人工绿洲是唇齿相依的关系，“唇”亡则“齿”寒。影响自然绿洲的因素除了人为开发占用，生态用水被挤占是最主要原因。

二、以水为纽的内陆河流域生态安全受到严重威胁

1. 内陆河上游山区水源涵养功能的保护和恢复面临压力

内陆河上游山区是矿产资源分布和传统采矿业的重要区域，也是传统牧业的重要基地。天山和祁连山的矿业和牧业已经在一定程度上破坏了内陆河上游山区的林草植被，并对水源涵养和土壤保持等功能产生了影响。目前天山、祁连山山区矿区已经或正在进行整合，位于水源涵养区的矿区和不合乎行业准入的矿井正在进行关停，但也有一些规划的矿区仍位于水源涵养区内，且部分区域规划产能仍有较大增长，不符合总体逐步退出、维护水源涵养功能的原则。天山和祁连山的山区牧业均提出了禁牧、休牧、轮牧等政策，但执行中仍然面临牧民转变生活方式、提高生活水平以及就业安置等诸多问题，是一个长期的渐进的过程。内陆河上游山区矿业控制和牧业削减载畜量以加强水源涵养等生态服务功能仍然面临资金、政策、有效路径等诸多压力。

2. 中游人工绿洲过度扩张造成环境超载生态退化

中游人工绿洲过度发展对绿洲自身的安全产生影响。人工绿洲向外扩张，挤占原来人工绿洲周边的生态屏障——天然绿洲的空间，人工绿洲外围生态屏障削弱。人工绿洲内部农业、城镇和工业等过度开采地下水，导致地下水漏斗区周边植被退化。上游修建出山口水库导致中游河道河岸林植被严重退化。原来依靠渠系渗漏和漫灌补给水源的农田防护林网在实施节水灌溉的情况下，部分没有配套灌溉措施而退化。中游水资源不合理利用导致下游湖泊湿地和天然绿洲萎缩，防护作用减弱，中下游土地荒漠化加剧。

同时，人工绿洲是流域主要的人口聚集地和工农业聚居地，工农业发展和居民生活大量取水导致河流径流量减小、甚至萎缩断流，同时产生的大部分城镇生活污水及工业废水及农田排水等又直接或间接通过地下径流最终进入地表河流中，导致人工绿洲及以下河段污染明显高于上游，特别是在非汛期中游部分河段由于缺乏必要的稀释水量而成为污水河，严重影响到水体的生态功能和使用功能。

3. 下游尾闾湖泊湿地缺乏生态补水面临萎缩

下游尾闾湖泊湿地的安全有赖于上游水源涵养和中游水资源的合理开发利用，有赖于补给水量的支撑。目前，重点区域内艾比湖由于中游耕地仍呈持续快速增加态势而面临萎缩风

险，湖区盐尘和沙尘危害威胁仍然存在。玛纳斯河中游湿地和玛纳斯湖、西湖湿地、民勤绿洲等均需通过生态补水，逐步实现湖泊及周边湿地的生态恢复。可鲁克湖—托素湖中游城市河段已经全部渠化，其入湖水量的保障需以控制德令哈产业规模为重要前提。适度控制中游人工绿洲（含农业、工业和城市）的规模，控制用水总量，预留下游湖泊湿地的基本生态用水量，才能保障下游尾闾湖、周边湿地和天然绿洲的安全。

第二节　人工绿洲扩张、水资源过度利用与生态退化的关系

西北三省（区）湿地面积占全国湿地面积的1/10，其湿地具有涵养水源、调节径流、调节区域气候、防风固沙、保护生物和遗传多样性等多方面功能，是区域生态变化的重要指示器。西北三省（区）又是国家“两屏三带”生态安全格局中的北方防沙带的重要组成，是维系西北地区乃至全国生态安全、可持续发展的基本保障区域，其湿地的作用在战略格局中有着重要的地位。生态安全战略区位见图 1-15。

图 1-15　艾比湖、玛纳斯湖、石羊河的生态安全战略区位

西北三省（区）的人工绿洲主要分布在塔里木盆地周边、河西走廊、准噶尔盆地南缘、吐哈盆地、伊犁河谷、柴达木盆地等区域，面积约为13.3 万 km^2。内陆河人工绿洲区不仅是西北主要的耕地区域，而且是农业、城市和工业活动的中心，集中分布 90% 以上的人口和 90% 以上的经济总量。近几年人工绿洲面积增加显著，从 20 世纪 50 年代初不到 2 万 km^2，增至 2010 年的约 13.3 万 km^2。随着人工绿洲的扩张，农田面积的增大，对水资源开发利用的程度加大，西北三省（区）河西地区和天山北麓等内陆河地区的水资源利用率普遍达到 100% 以上，流域内各支流与干流间的联系明显减弱，水资源消耗向干流中游集中，流域上游过度引水，中下游超采地下水，致使下游水量减少乃至枯竭，河道断流、尾闾湖泊消失，湿地萎缩、土地荒漠化、沙化形势依然十分严峻。具有生态安全战略区位的艾比湖、玛纳斯河、石羊河等流域水资源过度开发，生态用水缺乏保障，土地荒漠化尤为突出。

西北三省（区）地处干旱内陆区，高蒸发量、低降水量、山区降水和融雪补给的背景下，由于不合理的水资源开发利用，导致大量湿地萎缩甚至干涸。通过生态补水、外流域调水等措施，加强内陆河流域的湿地保护和恢复，部分湿地面积有所扩大，地下水位有所回升。综

合来看，西北三省（区）湿地退化的趋势仍未得到有效遏制。随着未来工业、城市和农业发展，人工绿洲的进一步扩大，水资源需求总量进一步增加，对湿地保护的压力仍然存在，甚至有可能增大。

一、河西走廊

河西地区是我国重要的农产品产区，具有可宜垦荒地多，基础水利设施条件好，光热资源丰富，农作物种类多等优势，由于社会经济的迅速发展，大量扩大耕地面积，耕地面积逐年上升（图 1-15）。2010 年河西内陆河流域水资源开发利用程度为 101%。黑河、石羊河流域地表水开发利用程度分别达到 91%、117%，已远远超过 60% 的国际公认标准最高上限。当地水资源已不能支撑流域经济社会可持续发展。过度的水资源利用和持续的地下水位下降，产生了一系列生态环境问题。河西走廊湿地总面积自 20 世纪 70 年代以来呈逐渐下降的趋势，

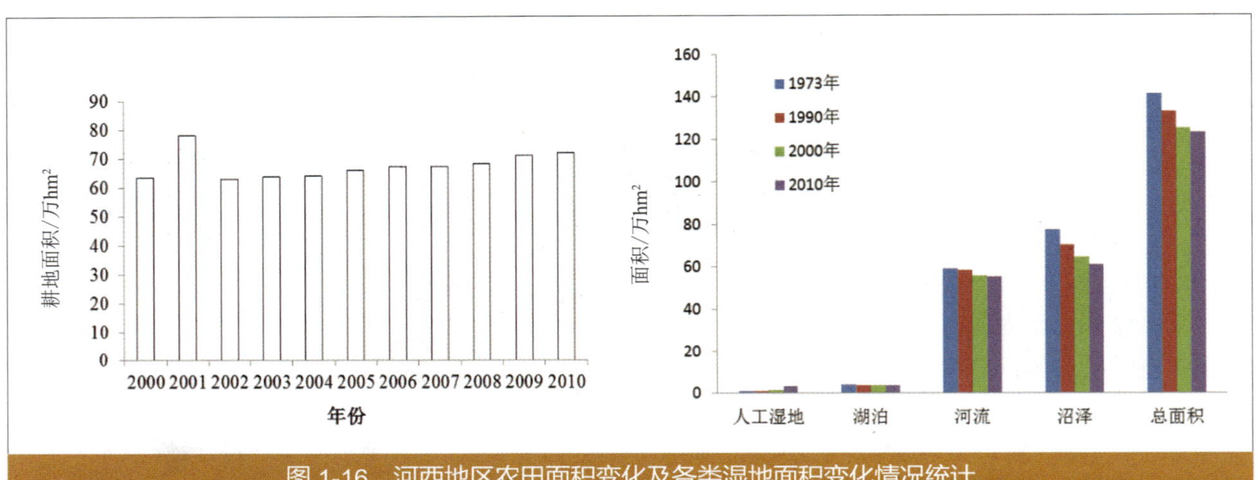

图 1-16 河西地区农田面积变化及各类湿地面积变化情况统计

从 1973 年的 141.32 万 hm^2 下降到 2010 年的 123.12 万 hm^2，各种类型的天然湿地的面积均呈下降的趋势（图 1-16）。

1. 石羊河流域

石羊河流域下游的民勤绿洲，地处巴丹吉林沙漠和腾格里沙漠合拢处。两大沙漠一旦合拢南下，将直接威胁到亚欧大陆桥的安全，是亚欧大陆桥北部重要的生态屏障，民勤绿洲也是生态安全格局“一带”中防风固沙的重要节点（图 1-17）。生态地位极为重要，民

图 1-17 石羊河、民勤绿洲和亚欧大陆桥的空间关系

勤绿洲“不能成为第二个罗布泊”。

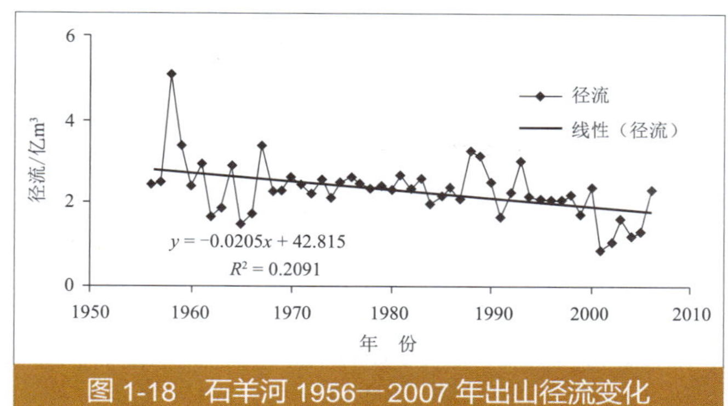

图 1-18 石羊河 1956—2007 年出山径流变化

石羊河 1956—2007 年的出山径流整体呈现下降趋势，2000 年之后，出山径流有所回升，年径流量接近 2.3 亿 m^3 左右，也只达到 20 世纪 90 年代的平均水平（图 1-18）。说明石羊河地表径流量在未来的趋势并不乐观。

石羊河流域水资源量约为 17 亿 m^3，灌溉面积约为 29 万 hm^2，人口约为 223 万人，分别是甘肃内陆河地区水资源总量、总灌溉面积、总人口的约 1/4、1/2、1/2。目前流域水资源利用率已很高，现状流域水资源毛利用率（用水量与水资源量比）达 154%，净利用率（耗水量与水资源量比）超过 95%，远远超出了国际公认的合理利用率。石羊河流域已成为我国内陆河流域人口最密集、水资源严重匮乏、用水矛盾十分突出、生态环境极度脆弱的流域之一。过度的水资源利用和持续的地下水位下降，产生了一系列生态环境问题。

由于中游对水资源的过度使用，进入民勤盆地的地表水量大大减少，已远远不能满足当地工农业生产的发展需求，为了维持生产的正常发展，不得不过量掘井取水，使超采地下水的状况愈演愈烈，目前年超采地下水大约 3.5 亿 m^3，造成地下水位以每年 0.5 ～ 1.0 m 的速度普遍而又持续地下降，1986—2006 年的观测表明，地下水埋深以 0.695 m/a 的速度变深。中游地区超采地下水的情况也普遍存在，地下水位下降趋势亦不乐观。

根据石羊河中下游地区《地下水观测年鉴》，选取地下水观测资料连续的点号作为分析的典型点号。参考民勤盆地分区，选取代表井号：山区边缘裂隙水监测区包括苏武山区，狼刨泉山；平原孔隙水监测区包括民勤县城区，红崖山水库周边，其他地区，主要是盆地的边界或者分区的边界区。

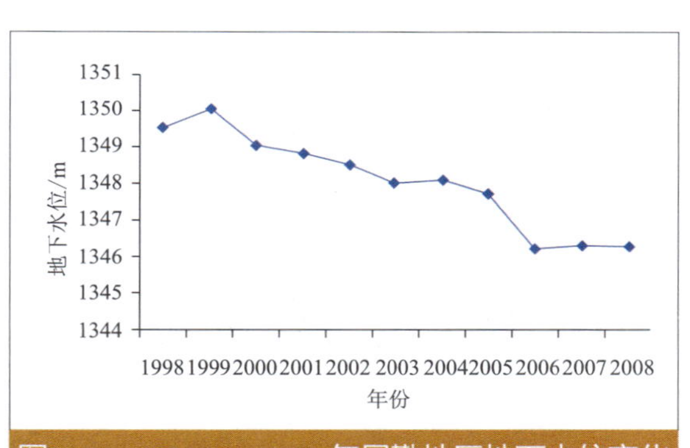

图 1-19 1998—2008 年民勤地区地下水位变化

民勤盆地 1998—2008 年的年平均地下水位变化趋势见图 1-19，由图可以看出民勤盆地在这 11 年里，地下水位总体呈下降趋势，由 1998 年的 1 349.56 m 降至 2008 年的 1 346.50 m，共下降了 3.06 m，多年平均下降速率为 0.28 m/a。但是，也可以看出，2006—2008 年地下水位处于稳定阶段，说明地下水位下降得到了一定控制。同时，孙月等人的观测表明，1994—2003 年民勤地区的地下水埋深变化速率显著大于中游和上游，分别为 0.602 m/a、0.297 m/a 和 0.03 m/a。从侧面说明，上游地区为流域的水源地，在用水方面主要利用地表水，对于地下水的影响不大。中游地区是流域经济状况最好，发展最为迅速的地区。近年来，大量扩大耕地面积，使得对于水资源的需求量急剧增大。只能通过大量引用山前平原地表水及开采利用地下水来满足需要。下游地区由于地表水来水量逐年减少，灌溉水源严重不足，不得不超采地下水，使得地下水在总用水量中所占的比例及开采量逐年提高，导致地下水位持续快速下降，地下水埋深变化速率大。

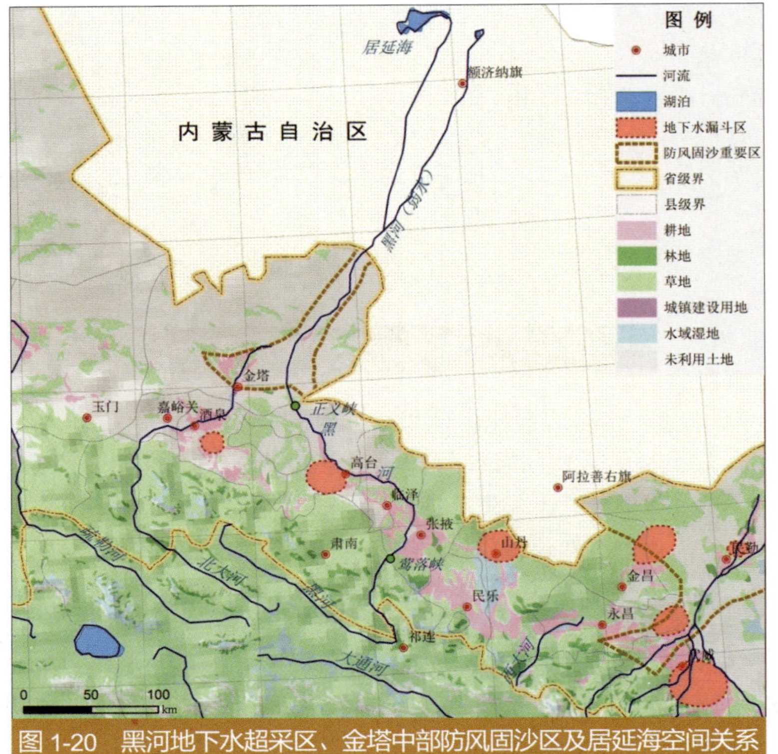

图 1-20 黑河地下水超采区、金塔中部防风固沙区及居延海空间关系

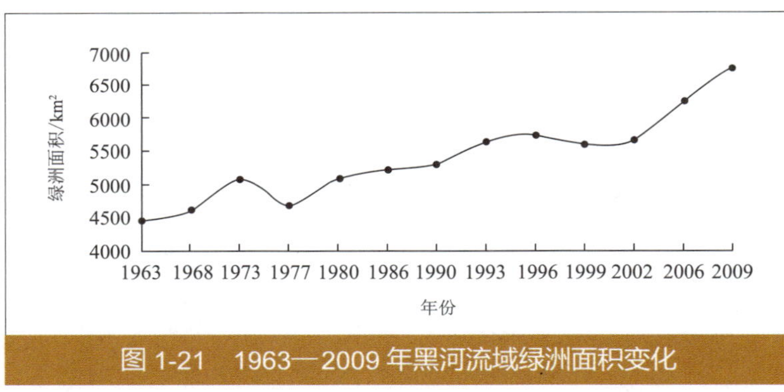

图 1-21 1963—2009 年黑河流域绿洲面积变化

2. 黑河流域

黑河是我国西北干旱半干旱地区第二大内陆河，黑河发源于南部祁连山，纵跨青海、甘肃和内蒙古三省（区），终端为居延海，是河西走廊生态安全的重要组成部分，是阻挡巴丹吉林沙漠南侵的重要屏障。张掖黑河国家级湿地自然保护区是鸟类迁徙“中亚—印度通道”上的重要节点，位于我国候鸟迁徙途经西部路线的中段，生物多样性保护功能重要。境内湖泊、沼泽、滩涂星罗棋布，生物多样性丰富。现有国家一级保护鸟类黑鹳、玉带海雕、白尾海雕等 4 种，国家二级保护鸟类大天鹅、小天鹅等 18 种，《国家保护的有益的或者有重要经济、科学研究价值的陆生野生动物名录》中的鸟类 60 余种途经。黑河流域承担着通过正义峡向下游居延海进行生态补水的任务（图 1-20）。

黑河流域绿洲面积数据时段为 1963—2009 年，图 1-20 可以看出黑河流域绿洲的面积变化，黑河流域绿洲半个世纪以来基本呈现不断增加的趋势，尤其是 2000 年以来，绿洲面积增加较为迅速，从 4 600 km^2 增加到 6 600 km^2，绿洲面积大约增加了 50%。

由于农业用水、建库筑坝、超采地下水等，黑河流域张掖的湿地面积缩小，从 2001 年约 2 600 km^2 减少到 2010 年约 2 438 km^2，其中以天然湿地为主，约占 94.4%。张掖市著名的甘泉、北大池和南大池相继干涸，城郊湿地面积萎缩，并逐渐盐碱化和沙化。由于湿地围垦，黑河、山丹河河床水域湿地面积缩小 40%，见图 1-21。

黑河上游是径流形成区，由于中高山区海拔高且温度低，蒸发蒸腾量小，大部分降水在上游植被需水得到满足后形成了出山口径流，即降水量总体上可以满足生态系统的需水要求，也就是说黑河上游的生态需水量不消耗径流性的水资源量。黑河流域中游属于径流散失区。流域降水总量的 3% ～ 5% 降在平原绿洲区，7% ～ 15% 降在平原荒漠区。平原区降水基本不产流，仅有极少部分降水能够补给地下水。

自 20 世纪 60 年代以来，由于人口增长，经济发展，流域中上游地区水资源的被大规模开发利用，中上游区人类活动用水量激增，黑河下游的径流量逐年减少。在 1962 年西居延海干涸，东居延海面积严重萎缩，成为季节湖，并于 2000 年、2001 年连续全年干涸，且直接导致下游河道萎缩率超过 1/3，部分河段已经基本上演变为完全断流的沙河，尾闾湖泊消失，地下水位下降，天然绿洲生态不断退化。1985—2005 年黑河流域上游冲积扇中上部地下水补给区的水位下降（5 ～ 15 m）显著，冲积扇下部和河谷细土平原地下水消耗区水位稳定下降，造成了严重的地下水超采和漏斗区。黑河中游人工绿洲地下水超采区 2009 年地下水超采面积约为 1 145 km^2，2003—2009 年地下水漏斗面积和地下水埋深分别增加 22 km^2 和 3 ～ 5 m，地下水位持续下降。

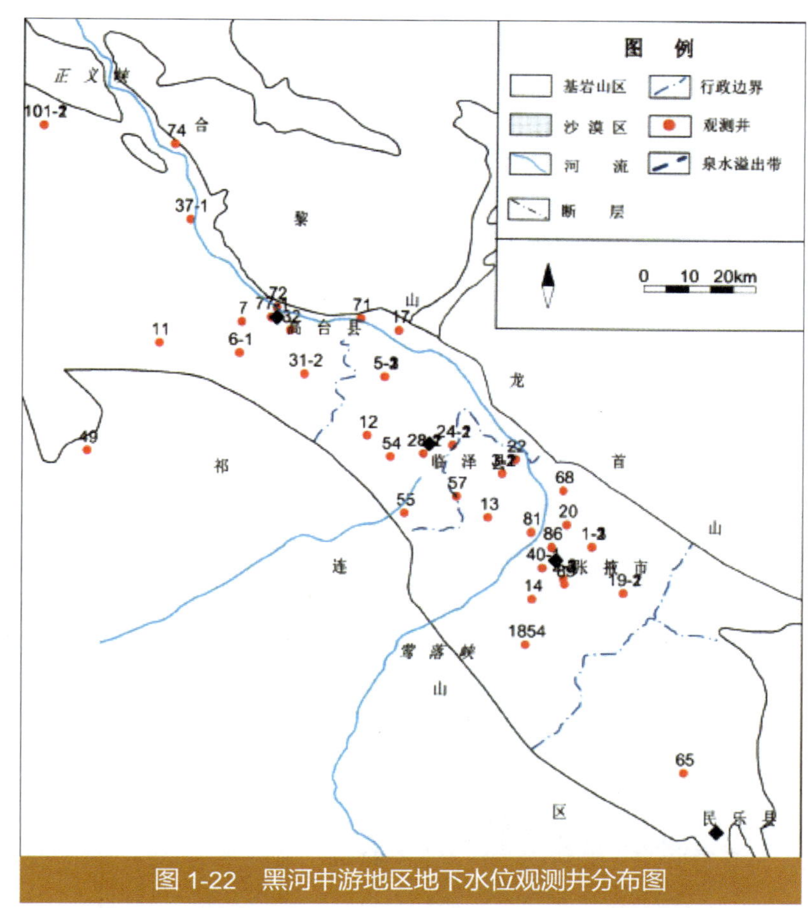

图 1-22　黑河中游地区地下水位观测井分布图

取黑河张掖盆地内 31 个潜水观测井和 17 个承压水观测井的年平均埋深作为张掖盆地地下水位（头）年平均埋深值（图 1-22，图 1-23），计算作图。由图 1-23 可以看出，1984 年张掖盆地潜水位平均埋深为 39.22 m，承压水头平均埋深为 1.85 m，2009 年潜水位平均埋深为 42.66 m，承压水头平均埋深为 7.36 m。1984—2009 年，潜水与承压水变化趋势相同，均呈现波动下降过程，25 年间潜水位和承压水头埋深分别下降了 3.44 m 和 5.51 m，下降速率分别为 0.14 m/a 和 0.22 m/a。其中，1984—1990 年潜水位和承压水头埋深分别下降 0.67 m 和 1.07 m，平均每年下降 0.11 m 和 0.18 m；1990—2004 年潜水位和承压水头埋深分别下降 2.95 m 和 4.66 m，平均每年下降 0.21 m 和 0.33 m；2004—2009 年潜水位和承压水头埋深分别上升 0.17 m 和 0.21 m，平均每年上升 0.03 m 和 0.04 m。因此，可以将张掖盆地地下水变化划分成 3 个阶段：1984—1990 年的缓慢下降阶段，1990—2004 年的快速下降阶段和 2004—2009 年的缓慢回升阶段。

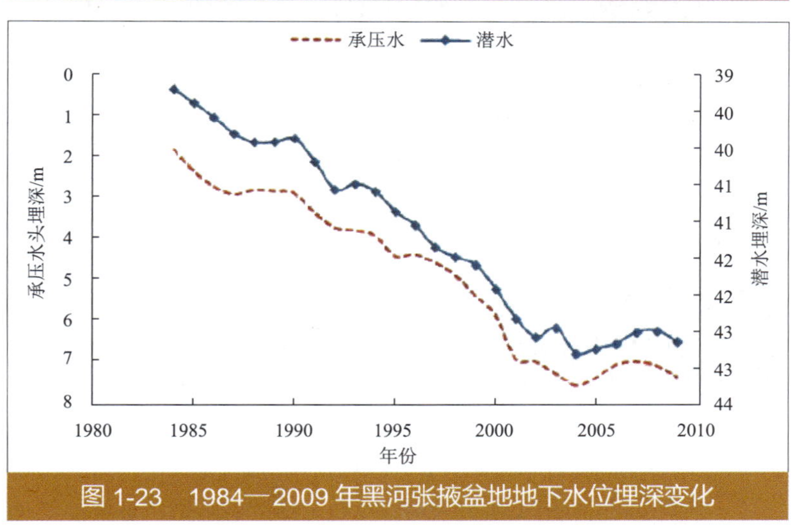

图 1-23　1984—2009 年黑河张掖盆地地下水位埋深变化

二、天山北麓

天山北麓一带自然条件优越，矿产资源储量丰富，大型石油化工基地、煤电、煤化工基地等均分布在该区域内，是新疆现代工业、农业、交通信息、教育科技等最为发达的核心区域，区域 GDP 占全疆的 50.4%（2010 年），但水资源量仅占全疆的 4.3%，属于典型的资源性缺水地区。该区域农田面积也增长快速，2010 年农田面积较 2004 年增加 35%。2010 年天山北麓重点地区地表水利用率达到 100%。天山北麓中段的乌鲁木齐、克拉玛依、石河子等地区经济社会发展，很大程度上是靠超采地下水和挤占生态用水来维系的，地表水消耗已超过可利用量，地下水开采超过浅层地下水的可开采量，区域水资源已无开发潜力，已经对区域生态和环境造成不利影响。

1. 艾比湖

艾比湖位于全国著名的风口——阿拉山口的下风向，是我国重要的沙尘源区和最大的盐尘源区之一。艾比湖位于新疆维吾尔自治区首府乌鲁木齐市的上风向和亚欧大陆桥的最西段，作为区域生态安全格局中“一带”的关键节点和西沙东进的重要节点，对于天山北坡经济带的可持续发展和亚欧大陆桥的安全具有重要影响（图 1-24）。艾比湖位于精河县城以北 35 km 处，西与北疆铁路精河到阿拉山口段相邻，向北行 35 km，即到阿拉山口，东为甘家湖梭梭林自然保护区。艾比湖是准噶尔盆地最大的湖泊，也是新疆最大的咸水湖。博尔塔拉河、精河、奎屯河，分别从西、南、东 3 个方向注入艾比湖。艾比湖已建立国家级自然保护区，并列入中国重要湿地名录，其所在的天山—准噶尔盆地西南缘区是中国生物多样性保护优先区域。20 世纪 50 年代湖面面积为 1 200 km²，如今湖面已经萎缩至 500 km² 左右，湖滨地区荒漠化程度加剧，成为中国西部沙尘暴主要策源地之一，直接威胁到天山北坡经济带的可持续发展和新亚欧大陆桥的安全运行。

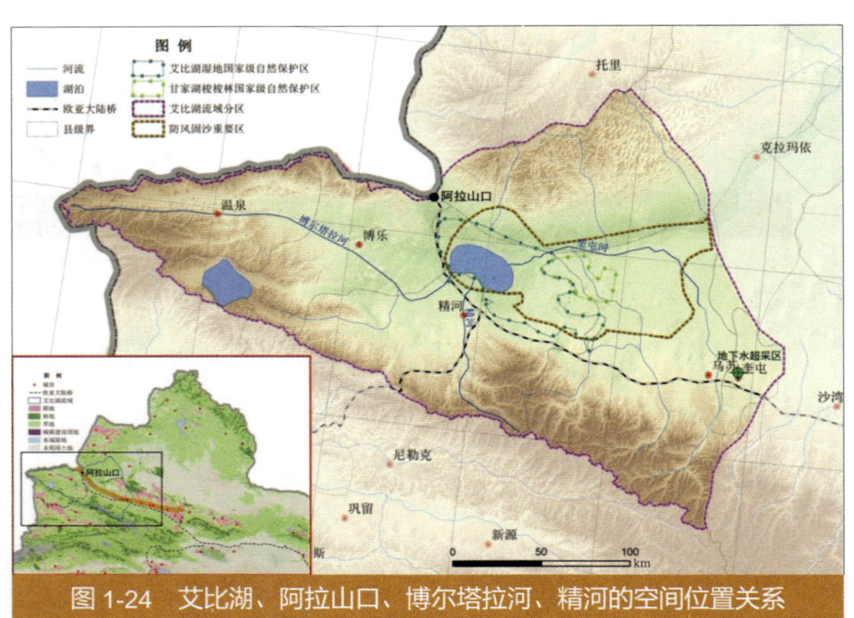

图 1-24　艾比湖、阿拉山口、博尔塔拉河、精河的空间位置关系

（1）入湖水量持续萎缩，生态需水被严重挤占，长期农业开垦加剧是最主要的原因之一

由于人类活动，尤其是 20 世纪 50 年代至 80 年代中期，艾比湖上游地区开荒而大量截引河水，导致入湖水量逐年减少，湖面积由 1950 年的 1 070 km² 减少到 2000 年的 530 km²，2000—2003 年由于降水增多，湖面积有所增加，但 2003—2009 年又呈现逐年减少的趋势。尤其是 2003—2009 年，从 808 km² 减少到 499 km²，湖面萎缩速度超出人们设想，也远远超出了环境的可承受能力。艾比湖流域近 7 年来，耕地面积不断增加，从 2004 年的 2 456 km²

上升到 2010 年的 3 674 km^2，耕地面积累计上升约 1 218 km^2。艾比湖流域的耕地面积的增加和湖泊面积的缩小呈很强的负相关关系（$R = 0.912, p < 0.01$），见图 1-25。

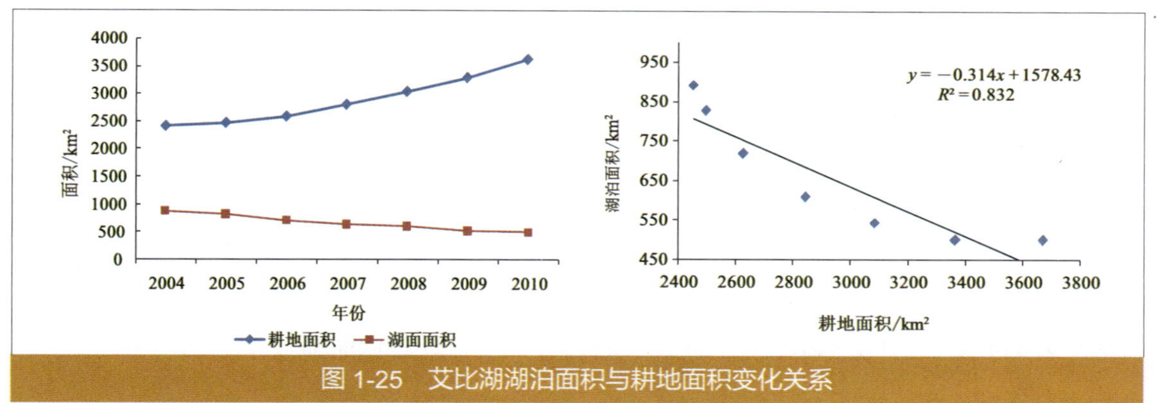

图 1-25 艾比湖湖泊面积与耕地面积变化关系

（2）近代艾比湖暖湿气候趋导致河流出山径流增加，但未扭转湖泊萎缩趋势

从艾比湖流域精河和阿拉山口气象站的气象数据统计特征来看，该流域在 1960—2010 年时段，年际温度和降雨略有上升的趋势，2000 年以后温度和降雨的上升趋势非常明显（图 1-26，图 1-27）。从目前对艾比湖有水源补给的 3 条主要的河流（奎屯河、博尔塔拉河和精河）在过去数十年的出山径流波动特征来看，由于 20 世纪 50 年代以后，艾比湖流域气候逐渐趋势暖湿化，直接导致降雨量和冰川融水量持续增加，使得艾比湖流域 3 条主要河流的出山径流量呈持续上升的趋势（图 1-28）。值得关注的是，艾比湖流域主要河流出山径流的增加，并没有增加艾比湖的入湖水量并相应扩大湖泊面积，艾比湖的湖泊面积在最近数年呈持续萎缩的状态，根本原因在于该流域耕地面积急剧增加，这进一步验证了耕地扩张导致的农业用水的急剧上升是导致艾比湖持续萎缩的主要诱因。

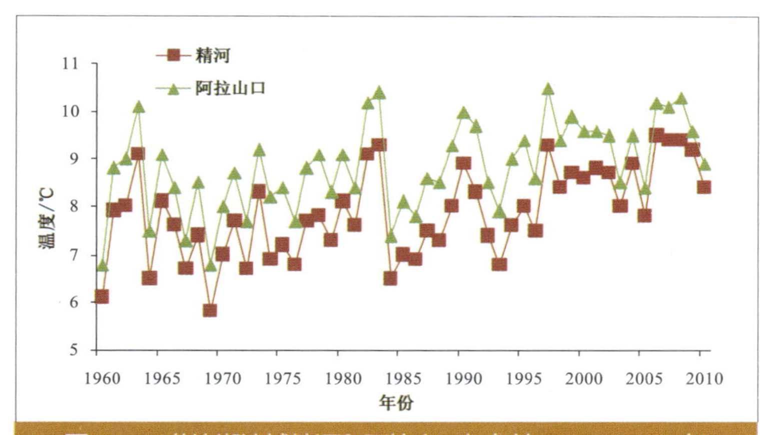

图 1-26 艾比湖流域精河和阿拉山口气象站 1960—2010 年平均温度波动特征

（3）湖泊萎缩导致湖周植被萎缩、地下水位下降，沙尘危害威胁日益严重

艾比湖干缩导致的地下水位下降，艾比湖周边植被退化明显，奎屯河下游三角洲甘家湖梭梭林也呈明显退化趋势。使该流域周边地区荒漠化大大加快，荒漠化速度已高达 38 km^2/a。按照当前形势不加改变（如耕地面积继续增加），艾比湖将继续萎缩，湖周植被将继续退化，湖西北盐尘危害将继续加重。据专家测算，大风从艾比湖底卷起的沙尘和盐尘每年高达 480 万 t，使数百千米以外的乌鲁木齐地区也受到风沙侵害。进入 20 世纪 90 年代以来，位于艾比湖旁的精河县浮尘天气平均达到 112 天，是 60 年代的 9 倍，每年降尘达每 289 t/km^2。在过去的 10 年中，被沙化、碱化的草场占全县可利用草场面积的 70.2%；给当地农牧业造成巨大损失。不仅如此，大风卷起的盐尘降在输电线路上，造成年平均大面积停电近 30 次，仅精河

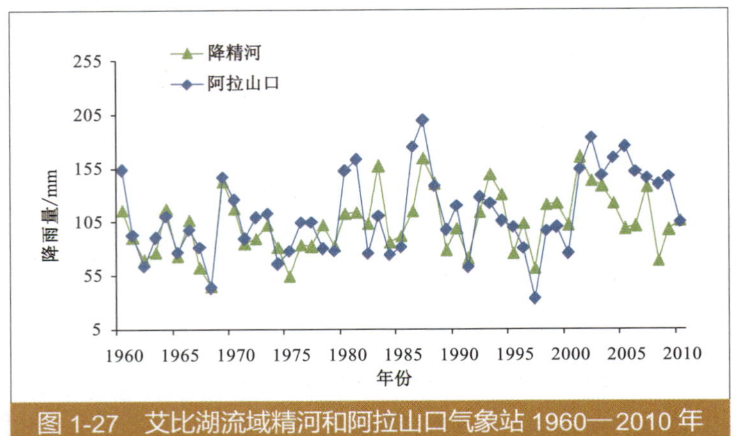

图 1-27　艾比湖流域精河和阿拉山口气象站 1960—2010 年降雨量波动特征

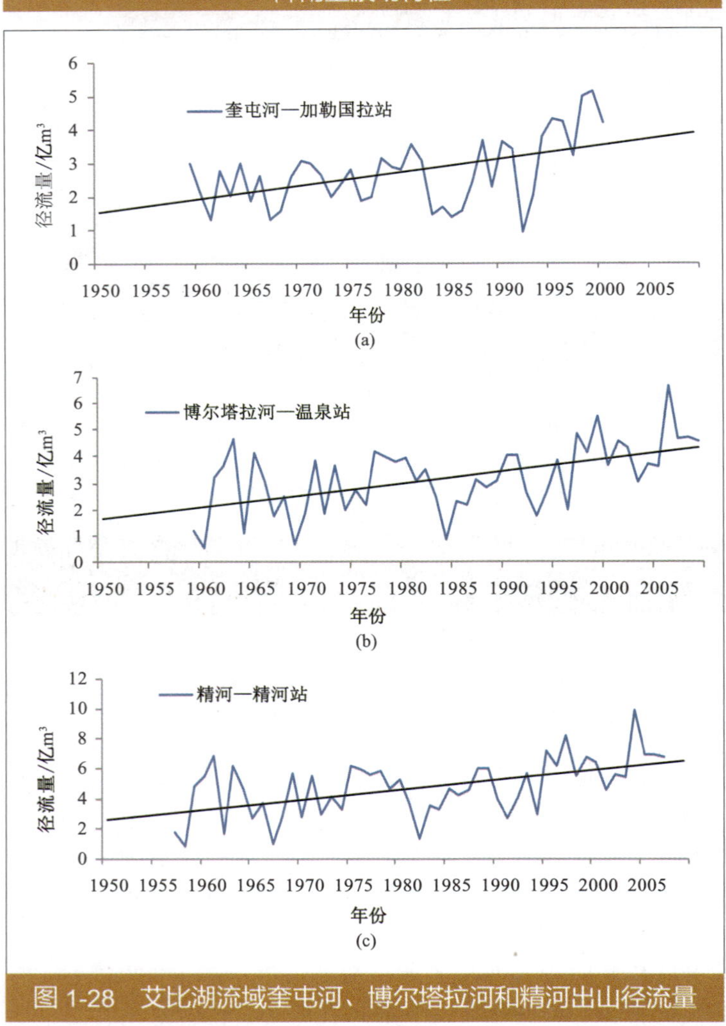

图 1-28　艾比湖流域奎屯河、博尔塔拉河和精河出山径流量

县，每年因风沙灾害造成的直接经济损失就超过 5 000 万元，间接损失达数亿元。由于风蚀路基，沙埋路面，已迫使艾比湖附近的 312 国道三次改道，沿艾比湖西畔通过的 140 km 路段亚欧大陆桥也经常因流沙埋压铁路而中断运行，艾比湖风沙目前已成为保持第二条欧亚大陆桥通畅的最大威胁，艾比湖流域的生态恶化事实上已成为困扰新疆的重大生态问题。

2. 玛纳斯湖

玛纳斯湖位于新疆维吾尔自治区准噶尔盆地西部，为玛纳斯河的尾闾（图 1-29）。周围地势平坦，湖体受玛纳斯河水量补给变化而游移变动。玛纳斯河流域的重要湿地包括中游玛纳斯河湿地和尾闾湖玛纳斯湖。玛纳斯河流域总流域面积为 2.655 万 km^2，水资源短缺。流域源于天山，终于玛纳斯湖。玛纳斯河流域年均降水量为 63.7 mm，年蒸发量为 3 110.5 mm。由于降水稀少、蒸发量大、气候干燥，流域水系主要依赖冰川融水和降水补给。地表水总量为 22.91 亿 m^3，地下水为 2.54 亿 m^3，水资源总量为 25.43 亿 m^3。

20 世纪 50 年代末以来，由于玛纳斯两岸土地被开垦为耕地，发展灌溉农业，自玛纳斯河中游修建大量截水引水工程以后，除发生特大洪水有水流入湖区外，河水断流不再流入玛纳斯湖，20 世纪 70 年代初完全干涸。80 年代夹河子水库逐年有计划地向下游玛纳斯湖注水，1998 年重新形成湿地。至今仍连续向玛纳斯河中游湿地和玛纳斯湖等大小湿地水源补给，玛纳斯湖湿地面积超过 100 km^2，湖区生态正在逐步恢复。玛纳斯河流域地处准噶尔盆地古尔班通古特沙漠南缘，地处天山北坡经济带西端。玛纳斯湖的干涸已经严重影响到天山北坡的防风固沙生态服务功能，直接威胁自治区首府和天山北坡区经济开发区的经济和生态环境可持续发展。

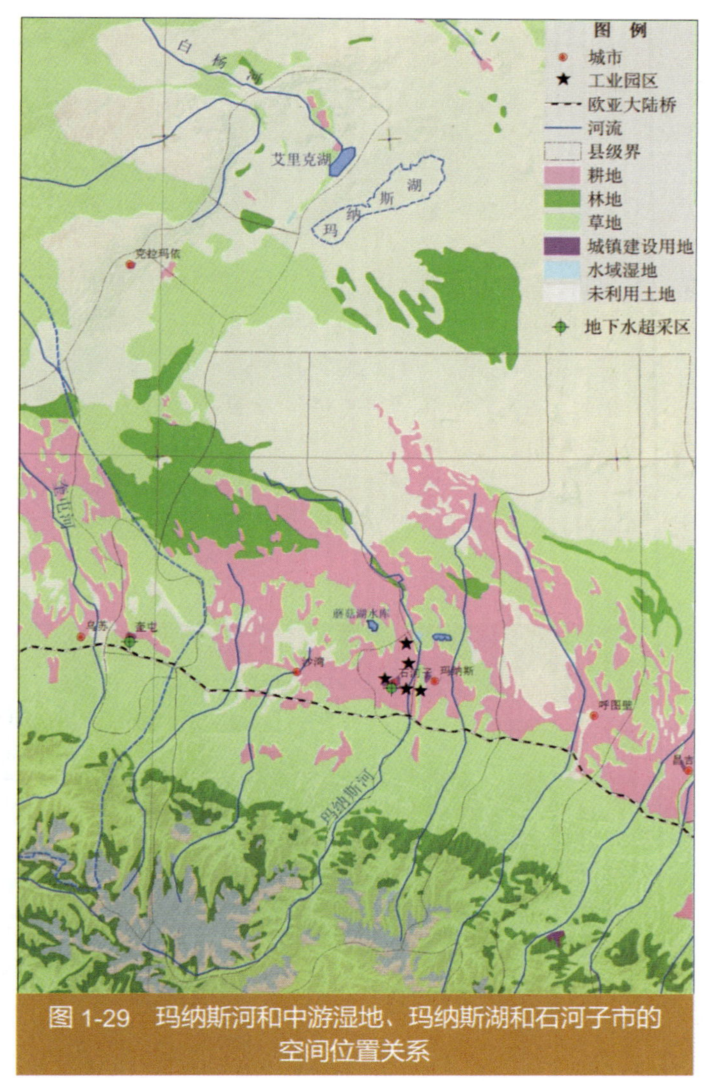

图 1-29 玛纳斯河和中游湿地、玛纳斯湖和石河子市的空间位置关系

第三节 流域水环境现状及变化趋势

一、内陆河水环境受损严重

内陆河流域水资源过度开发、水资源消耗向干流中游集中，加剧了河流化学污染程度，导致下游河道流程变短、断流，河流水环境自净能力大幅降低，甚至完全丧失，生态缺水诱发的内陆河水环境健康损害难以逆转。

内陆河流域河流受损相对较严重。河流水环境受损程度分级及内陆河流域河流受损状态评估见表 1-21 和表 1-22。

表 1-21　河流水环境受损程度分级

影响程度	未受损或轻微受损	轻度受损	中度受损	重度受损	严重受损
可修复性	易	较易	中等	难	极难
分值	90 ～ 100	80 ～ 90	60 ～ 80	40 ～ 60	0 ～ 40

石羊河受人类活动影响最大，水资源过度开发利用，大部分河段来水不能维持生态环境所需的最小径流量，已丧失河道基本功能。河流污染严重，防治困难，可修复性极难。水磨河开发利用率过高，水质复合污染严重，可修复性极难。

山丹河、金川河、石油河、玛纳斯河和乌鲁木齐河水资源过度开发，出现不同程度的断流，总体受损程度为重度，可修复难度大。

未来重点评价区处于城镇化、工业化快速发展阶段，主要污染物负荷特别是工业污染物负荷将迅速增长，生活源减排潜力有限，生活源污染物排放量的削减无法抵消工业污染负荷的快速增长带来的增量。

表 1-22　内陆河流域河流受损状态评估

水体物理状况得分		河流水文情势评价				化学状况评价		综合评价		
		物理受损	水资源利用率得分	水文情势综合得分	化学现状评价得分	水质受损程度	综合得分	受损程度	可修复性	
黑河水系	黑河干流	70	流量减少，地下水漏斗区扩大，形成新地下水漏斗区	52	61	99.2	未受损	76	中度	中等
	山丹河	65	间歇性断流	52	59	34.4	重度受损	49	重度	难
	北大河	65	间歇性断流	0	33	100	未受损	60	中度	中等
石羊河水系	石羊河	30	下游断流，河道束窄严重，大部分河段丧失基本功能	0	15	56.1	中度受损	31	严重	极难
	金川河	30	永昌县南泉、北泉及北海子大部分泉眼干涸，泉水断流	0	15	100	未受损	49	重度	难
疏勒河水系	党河	80	下游流量减少，月牙泉水位下降	35	58	100	未受损	75	中度	中等
	疏勒河	90	下游流量减少	35	63	100	未受损	78	中度	中等
	哈勒腾河	95	流量较稳定	35	65	100	未受损	79	中度	中等
	石油河	65	间歇性断流	35	50	52.4	中度受损	51	重度	难
格尔木诸河	格尔木西河	95	流量较稳定	35	65	78.4	轻度受损	70	中度	中等
	格尔木东河	75	流量减少、偶有断流	100	88	94.2	未受损	90	轻微	易

水体物理状况得分		河流水文情势评价				化学状况评价		综合评价		
		物理受损	水资源利用率得分	水文情势综合得分	化学现状评价得分	水质受损程度	综合得分	受损程度	可修复性	
格尔木诸河	那棱格勒河	90	下游流量减少	100	95	99	未受损	97	轻微	易
巴音郭勒河		90	下游水量减少	68	79	100	未受损	87	轻度	较易
艾比湖水系	奎屯河	30	下游断流，中、下游修建水库，至20世纪70年代末已没有水输入艾比湖，近年湖区湿地有所恢复	86	58	84.4	未受损	69	中度	中等
天山北麓中段	玛纳斯河	30	下游断流，生态平衡遭到极大的破坏	0	15	81.8	未受损	42	重度	难
	水磨河	95	水量较稳定	0	48	25	重度受损	39	严重	极难
	乌鲁木齐河	70	水库截水和干渠引流，枯水期基本干涸，平水期流量小	0	35	71.5	轻度受损	50	重度	难
吐哈盆地	白杨河	70	水量减少，下游艾丁湖基本干涸	0	35	100	未受损	61	中度	中等
伊犁河谷	伊犁河	65	水资源不合理利用，部分河段河滩裸露	97	81	75	轻度受损	79	中度	中等

二、流程缩短导致大多数内陆河水环境功能丧失

内陆河流域水资源量有限，由于区域河流上中游不能合理分配和有效利用水资源，水利工程调蓄能力薄弱，工农业和生活用水浪费严重，导致挤占下游生态用水，致使下游地区河道断流、湖泊萎缩、湿地干涸、水质恶化，原有生态功能逐渐丧失。由于来水减少，大大降低了河流的自净和纳污能力，个别河流成了排污河道，湖泊、水库则成了排污、纳污的容器，加重了污染危害。

以天山北麓玛纳斯河流域为例，1962年修建的夹河子水库将玛纳斯河地表径流全部拦蓄，导致下游尤其是从小拐乡以下至玛纳斯湖上百公里的河段，除泄洪期有来水外，其他年份基本处于断流状态，玛纳斯湖由于缺乏来水导致湖周数万亩芦苇沼泽消失，湖泊逐渐变成干涸的盐湖，湖盆逐步沙化，成为沙尘暴源头地。目前，玛纳斯河流域自然河道仅见于山区，河水在山前平原区河道出山口即被人工渠网所代替，天然河道已经不复存在。

在水环境方面，2010年玛纳斯河出山口红山咀断面水质较好；中游玛纳斯电厂断面水质为劣Ⅴ类，主要超标指标总磷“十一五”期间浓度不断增高；城市下游河段的蘑菇湖水库连年接受城市生活废水、工业污水及农业排水，水库水质逐年恶化，已成为新疆维吾尔自治区水质污染最严重的水库，2010年水库处于重度污染和中度富营养化状态，严重影响了水库的使用功能。长期引用蘑菇湖水库污水灌溉，也会导致耕地有机污染物及重金属含量超过土壤吸附和作物吸收能力，造成土壤污染。

三、流域中下游河段水质普遍污染严重

内陆河流域上游河段水量基本稳定，水质良好，是内陆河流域工农业生活的用水来源。流经人工绿洲的中下游河段河道断流、水环境污染情况严重。

2010 年参与评价的内陆河流域 64 个国控、省控河流断面中，49 个断面的水质满足水环境功能区划目标要求，12 个断面的水质为Ⅴ类或劣Ⅴ类。总体来看，内陆河流域水质特征表现为：上游出山断面、水库控制断面、流经城市前的河段断面水质良好，满足规划水质目标要求；中下游河段水量小、河流纳污自净能力较差、有水河段流经城市接纳大量城市工业和生活污水导致河流水质恶化，断流河段丧失水环境功能。

“十一五”期间，河西内陆河流域的疏勒河、黑河干流水质良好，支流污染严重；石羊河水系近 10 年污染减轻，但下游污染依然严重。天山北麓诸河（尤其是流经首府的乌鲁木齐河、水磨河）下游水质污染较严重，出境河流伊犁河流域水质状况总体为优。柴达木盆地格尔木河水质良好。

“十一五”期间，河西走廊石羊河水系共设置监测断面 10 个，其中金川河、西营河、东大河、金塔河、黄羊河等支流的 7 个监测断面设置在城市上游，石羊河武威段 3 个监测断面则设置在武威市下游。监测结果表明，7 个位于城市上游的监测断面水质均在Ⅲ类以上，水质总体良好，而 3 个位于城市下游的监测断面达标率基本为 0，仅校东桥断面 2010 年达到规划的Ⅲ类水质标准。2006—2010 年石羊河流域各监测断面水质类别情况见表 1-23。

表 1-23 2006—2010 年石羊河流域各监测断面水质类别情况

水系	所在河流	断面名称	水质类别					水质目标
			2006 年	2007 年	2008 年	2009 年	2010 年	
石羊河水系	武威石羊河	校东桥	劣Ⅴ类	劣Ⅴ类	劣Ⅴ类	劣Ⅴ类	Ⅲ类	Ⅲ类
		扎子沟	劣Ⅴ类	劣Ⅴ类	劣Ⅴ类	劣Ⅴ类	劣Ⅴ类	Ⅲ类
		红崖山水库	劣Ⅴ类	Ⅴ类	劣Ⅴ类	Ⅴ类	Ⅳ类	Ⅲ类
	金昌金川河	北海子	Ⅱ类	Ⅱ类	Ⅱ类	Ⅱ类	Ⅱ类	Ⅱ类
		金川峡水库（出口）	Ⅲ类	Ⅲ类	Ⅲ类	Ⅲ类	Ⅱ类	Ⅱ类
		迎山坡	Ⅱ类	Ⅱ类	Ⅱ类	Ⅱ类	Ⅱ类	Ⅲ类
	武威西营河	西营水库	Ⅲ类	Ⅲ类	Ⅲ类	Ⅱ类	Ⅱ类	Ⅲ类
	武威金塔河	南营水库	Ⅲ类	Ⅲ类	Ⅲ类	Ⅱ类	Ⅲ类	Ⅱ类
	武威黄羊河	黄羊水库	Ⅲ类	Ⅱ类	Ⅲ类	Ⅱ类	Ⅲ类	Ⅲ类
	金昌东大河	皇城水库	Ⅲ类	Ⅲ类	Ⅲ类	Ⅱ类	Ⅱ类	Ⅱ类

“十一五”期间，新疆维吾尔自治区 8 条流经城市河流总体水质状况有所好转，27 个连续监测断面中，Ⅰ～Ⅲ类水质比例增加 9.2%，劣Ⅴ类水质减少 3.7%，但总体上仍处于轻度污染状态（图 1-30）。其中天山北坡经济区的水磨河、乌鲁木齐河下游断面水质较差，主要污染指标为 COD、氨氮、粪大肠菌群等，乌鲁木齐河污染情况见表 1-24 及图 1-31、图 1-32，水磨河的污染情况见表 1-25 和图 1-33、图 1-34。

表 1-24　2002—2010 乌鲁木齐河下游高家户桥断面主要污染物占标率　单位：%

年份	COD	总磷	氟化物	硫化物	粪大肠菌群
2002	1.3	0.2	0.3	2.0	15.5
2003	1.5	0.7	0.4	1.0	34.7
2004	1.1	0.8	0.6	0.4	243.5
2005	1.9	0.6	1.4	1.5	9.1
2006	0.9	1.1	0.4	0.1	77.6
2007	1.5	0.5	0.5	—	59.7
2008	1.3	0.4	0.7	0.1	11.2
2009	2.1	0.8	0.4	—	10.9
2010	2.2	1.4	0.4	—	110.8

表 1-25　2000—2010 年水磨河下游米泉桥断面主要污染物占标率　单位：%

年份	COD	BOD_5	氨氮	总磷	石油类	阴离子表面活性剂	粪大肠菌群
2000	—	0.8	2.4	—	0.9	—	—
2001	—	1.1	2.9	—	1.0	—	—
2002	2.2	1.3	3.5	3.2	1.0	—	88.9
2003	2.6	2.3	5.7	3.3	0.4	—	409.1
2004	2.3	1.0	2.4	4.5	1.3	—	3 495.8
2005	3.4	1.0	3.0	5.3	0.7	1.2	6 733.5
2006	6.8	1.9	8.9	5.5	0.7	1.0	27 000.0
2007	3.8	1.5	11.0	5.9	0.8	1.1	3 452.3
2008	3.0	1.0	7.2	5.0	0.4	1.5	11 733.3
2009	2.4	2.6	2.9	2.0	0.7	1.9	1 180.0
2010	5.1	6.9	6.9	12.3	0.5	1.2	2 236.3

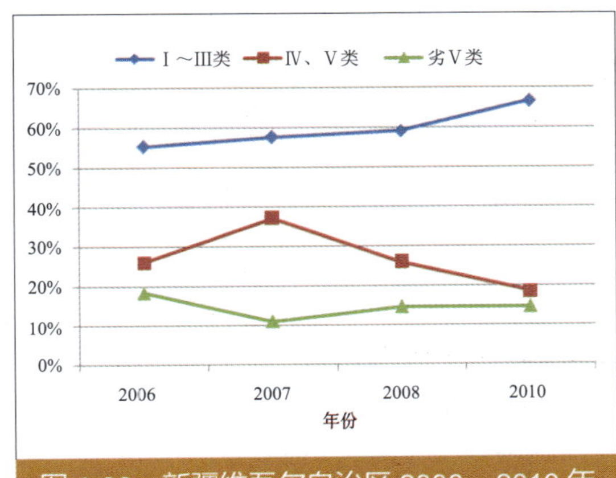

图 1-30　新疆维吾尔自治区 2006—2010 年流经城市河流水质年际变化情况

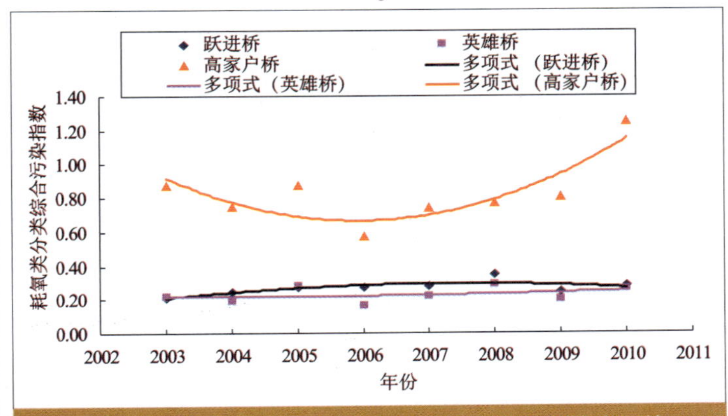

图 1-31　乌鲁木齐河各监测断面耗氧类分类综合污染指数变化趋势

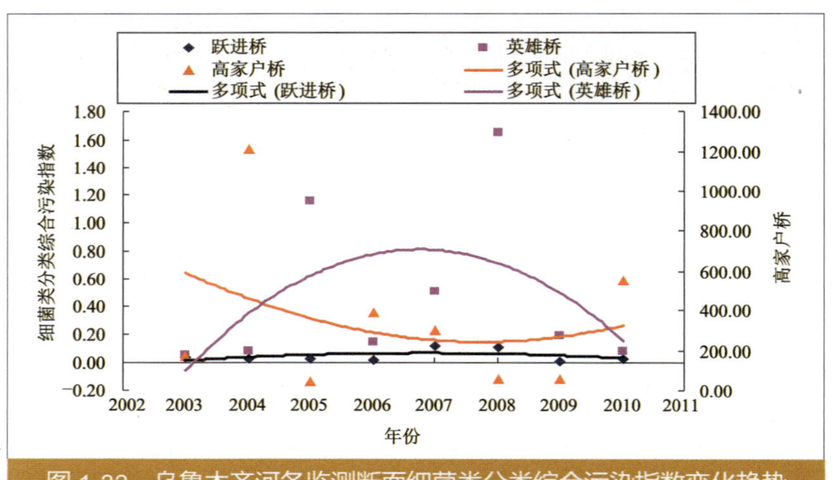

图 1-32 乌鲁木齐河各监测断面细菌类分类综合污染指数变化趋势

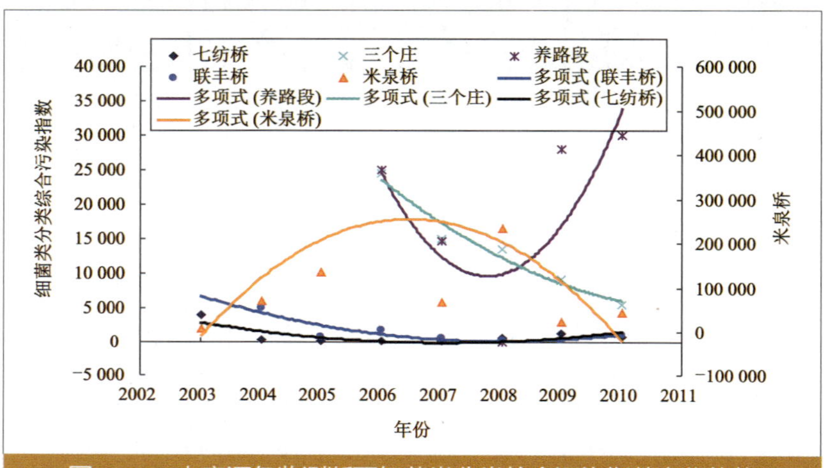

图 1-33 水磨河各监测断面细菌类分类综合污染指数变化趋势

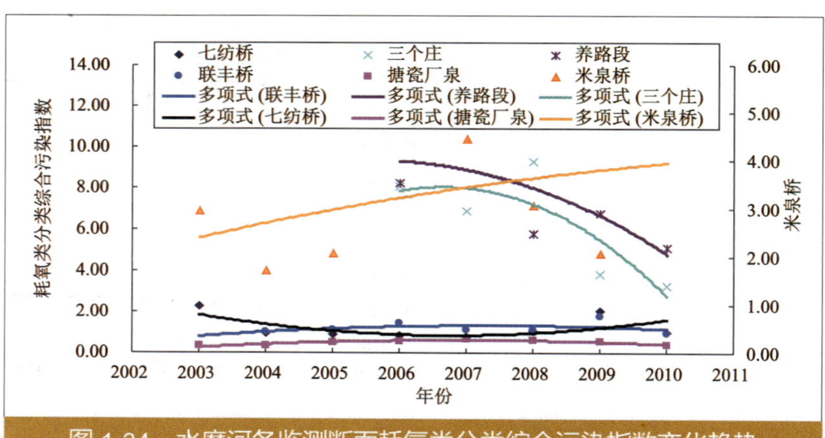

图 1-34 水磨河各监测断面耗氧类分类综合污染指数变化趋势

第四章

水资源持续超载下的生态环境风险分析

第一节　水资源需求压力分析

一、水资源供需平衡分析

在对西北内陆河流域评价水平年经济社会指标和节水潜力分析的基础上，以西北三省（区）产业专题情景预测的社会经济发展总量和重点产业发展目标为基础，结合对内陆河地区水平年节水潜力、生态需水量，预测区域2015年、2020年的需水量。

按照多年平均、中等枯水年份（*P*=75%）、特殊枯水年份（*P*=90%）三种情景，根据有关规划水资源供需分析及配置的相关成果，考虑采取节水、开源和跨流域调水等多种措施的条件下，测算西北内陆河流域2015年、2020年的的供水量。

西北内陆河区域2015年、2020年水资源供需平衡情况见表1-26、表1-27。

表1-26　新疆评价区2015年水资源供需分析　单位：亿 m^3

流域	地市	需水量	多年平均		中等枯水年		特殊枯水年	
			供水量	缺水量	供水量	缺水量	供水量	缺水量
天山北麓	昌吉州	43.56	42.26	1.31	41.85	1.72	41.40	2.17
	乌鲁木齐市	8.79	8.54	0.25	8.47	0.32	8.40	0.39
	克拉玛依市	3.44	3.43	0.01	3.43	0.01	3.43	0.01
	石河子市	12.99	10.98	2.00	8.99	4.00	8.99	4.00
	小计	68.78	65.21	3.58	62.74	6.04	62.21	6.57
吐哈盆地	吐鲁番市	9.92	9.58	0.34	9.55	0.36	9.51	0.41
	哈密地区	11.01	10.10	0.91	9.63	1.37	9.47	1.53
	小计	20.92	19.68	1.24	19.19	1.74	18.98	1.94
柴达木盆地		15.42	15.25	0.17	13.91	1.51	12.83	2.59
河西走廊	酒泉市	25.34	23.48	1.85	22.34	3.00	21.16	4.18
	嘉峪关市	2.6	1.56	1.04	1.54	1.06	1.53	1.07
	张掖市	23.17	21.97	1.2	21.83	1.34	20.52	2.66
	金昌市	10.56	10.1	0.46	9.58	0.98	9.08	1.47

流域	地市	需水量	多年平均		中等枯水年		特殊枯水年	
			供水量	缺水量	供水量	缺水量	供水量	缺水量
河西走廊	武威市	16.75	12.9	3.84	12.12	4.63	11.56	5.19
	白银市	0.47	0.44	0.03	0.40	0.07	0.38	0.10
	小计	78.89	70.45	8.42	67.81	11.08	64.22	14.67
合计		184.01	170.59	13.41	163.65	20.37	158.24	25.77

表 1-27 新疆评价区 2020 年水资源供需分析 单位：亿 m^3

流域	地市	需水量	多年平均		中等枯水年		特殊枯水年	
			供水量	缺水量	供水量	缺水量	供水量	缺水量
天山北麓	昌吉州	42.69	42.34	0.35	42.34	0.35	42.34	0.35
	乌鲁木齐市	9.44	9.05	0.39	8.98	0.46	8.91	0.53
	克拉玛依市	3.74	3.73	0.01	3.73	0.01	3.73	0.01
	石河子市	13.24	11.24	2.00	9.24	4.00	9.24	4.00
	小计	69.12	66.36	2.76	64.29	4.82	64.22	4.89
吐哈盆地	吐鲁番市	9.89	9.61	0.27	9.61	0.28	9.58	0.31
	哈密地区	11.14	10.65	0.49	10.50	0.64	10.37	0.78
	小计	21.03	20.26	0.76	20.11	0.92	19.94	1.08
柴达木盆地		15.63	15.44	0.18	14.0	1.63	12.83	2.79
河西走廊	酒泉市	23.98	22.4	1.58	22.23	1.75	21.47	2.51
	嘉峪关市	2.73	1.85	0.88	1.85	0.88	1.84	0.89
	张掖市	21.825	20.985	0.83	20.90	0.93	20.71	1.12
	金昌市	6.36	6.21	0.15	6.00	0.36	5.91	0.45
	武威市	15.93	13.61	2.32	12.77	3.16	11.93	4.00
	白银市	0.43	0.43	0	0.40	0.03	0.38	0.06
	小计	71.26	65.49	5.76	64.14	7.11	62.24	9.02
合计		177.04	167.55	9.46	162.54	14.48	159.23	17.78

1. 多措并举，供需矛盾依然存在

按照地方发展的产业情景预测，2015 年西北内陆河地区缺水量为 13.41 亿 m^3，供水缺水率达 7.3%。到 2020 年区域缺水量为 9.46 亿 m^3，缺水率达 5.3%，其中天山北麓缺水 2.76 亿 m^3，缺水率 4.0%，吐哈盆地缺水 0.76 亿 m^3，缺水率达 3.6%，河西走廊缺水 5.76 亿 m^3，缺水率达 8.1%。

除天山北麓的克拉玛依和柴达木盆地缺水程度较轻外，其他地区都存在较大的水资源缺口，现状已严重缺水的内陆河流域到 2020 年缺水状况依然严峻。在采取了开源、节水和调水工程等多种措施的情况下，大部分地区用水缺口仍较大，区域的水资源供需矛盾依然存在。

2. 中等枯水年份，供需矛盾更加突出

枯水年份，来水量减少、可供水量也相应减少，区域水资源短缺形势更加突出。

中等枯水年（P=75%）区域 2015 年需水量为 184.01 亿 m^3，可供水量为 163.65 亿 m^3，较多年平均减少 6.94 亿 m^3，供需平衡缺水量为 20.37 亿 m^3；2020 年需水量为 177.04 亿 m^3，

各种水源供水量为162.54亿m^3，较多年平均减少5.01亿m^3，缺水量为14.48亿m^3，缺水地区主要分布在天山北麓的石河子，以及河西走廊的武威市。

特殊枯水年（*P*=90%）区域2015年需水量为184.01亿m^3，各种水源可供水量为158.24亿m^3，较多年平均减少12.35亿m^3，供需平衡缺水量为25.77亿m^3；2020年需水量为177.04亿m^3，各种水源供水量为159.23亿m^3，较多年平均减少8.32亿m^3，缺水量为17.78亿m^3，缺水地区主要分布在天山北麓的石河子、柴达木盆地，以及河西走廊的酒泉市和武威市。

二、水资源持续超载，资源性缺水将长期制约区域发展

水资源超载区主要分布在人口相对稠密、经济社会相对发达的天山北麓中段、吐哈盆地等区域，地表水消耗量已超过可利用量，地下水开采量超过浅层地下水可开采量；河西走廊地区的地表水消耗量超过可利用量，其中石羊河、黑河流域的地下水开采量也已接近可利用量。

根据水资源专题的预测，内陆河区的用水需求基本持平（表1-28），2020年内陆河区需水总量较2010年下降0.4%。“十二五”时期，西北内陆河各二级流域的需水总量均呈增长趋势，河西地区增长幅度较大；“十三五”时期河西地区需水总量进入下降阶段，其他地区需水总量依然处于增长趋势。

表1-28 西部三省（区）现状用水及需水量预测 单位：亿m^3

流域	2010年用水量	2015年需水量	2020年需水量
天山北麓	67.53	68.78	69.12
吐哈盆地	20.11	20.92	21.03
柴达木试验区	14.84	15.42	15.63
河西地区	75.21	78.89	71.25
内陆河流域小计	177.69	184.01	177.04

2010年天山北麓、吐哈盆地及河西内陆河区的水资源已经超载，其中克拉玛依、石河子、吐鲁番、武威、金昌、嘉峪关超载严重。预计2020年全社会需水总量较2010年有所下降，但水资源承载压力依然过大（1.35），其中天山北麓、吐哈盆地和河西地区的水资源承载压力达到1.3以上，具体见表1-29。

表1-29 西北三省（区）内陆河区水资源承载压力分析

重点区域	可利用水资源量/亿m^3		2020年需水量/亿m^3	水资源承载压力系数
	地表水	地下水		
天山北麓	31.46	11.48	69.12	1.61
吐哈盆地	7.00	9.31	21.03	1.29
柴达木盆地	15	4.98	15.63	0.78
河西地区	29.1	22.83	71.25	1.37
合计	82.34	48.6	177.04	1.35

目前，重点区域的大部分地区水资源开发利用已达到极限，用水潜力为“负增长”状态。按照预测的2020年全社会需水总量及其空间分布状况，柴达木盆地经济社会发展的用水需求总体上在水资源可承载范围，天山北麓、吐哈盆地和河西内陆河流域超出水资源承载能力。

西北内陆河流域地处内陆干旱地区，能源矿产资源丰富，绿洲农业发达是区域经济的火车头，然而水资源贫乏、生态环境脆弱，水资源供需矛盾突出。从近期来看，缺水表现为工程性缺水和资源性缺水并存，但从长期来看，区域水资源量不足引起的资源性缺水将长期制约区域产业发展。

第二节　区域生态风险分析

一、区域生态空间制约

西北三省（区）工业化、城市化和农业发展过程中，人类活动空间不断扩张，社会经济用水量不断增加，在未来较长一段时期内，内陆河流域资源性缺水将长期存在，生态用地和生态用水被挤占难以得到改善，自然生态生态空间减少，一些区域可能面临较大的生态空间约束。

1. 内陆河中游人工绿洲区工业和城市以及农业发展受下游湖泊湿地等自然生态空间保护制约

为保障下游湖泊、湿地、自然保护区等，需要适度控制中游人工绿洲区的工业、城市和农业发展规模，保障下游生态用水，维护下游以湖泊湿地为中心的自然生态空间安全。

艾比湖流域为恢复防风固沙功能，需要增大艾比湖的自然生态空间，从而要控制耕地面积的增加；玛纳斯河中游湿地和玛纳斯湖通过生态补水进行水库、河岸林和湖面恢复，扩大了生态空间，维护和巩固这一成果需要控制中游用水量，从而在节水基础上仍需对城市、产业和农业发展有所控制。吐哈盆地拟大幅减少耕地面积，部分恢复自然生态空间，矿产资源开发利用受到绿洲保护的刚性约束。黑河保证正义峡下泄流量对于恢复居延海生态空间十分有益，但对中游湿地及地下水漏斗区等生态空间的压力持续。以西湖国家级湿地自然保护区为核心的疏勒河下游生态空间保护和恢复，将对上游有色金属矿开采和农牧业发展有一定制约。按石羊河流域治理规划，以民勤绿洲为代表的生态空间将逐步恢复，保障民勤绿洲生态空间恢复，需控制武威煤化工和金昌盐化工发展。为保证柴达木盆地内可鲁克湖—托素湖省级自然保护区（可鲁克湖是盆地内少见的大型淡水湖）的入湖水量，保证其生态空间，需要适度控制中游德令哈的工业化规模，特别是纯碱的规模。重点区域外，塔里木河流域按下游河岸林和湿地等生态空间恢复的要求，需要控制农业和工业规模，加强节水和生态补水。

2. 内陆河下游尾闾湖泊和湿地的生态空间维持依赖于中游下泄水量的支持，部分湖泊湿地的生态空间保护有赖生态补水甚至跨流域调水解决

艾比湖近期可通过控制耕地增长，加强节水，实现入湖水量不减少或略有增加，中远期

拟通过“引喀济艾”实现跨流域生态补水，拓展生态空间。玛纳斯河中游湿地和下游玛纳斯湖通过中游下泄水量和直接引水至湖，正在逐步实现生态空间的恢复。西湖湿地拟通过保证双塔水库下泄水量，实现生态空间的保护和逐步恢复。黑河流域通过保证正义峡下泄水量实现了居延海生态空间的恢复。石羊河流域通过保证蔡旗断面下泄流量实现民勤绿洲生态空间的恢复。

3. 资源开发利用、城市化、基础设施建设等导致的生态空间减少，需要进行异地生态空间补偿性保护和建设，实现生态空间总量的增加和整体质量的提升

应特别注意人居环境生态空间的保护和维持，避免由于灌溉方式转变导致的农田防护林网退化及地下水超采区地下水位持续下降。对于人工绿洲外围土质差、灌溉条件差的耕地，可以逐步退耕，采取措施，使之向绿洲 - 荒漠过渡带植被类型演化。城市区域宜加强原河岸林及道路两旁绿化保护和建设，减少大型耗水景观建设，实施城市绿化节水灌溉，以水资源为基础，防止城市、道路“过度”绿化。

4. 控制农业用地增长甚至减少农业用地和用水规模，可为破解区域生态空间制约提供重要途径

农业是西北三省（区）、特别是内陆河区域耗水大户，用水量占国民经济用水量多达80% 以上，一些地区甚至达到 90% 以上。近年来，农业用地增长显著，工业发展和生态保护面临严峻的水资源形势。通过控制农业用地规模、减少农业用水总量，不仅为解决地下水超采奠定了基础，也为破解区域生态空间制约提供了重要途径。以天然绿洲为核心的自然生态空间，在地理位置上和经济利益上处于竞争劣势，建立有效的政策、机制，保障生态空间的生态用水，才能实现生态空间数量的增长和质量的提升。

二、内陆河上游山区矿产开发与水源涵养功能保护

内陆河上游山区是矿产资源分布和传统采矿业的重要区域，也是传统牧业的重要基地。天山和祁连山的矿业和牧业已经在一定程度上破坏了内陆河上游山区的林草植被，并对水源涵养和土壤保持等功能产生了影响。目前天山、祁连山山区矿区已经或正在进行整合，位于水源涵养区的矿区和不符合行业准入的矿井正在进行关停，但也有一些规划的矿区仍位于水源涵养区内，且部分区域规划产能仍有较大增长，不符合总体逐步退出、维护水源涵养功能的原则。天山和祁连山的山区牧业均提出了禁牧、休牧、轮牧等政策，但执行中仍然面临牧民转变生活方式、提高生活水平以及就业安置等诸多问题，是一个长期的渐进的过程。内陆河上游山区矿业控制和牧业削减载畜量以加强水源涵养等生态服务功能仍然面临资金、政策、有效路径等诸多压力。

矿产资源分布区或开采区（现有矿区或规划矿区）与区域水源涵养生态安全格局在空间上重叠，山区矿产资源开采将对水源涵养功能产生不利影响，存在主要河流的出山口流量下降的风险。

主要影响区域包括天山北坡（包括伊犁河谷上游和天山北坡中段）和祁连山（主要为北坡西段、中段和东段）等区域（图 1-35）。矿产资源开采可能降低区域水源涵养格局的安全性，

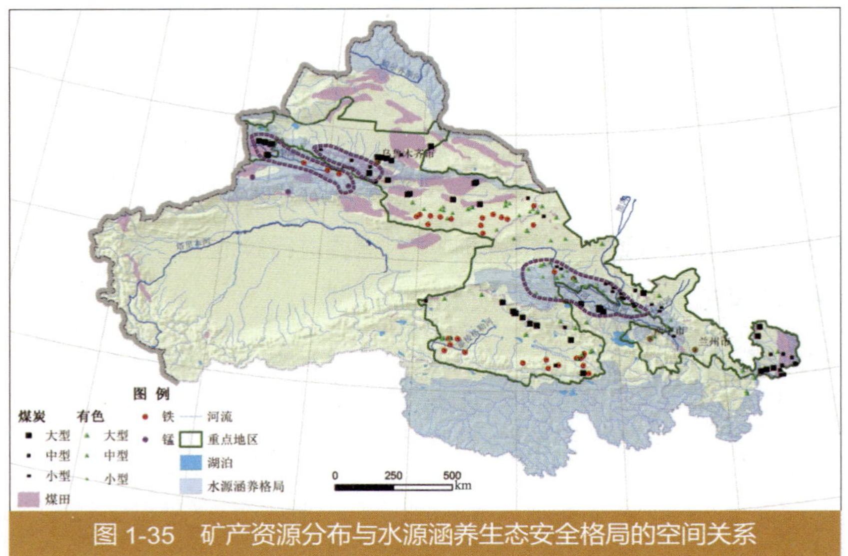

图 1-35 矿产资源分布与水源涵养生态安全格局的空间关系

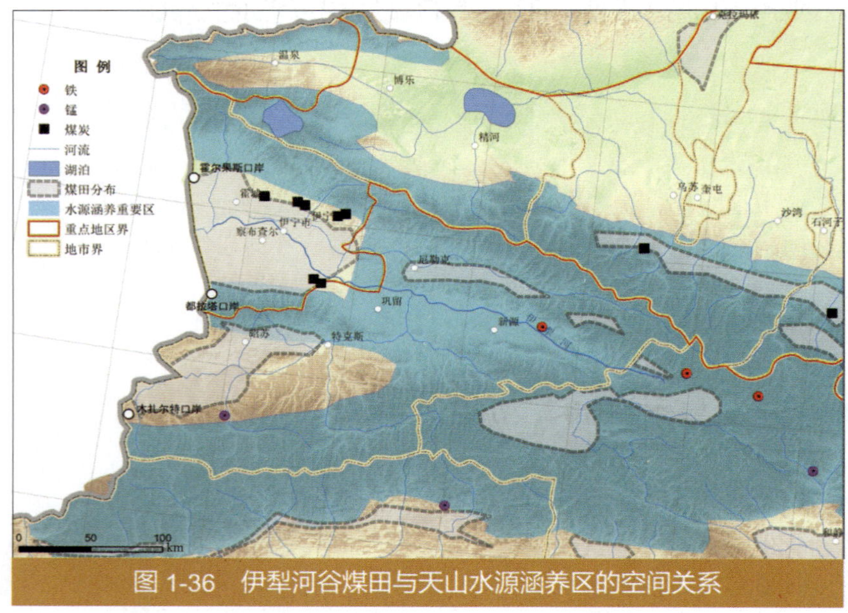

图 1-36 伊犁河谷煤田与天山水源涵养区的空间关系

天山北坡的准南煤田、祁连山北麓的有色金属矿（主要在西段）、煤矿（主要在中段和东段）、伊犁河谷上游的铁矿和煤矿开采已经甚至可能继续破坏山区或流域上游植被，削弱区域或流域水源涵养功能，降低水源涵养生态格局的安全性。

伊犁河谷上游的尼勒克煤田和新源铁矿以及天山北坡中段准南煤田和一些非金属矿均位于区域生态安全格局的天山生态安全屏障范围内，天山生态安全屏障的主要生态功能为水源涵养（其中西段还有生物多样性保护）。伊犁河谷上游煤矿虽多为井采，但未来规划规模大，而伊宁煤田资源充足，规划产能以数 10 倍增长，邻近伊宁煤电、煤化基地；新源铁矿未来产能规模增长在 6.5 倍以上，从生态保护的角度，宜严格限制天山水源涵养区内的昭苏煤田和尼勒克煤田的产能规模扩张，以伊宁煤田煤炭资源支撑伊犁河谷的能源和煤化工发展为主，新源铁矿产能规模宜适当控制，加大吐鲁番—哈密地区等非生态安全格局区域的铁矿开采（图 1-36）。

天山北坡中段准南煤田以中小煤矿为主，资源趋于枯竭，且多位于天山北坡水源涵养区内（图 1-37），随着准东煤田和吐哈盆地煤炭资源的开发，宜加快天山北坡中段准南煤田的整合、关闭。

祁连山西段有色金属矿、中段中小煤矿和东段木里煤矿位于区域生态安全格局的祁连山生态安全屏障内，祁连山生态安全屏障的主要生态功能为水源涵养（图 1-38）。

祁连山北坡西段有色金属矿以金（贵金属）、铜、钨、铬等为主，主要分布在肃北和肃南两县，位于党河、疏勒河上游。祁连山水源涵养功能区内进行有色金属矿开采，可能对祁连山水源涵养功能产生不利影响。祁连山中段主要为中小煤矿，位于黑河上游，大量中小煤矿的开采对黑河上游祁连山水源涵养功能不利，宜加快整合、关闭步伐，能源替代可利用哈密的煤或电实现。祁连山东段木里煤矿位于大通河源区，而大通河是未来河西走廊、河湟谷地、兰州新区发展的引水河流，而木里煤矿以焦煤为主，为保护性煤种，宜按国家规划控制采煤规模。

煤矿分布的海拔范围从1 500～3 400 m，大部分位于水源涵养区内。煤矿占用土地利用类型主要为草地、森林和部分裸地。而北坡近5年的草地面积也在逐年下降，5年内减少了约1万hm^2，煤矿直接占用及采煤配套基础设施（如厂区建设和道路建设）占用以及地下水疏干影响是其中的部分原因。

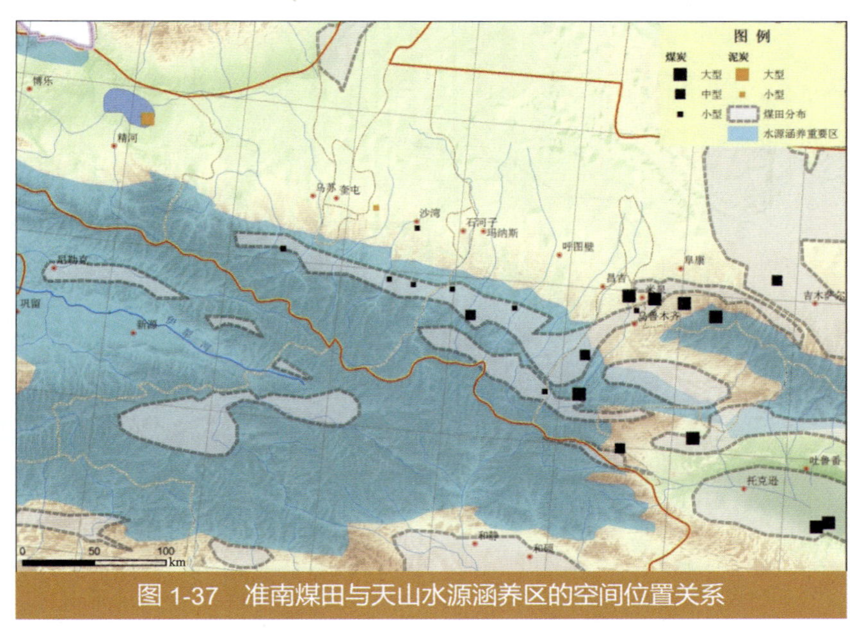

图 1-37　准南煤田与天山水源涵养区的空间位置关系

三、水资源持续超载威胁内陆河流域生态安全

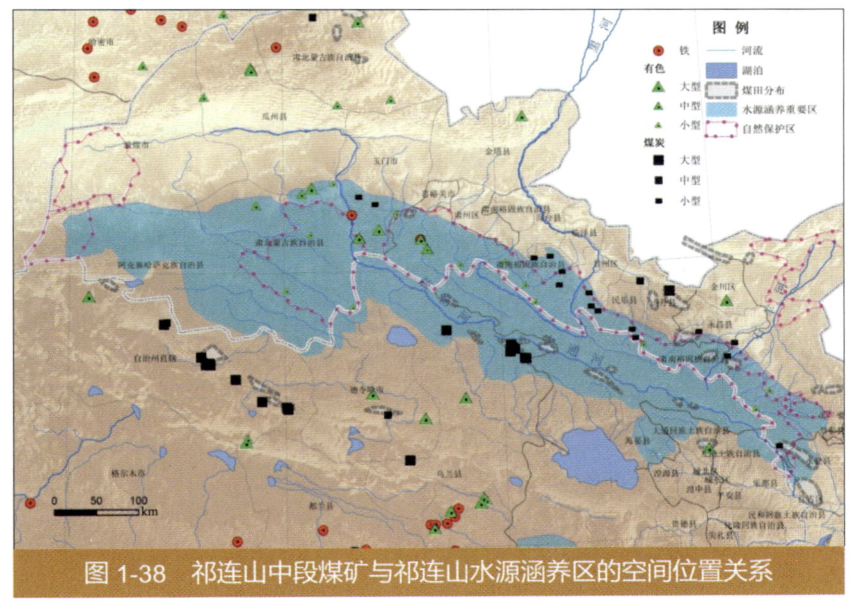

图 1-38　祁连山中段煤矿与祁连山水源涵养区的空间位置关系

水资源是西北三省（区）的短缺资源，也是支撑未来发展的关键资源。西北三省（区）农业是水资源利用的主要产业部门，工业和城市用水增长快速，工业和城市用水在国民经济用水总量中的比例不断提高。综合来看，水资源开发的区域主要集中在中游人工绿洲区，水资源开发的影响区域除人工绿洲区外，主要是下游湖泊湿地和天然绿洲（包括下游河岸林）。下游湖泊湿地萎缩和植被退化是水资源过度开发导致的防风固沙功能削弱的典型特征。

由于城市、工业和农业发展，水资源供需矛盾将更加尖锐，生态用水在“三生”用水竞争中处于劣势，生态需水量基本无法保障。

1. 艾比湖流域大规模农业发展将抵消外调水资源量，难以实现流域综合治理目标

（1）保障天山北坡城市和绿洲生态安全的屏障，关系着欧亚大陆桥的安全运行，生态战略地位极高

位于阿拉山口下风向和天山北坡经济带的上风向艾比湖，其湿地防风固沙功能极为重要。

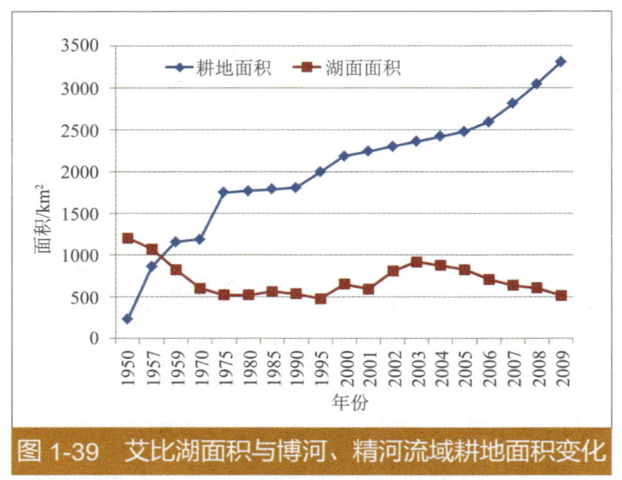

图 1-39 艾比湖面积与博河、精河流域耕地面积变化

由于农业灌溉过度发展，尤其是 20 世纪 50 ～ 80 年代中期，艾比湖上游地区开荒耕地面积增加，大量截引河水，导致入湖河流断流，入湖水量大幅萎缩，湖泊面积由 1950 年的 1 070 km^2 减少至 2009 年的 499 km^2，面积减少超过一半。近年来，耕地面积仍呈持续加快增加态势，耕地面积增加与湖面面积减小呈明显的负相关关系（图 1-39）。艾比湖萎缩导致周边地区地下水位下降，荒漠化加剧，湖周湿地和梭梭林等荒漠植被植被退化，湖区裸露湖底成为盐尘源，对天山北坡人居环境产生明显不利影响。

（2）生态需水治理目标，近期维持水面面积在 500 km^2，远期恢复至 800 km^2

艾比湖流域的流域综合治理规划目标是：通过外调水实现裸露湖底沙尘、盐尘源的全覆盖。艾比湖流域是未来天山北坡农业重点发展的地区之一，耕地扩张导致的农灌用水总量增加将可能挤占艾比湖生态补水，与艾比湖流域综合治理规划战略目标发生冲突。

艾比湖湖面面积为 800 km^2 的情况下，能够完全覆盖湖西北的盐尘源，起到较好的防风固沙效果，植被也能够得到较好恢复，相应的入湖水量（含地下水）宜保证在 8 亿 m^3 左右。根据水资源规划情景，艾比湖流域 2020 年水资源供需均不能达到平衡状态，水资源缺口超过 5 000 万 m^3（已经考虑 2020 年的 3.5 亿 m^3 外来水源）。水资源需求增长主要在工业、灌溉和生态用水，其中工业增长约 2.2 亿 m^3，农业灌溉增长约 3 亿 m^3，生态用水增长约 3.1 亿 m^3。从供水水源看，地下水供水减少 1.1 亿 m^3，地表水增加约 1 亿 m^3，未来发展仅依靠外调水源仍然存在较大的水资源缺口，保障工业、农灌情景下，生态用水增长无法有效保障。即使保障艾比湖补水近 3 亿 m^3（除去城市新增生态用水），也只能基本维持 500 km^2 的现状湖面稳定，并不能达到覆盖沙尘和盐尘，恢复湖周湿地和植被的目的。

农业虽为艾比湖流域的支柱产业，但在水资源非常紧缺的情况下，宜控制农业灌溉面积和农灌用水总规模。在艾比湖生态形势如此严峻的情况下，宜控制农田灌溉用水规模在现有水平，将新增的农田灌溉用水约 3 亿 m^3 补充艾比湖，实现湖面维持在 750 ～ 800 km^2 的水平，基本能够实现艾比湖流域综合治理规划确定的沙尘和盐尘覆盖的目的。

（3）在经济发展驱动下，艾比湖恢复过程将会漫长

据记录，湖面面积为 1 200 km^2 时，艾比湖的储水量为 30 亿 m^3，500 km^2 时为 6 亿 m^3，预计湖面面积为 800 km^2 时的储水量为 16 亿 m^3，在目前的基础上要补水 10 m^3。其次，若要维持 800 km^2 的湖面面积，入湖水量应保持在 12.5 亿 m^3 左右。因此，可以推测，一次性补水 22.5 m^3 可以维持当年湖面面积在 800 km^2；考虑逐步恢复方案，考虑因湖面面积加大导致的多余蒸发量，从 2015 年起，在现状 7.5 亿 m^3 的基础上每年多补水 1.5 亿 m^3，2025 年才有望达到恢复目标，后续每年仍需补水 12.5 亿 m^3。由于经济发展需要，未来该区域用水量仍将加大，依靠目前自有水资源量已经不足以维持和达到恢复湖面面积的目的。因此，艾比湖的生态恢复将会经历一个漫长的时间段，必须压缩中游地区农业开发过度用水的现状，并实施相关调水工程，来补充艾比湖的入湖水量。

2. 玛纳斯流域用水压力持续增加，生态退化风险进一步加剧

玛纳斯湖湿地是环准噶尔西南缘的防风固沙屏障，既可以阻挡风沙东进，又能阻止古尔班通古特沙漠南侵，保障天山北坡经济带可持续发展。

（1）玛纳斯湖的萎缩和干涸主要源于流域内绿洲面积的持续扩大和高耗水行业的发展，导致水资源过量利用和消耗，下游湖泊的生态需水被严重挤占

玛纳斯河上中游主要城市是石河子市，石河子是工业化和城市化的重点地区。预计2020年工业和城市用水增量约为6 500万m^3，将呈现地下水超采和挤占生态补水，下游湖泊、湿地面临萎缩、退化风险。目前石河子地下水已经严重超采，地下水超采量超过5 500万m^3，地下水漏斗面积超过100 km^2。未来石河子市规划了大量的高耗水煤化工和天然气化工产业（煤制烯烃项目、聚氯乙烯项目、甲醇项目），将大幅度增加工业用水量，粗略估算工业用水增量2015年和2020年将分别达到7 300万m^3和8 100万m^3，而农业节水将减少农灌用水4 400万m^3和5 500万m^3。2020年通过加强农业节水，农业节水支持工业发展的目标可以实现。石河子市是未来天山北坡仅次于乌鲁木齐的次中心城市，城市化率将由目前的32%提高到2015年的56%和2020年的57%，人口规模也将由现在的约38万人提高到2015年的41.5万人和2020年的43.65万人，城镇生活用水2015年和2020年预计分别增加300万m^3和600万m^3；另外，农业、工业节水和城镇生活节水将导致农田退水、工业退水和城镇生活退水大量减少，而这些人工绿洲的退水是下游湿地和湖泊生态补水的主要来源。未来农业、工业用水和城镇生活用水增加及节水导致的相应退水量减少将导致玛纳斯河下游湿地和玛纳斯湖面临萎缩、退化的风险。下游湖泊湿地萎缩、河岸林等天然绿洲退化，区域防风固沙功能面临削弱的风险。

在构建节水型社会的前提下，快速工业化和城镇化将使水资源进一步向中游人工绿洲富集和循环，持续向玛纳斯河湿地自然保护区和玛纳斯湖补水将面临严峻挑战，玛纳斯河湿地自然保护区和玛纳斯湖将面临水资源补给不足带来的生态退化风险。石河子市沿乌伊、乌奇公路两侧的地下水超采区，主要为城市和工业用水，未来随着石河子市城市人口的增加和人均生活用水量的增加，城镇生活用水增量约在300万～600万m^3的规模，如果没有足够的替代水源，必将加剧市自来水公司集中水源地地下水漏斗的进一步扩大和地下水位的进一步下降；工业用水增量无法得到满足，将争夺地表水资源或进一步超采地下水资源，造成地下水漏斗的进一步扩大；城市下游细土带平原井灌区地下水漏斗由于上游城市和工业争水及节水灌溉将进一步扩大和加深；位于石河子市和平原细土带下游的玛纳斯河湿地及下游玛纳斯湖的生态补水将面临无水可补或补水不足、湿地湖泊再次面临萎缩、干涸的风险，湿地和湖泊周围的天然绿洲面临严重退化的风险，玛纳斯河下游湿地湖泊生态系统和天然绿洲系统由于水资源短缺将面临巨大的压力，防风固沙功能面临削弱风险。

（2）实施玛纳斯河和玛纳斯湖补水工程，有利于加强玛纳斯河中下游湿地的防风固沙功能

玛纳斯流域具体保障目标是：保障河道最低生态需水量，维持绿洲农田防护林，保障中下游湖泊群的生态需水量，维持现状湖面面积。

玛纳斯河流域水资源严重超载，地下水位持续下降，形成约100 km^2的地下水漏斗，绿洲生态退化，玛纳斯河湿地和玛纳斯湖萎缩、退化。向玛纳斯河湿地自然保护区和玛纳斯湖生态补水已经连续实施2年，玛纳斯湖生态环境处于逐步恢复状态。1999年、2005年、2007年、2010年玛纳斯河上游水库先后向下游进行过30～70天时间长短不等的调水。2011

年玛纳斯河上游水库向下游湿地生态调水约 2 亿 m^3。通过生态调水增加玛纳斯河下游的玛纳斯湖等大小湿地水源补给，玛纳斯湖经过 2010 年和 2011 年的连续调水，最大的湿地面积超过 100 km^2。玛纳斯湖湿地的形成使石河子、克拉玛依、乌鲁木齐等地的生态环境好转，近几年北疆地区出现沙尘暴的频率明显减少。

保障下游生态补水，才能控制下游湖泊湿地和天然绿洲退化，从而提升区域防风固沙功能。保障下游生态补水，需要逐步退还中游的超采地下水，并适度控制以石河子为核心的中游城市和产业的发展规模，特别是化工等高耗水型产业的发展规模。石河子是一个工业城市，工业基础较好，未来规划高耗水、重污染的工业规模较大，将石河子定位为天山北坡仅次于乌鲁木齐市的城市次中心，需要慎重决策。

3. 吐哈地区绿洲荒漠退化加剧，防风固沙功能面临削弱风险

吐哈地区水资源极度短缺，地下水位持续下降。重要湖泊艾丁湖萎缩、干涸，湖周草原植被退化，防风固沙功能削弱，甚至成为沙尘东进通道中的沙尘源地。规划发展煤电、煤化工、石油化工和冶金产业等高耗水产业，水资源需求量大幅度增加，但区内水资源开发程度已经很高（地下水漏斗已经长期存在，坎儿井大量干涸），外调水短期内无实现可能，必将导致大量挤占农业和生态用水，绿洲、荒漠植被面临退化风险，防风固沙功能将被削弱（图 1-40）。

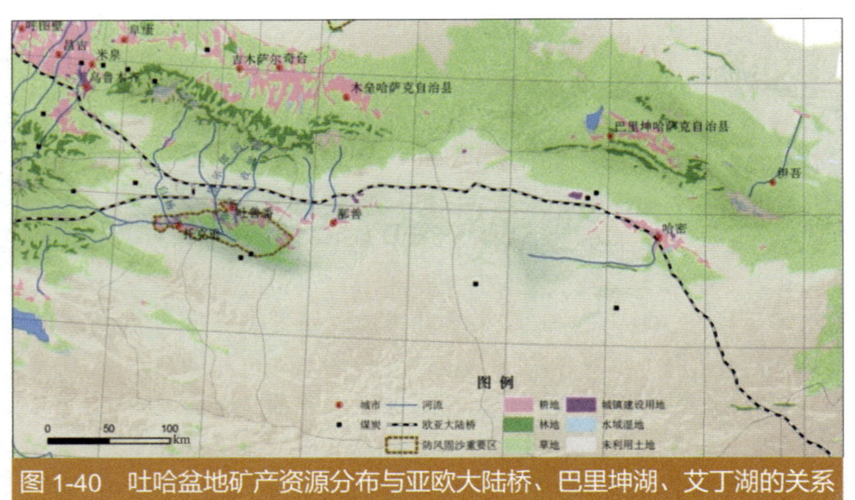

图 1-40 吐哈盆地矿产资源分布与亚欧大陆桥、巴里坤湖、艾丁湖的关系

吐鲁番通过修建出山口水库支撑高耗水型产业发展，将导致山前冲洪积扇地下水位下降，山前地带天然绿洲退化，中下游坎儿井断流进一步加剧，绿洲农业生态受到严重影响，下游荒漠植被退化风险加剧。吐鲁番市水资源短缺，实际用水量超过可利用水资源总量，其中地下水资源严重超采，年超采量约为 3.3 亿 m^3，地下水超采造成吐鲁番市区和鄯善县城两个大的地下水漏斗区。未来规划原煤开采量 2015 年增加 1.3 倍，2020 年增加约 8 倍；规划燃料油和石油沥青均达到 100 万 t 级，煤制天然气达到 20 亿～40 亿 m^3，铜和铅锌在 10 万～15 万 t，钢材产品增量在 20 万 t。粗略估算工业用水需求 2015 年和 2020 年分别增长约 4 500 万 m^3 和 6 400 万 m^3，农灌节水 2015 年和 2020 年分别为 2 500 万 m^3 和 3 000 万 m^3，无法满足工业用水增长，在没有外调水源的情况下，地下水超采可能加剧，地下水超采区植被退化风险继续存在，无法实现农业节水支持工业发展，也无法解决地下水超采问题。由于农灌节水在节水水平已经较高（农业有效灌溉综合利用率约为 0.7），因此在吐鲁番大面积退耕仍不失为一条有效途径，但应注意退耕后的土地处置，防止处置不当带来的退耕地荒漠化和沙化。跨流域调水 2015 年和 2020 年分别为 200 万 m^3 和 400 万 m^3，结合 2015 年和 2020 年的农灌节水量 2 500 万 m^3 和 3 000 万 m^3，无法满足工业用水增长，也不能满足回补超采地下水的需求。因此宜适度限制高耗水产业及产业规模，加强

农业节水，大面积退耕宜分步分区渐进区开展，并按照改善区域防风固沙功能的目标，合理有效有序处置退耕地，可按绿洲 - 荒漠过渡带方向进行保护和建设。

哈密煤炭开采、煤电大规模发展将导致巴里坤湖萎缩、干涸及湖周天然绿洲退化。哈密未来煤炭开采规模增长 6 ～ 9.5 倍，火电规模增长 36.5 ～ 49 倍，煤化工产品规模超过 200 万 t，水资源需求快速增长，粗略估计需水增量 2015 年和 2020 年分别为 6 100 万 m^3 和 10 500 万 m^3，而相应的农业节灌水资源量分别约为 2 800 万 m^3 和 3 600 万 m^3，农业节灌无法支持工业用水增长需求。哈密地下水超采约 2.6 亿 m^3，农业节灌也无法解决地下水超采的问题。远距离调水在远期虽然存在工程上的可行性，但经济可行性仍有待研究。哈密地区跨流域调水量 2015 年和 2020 年分别为 6 200 万 m^3 和 12 500 万 m^3，如果跨流域调水能够实现，则能够解决工业用水增长问题，但不能同时解决地下水超采问题。综合来看，按照目前规划的煤炭开采和煤化工及火电规模，哈密绿洲退化的风险将加剧，北部区域是煤炭资源开发和煤电大规模发展的先行区，也是东天山北麓生态退化（如巴里坤湖萎缩、干涸及湖周天然绿洲退化、矿区及水源区植被退化等）、防风固沙功能削弱的高风险区。

4. 地下水超采仍将继续威胁黑河流域绿洲生态安全

黑河既是维护河西走廊生态安全的重要屏障之一，也是阻止巴丹吉林沙漠南侵的重要屏障，目前黑河中游人工绿洲严重扩展，农灌区地下水超采严重，地下水位整体呈现下降趋势，天然绿洲的生态需水无法保证。

实施黑河流域综合治理规划，保障居延海下泄水量，有效缓解了流域生态环境恶化的趋势，局部地区生态环境得到改善。

为了增加黑河下游的水量、缓解日益严峻的黑河下游生态环境退化问题，从 2000 年开始向下游进行分水。黑河流域的生态保护目标是正义峡下泄水量 9.5 亿 m^3 以保证居延海基本生态需水和维护黑河湿地的安全。经过连续 11 年的分水工程后，东居延海水域面积逐渐增加，额济纳绿洲的植被水分得到了充分补给，植被状况逐渐好转，黑河下游的生态环境退化问题在一定程度上得到了缓解和恢复。尽管黑河实施生态输水工程，但是中游地区水库建设以及灌溉用水对下游生态需水的挤占作用依然十分明显。随着流域水资源的日益减少和河道断流期的延长，地下水位也在持续下降。导致黑河流域的生态用水被严重挤占。

按照规划，张掖市 2020 年农灌节水约 36 万 m^3，按照黑河流域近期治理规划要求，通过压缩耕地面积，保证退耕节约水资源全部退入河道补充生态用水，保证正义峡下泄水量。为保证下泄水量，需要减少地表水资源的开发利用量，可能存在增采地下水资源进一步开采的风险，从而导致地下水超采加剧，可能使原有地下水漏斗区扩大加深，也可能产生新的地下水漏斗区，从而导致地下水超采区绿洲退化，防风固沙功能削弱。未来农业节水成为黑河绿洲生态保护的关键。张掖湿地自然保护区 2011 年升级为国家级，保护和建设力度加大，生态需水保障的可能性增大，有利于周边区域植被的恢复和防风固沙功能的提升。

5. 石羊河流域下游（民勤绿洲）依然存在两大沙漠合拢的严重威胁

石羊河流域是维持民勤绿洲的重要生态屏障，现状水资源利用率高，人 - 水、地 - 水矛盾突出，地下水严重超采，地下水水位仍呈下降趋势。

（1）实施《石羊河流域综合治理规划》，有助于民勤绿洲防风固沙功能的增强

2007 年国务院批复了《石羊河流域重点治理规划》，规划总体目标为 ：“在保障生活和基本生态用水、满足工业用水、调整农业用水、提高水资源利用效率、适度从外流域调水和生态移民的总体思路下，强化水资源管理，大力调整产业结构，采取上游保护水源、中游修复生态与环境、下游抢救民勤绿洲的综合措施，实现“绝不让民勤成为第二个罗布泊”的目标。2011 年 6 月，为了进一步落实好《石羊河流域重点治理规划》中生态保护和建设工程的落实，国家发改委批复了《石羊河流域防沙治沙及生态恢复规划》，规划主要开展“祁连山生态保护与建设工程、民勤盆地生态建设与保护工程、配套工程和生态监测体系建设等”。“两大规划”的实施将有效协调石羊河上中下游生态关系和生态需求，构建石羊河流域健康稳定的生态安全格局，能够有效恢复民勤绿洲及石羊河流域的防风固沙功能。

石羊河流域具体保障目标是：限制中游灌溉区的耗水量，保障民勤绿洲的基本生态用水，近期（2010—2020 年）要保证蔡旗断面下泄水量 2.5 亿 m^3，民勤盆地地下水开采量由现状的 5.17 亿 m^3 减少到 0.89 亿 m^3；六河中游地表供水量由现状的 9.72 亿 m^3 减少到 8.82 亿 m^3，地下水开采量由现状的 7.47 亿 m^3 减少到 4.18 亿 m^3。基本实现六河水系中下游地下水采补平衡，地下水位停止下降，有效遏制生态系统恶化的趋势。远期（2020 年）要增加蔡旗断面下泄水量至 2.9 亿 m^3，民勤盆地地下水开采量减少到 0.86 亿 m^3；六河中游地表供水量由 2010 年的 8.82 亿 m^3 减少到 8.22 亿 m^3，地下水开采量稳定在 2010 年的 4.18 亿 m^3 左右。实现民勤盆地地下水位持续回升，北部湖区预计将出现总面积大约为 70 km^2 的地下水埋深小于 3 m 的浅埋区，形成一定范围的旱区湿地；六河水系中游地下水位有所回升，生态系统得到有效修复。在西大河水系所属灌区实施以强化节水为核心的综合治理措施，实现西大河水系的水资源供需基本平衡，使西大河水系下游金川—昌宁盆地地下水位有所回升，生态系统有所好转，有效遏制巴丹吉林沙漠和腾格里沙漠合拢。

（2）《石羊河流域重点治理规划》的实施，已取得了初步成效，局部生态退化得到遏制并有所好转

规划实施 6 年以来，当地政府采取了多种有效措施。加大农业结构结构调整力度，主攻“设施农业 + 特色林果业”为主的节水高效农业，2010—2011 年建设设施农业 18.08 万亩，设施农业累计达到 31 万亩；2011 年新发展特色林果业 13.2 万亩，特色林果种植累计达到 54 万亩；加大外流域调水、开发云水资源、灌区节水改造工程、水资源配置、生态移民力度；全面推进节水型社会建设，加快水权市场建设，通过价格杠杆促进水资源跨行业、跨地区流动，从低效益用途向高效益用途转移。全市水资源配置总量比 2006 年减少 7.14 亿 m^3，农业配水量减少 8.84 亿 m^3，生活、生态、工业和农业用水比例由 2006 年的 2.3 ∶ 1.4 ∶ 5.0 ∶ 91.3 调整为 4.2 ∶ 6.4 ∶ 12. 5 ∶ 76.9。2010 年 10 月 23 日，蔡旗断面过水量首次实现了 2.5 亿 m^3 的规划目标，全年达到 2.62 亿 m^3。民勤盆地地下水开采控制到 1.05 亿 m^3。武威市开展大规模植树造林和防沙治沙，植被覆盖度由 2006 年的 28% 提高到 36%。民勤盆地干涸 51 年之久的青土湖出现 3 km^2 的季节性水面，黄案滩关闭的机井有 7 眼自流成泉，地下水位上升，生态恶化的趋势得到遏制，局部环境质量逐步改善。

（3）石羊河流域水资源极度短缺，发展煤化工等耗水型产业将对民勤绿洲生态补水战略构成冲击

石羊河流域外调水规划 2020 年约为 2 亿 m^3，而工业用水需求 2020 年增加 1.3 亿 m^3，农业和生活用水 2020 年增加约 600 万 m^3，外调水资源能够解决金川有色金属产业发展和民勤绿洲的生态需水要求，逐步减少地下水开采和进行地下水回补将有助于解决金昌、武威的四个地下水漏斗（双湾—昌宁、水源—朱王堡、武南—黄羊、民勤大滩）的地下水超采问题。

依靠外调水解决民勤绿洲生态补水的战略下，不宜发展煤化工等高耗水产业。发展煤化工等耗水型产业将对民勤绿洲生态补水战略构成冲击。综合考虑，应控制武威煤化工和金昌盐化工的适度发展，以有效保障金昌有色发展和民勤绿洲的恢复，加快恢复区域防风固沙功能。

第三节 水环境影响风险分析

一、水环境风险空间分布特征

内陆河的水环境风险集中在伊犁河流域、天山北麓中段诸河流域和河西走廊三大流域。伊犁河流域面临水资源开发突破警戒线、水环境质量急剧下降的风险。天山北麓中段诸河流域主要是水资源严重超载、河流物理受损以及持久性有机污染物和重金属污染物加剧，在河西走廊三大流域表现为水资源严重超载和主要河流物理受损。

二、内陆河干旱区河流受损严重，河流健康状况继续恶化

在内陆河流域，维护生态安全需要恢复或重建“储水于山”“流水于洲”“涵水于漠”的河流健康体系。现阶段，内陆河流域河流健康的现实目标是“四不”，即河道不退缩、地下水位不持续下降、水质不超标、天然绿洲不萎缩。内陆河流域河流健康状况基本指标见表 1-30。

表 1-30 内陆河流域河流健康状况基本指标

指标项	判断标准
河道不退缩	上游河道保持天然径流过程，中游河道基本不断流，下游河道季节性通水
地下水位不持续下降	下游地区地下水位埋深应在 2 ～ 5 m；中游地下水开采控制在合理规模，维持中游生态绿洲必需的地下水位
水质不超标	实现水环境功能区划目标要求；持久性有机污染物和重金属污染物的累积效应不显著
天然绿洲不萎缩	上游山区森林面积不减少，草场不退化；基本保持中游天然绿洲面积；恢复和保护下游绿洲

内陆河流域由于上游山区水库、山前水库控制，以及人工绿洲城市和农业灌溉大量用水，致使内陆河河流流程不断缩短，河流中、下游河道处于干涸或间歇断流状态，大部分河流受损状态中度以上，基本丧失了河流自然净化污染物的能力。

以“河道不退缩”“地下水位不持续下降”“水质不超标”“天然绿洲不萎缩”指标综合判断，在没有大规模的跨流域引水工程支撑的条件下，未来十年，内陆河干旱区主要河流健康状况将继续恶化。石羊河主要表现为大部分河段来水不能维持生态环境所需的最小径流量，河流污染严重，地下水位持续下降；玛纳斯河和乌鲁木齐河主要表现为水资源持续过度开发，河流断流状况不会明显改善。

内陆河流域的水污染风险主要表现在工业废水污染物的复杂化、废水排放去向的多样化。

内陆河流域工业废水的排放去向多元化，包括河流、污水库、渗坑、荒漠等。直接或间接排入地表水体的工业废水量占总废水量的比例相对比较低，据不完全统计，河西走廊占

21%，玛纳斯河流域占 55%，天山北坡中段占 38%，吐哈盆地占 33%（表 1-31）。

表 1-31　内陆河流域工业废水不同去向的比例统计　　单位：%

地区	地表水体		进入其他单位	直接进入灌渠	进入地渗或蒸发地	去向不详
	直接	间接				
河西内陆河流域	17	4	/	2	39	38
柴达木诸河	/	2.9	37.6	/	37.8	21.7
玛纳斯河流域	34	15	6	/	34	11
天山北坡中段诸小河	21	14	3	2	52	8
吐哈盆地诸河	0	33	/	0	57	10

工业废水排放的环境影响多样化，难以阻断持久性有机污染物和重金属在土壤和生物中的累积途径，存在现实的水环境污染并潜在累积性环境风险。

污水库是新疆特有的一种污水存储和排放形式，利用新疆大面积的荒漠，筑坝建成污水库储存处理后或未加处理的污水，或者将难处理的工业废水直接排放到沙漠深处的低洼地。污水库一方面具备存储污水的功能，另一方面通过水面复氧、微生物的作用和蒸发等具有一定的净化功能。

污水库内污水的消耗主要包括芦苇吸附和通过天然或人工渠道下泄两种方式，在下游用水紧缺的情况下，存在污水被用于农灌、牲畜饮用的情况。此外，存储或排放的污水通过入渗的方式进入地下或地表水体，可能被下游地区再次采用。

未来新疆维吾尔自治区重化产业将得到大规模快速发展，工业废水成分将变得更为复杂，含重金属、持久性有机污染物的废水若仍按照现有排水模式，将可能影响下游城市的用水安全和农作物品质，存在粮食和食品安全隐患，区域用水安全和生态安全不容乐观。

同时，在某些人工绿洲面积不断扩大的地区，原有的一些污水库，以及排污管末端的荒漠（或渗坑）已处于新的绿洲边缘，持久性有机污染物和重金属的累积影响因土地利用方式的不同逐渐显现出来。应加强污水深度处理与回用，减少污水库存放压力及对野生动物、鸟类的影响。

山区有色金属矿采选、冶炼过程排放的污染物通过山谷小溪入渗进入地下水（“山前地下水库”），直接进入供水水源地，或是随地下水向下游输移，到达人工绿洲后可能进入供水水源地，影响饮用水供水安全。

在目前水资源开发利用模式下，地表水灌溉、地下水开采等增强地下水循环的影响，加剧地表水、地下水的频繁转化，水污染物迁移进入土壤和生物累积的效应增强。

在人工绿洲城市和工业污水排入天然河道后，一般在到达河流尾闾之前，或是潜入地下水，或是被引入灌溉渠系，少量污水进入河流尾闾湿地。水污染物的环境归宿或是随地下水出露进入地表水经渠灌进入农田土壤，或是随井灌用水进入农田土壤。

在以资源型产业发展为主导的工业化进程中，工业废水污染物组分将进一步复杂化，持久性有机污染和重金属污染将成为重要防控对象。

在加强城市生活污水和工业废水深度处理和回用基础上，明确废水用途，需要将城市生活污水、工业废水与天然河流水体适当隔离，降低水环境风险。

第五章

内陆河区水与生态安全的对策

第一节　加快建设节水型社会

一、大力发展农业节水

水资源是西北三省（区）内陆河流域经济社会发展的关键制约性要素。结构性缺水矛盾突出，农业灌溉设施落后、用水粗放，农业用水量占比高、效率低；农业节水是节水型社会建设重点，按照循环经济用水指标的要求，以调整产业结构发展农业、通过农业节水支持工业发展，建立以农业节水为龙头的社会节水体系。

将高效节水农业和设施农业建设纳入基础设施建设的最优先位置，加大国家扶持节水工程力度，以发展高效节水农业为核心，加快高效用水、节约用水基础设施建设，提高灌溉水利用效率，降低农业用水在全社会供水中的比例。以黑河流域、石羊河流域、玛纳斯河流域和艾比湖流域等为重点，加大建设农业节水灌溉和设施农业的财政扶持，推动节水型农业快速发展。未来 10 年，力争农业灌溉水有效利用系数年提升 12 ～ 15 个百分点。2015 年天山北麓实现农业灌溉用水总量“零增长”，河西走廊基本实现“负增长”。

积极扶持、推动建立高效节水综合示范区。加强大中灌区续建配套和节水改造工程建设，抓好土地平整、渠道防渗等常规节水建设，全面推广滴灌技术，因地制宜发展喷灌、管道灌等节水技术，大力发展旱作节水农业，改善灌溉条件，建立标准化、规范化高效节水综合示范区，促进现代农业发展。

结合发展高效节水灌溉，加快改革耕作制度，优化栽培模式，调整种植结构，积极推广多熟高效种植，推进现代农业发展，大幅度提高土地产出率和资源利用率。

二、积极支持节水型产业发展

大力推进节水建设，优先保障饮用水源安全和城镇生活用水，弥补生态用水。

积极引导发展节水型产业和节水型生活方式，重点推进有色冶金、食品、纺织等高耗水行业节水技术改造；坚持以水资源确定产业结构和发展规模，加大现有企业节水技术改造力度，严格限制高耗水产业盲目扩张；大力发展城市节水和中水回用，降低城镇供水管网漏损率，加强公共建筑和住宅节水设施建设，普及节水设备和器具。

坚持因水制宜，量水而行，以水定发展。积极推动建立与水资源、水环境承载力相协调的工业体系，优化产业布局，加快各类节水型社会示范区建设。

科学有序开展城镇供水、农业供水、地下水开发利用、盐碱地改良、防治水土流失，以及各种水利枢纽工程的合理运用。

三、建设内陆河流域水资源循环经济示范区

按照“优水高用、低质低用”的用水原则，大力发展污水资源化、再生水利用。

2020 年内陆河流域的污水处理率要达到 90% 以上，其中，城市生活污水 100% 处理，城市污水回用达到 70%。要建立再生水蓄水库，再生水与其他水源联合调控、统一使用。

大力发展污水资源化和水分质利用、梯级利用，积极推动建设城市污水处理再生利用工程、工业园区废水处理回用工程、微咸水利用工程、煤矿疏干水利用工程等。

“十二五”时期，建议在天山北坡玛纳斯流域建设 2 ～ 3 个以水资源循环经济示范区，发展促进城市污水资源化利用，工业园区水资源分质利用、梯级利用；推动冶金、电力、石油化工、煤化工等工业部门优先使用城市再生水资源。

四、设立水资源利用红线

区域全社会新鲜水用水总量力争保持在“零”增长水平；石羊河、黑河、疏勒河、玛纳斯河流域等当地常规水资源开发利用总量力争实现“负”增长，逐步减少地下水超采，弥补生态用水。

农业灌溉用水总量逐步下降。玛纳斯河流域、黑河流域、石羊河流域等重点生态治理流域，以及天山北坡经济带和河西走廊的区域中心、次中心城市的地下水降落漏斗不再扩大。

建议国家加大对甘青新三省（区）节水工程、跨流域与跨行政区引水工程的支持力度，加快建设一批保护生态和支撑新型工业化发展的引水工程，缓解部分地区水资源严重短缺对经济增长的刚性制约；尽快启动南水北调西线前期研究。

第二节　加快内陆河流域生态安全屏障建设

一、实施“涵水于山、节水于业、储水于漠”战略

构建“上游涵养水源、中游合理用水、下游保障生态需水”的流域生态安全体系，加强水源涵养、防风固沙和生物多样性保护等主要生态功能的保护和建设。内陆河上游山区以减少扰动（采矿、放牧等），促进生态系统自然恢复为主，不断提升水源涵养功能，实现“涵水于山”的生态目标；中游人工绿洲区大力提倡节水农业，严格控制高耗水行业发展，实现“节

水于业”的生态目标；下游天然湿地和尾闾湖区提供合理的生态用水量，维持其防风固沙和生物多样性保护功能，实现“储水于漠”的生态目标；遵循人、自然、社会和谐发展的客观规律，实现人与自然、人与社会和谐共生、良性循环的文化形态。

“涵水于山”是指内陆河上游山区以减少扰动（采矿、放牧等），促进生态系统自然恢复为主，不断提升水源涵养功能，实现生态目标。上游山区的冰川积雪是内陆河流域水资源的重要来源，而高山草甸、亚高山灌丛、亚高山针叶林以及山地草原组成的高山—亚高山生态带是主要的水源涵养区，山前冲积扇荒漠区是绿洲各种营养物质的来源，上游山区水源涵养功能的保护和建设需要加强。

——强化天山和祁连山水源涵养重要区的生态保护

强化天山北坡山地水源涵养功能保护，加强受损水源涵养区生态修复，重点推进天山北坡河谷森林植被保护与恢复，林草交错带畜牧业发展模式调整。强化祁连山水源涵养区生态建设和环境保护，切实保护好水源地林草植被，强化水土流失和沙化土地综合管理治理。加强伊犁河谷上游、天山北坡中段、东天山、祁连山区的水源涵养功能保护和建设，限制水源涵养功能重要区内的采矿和牧业活动强度，维护内陆河流域上游的水源涵养功能。逐步实现水源涵养重点区矿产资源开发退出，严格控制伊犁河上游的煤炭和铁矿的开采；加快天山北坡诸小河上游中小煤矿的整合、关闭；严格控制疏勒河上游有色金属矿的开采，黑河上游加快中小煤矿的整合、关闭。天山北坡中段海拔 1 500 m 以上进行禁牧，1 000 ～ 1 500 m 范围内可适当限制放牧，应限制在理论载畜量的 70% 以下；东天山南坡山区草原全部禁牧。祁连山水源涵养功能区内实行禁牧、休牧政策。

“节水于业”是指中游人工绿洲区大力提倡节水农业，严格控制高耗水行业发展，实现生态目标。中游绿洲生态经济带是内陆河经济活动的中心，同时也是防护固沙的重要组成部分，中游社会经济用水总量需要控制。加大农业节水力度，控制农业用水总量，农业生产所节出的水资源不宜用于扩大农业发展规模，应进一步对这部分水再进行合理分配。在农业节灌水平不断提升的情况下，应注意农业退水量的不断减少，保障下游生态用水和农田防护林网的需水。在农业生产中应加强特色农产品深加工技术的开发，延长农业产品的产业链，增加农业生产附加值，提升农业的经济效益。优先支持农灌地下水超采区的地下水回补，逐步恢复地下水位。根据生态影响风险的大小，确定资源开发的顺序，优先开发生态影响小、水资源消耗小、非生态重点区和关键区的矿产资源，严格禁止或控制区域生态安全格局关键区域或生态功能重要区的资源开发。

——加强以绿洲节水和防风固沙为核心的生态保护与建设

大力推进艾比湖流域预防性综合治理工程，遏制艾比湖流域耕地增长。增加中下游节水灌溉面积约 1 000 km^2，通过博河和精河流域农业节水增加入湖水量，维持艾比湖 500 km^2 的水域面积，通过奎屯河流域农业节水和限制高耗水产业发展，减少地下水超采，逐步恢复地下水超采区，维护甘家湖梭梭林自然保护区的基本生态用水；远期通过实施跨流域调水工程，保障增加入湖水量 12.5 亿 m^3，恢复艾比湖 800 km^2 的水域面积，实现沙尘、盐尘源基本覆盖。建设玛纳斯河流域统一水资源配置与管理体制，加强玛纳斯河中游农业、城市和工业节水，适度控制高耗水行业发展，逐步减少石河子地下水漏斗区的地下水超采，坚持玛河上游水库通过玛河故道向下游湿地生态调水（≥ 2 亿 m^3/a），增加中游以水库和河道为中心的玛纳斯河湿地自然保护区的生态用水，加大玛纳斯河流域下游生态保护与恢复力度，维护玛纳斯湖水面在 100 km^2 以上。吐哈盆地需大幅减少耕地面积，部分恢复自然生态空间，矿产资源开发利用受到绿洲保护的刚性约束。加快推进河西（疏勒河、黑河、石羊河）三大流域生态综合治理，加快石羊河流域综合治理和下游生态保护工程建设、敦煌生态环境和文化遗产保护区建设。石羊河流域控制武威煤化工和金昌盐化工发展，保障民勤绿洲生态空间恢复。柴达木盆地适度控制中游德令哈的工业化规模，特别是纯碱的规模，保证可鲁克湖—托素湖省级自然保护区的入湖水量，保证其生态空间。

以水定产，按照循环经济产业链，核算控制德令哈“双碱”工业的规模；优先加强黑石山水库灌区和怀头塔拉水库灌区的节水改造和建设，保障可鲁克湖—托素湖省级自然保护区的入湖生态水量，维护湖区生物多样性保护和防风固沙功能。按照循环经济产业链构建格尔木市的产业链，以水定产，适度控制产业规模，优先保障格尔木河下游柴达木循环经济试验区主导产业——察尔汗盐湖资源开发的水资源需求。

“储水于漠”是指下游天然湿地和尾闾湖区提供合理的生态用水量，维持其防风固沙和生物多样性保护功能。下游绿洲—荒漠过渡带以及尾闾湖泊区是绿洲生态经济区的主要防风固沙带，下游湖泊湿地的生态用水量需要得到保障。统筹协调流域上中下游关系，实现中游绿洲安全和下游防风固沙功能提升及盐湖资源的持续开发利用。内陆河下游尾闾湖泊和湿地的生态空间维持依赖于中游下泄水量的支持，部分湖泊湿地的生态空间保护有赖于生态补水、甚至跨流域调水解决。

——内陆河流域要加强以绿洲节水和防风固沙为核心的生态保护与建设

大力推进艾比湖流域预防性综合治理工程（农业灌溉节水、跨流域调水、艾比湖水面恢复 500 km^2 以上）。建设玛纳斯河流域统一水资源配置与管理体制，通过中游下泄水量和直接引水至湖，逐步实现生态空间的恢复；加大玛纳斯河流域下游生态保护与恢复力度。西湖湿地拟通过保证双塔水库下泄水量，实现生态空间的保护和逐步恢复。黑河流域通过保证正义峡下泄水量实现了居延海生态空间的恢复。石羊河流域通过保证蔡旗断面下泄流量实现民勤绿洲生态空间的恢复。

加强重要湿地的保护，维护重要湿地的生态补水，如艾比湖、玛纳河中游湿地和玛纳斯湖、西湖湿地、黑河中游湿地、民勤绿洲和青土湖、东达布逊湖、可鲁克湖—托素湖等。

二、加快建设生态安全屏障的保障机制

国家进一步加大对内陆河流域生态保护建设的政策、资金、项目和生态补偿转移支付的支持力度，加快建设生态安全屏障，增强水源涵养、保持水土、防风固沙能力，保护生物多样性，保障人居生存环境和产业发展的环境基础。

1. 建立和完善跨区域、跨流域和流域内的生态补偿机制

建立体现生态文明要求的目标体系、考核办法、奖惩机制。建立国土空间开发保护制度，完善最严格的耕地保护制度、水资源管理制度、环境保护制度。深化资源性产品价格和税费改革，建立反映市场供求和资源稀缺程度、体现生态价值和代际补偿的资源有偿使用制度和生态补偿制度。

加大对区域水源涵养功能的生态补偿力度和范围，实现中下游水资源受益区对上游水源涵养功能保护和建设区的生态补偿。

加大对跨流域调水工程水源区的生态补偿力度和范围，实现水资源调入流域对水资源调

出流域的生态补偿。天山北坡水资源调入区（如乌鲁木齐、克拉玛依、石河子等）对额尔齐斯河流域的补偿。秦王川等受水区对大通河水资源调出区的生态补偿。

流域内中游人工绿洲区应对上游水源涵养区进行生态补偿，提高上游山区水源涵养功能保护和建设的积极性；流域中游人工绿洲区挤占了下游地区的水资源，需要对下游河湖湿地及天然绿洲区进行补偿，以加强这些区域防风固沙和生物多样性保护功能的维护，改善人工绿洲区的人居环境。

国家应加大对西北三省（区）的防风固沙生态补偿，省（区）之间和省（区）内部，也应按照谁受益，谁支付的原则，对风沙源区进行生态补偿，控制风沙危害，减少风沙影响范围和程度。

2. 逐步建立资源税制，开展生态环境税试点

（1）逐步建立资源税制

进行水价改革和水权制度建设，积极推进水资源税制建设；积极推进矿产资源税制建设，矿产资源税从价计征，优先开展煤炭资源税试点。

（2）开展生态环境税试点

积极创造条件，在环境污染重、生态破坏大的行业和地区优先开展生态环境税试点。

（3）大力推进生态保护与建设工程

继续实施好天然林保护工程、三北防护林建设工程、退耕还林工程、天然草原退牧还草工程、祁连山水源涵养区生态建设和环境保护工程、防沙治沙工程、公益林补偿工程等，研究实施天山水源涵养区生态建设和环境保护工程，落实草原生态保护补偿奖励机制，建立天山、祁连山山区水源涵养功能保护生态补偿奖励机制。加快实施伊犁河等流域水土保持工程。对暂不具备治理条件但生态区位重要的连片沙化土地，实行严格的封禁保护。研究建立森林、湿地生态效益补偿机制。加强生态监测，强化自然保护区建设与管理，严格实施森林公园、地质公园、风景名胜区等生态保护，积极推进自然保护区基础设施和管护能力建设。加强农田防护林体系建设，加大湿地恢复与保护力度。

实施柴达木盆地生态保护与综合治理工程。依法建立一批封禁保护区，加强沙生植被和天然林、草原、湿地保护；实施沙漠化防治工程，以防风固沙工程为重点，加强水资源保护和节水工程建设，合理分配、高效利用水资源，控制地下水位下降，构建以绿洲防护林、天然林和草原、湖泊、湿地点块状分布的圈带型生态格局。

第三节 着力缓解区域经济增长的水资源环境制约

一、协调水资源开发利用与生态保护关系，合理安排生活、生产、生态用水

水资源开发利用以支撑经济社会可持续发展为主要目标，经济社会的发展必须考虑水资源的制约作用和承载能力水平，因此内陆河流域水资源开发利用应协调好生活、生产和生态

环境用水的关系，按照优先保证城乡生活用水、大力推进农业节水、优化工业用水、弥补生态用水的原则优化水资源配置。以提高水资源利用效率和效益为核心，推动区域水资源的合理配置和优化利用，逐步扭转挤占生态用水状况。

加大农业节水力度，控制农业用水总量。西北内陆河流域农业用水占比大、效率低，应不断改善农业节水技术，加大农业的节水力度，建立节水型农业，大力推广节水灌溉技术，如喷灌、滴灌，提高渠道流域系数，提高水资源有效利用率。根据西北重点化工产业区的水土资源条件，建议实行水土总量双控制的制度，实施“以水定地，以水定发展”，对于水资源短缺的能源基地，在不损害农民利益的前提下，建议适度退减灌溉面积，减少农田灌溉面积、增加草场建设，实行退耕还草、退灌还水。

坚持走节水型产业发展的道路，严格控制高耗水产业的发展。以能源化工基地为核心的产业发展应当“量水而行，以水定发展”，优先支撑产业链延伸，严格控制高耗水产业的发展，尤其是在地下水超采严重和地下水漏斗地区，更应严格限制高耗水产业的进入，逐步削减现有高耗水产业规模。天山北坡石河子、哈密、金昌和陇东等地区，要以水定产，预留基本生态用水和未来高附加值产业用水空间，控制煤化工等高耗水产业的发展或发展规模。以外调水支撑产业发展的地区，不宜新建高耗水产业。

逐步弥补生态用水。加强山地森林和林草交错带抚育、管护，控制山地森林林线上升；加强水资源合理配置和统一管理，保障重要湿地和在内陆河干旱区继续实施退耕还林还草，严格限制垦荒，遏制耕地向荒漠边缘延伸。逐步退还被挤占的生态用水，逐步恢复地下水位，维护中下游湿地湖泊的补水量，特别是具有重要防风固沙和生物多样性保护功能的关键区域，要优先保障生态需水。

以水资源支撑定城市发展规模，走发展中、小城市为主体的城镇化道路，建设节水型城市。在严重缺水城市，要着力提升城市公共服务功能、控制城市规模盲目扩张，不宜布局发展耗水量大的工业。

二、建立多水源联合调度的区域水安全保障体系

内陆河水资源贫乏，合理利用各种水源增加水资源可利用量是缓解区域水资源短缺的有效途径，因此供需平衡分析和配置中，应合理利用地表水，适量开采地下水，积极开发利用非常规水源（如污水处理再利用、雨水利用、微咸水利用），适时推进跨流域调水等，形成多水源联合供水的区域水安全保障体系。

充分发挥水利工程的蓄水、调水、增水功能，缓解区域水资源时空供需的不平衡。通过兴建山区控制性水利枢纽、长距离引水工程，结合骨干水源工程、各类引水和提水工程的建设，提高供地表水保障能力。

以地下水合理利用和有效保护为核心，通过跨流域调水、引水工程增加内陆河缺水地区的水资源供给，置换内陆河超采区的地下水超采水量，逐步实现区域地下水的采补平衡。浅层地下水严重超采区要控制在可开采量范围之内，一般超采区压缩开采量，深层承压水禁止开采。

提高城镇生活污水集中收集能力和处理能力，大力推进生活污水的回用力度，绿洲区域生活污水经处理后可以作为农业灌溉、城市绿化用水及工业循环冷却水，绿洲以外区域生活污水可以作为荒漠绿化和人工林灌溉，即干旱陆域生态用水。

加强工业园区污水处理和再生水利用工程建设，提高工业部门水的重复利用率，实施废水零排放。工业园内实施厂际串联用水、污水资源化，优水优用、低质低用，水质要求不高的工段优先使用城市再生水级疏干水。

三、建立与水资源承载能力相适应的产业发展格局

以水资源支撑定城市发展规模，走发展中、小城市为主体的城镇化道路，建设节水型城市。在严重缺水城市，要着力提升城市公共服务功能、控制城市规模盲目扩张，不宜布局发展耗水量大的工业。

严格控制新增项目的取水量，以取水许可发放为手段，控制项目的落地，加强项目审批缓解中的水资源条件约束。

在严重缺水的吐哈地区，不应布局高耗水的煤化工、石油化工产业；在准东地区和柴达木盆地，跨区域调水可解决一部分工业用水，应严格控制耗水量大的初级产品加工规模过度扩张，选择向中、下游产业链延伸发展，大力建设循环型经济体系。

四、建立完善的水资源管理制度体系

根据现代水资源管理制度要求，以水资源统一管理为中心，完善流域水资源统一管理协调制度，建立完善的水资源管理制度体系，包括水资源论证制度、取水许可制度、总量控制与定额管理制度等，使社会经济取用水过程有章可循。

第四节 水环境健康管理对策

一、建立内陆河流域河流健康的环境管理体系

西北内陆河普遍起源且径流形成于高寒山区，出山口后径流即被迅速消耗，最终归属于尾闾地区的湖泊洼地。现状由于人类活动影响，水资源消耗急剧增加，自然水循环系统受到污染损害和非污染损害，河流断流、湖泊干涸、导致沙漠及周边地区的生物多样性大大幅度下降，生存条件丧失。

流域是具有层次结构和整体功能的复合系统，由社会经济系统、水资源系统、生态环境系统组成。水资源在流域水循环过程中形成和转化，不仅是生态环境控制因素，同时还是社会经济发展的物质基础。因此，构建内陆河流域河流健康水循环模式是进行水环境调控的前提。本研究从构建内陆河流域河流健康水循环模式出发，旨在将西北内陆河流开发利用与保护有机结合起来，优化配置水资源，有效改善水环境，全面恢复水生态。

二、内陆河流域河流健康水循环模式

按照“储水于山”“流水于洲”“涵水于漠”的基本思路，严格区域水资源和水环境管理，

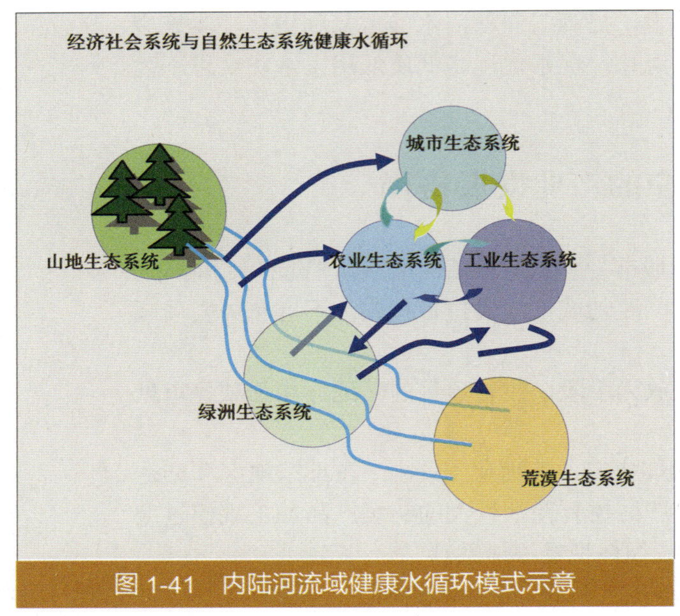

图 1-41 内陆河流域健康水循环模式示意

实现河流健康水循环（图 1-41）。

“储水于山”，加强山地生态系统水源涵养功能保护和建设，严格控制山区垦殖、林木采伐和林草交错带游牧，以及河流出山口以上流域的矿山开发和工业生产活动，维护河流上游的生态流量过程，保障上游来水符合优质水源。

“流水于洲”，合理配置城镇、农业和工业生态系统水资源，统筹配置天然绿洲和人工绿洲水资源，以水源定发展，保障平原绿洲区河流流动性和清洁性，水流达到河流下游。实行水资源的“优水优用”“循环利用”。大力推动节水型社会建设，流域上中游地区全面推行污水资源化、污水再生利用，实施生活污水、工业废水排放避让天然水体，实现城市污水、工业废水“零入河”。

“涵水于漠”，河流地表水流达下游绿洲与荒漠过渡带，补给河流下游两岸的地下水，支持两岸的荒漠植被，保障绿洲与荒漠过渡带地下水埋深和矿化度在植物适宜生长范围内；保障主要河流尾闾、湖泊湿地生态用水。

三、实施差别化管理策略，促进河流健康水循环

在水资源短缺、河流生态流量缺乏的条件下，建议构建流域“自然生态系统”与“经济社会生态系统”水循环的“隔离 - 耦合”机制，采用隔离、避让的手段，使经济社会系统水循环对自然生态系统水循环的干扰降低到最低限度，使地表环境水体的物理完整性、化学完整性、生物完整性能够得到最大限度保护及恢复，遏制严重受损的河流生态健康恶化的趋势。内陆河流域主要河流健康恢复的标志见表 1-32。

全面推行污水资源化、污水再生利用，实现城市生态系统、工业生态系统和农业生态系统之间水循环；实行工业废水排放与天然水体适当隔离、避让，工业废水经处理达标后有选择地进入农业生态或荒漠生态系统。

生活污水的污染程度相对较低，有毒有害物质较少，可生化性好，经过污水处理厂不同程度处理后可得到充分再利用。经过二级处理后的污水一般均达到排放标准，但可能会残存不能降解的有机物和氮、磷等无机盐类，适于用来进行农业灌溉。经三级处理（深度处理）后的污水水质可达到工业用水标准用于工业生产过程。此外，再生水也可作为城市景观用水、排入湿地和荒漠，以维持湿地面积和减少荒漠化程度。

利用内陆河流域存在无径流区荒漠面积大的特点，选择合适的荒漠区对工业废水及废物进行最终处置，实现工业废水的“零入河”。工业废水级废物最终纳污地区域应符合：无径流区、不受洪水影响、地下水位梯度接近零，无鸟类迁徙通道；无动物夏眠和冬眠区，以及无其他敏感的环境保护目标的荒漠深处。

表 1-32 2020 年内陆河流域主要河流健康恢复的主要标志	
流域	河流健康恢复的主要标志
石羊河流域	流域中游河流水质达标，实现石羊河蔡旗断面下泄水量多年平均达到 3.4 亿 m^3，民勤盆地地下水开采量小于 3.0 亿 m^3；恢复石羊河尾闾湖（青土湖）湿地，民勤绿洲地下水位埋深恢复到 4 ～ 5 m
黑河流域	多年平均上游莺落峡来水为 15.8 亿 m^3 时，保障黑河正义峡下泄水量为 9.5 亿 m^3，东居延海进水 0.5 亿 m^3；实现山丹河“工业废水零入河”，中下游绿洲地下水超采区不扩大
疏勒河流域	保护大 / 小苏干湖，保障干流尾闾西大湖、党河月牙泉等湖泊湿地的生态水量，实现石油河工业废水“零入河”
巴音河	保持工业废水“零入河”，严格控制河流中游用水量增长，保障可鲁克湖淡水特征，维护“可鲁克湖—托素湖”淡、咸水双湖自然水循环
格尔木河	保持格尔木河天然径流过程和察尔汗盐湖可持续开发的生态需水
艾比湖流域	实现生态补水，恢复艾比湖水面 800 km^2，遏制湖水咸化和盐尘污染，艾比湖湿地保护功能区面积不萎缩，奎屯河实现工业废水“零入河”
玛纳斯河流域	保障玛纳斯河基本生态需水量，构建玛纳斯中下游湖库群清污分流、再生利用、分质供水体系，玛纳斯河水质达标；中下游地下水超采区不扩大；保障玛纳斯河中游湿地（玛纳斯河流域湿地自然保护区）、玛纳斯湖湿地生态用水，湿地不退化、不萎缩
艾里克湖流域	维持艾里克湖生态补水，恢复大 / 小艾里克湖双湖结构
乌鲁木齐诸河流域	严格保护山区河流、水库水质，中下游实行工业废水“零入河”，合理选择荒漠区受纳经处理达标的工业废水
吐哈盆地	严格控制用水总量增长，加强坎儿井的保护与恢复
伊犁河流域	严格国际河流水环境风险管理，避免跨界污染问题

1. 河西地区

（1）*石羊河*

① 优化水资源配置，采取适当措施补充地下水漏斗。严格贯彻落实《石羊河流域重点整治规划》提出的各项治理措施，加快实施东大河、西营河、杂木河向下游民勤地区输水，逐步改善民勤地区的地下水超采情况，防范中游部分地区的地下水下降风险。

② 提高水资源利用率，加大再生水回用力度。鼓励工业企业开展水资源重复利用和污水综合利用，提高再生水和工业用水的重复利用率。金昌市进一步提高水资源利用率，工业用水重复利用率达 90% 以上，中水回用率达 60% 以上。以节水减污为方向，积极探索开展废水资源技术和应用手段，通过技术改造，优化经济结构和节水降耗，大力开展水资源的综合利用。

（2）*黑河*

① 严格控制中游制绿洲面积，继续深化节水，逐步恢复地下水位。黑河流域人工绿洲面积增加与地下水位下降呈正相关关系，因此，必须严格控制绿洲面积不增加。保证农业节水全部用于河道生态用水。在保障正义峡下泄水量 9.5 亿 m^3 以满足居延海基本生态需水和维护黑河湿地的安全情况下，丰水年，在黑河中游人工绿洲地下水超采区采用合理方式进行地下水回灌，逐步恢复适宜的地下水位。对回灌水进行处理，确保回灌水水质良好。

② 加大再生水回用力度，提高水资源利用率。加快张掖市污水处理规模及污水再生利用工程建设，提高城镇污水收集处理率和污水再生利用率。酒泉市工业用水重复利用率达 90%

以上，中水回用率达 60% 以上。支持嘉峪关市开展酒钢污水处理及回用工程、铁合金废水循环利用、水污染整治工程包括城市污水再生利用工程，城市南区污水处理工程等。

③ 加强工业废水的治理及控制。以山丹河复合型污染治理为重点，加强非常规污染物挥发酚、石油类、汞的控制和治理力度，提升张掖山丹河段 COD 控制和治理力度。

（3）疏勒河

① 加强流域内节水工作，实现疏勒河流域可持续发展。流域水资源应充分考虑生态保护的最低需水量，保证灌区及流域下游的生态安全。实施“以水定地”“以水定人”、以水为中心确定土地开发规模和生产力布局的战略。从水资源平衡和水生态平衡两方面综合考虑，保护耕地总量动态平衡，避免大规模移民和无序开荒，提高水土资源的匹配效率。确定合理的土地开发规模和洗盐排碱速度，防止开发过程引起的土地次生盐渍化和水资源二次污染。

② 加大水体污染防治和污水处理力度，实现人水和谐。要严格限制高耗水、重污染企业发展，关停重污染和不能达标排放的企业，逐步实现清洁生产，严格执行环境影响评价制度；建设垃圾池和小型污水处理池，生活垃圾专场堆放、清理，生活污水经过净化处理后方可排入河道，大力推广生态农业和生态养殖工程。实行工业、农业、生活污染全面治理，上游、中游、下游协调发展，生产、生活和生态用水合理分配，实现人水和谐，确保流域水资源可持续利用。

③ 加强石油河复合型污染治理。加大该流域内石油化工类园区的的污染整治力度，加强非常规污染物挥发酚、石油类的监测与治理。

2. 柴达木盆地

（1）格尔木河

① 格尔木河下游实行工业污染物排放总量控制，工业废水按照允许排放总量配额，不得将未经处理达标的工业废水排入察尔汗盐湖。

② 控制上游地下水开采规模。合理地规划、统筹格尔木河流域地下水水资源开发利用，提高淡水利用效率，减少工业用水量，保障有充足的水量补给东达布逊盐湖，维持东达布逊盐湖生态和盐湖工业的可持续发展。

③ 格尔木河下游实行工业污染物排放总量控制，工业废水按照允许排放总量配额，不得将未经处理达标的工业废水排入察尔汗盐湖。严格限制高耗水、高污染产业规模的盲目扩张。实行严格的用水定额标准，推广最佳实用污水处理技术，严格控制水污染物排放。

④ 加强城市和工业园区污水处理和再生水利用工程建设，提高工业部门水的重复利用率及污水收集率，将生活污水处理厂全部深度处理回用，与工业低质用水用于园林绿化，低盐度的工业废水处理后建议全部用于产区及公路沿线绿化。

⑤ 构建淡水湖 - 咸水湖结构的健康水循环方式。在格尔木河下游与达布逊湖之间建一个淡水库，调节格尔木径流，尤其在洪水期储存上游淡水，避免大量淡水直接进入咸水湖，提高水资源的利用率，调节咸水湖的水盐平衡，同时改善周围生态环境。

（2）巴音河

① 保证下游可鲁克湖—托素湖生态需水不减少、绿洲生态不退化、盐化资源可持续开发。特别要采取有力措施保障巴音河下游及可鲁克湖的生态需水，维护可鲁克湖的淡水特性，枯水年盐度不超过 5‰。

② 严格控制巴音河的纳污总量，工业废水“零”排放。加强产业发展导向，合理调整工

业布局、产业结构和用水结构，严格限制新上高耗水、高污染项目，鼓励发展用水效率高的产业，加快高科技、低污染、低耗能的项目引资落户，改进生产工艺和加强废水处理，加强城市和工业园区再生水利用工程建设，提高工业部门水的重复利用率，实行工业废水“零”排放。

3. 天山北麓诸河

（1）艾比湖

① 确保生态补水量不被区域经济发展用水挤占。

加快实施艾比湖流域生态环境保护工程，推进流域生态环境综合治理进程，确保艾比湖生态补水量，近期维持湖面面积不减少，远期达到 800 ～ 1 000 km^2。并保证盐湖卤虫生存和发展需要的特定生态环境和适宜的盐度范围。

提升城市污水收集处理率，加大再生水回用力度。加快城镇生活污水处理设施建设和提标改造，加大配套管网建设力度，城镇生活污水集中处理率达到 90%，城镇污水处理设施出水达到一级 B 标准。推进生活污水再生回用，减少奎屯河入河污染物。

② 加强奎屯—独山子区域工业废水治理和风险防范力度。

继续加大奎屯—独山子区域石油化工、化学纤维制造、农副产品加工等重点行业水污染深度治理和工艺技术改造力度，提高污染治理水平。鼓励工业企业开展水资源重复利用和污水综合利用。工业废水排放稳定达标率达到 80% 以上。

加大对奎屯—独山子重大能源化工基地的污染控制和环境风险防范力度，以及塔城地区皮革鞣制加工、黑色金属采选和冶炼行业重金属防控，确保水环境安全。

（2）玛纳斯河

① 控制面源污染，提倡高效节水农业。加快高效节水农业建设，加强大中型灌区续建配套和节水改造工程建设，全面推广滴灌技术，因地制宜发展喷灌、管道灌等节水技术，大力发展旱作节水农业，改善灌区灌溉条件，建立标准化、规范化高效节水综合示范区。

② 建设蘑菇湖再生水库。加快城镇生活污水处理设施建设和提标改造，加大配套管网建设力度，完善市政污水管网，提高污水收集率，使城镇生活污水集中处理率达到 90%以上，城镇污水处理设施出水达到一级 B 标准。开展相关整治工作，将蘑菇湖建设成为再生水库，收纳周边地区达标排放的生活污水，减轻夹河子、大泉沟水库的污染负荷。

③ 加强工业废水治理，提高水资源利用率。继续加大化学纤维制造、农副产品加工等重点行业水污染深度治理和工艺技术改造力度，提高污染治理水平。鼓励工业企业开展水资源重复利用和污水综合利用，提高再生水和工业用水的重复利用率。推进清洁生产的实施。

（3）乌鲁木齐河诸河

① 严格限制上游高功能保护区的资源开发，确保下游饮用水和工农业用水安全。加强河流上游地区环境安全隐患排查和治理工作，水源涵养区内的工矿企业予以搬迁。

② 加快城镇生活污水处理设施建设和提标改造，提高城镇污水收集和处理能力，城镇生活污水集中处理率达到 95%；鼓励和支持污水处理收费和污水产业化制度改革，推动处理后污水综合利用；加强城镇污水处理厂的在线监测和环境监察，保障污水处理设施正常运行。

③ 加大化学原料及化学制品制造业、造纸业等重点行业水污染深度治理和工艺技术改造力度，提高污染治理水平。力争工业废水稳定达标率达到 80%以上。鼓励工业企业开展水资源重复利用和污水综合利用。关停不符合产业政策的涉水落后产能企业或生产线；推行清洁

生产，鼓励造纸、食品等工业企业用水重复利用和污水综合利用。

④ 区域高盐度及含重金属的工业废水、石油炼化过程产生的废油、废酸、废碱等禁止排入河道，建议全部通过管道引入远离绿洲的荒漠，充分利用当地太阳能和土地资源，利用防渗蒸发池—固废处理场—危废处理厂的完整处理处置链，避免二次污染。在昌吉建设符合环保要求的危险废物集中处置中心，加强区域危废处置能力。

4. 吐哈盆地

① 优化联合调度水利工程和坎儿井水资源供给，维持地下水低水位运行。严格控制地下水资源超采，逐步恢复地下水合理水位。强化节约用水，提高水资源利用效率。保证耕地面积不增加。严格控制经济社会用水，增加天然绿洲用水比例。力争区域坎儿井条数恢复到20世纪50年代水平。

② 加快高效节水农业建设，加强大中型灌区续建配套和节水改造工程建设，全面推广滴灌技术，因地制宜发展喷灌、管道灌等节水技术，大力发展旱作节水农业，改善灌区灌溉条件，建立标准化、规范化的高效节水综合示范区，促进现代农业发展。

③ 加快城镇生活污水处理设施建设和提标改造，加大配套管网建设力度，城镇生活污水集中处理率达到95%，污水处理厂尾水尽可能回用。

④ 加强工业废水治理和管控，建设符合环保要求的危险废物集中处置中心。高盐度及含重金属的工业废水、石油炼化过程产生的废油、废酸、废碱等禁止排入河道，建议全部进入蒸发池蒸发，充分利用当地太阳能和土地资源采用防渗蒸发池—固废处理场—危废处置场的完整处理处置链，避免形成二次污染、影响坎儿井和地下水水质。

柴达木循环经济发展规划战略环境评价专篇

编 写 组

主　　编　李彦武

主要编写人员　李小敏　马建锋　杨荣金　许亚宣　冯　祯　董林艳　赵玉婷　邹广迅　史聆聆　秦海山　陈文东　王海泉　王小莉　赵　娟

第一章

总 则

第一节 项目背景

青海省柴达木地区是一个典型的资源型地区，资源组合优势明显，发展循环经济条件优越。作为西部经济发展相对滞后的地区，柴达木地区面临着加快经济发展和保护生态环境的双重任务，国家期望柴达木地区能够超越廉价资源产地的角色，并通过凝聚国家、地方发展循环经济的智慧，解决好区域经济社会全面协调可持续发展过程中的一系列重大课题。2005年10月，国家六部委将柴达木列为全国首批13个循环经济试点产业园区之一，从国家层面拉开了柴达木循环经济发展及试验区建设的序幕。

2010年3月，国务院批复《青海省柴达木循环经济试验区总体规划》（以下简称《总体规划》），柴达木循环经济试验区总体规划实施提升成为国家区域经济发展战略。

《总体规划》是国家有关青海柴达木盆地以盐湖资源综合开发利用为龙头的循环经济发展方向、路径、发展重点的战略性布局。国务院要求以《总体规划》的实施为契机，“以加快转变经济发展方式为主线，以体制机制创新和科技进步为动力，按照‘减量化、再利用、资源化’原则，综合考虑资源优势、环境承载能力、现有开发强度和发展潜力，统筹传统产业的改造升级和新兴产业的健康发展。切实加强循环经济产业园区规划和建设，积极培育循环经济产业链和循环经济骨干企业，加大循环经济支撑技术的研发和推广力度，努力把试验区建成国家循环经济示范区”。

在《总体规划》修编、报送过程中，中国环境科学研究院接受开展环境影响评价工作任务。时值“十一五”末、“十二五”初期，期间发布中共中央、国务院《关于深入实施西部大开发战略的若干意见》、国务院《中华人民共和国国民经济和社会发展第十二个五年规划纲要》《全国主体功能区规划》，青海省发布《青海省国民经济和社会发展第十二个五年规划纲要》等一系列战略性文件。2011年环境保护部组织实施《西部大开发重点区域和行业发展战略环境评价项目》，其中，青海柴达木循环经济试验区作为重点区域纳入研究范围。

本规划环评报告依据国家有关法律、法规和政策，国家有关西部大开发的战略布局，结合柴达木循环经济试验区总体规划的特点，以及当地资源环境特点开展工作，在资源环境承载力分析的基础上，对柴达木循环经济试验区总体规划目标、循环型产业体系、规划布局及规模可能造成主要的区域性累积性环境影响，分层次地进行分析、预测和评估；按照在保护中发展，在发展中保护的原则，从优化循环型产业发展、优化产业空间、调控产业发展规模，加强环境保护等宏观决策层面提出对策和建议，促进试验区建设成为国家循环经济示范区。本规划环境评价工作在研究内容和进度上充分考虑了与《西部大开发重点区域和行业发展战略环境评价》的衔接，在关键的资源环境评估、优化发展的调控建议、资源环境保护对策等方面保持一致性；与2013年7月环境保护部发布《关于促进甘青新三省（区）重点区域和产业与环境保护协调发展的指导意见》有关条文对照，在有关柴达木盆地产业发展与生态环境保护要求上保持一致性。

第二节　柴达木盆地的战略定位与主要战略目标

一、国家区域协调发展战略中的地位

1. 西部大开发战略中的重要发展区域

柴达木盆地处于青、甘、新、藏四省（区）交汇的中心地带，是维疆援藏的战略要地和重要门户，是连接东部与西部、西南与西北、内地与边陲的交通枢纽，战略地位将更加突出。同时，柴达木盆地与省（区）内及周边少数民族地区在历史、文化、经济、社会等方面有许多相似之处，共同的地域、共同的民族和共同的宗教信仰，使其形成了一个密不可分的特殊经济文化圈。柴达木盆地的可持续发展，对促进青海民族地区的经济发展，巩固维疆援藏战略地位，确保各族人民安居乐业、和谐共处、共同进步，维护西部少数民族地区的民族团结和社会稳定，具有重要的经济和政治意义。

2. 国家发展循环经济的重要试验区

2005年10月27日，国家发改委等六部委将柴达木列为全国首批13个循环经济试点产业园区之一，从国家层面拉开了柴达木循环经济试验区建设序幕。2006年青海柴达木循环经济发展列入国家“十一五”规划《纲要》，2008年11月《国务院关于支持青海等省藏区经济社会发展的若干意见》（国发〔2008〕34号）明确提出推进柴达木循环经济试验区建设，2010年3月国务院批复柴达木循环经济试验区总体规划，要求“以《总体规划》的实施为契机，着力推动转变经济发展方式和调整经济结构，着力提高经济增长质量和效益，实现试验区经济社会的全面协调可持续发展”。2010年6月，在中共中央、国务院发布的《关于深入实施西部大开发战略的若干意见》中，要求积极推进青海盐湖资源综合利用，推进柴达木循环经济试验区建设。

柴达木盆地地处青藏高原，生态环境脆弱，水资源短缺，适宜人居生存环境空间较小，生态环境的自我修复能力极低，对以资源开发加工为主导的产业发展具有明显的制约。资源富集，品种多，组合好，关联度强，具备构建以盐湖特色优势资源为主导的区域循环经济产业体系条件，能够形成资源、产品、产业多层次的区域循环经济发展体系建设。柴达木盆地

是国家在生态环境脆弱、水资源短缺地区，探索资源综合开发、高效利用、循环利用的重要试验区。

3. 实现全面建成小康社会的先行区

在国务院发布的《全国主体功能区规划》（2010 年 12 月）中，柴达木盆地列为国家层面的主要矿产资源开发布局地区。在《青海省国民经济和社会发展第十二个五年规划纲要》中，柴达木盆地属于青海省主体功能区规划的重点开发区域。青海省区域发展格局规划见图 2-1。加快工业化和城乡一体化进程，打造全国区域循环经济发展示范区和全省统筹城乡一体化发展示范区；构建集群发展、循环开发的城乡产业格局，宜业宜居、和谐共荣的城乡空间格局，协调发展、安全持续的城乡生态格局，率先实现工业化、城乡一体化，率先实现全面小康。

图 2-1 青海省区域发展格局

二、柴达木盆地生态保护战略定位与需求

柴达木盆地地处青藏高原内陆盆地，区域生态相对独立，属盐泽、戈壁等荒漠、半荒漠地区，具有独立水系，镶嵌在国家重要生态功能区和生态屏障之间，见图 2-2。在空间开发布局战略中，青海省生态建设将形成以三江源草原草甸湿地生态功能区为屏障、以青海湖草

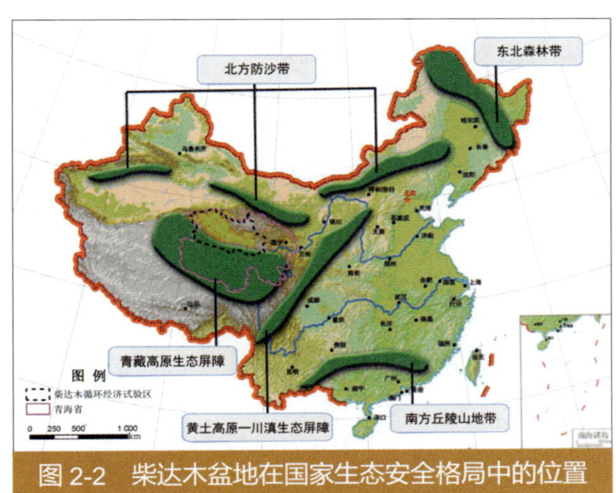

图 2-2 柴达木盆地在国家生态安全格局中的位置

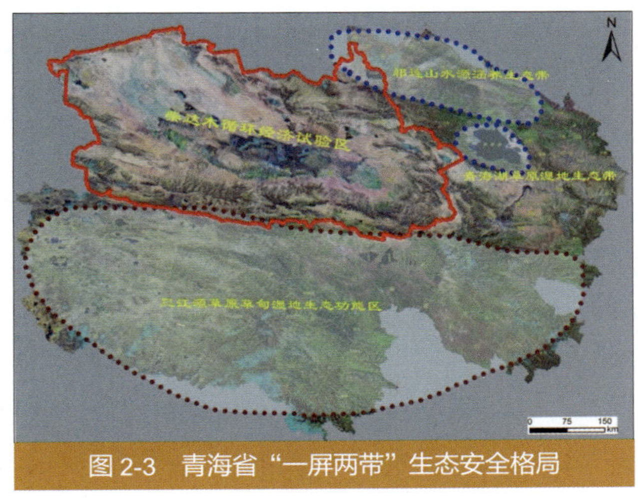
图 2-3 青海省“一屏两带”生态安全格局

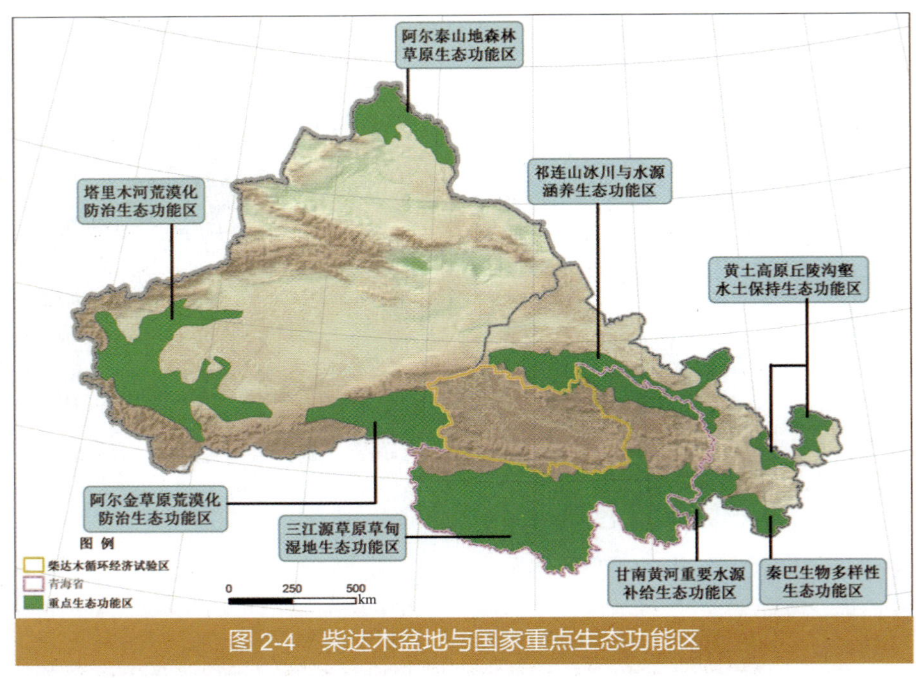

图 2-4 柴达木盆地与国家重点生态功能区

原湿地生态带、祁连山水源涵养生态带为骨架的“一屏两带”生态安全格局，见图 2-3。

柴达木盆地生态保护的战略定位是要协调人工绿洲与天然绿洲、天然湖泊的用水矛盾，保护河湖格局不再萎缩，保持盆地绿洲和荒漠植被基本稳定，阻滞沙漠化东移。

建立一批封禁保护区，加强沙生植被和天然林、草原、湿地保护；实施沙漠化防治工程，以防风固沙工程为重点，加强水资源保护和节水工程建设，合理分配、高效利用水资源，控制地下水位下降，构建以绿洲防护林、天然林和草原、湖泊、湿地点块状分布的圈带型生态格局。见图 2-4。

第三节 试验区环评的工作目标与内容

一、主要工作目标

“尊重自然、顺应自然、保护自然”，以保障柴达木盆地生态系统基本稳定、绿洲生态安全、资源综合利用可持续为目标，按照生态保护优先、在保护中发展、在发展中保护的原则，综合资源优势、环境承载能力、现有开发强度和发展潜力，研究《总体规划》实施过程中优化资源综合开发路径、循环经济产业体系发展方向和重点，确定试验区建设发展的环境保护对策机制，促进试验区建成国家循环经济示范区。

二、评价重点

（1）区域资源环境承载力分析；
（2）区域性长期累积环境影响与风险评估；
（3）循环型产业发展体系建设的优化与调控；
（4）资源环境协调的产业空间布局的优化与调控；
（5）基于生态保护优先的产业发展调控。

三、主要工作步骤

战略环境评价的基本步骤见图 2-5。

（1）采用“驱动力—压力—状态—响应”模式。

（2）综合运用资源环境承载力分析、环境数学模型、叠图法、清单法、类比分析法。

资源环境承载力分析用于识别水资源、土地资源、环境容量对社会经济发展强度的承载；环境数学模型用于水与大气环境要素的环境质量模拟与环境容量计算；叠图法用于综合反映环境和资源分布的空间特征，以及分析社会—经济—环境间的制约和互动关系；清单法用于确立规划实施与环境要素的关系，以及相应的定性或者半定性的评价；类比分析法用于经济发展规模、产业发展规模、环境保护水平的同类型对比。

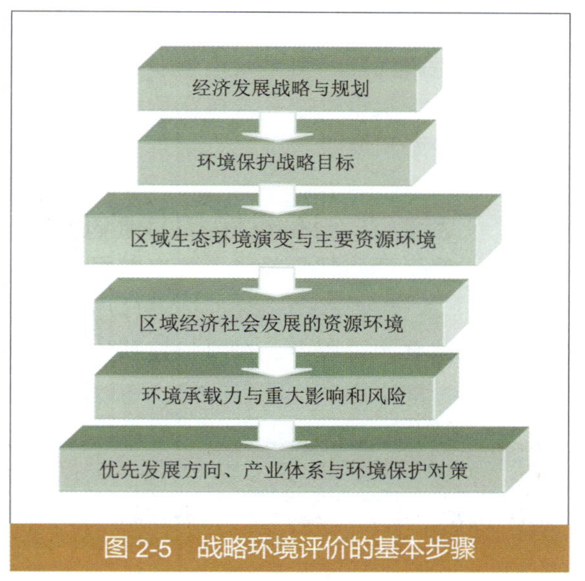

图 2-5　战略环境评价的基本步骤

第四节　柴达木盆地生态环境保护战略目标

一、柴达木盆地生态安全格局构想

柴达木盆地生态安全格局的基本目标：协调人工绿洲与天然绿洲、天然湖泊的用水矛盾，保护目前的河湖格局不再萎缩，保持盆地绿洲和荒漠植被基本稳定。见图 2-6。

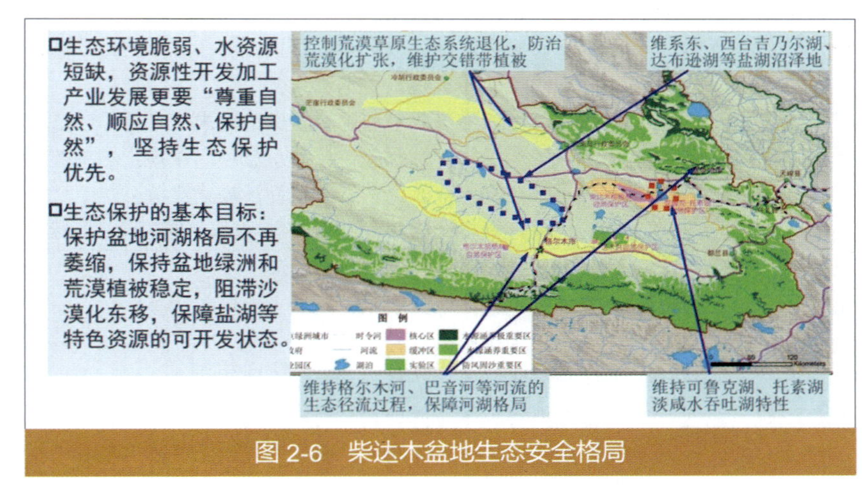

图 2-6　柴达木盆地生态安全格局

（1）在现有技术水平下，必须保障盐湖处于晶间卤水状态，以维护盐湖资源的可开发状态。湖泊水量主要是通过河流补给，必须维持相应的径流量。

（2）自然生态环境极其脆弱，生态系统的扰动难以恢复，必须保护细土带的天然植被基本不退化。

（3）东部干旱荒漠草原区（包括巴音河德令哈、都兰河希赛、柴达木河都兰）是盆地内人工绿洲主要分布区域，控制荒漠草原生态系统退化，防止荒漠化扩张。德令哈应维持可鲁克湖（淡水湖）不萎缩；减缓托素湖和尕海湖的萎缩，维护交错带的植被。

（4）西部极干旱荒漠区（包括茫崖冷湖、鱼卡河大小柴旦、那棱格勒河乌图美仁和格尔木河格尔木）保护天然荒漠生态系统，防止荒漠化扩张，确保工业生产生态安全、城镇生活生态优化、交通要道畅通。格尔木应维系东、西台吉乃尔湖，西达布逊湖盐沼泽地，以及山前细土带生态；维持东达布逊湖湖面积和周围的盐沼泽地。大小柴旦应维持小柴旦湖、大柴旦湖和德宗马海湖的湖面积。

二、环境保护战略目标

根据柴达木盆地资源环境特征和经济社会可持续发展战略需求，在建设循环经济型产业体系的过程中，在执行规划的环境保护措施的同时，应同时满足长期的、区域的生态环境保护战略需求。环境保护战略目标见表 2-1。

表 2-1 柴达木盆地环境保护战略目标

环境主题	环境保护目标
生态环境	· 实现青海省构建“一屏两带”生态安全格局建设目标； · 维持水源涵养、保持水土、防风固沙、生物多样性功能不退化； · 维持自然保护区内湖泊湿地不萎缩； · 维持主要河（湖）的生态流量过程和生态用水量，生态环境质量不恶化； · 风沙得到有效控制，不新增风沙源； · 绿洲面积不萎缩； · 有效控制矿产资源开发导致的生态破坏
水资源 / 水环境	· 合理开发利用水资源，提高水资源利用效率，实现《总体规划》的节水目标； · 维护格尔木河、巴音河等重要河流的生态流量过程，湖泊不萎缩； · 维持和保护河流（湖、库）和地下水环境功能； · 水污染物达标排放，排放总量控制在规定的排放水平； · 保障城镇和农村饮用水源安全
大气环境	· 区域环境空气质量满足二级标准要求； · 大气污染物达标排放，排放总量控制在规定的排放水平； · 有效控制冶金、化工行业特征污染物排放； · 促进煤炭资源洁净化利用，实现清洁能源利用目标
水土保持 / 土地资源	· 节约建设用地，维持耕地面积； · 控制土地次生盐渍化，防治土地退化； · 有效控制矿产资源开发的水土流失； · 减少对盐壳、沙化、荒漠化土地的扰动
工业污染控制	· 全面实现《总体规划》确定的资源综合利用和工业污染控制指标； · 全面完成《总体规划》确定的工业园区环保基础设施建设工程

第二章

《总体规划》简介

第一节　指导思想与基本原则

一、指导思想

以邓小平理论、“三个代表”和科学发展观重要思想为指导，遵循《循环经济促进法》等相关法律法规，以经济建设为中心，保护生态为前提，科技创新为支撑，特色优势资源综合利用为切入点，循环经济工业园区建设为载体，按照循环经济“减量化、再利用、资源化”的理念，统筹资源集约利用与产业协调发展，构建以盐湖化工为核心的循环经济主导产业发展体系，探索资源型、生态脆弱型地区可持续发展新模式。

二、基本原则

规划方案编制遵循以下五条基本原则：

（1）统筹规划，合理布局；

（2）保护生态，协调发展；

（3）科学发展，先行先试；

（4）集约利用，循环发展；

（5）科技支撑，市场引导。

第二节　规划发展目标

柴达木循环经济试验区规划发展分两个阶段：第一阶段：2010—2015 年，第二阶段：2015—2020 年。规划基准年：2008 年。

一、第一阶段（2010—2015 年）发展目标

初步构建以盐湖资源综合开发为核心的循环型产业体系，关键领域科技瓶颈取得突破，基本建成盐湖化工、大型钾肥及石油天然气化工基地，资源综合利用、循环经济效益逐步显现，一批循环经济典型示范企业培育形成，基础设施明显改善，生态建设能力显著提高，社会事业全面进步。

二、第二阶段（2016—2020 年）规划目标

基本形成政策完善、体制完整、机制良好、联动发展、管理有序、保障有力的循环经济发展的推进机制；建立起结构合理、优势突出、集约利用、链条完整的循环经济产业框架体系；资源产出、资源消耗、资源综合回收、废物排放等循环经济主要指标有较大提高，基本实现资源开发专业化、精细化和高附加值化，特色优势产业形成规模，循环经济产业效果开始显现，人与自然和谐相处，经济与社会协调发展，全面实现小康社会目标。

第三节 循环经济主导产业体系发展战略

重点建设“一区四园”，构建“六大产业”，形成具有鲜明特色的循环经济产业体系，全面提升试验区新型工业化、城市化、信息化水平，把试验区建设成为全国特色鲜明的循环经济示范区。

（1）“一区四园”：

“一区”即柴达木循环经济试验区，是以“资源开发、综合利用”为核心，以“低度排放、高效利用”为特点的资源型、区域型循环经济特色产业示范区。

“四园”即格尔木、德令哈、乌兰、大柴旦循环经济工业园。见表 2-2。

表 2-2 试验区循环经济工业园产业分工

工业园区	循环经济产业特色
格尔木循环经济工业园	盐湖化工、石油天然气化工、金属冶金产业融合发展
德令哈循环经济工业园	盐碱化工、硅产业、新型建材产业融合发展
乌兰循环经济工业园	以配套盐湖资源开发为主导、煤炭清洁利用
大柴旦循环经济工业园	能源、煤炭综合利用、盐湖化工一体化发展

（2）“六大产业”：

① 盐湖化工循环型产业（以盐湖资源综合开发利用为核心，以钾资源开发为龙头）；

② 金属业（以盐湖资源综合利用为基础）；

③ 油气化工循环型产业（以配套盐湖资源开发为主导）；

④ 煤炭综合利用产业（以配套盐湖资源开发为前提）；

⑤ 高原特色生物产业；

⑥ 可再生能源产业。

一、循环型产业链的总体框架

通过六个方面的产业连接，形成以盐湖资源开发为核心，融合盐湖化工、天然气化工、煤炭清洁利用、有色金属、建材工业等多产业横向扩展，资源深加工纵向延伸的循环型工业体系。

（1）加快推进盐湖化工、石油天然气化工、煤炭清洁利用、有色金属、新能源等主导产业的融合进程，提升产业关联度；

（2）重点推进盐湖化工、氯碱化工、冶炼等产业副产物的循环利用；

（3）着力推进各类无机盐产品生产工艺过程中产生的固体废物循环利用；

（4）着力推进有色金属冶炼副产品和固体废物的循环利用；

（5）着力推进煤炭清洁利用及建材工业消纳固体废物的循环利用；

（6）切实推进盐湖化工、氯碱化工、金属等产业水资源的高效利用。

按照“以工哺农、以城带乡”的原则，大力推进高原特色生物产业体系建设，积极开拓再生资源产业体系，初步构建起循环型主导产业体系链。循环经济试验区循环型主导产业体系总体框架见图 2-7。

二、循环经济产业链发展重点

围绕主导产业发展以及副产品及废弃物资源化相结合的资源循环圈及多产业融合发展的产业链。大力推进以盐湖钾、钠、镁、锂、硼等特色优势资源开发为核心融合相关产业发展的循环经济产业链，着力打造国家重要的盐湖化工、大型钾肥和石油天然气化工产业基地。着重构建资源综合开发、资源深度加工、副产物资源化循环利用三条循环经济产业链。

1. 资源综合开发循环利用产业链

重点构建以盐湖副产镁钠资源综合利用、盐湖化工—天然气化工、盐湖化工—有色金属工业—天然气化工、盐湖化工—煤化工、煤炭资源综合利用为主的资源综合开发、循环利用循环经济产业链。其中盐湖副产镁、钠资源综合利用循环经济产业链示意如图 2-8 所示。

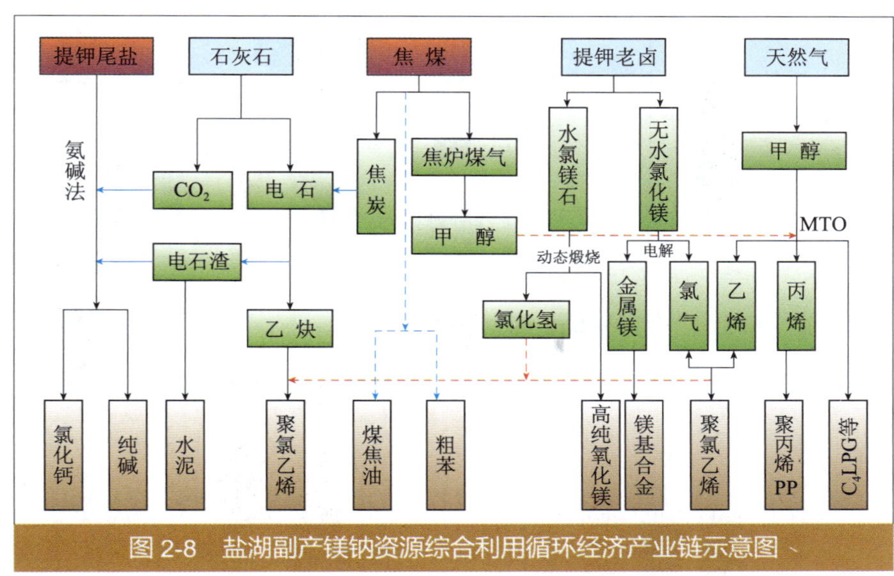

图 2-8 盐湖副产镁钠资源综合利用循环经济产业链示意图

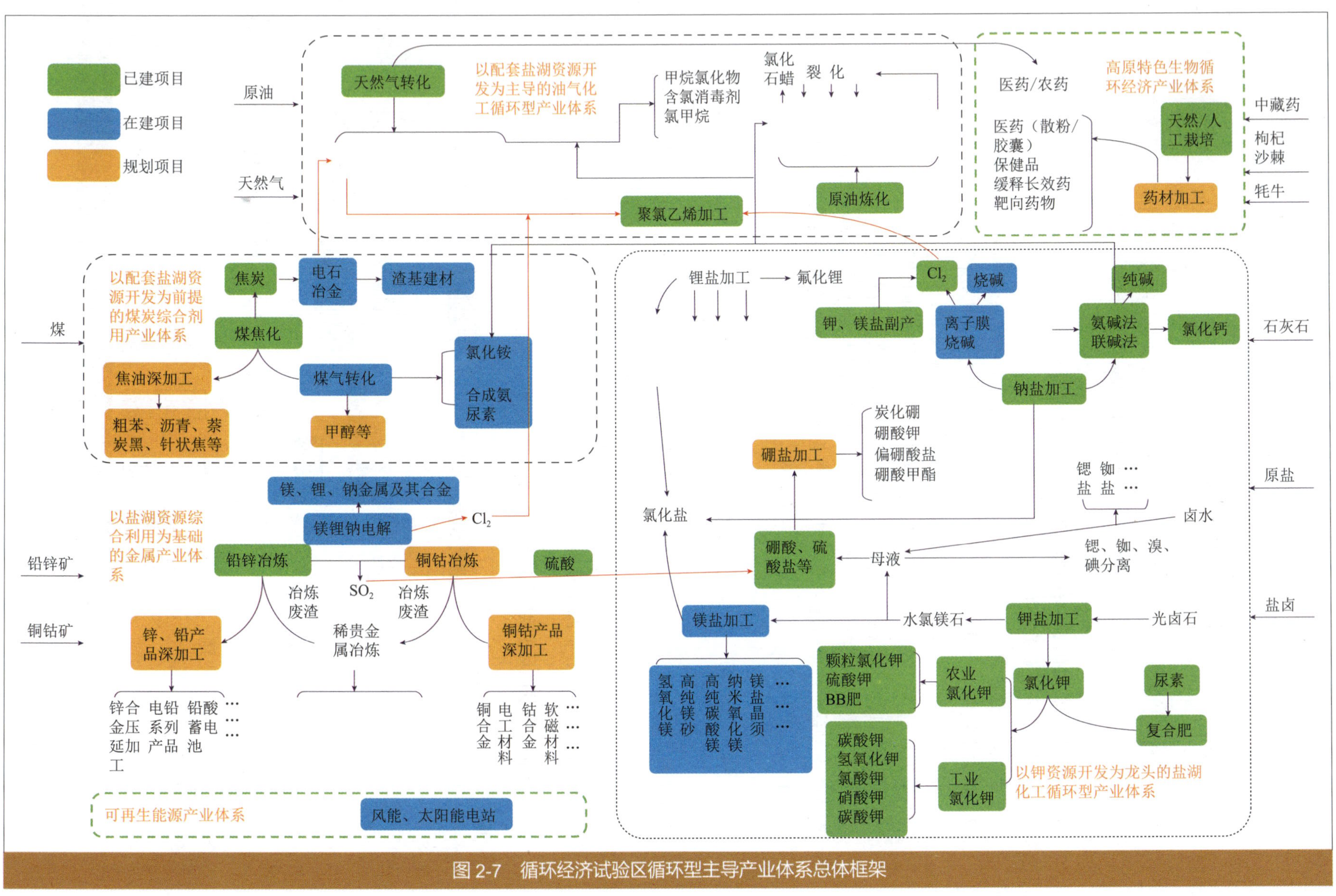

图 2-7 循环经济试验区循环型主导产业体系总体框架

2. 资源深度加工循环利用产业链

包括盐湖资源的集约利用、卤水资源的深度加工和资源综合利用三个组成部分。

盐湖卤水资源的提取利用深度加工循环经济产业链示意如图 2-9 所示。

（1）盐湖资源的集约利用。利用盐湖固体矿溶解技术新增 100 万 t/a 氯化钾项目，利用硫酸盐型盐湖直接生产硫酸钾或硫酸钾镁肥。

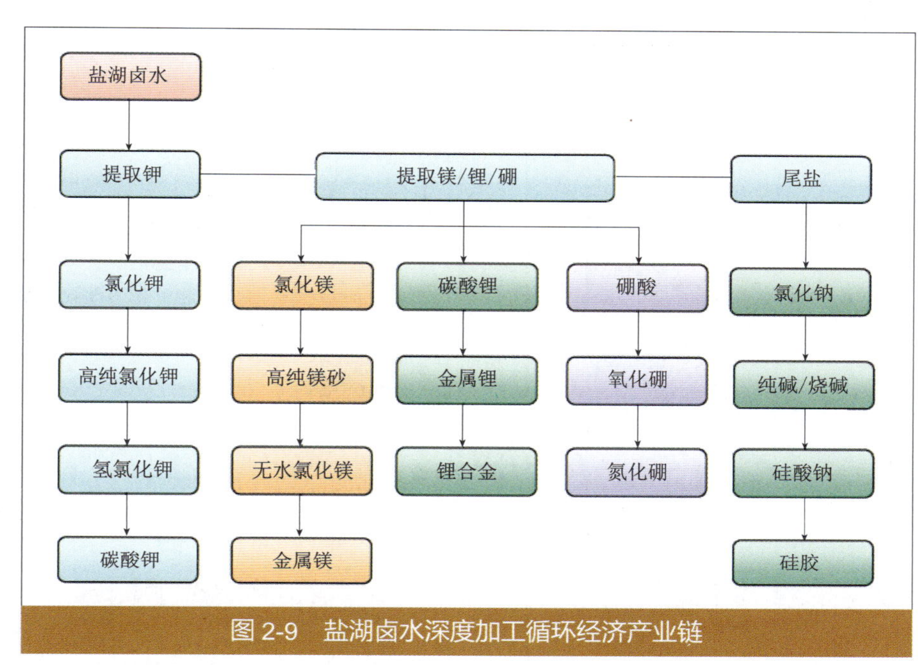

图 2-9　盐湖卤水深度加工循环经济产业链

（2）卤水资源的深度加工。卤水提取氯化钾后，进一步加工，利用氯化钾深加工生产高纯氯化钾、食品及医药级氯化钾、氢氧化钾和碳酸钾等，以提高氯化钾的附加价值；利用生产氯化钾副产的大量氯化钠、水氯镁石生产纯碱、烧碱、精细镁盐如高纯氧化镁、碳酸镁、氢氧化镁等。

（3）资源综合利用。综合利用煤炭资源，采用 IGCC 发电技术，使发电与煤化工结合，通过煤的气化，实现电、热、液体燃料、化工产品等多联供，充分利用煤炭资源；根据盐湖卤水矿产资源伴生元素的利用价值，考虑综合利用提取锂盐、硼化合物和溴等。

3. 副产物资源化循环利用产业链

包括利用相关行业副产物生产市场需要的化工产品、无机盐副产氢气、氯气送去生产 PVC 等，以及以煤矸石、泥煤、中煤为燃料发展建设热电。

（1）利用相关行业副产物生产市场需要的化工产品。如利用电石法 PVC 副产的电石渣浆，替代纯碱生产需要的石灰乳；利用冶金副产硫酸、有机硅副产盐酸及废铁矿、铜矿，生产聚合硫酸铁、聚合氯化铁和硫酸铜；利用煤化工生产中的气化炉渣生产建材等。

（2）将无机盐副产氢气、氯气送去生产 PVC 等，与当地天然气化工、煤化工结合生产高附加值的加氢产品和平衡氯气的产品等。PVC 生产废弃物主要包括电石渣、锅炉炉渣等。利用电石渣、锅炉炉渣制造水泥等建材。

冶金副产物资源化循环利用产业链示意如图 2-10 所示。

三、六大循环型主导产业体系

1. 盐湖化工循环型产业体系

（1）方向与重点：以钾资源开发为核心，大力发展盐湖综合利用梯级产品及其深加工产

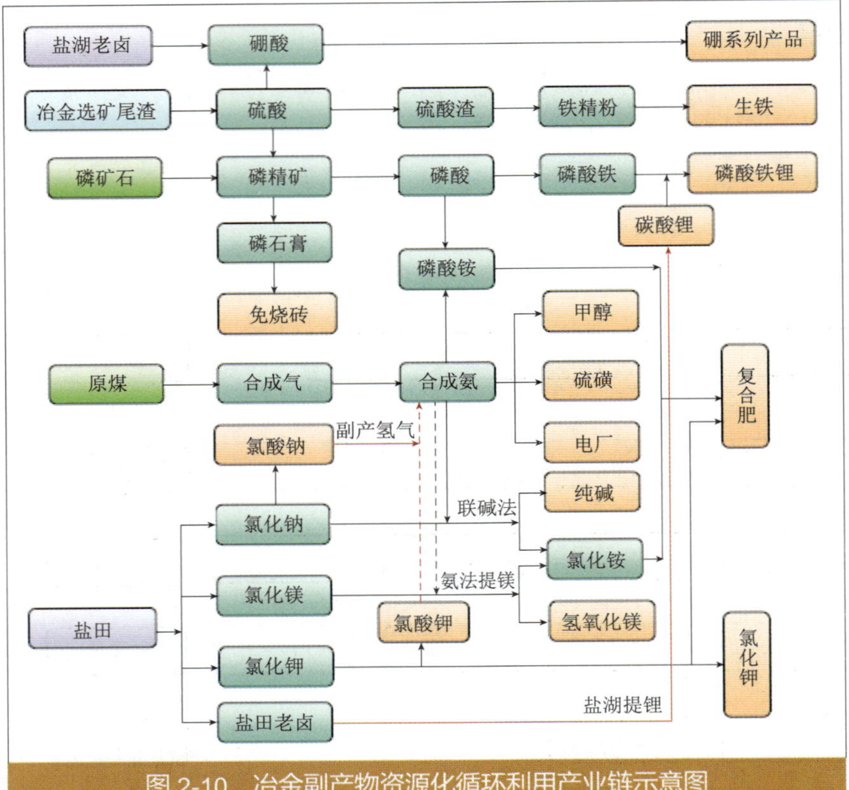

图 2-10　冶金副产物资源化循环利用产业链示意图

图 2-11　盐湖化工循环经济产业链设计示意图

品，形成一系列产品链条。

完善硫酸钾、硝酸钾、氢氧化钾、碳酸钾、复合肥等产业主导产品开发；发展锂盐、金属锂等锂系列产品，硼酸、氧化硼、碳化硼等硼系列产品；加快利用盐湖“老卤”发展无水氯化镁、氢氧化镁、金属镁等产品；利用钾肥生产过程中产生的氯化钠发展纯碱、烧碱、氯酸盐等产品；利用纯碱生产的蒸馏废液发展氯化钙产品。

（2）产业链设计：围绕盐湖卤水资源综合开发，以钾、钠资源开发为基础，以镁资源利用为突破口，深化盐湖资源的合理、有效利用，构建盐湖化工产业群和产业链。盐湖化工产品链设计示意如图 2-11 所示。

构建以钾资源开发为龙头的盐湖化工循环经济产业体系，需要重点建设一批以钾肥、金属镁、氧化镁、纯碱、烧碱、碳酸锂、硼酸、碳酸锶等盐湖资源及其系列开发为主，以配套平衡氯气、氯化氢气体为辅的盐湖资源综合开发及其减量化、再利用重点项目。通过利用盐湖钾肥生产中大量的废弃盐，及配套地区丰富的石灰石等资源，加快钠盐资源的开发利用步伐；重点突破镁资源综合利用难题，推进盐湖镁资源规模开发、产业化利用；促进锂、硼、锶资源开发利用向精细化方向发展，拓展锂、硼、锶等系列产品开发。

2. 金属产业体系

（1）发展方向与重点：着

力推进盐湖钾、钠、镁、锂、钙等轻质金属与镁基合金等新材料产业快速、有序的发展。同时，加强对铅、锌、黄金、铁等金属采选冶炼等传统产业的改造和升级，共伴生矿产资源和矿山废弃物的综合利用，减少生产过程中的资源利用量及废物排放量，采用先进工艺技术提高资源的开采回采率和选矿回收率，综合回收金、银、锌等有色金属和贵重金属。

加快技术创新，在解决盐湖水氯镁石脱水工艺和高效电解镁生产工艺等关键工艺技术的基础上，积极发展电解镁与镁合金等深加工系列产品，做大做强新材料产业。对铅锌矿中除共生和伴生的（黄金、银等）元素外，特别是对铟、镓、锑、镉等贵重和稀有金属，进行综合回收，实现“低开采、高利用、低排放”。有效利用铅、锌、铜冶炼过程中副产的硫酸发展硼酸等盐湖化工产品。

（2）产业链设计：依托有色金属资源优势，以柴达木盆地内以及周边地区的有色和黑色金属资源利用为龙头，优化产品结构，适度发展有色冶炼产业，合理规划布局金属冶炼项目，适度发展冶炼产业和精深加工产品，构建有色冶金产业链。同时，有效利用冶金项目副产的硫酸与盐湖化工相结合，发展盐化工产品，延伸盐化工产业链。见图 2-12。

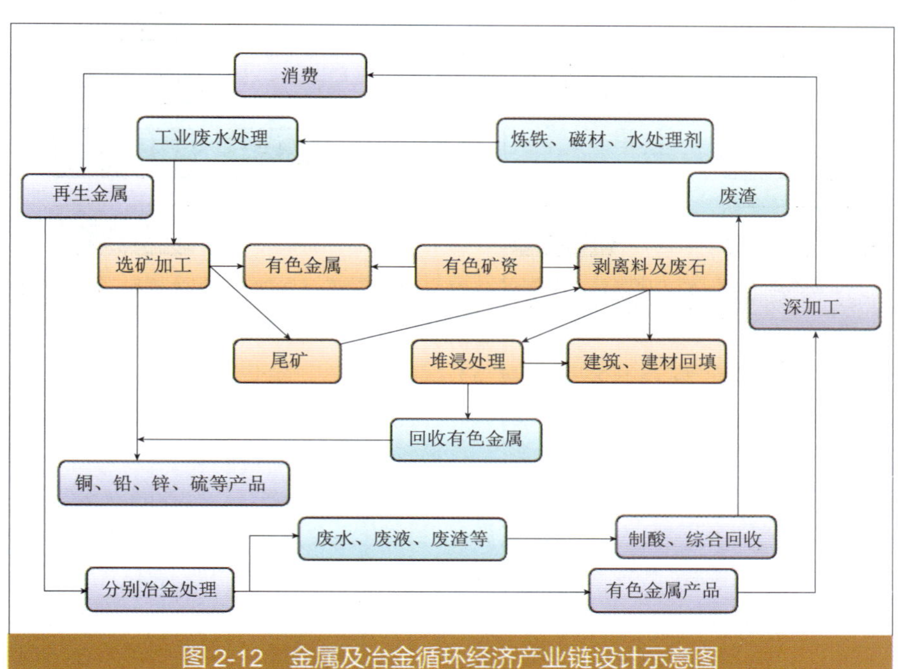

图 2-12　金属及冶金循环经济产业链设计示意图

3. 油气化工循环产业体系

（1）发展方向与重点：通过石油炼制催化裂解工艺，生产乙烯、丙烯，与有色冶金副产的氯结合，生产聚乙烯、聚丙烯、三丙烷等下游产品；盐湖化工副产盐酸可生产硼酸、聚氯乙烯等产品，实现石油主要产品与盐湖工业的联结。

以平衡盐湖化工副产的氯气为主链，实现盐湖化工、石油天然气化工产业的链接、融合发展，促进资源的集约利用。以现有石油天然气化工产业为基础，以发展下游延伸产品链为重点，配套一定规模的丙烯生产能力，积极发展一批市场成长性好的合成树脂、化纤原料、高端精细化工和新材料产品，加强原油加工过程中副产物、废弃物（如沥青、渣油）的综合利用。

（2）产业链设计：以平衡盐湖资源综合利用副产的氯气、氯化氢气体为核心，利用天然气资源，积极推动石化产业与盐化工产业的融合，发展低碳烯烃、苯、聚氯乙烯、聚丙烯、环己酮等下游产品，构建区域性石油天然气化工基地。

构建以配套盐湖资源开发为主导的油气化工循环型产业体系，需要重点建设甲醇蛋白、

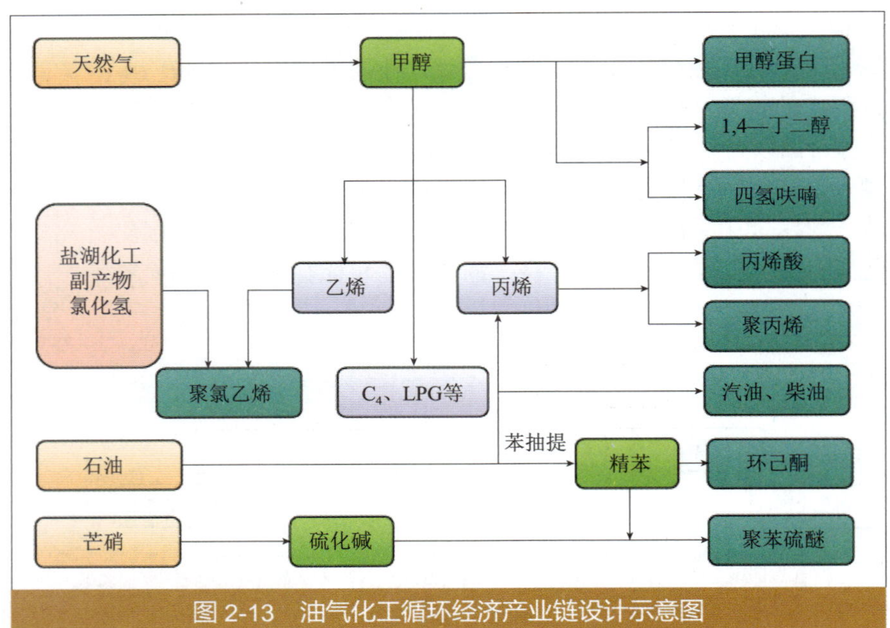

图 2-13 油气化工循环经济产业链设计示意图

甲酸甲酯、环己酮等一批精细化学品项目。见图 2-13。

4. 煤炭综合利用产业体系

（1）发展方向与重点：通过清洁利用煤炭资源，加快煤化能源下游产品，为试验区主导产业提供相关原料，促进盐湖化工—煤化工—天然气化工—冶金产业融合发展。

基于现有煤炭资源及其深加工产品的生产能力，积极推进煤炭资源综合利用，煤炭深加工产业发展，构建“煤炭开发—焦炭及焦油深加工”综合利用的“煤—焦—化”一体化产业链，以及“煤化能源—盐化工—建材”综合利用的“煤—盐—化”一体化产业链，支持引导煤焦油精细化工产品、烧碱、纯碱、聚氯乙烯等下游产业的发展，采用 IGCC 发电技术，使发电与煤化工结合，通过煤的气化，实现电、热、液体燃料、化工产品的多联产，实现煤化能源与盐湖化工等多产业融合发展，形成以煤、盐、有色金属为特色的新型煤化能源基地。

（2）产业链设计：构建煤炭资源清洁利用与盐湖化工产业相融合的盐化 - 能源 - 煤焦化产业链。

构建以盐湖资源综合利用为基础的煤炭资源清洁利用产业体系，需要重点建设煤焦油、粗苯加工、焦炉煤气甲醇、煤矸石砖等一批项目。

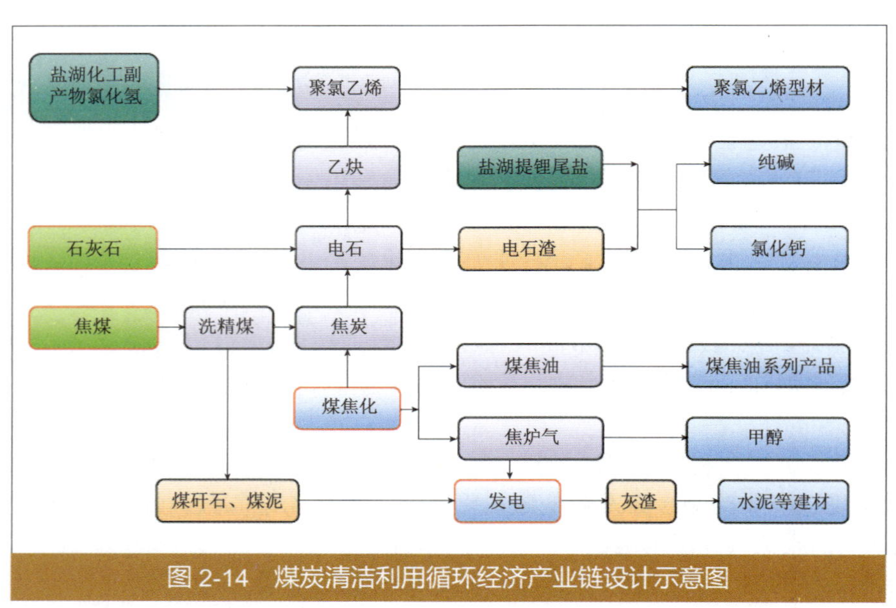

图 2-14 煤炭清洁利用循环经济产业链设计示意图

采用先进的整体煤气化联合循环 IGCC 发电技术，建设煤、电、化一体化装置，构建以煤气化为核心的多联产能源化工循环产业链，近期重点发展煤制合成氨、尿素等产品，为盐湖化工和氯碱化工的发展提供原料。

以现有的焦炭、煤焦油产能为基础，构建焦煤开发—焦炭及焦油等综合利用的煤焦化产业链。远期研究煤制烯烃发展。见图 2-14。

5. 高原特色生物循环产业体系

（1）发展方向与重点：以提高柴达木生物产业的自主创新能力为主线，突出高原生物产业发展的重点与特色，强化原料基地建设；着力发展具有相对资源、技术优势的产品和产业，通过生物产业重点项目的实施带动技术突破和产业壮大。

立足地区特色和比较优势，加大科技创新力度，提高成功转化和产业化水平；不断优化生物产业、调整产品结构，发展适应市场需求的、有资源优势的、具有柴达木特色的生物产业；实施名牌战略，开发名优产品；从构建产业链群的需要出发，积极延伸拓展产业链，统筹规划生物产业的加工基地、原料基地和生物服务业的发展布局。

（2）产业链设计：产业链由生物农业产业、生物医药产业和生物环保产业 3 个分支组成。重点高原特色生物循环经济产业链示意图见图 2-15。

生物农业产业。依靠技术和设备引进延长产业链，发展特色植物资源加工生产；以牦牛、高原毛肉兼用半细毛羊、柴达木山羊及藏系绵羊等为重点，通过合理布局形成饲料加工、架子牛饲养、肥育牛饲养、有机肥加工、成品肉分类处理生产系统；依托屠宰及肉类加工业的副产品，对牦牛、高原毛肉兼用半细毛羊等奶、皮、骨、血、毛、绒等进行深度加工和综合利用。

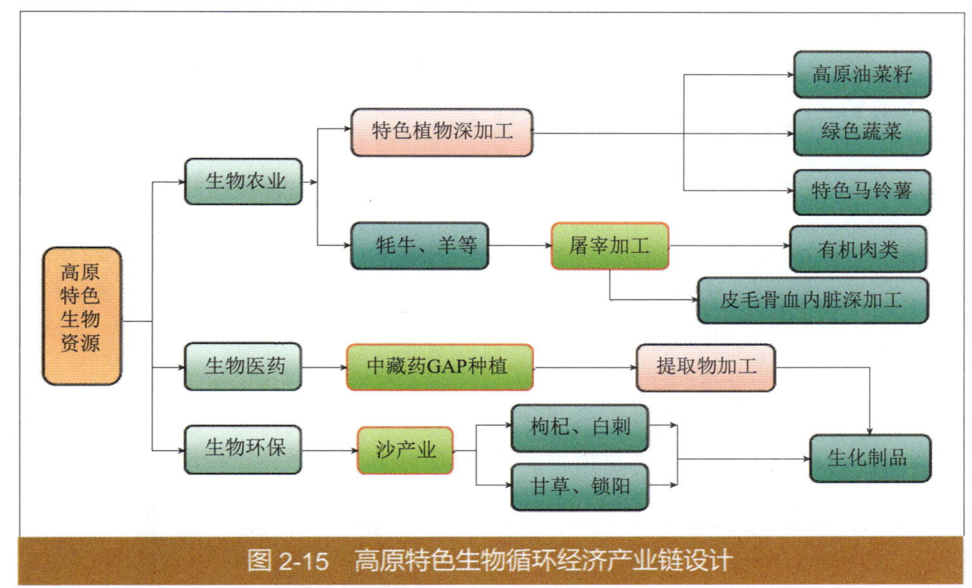

图 2-15　高原特色生物循环经济产业链设计

生物医药产业。依托特色的药用中藏药植物资源，以当地药材标准化种植基地建设为基础，重点发展药材提取物加工工业。

生物环保产业。根据柴达木盆地沙化土地分别的特点，积极发展沙产业，重点发展枸杞、白刺、罗布麻、甘草、黄芪、锁阳等沙生、旱生、荒漠半荒漠草原区和风沙区草种与树种。同时，形成人工栽培的药食两用植物等中藏药材的优质原料基地。

重点建设通心舒胶囊等中藏药开发，牦牛繁育基地及生物制品开发，青稞育种、生产及深加工基地、马铃薯全粉、变性淀粉、洋葱出口基地，枸杞种植基地配套综合深加工等一批重点项目。

6. 可再生能源产业体系

（1）发展方向与重点：培育壮大太阳能综合利用、风电等新兴产业，使新能源产业对地区经济发展的贡献进一步提高，在经济发展中的地位进一步增强。

加快发展太阳能综合利用，逐步提高太阳能能源在地区能源消费中的比重，通过大型太阳能并网电站的开发建设，向主网输送清洁能源，减少化石能源消耗，积极应对气候变化；加快推进风能资源开发利用，重点大网尚未覆盖的独立工矿区、偏远农牧区建设风能发电、风光互补电源点，以促进风能开发利用；通过推广离网光伏发电、太阳能集热利用，改善农牧区生产、生活用能条件，实施游牧民定居工程，巩固地区生态环境建设；通过太阳能光伏建筑一体化、太阳能路灯建设，节约城市用能，促进节能减排；通过太阳能综合利用，带动太阳能产业的快速发展。

（2）产业链设计：科学开发太阳能、风能等可再生能源、新能源，加快构建制备制造——太阳能发电、风电产业和风光互补、水光互补、光热发电——产业消纳循环经济利用产业链。

构建可再生能源产业体系，需要重点建设一批风能、太阳能等新能源产业项目。其中风电装机容量 1 000 MW，太阳能发电装机 2 000 MW。相当于年可减排二氧化硫 1.7 万 t、氮氧化物 4.21 万 t、烟尘 2.51 万 t、二氧化碳 549 万 t，灰渣 55 万 t、节约煤炭 220 万 t。

第四节　循环经济工业园区总体战略布局

先期重点构建以格尔木、德令哈、大柴旦、乌兰循环经济工业园为主的专业集成、配置高效、投资集中、效益集聚、结构合理、资源集约利用的循环经济产业群，打造循环经济的示范核心企业，辐射带动都兰、天峻、冷湖、茫崖等区域的资源综合开发、产业发展。见图 2-16。

1. 格尔木循环经济工业园

（1）发展定位。主要通过盐湖化工、油气化工、冶金产业间产品、副产品或废弃物的物流、能流交换，进行产业链延伸和耦合，逐步形成以钾、钠、镁、锂、硼等盐湖资源精深加工、循环利用和产业延伸为重点的综合开发格局，辐射带动茫崖、冷湖、大柴旦、都兰等地的循环经济产业发展。

建设盐湖化工、石油化工、有色金属 3 个循环经济专业区，总规划面积为 92.67 km^2。

（2）循环型产业链设计。以盐湖化工产业为核心，推动以钾、钠、镁、锂、硼等精深加工为重点的综合开发利用，构建以盐湖化工、油气产业、有色金属产业间融合发展的特色产业链；通过资源—产品—副产物之间互为原料进行产业链延伸和耦合，形成各产业循环型工业发展格局。

图 2-16　柴达木循环经济试验区工业园区布局

2. 德令哈工业园

（1）发展定位。主要利用德令哈及周边地区丰富的石灰石、石英等非金属矿资源和钠盐、天然气资源，结合盐湖化工大力发展纯碱、烧碱、氯化钙、有机硅等相关产品，构建两碱化工、新型建材产业链，辐射带动乌兰、都兰等地区循环经济产业发展。

建设纯碱、氯碱两个循环经济产业区，近期规划占地面积约为16.5 km^2，远景用地面积规模达到56 km^2。

（2）循环型产业链设计。以盐湖提钾副产的尾盐综合利用为重点，发展纯碱、烧碱、氯化钙等产品，构建两碱化工产业链；以“三废”资源化再利用为重点，加快推进以纯碱蒸氨废液、电石渣利用为重点的废弃物、副产品的高效利用，积极发展氯化钙、水泥等产业；利用当地硅资源，与盐化工产业相结合，延伸发展有机硅产品；以天青石为原料，延伸锶盐产品产业链；形成以石灰石、原盐、煤炭资源开采工业为依托，以发展盐碱工业为重点的发展格局。

3. 大柴旦循环经济工业园

（1）发展定位。主要利用大煤沟、鱼卡、马海湖、大盐滩、昆特依、锡铁山等地丰富的煤炭、盐湖、有色金属资源，着力构建盐湖化工、有色冶金综合利用产业链，辐射带动冷湖、茫崖等地循环经济产业发展。

建设锡铁山铅锌尾渣与盐湖资源综合利用精细化工产业区、饮马峡盐湖化工与煤炭资源清洁利用产业区、大柴旦盐化产业区，规划面积为34.6 km^2。

（2）循环型产业链设计。以煤的清洁利用为龙头，充分利用区间丰富的煤、铅、锌、金、钾、硼、锂、芒硝等资源，着力构建能源—煤化—盐化—冶金产业链，重点发展动力煤、硅胶、硼系列产品及硫酸钾、锂、溴深加工产品；最终构建形成盐湖化工—煤化工—天然气化工—冶金循环经济产业链。

4. 乌兰循环经济工业园

（1）发展定位。主要利用木里丰富的焦煤资源，积极推进煤炭深加工和综合利用，构建煤—焦化一体化产业链，发展煤焦油、苯等精细化工产品、焦炉气甲醇及甲醇下游系列产品，辐射带动天峻地区循环经济产业发展。

建设乌兰焦煤资源清洁利用循环经济园区，近期规划面积约为4 km^2，远期规划面积为10.5 km^2。

（2）循环经济产业链设计。积极有序推进木里丰富的焦煤资源深加工和综合利用，构建煤—焦化一体化产业链，建成柴达木的煤焦化工基地。发展煤焦油精制、焦炉煤气制甲醇、甲醇系列产品及精制盐、金属钠、硫酸钾、甲醇钠、双乙醇钠等下游产品，实现煤化工与盐湖化工等多产业融合发展。

第三章

区域环境现状

第一节　自然环境概况

一、自然概况

1. 地理位置

柴达木循环经济试验区位于青海省西北部，东西长约 850 km，南北宽 350 ～ 450 km，总面积为 25.6 万 km^2，主体为我国四大盆地之一的柴达木盆地。试验区行政区划上隶属于青海省海西蒙古族藏族自治州，占全州总面积的 85.1%，占全省土地面积的 35.4%。见图 2-17。

图 2-17　柴达木循环经济试验区地理位置图

2. 地形地貌

柴达木盆地北祁连、南昆仑，西有阿尔金山。地形略呈菱形状分布，地势由西北向东南倾斜，盆地边缘为山地。平均海拔在 3 000 m 左右，地势平坦，地貌类型相对简单，以洪积扇和洪积倾斜平原、湖泊平原、风蚀地貌、风沙堆积地貌，以及干燥剥蚀山地五种为主，区内湖泊、盐湖多且面积大。

3. 气象气候

气候独特，四季不分明，常年干旱少雨、多风，属典型的高原干旱大陆性气候。全区多年年均降水量不足 200 mm，年蒸发量为 3 000 mm 左右，年均相对湿度不到 35%；太阳辐射强，日照时数长，昼夜温差大，年平均日照时数为 2 916 h，年总辐射量为 164 ～ 177 kcal/cm²，是青海省辐射量最多的地区，在全国范围内，仅次于西藏的中部和西南部；年平均气温在 –5.6 ～ 5.2℃，日温差约为 12.6 ～ 19.8℃，是全国同纬度地区中温差最大的地区之一；年平均风速为 2.6 m/s；最大冻土深度为 88 ～ 229 cm。

4. 水文水系

盆地的河流多发源于四周山区，补给源有冰雪融水、地下水和大气降水。河流具有数目多而分散，流程短而水量小的特点。全盆地共有大小河流 79 条，其中，季节性河流 42 条，暖季丰水，冷季枯水。主要河流按年径流大小次序排列为：那棱格勒河、格尔木河、香日德河、大哈勒腾河、巴音河、诺木洪河、察汗乌苏河、鱼卡河、塔塔棱河等。盆地内所有的大小河流都以盆地为中心，呈聚合状分布，河水通过地表和地下径流最终注入各自的汇水中心，形成尾闾湖。

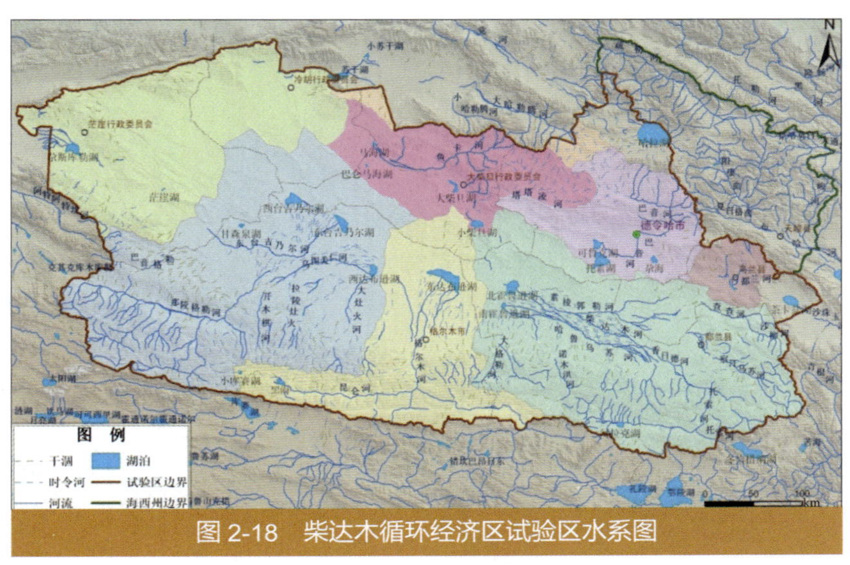

图 2-18　柴达木循环经济区试验区水系图

柴达木盆地内湖泊星罗棋布，面积大于 1 km² 的长年性湖泊共有 28 个，其中咸水湖 6 个、盐湖 21 个。平原湖泊中只有可鲁克湖是淡水湖，面积 57.8 km²；小苏干湖是微咸水湖，其他湖泊均为咸水湖或盐湖。见图 2-18。

二、资源概况

1. 土地资源

柴达木盆缘山地为高山植被，山前平原或坡地多草甸、草原和灌丛，山前平原以下多荒漠植被，盆地中部多为盐壳和盐湖。戈壁荒漠为主的荒漠生态系统，戈壁、荒漠等难利用土地面积为 20.1 万 km²，占总面积的 78.5%。

（1）耕地。可利用土地面积为 37 967.81 万亩，其中：农用地 10 859.9 万亩，占 28.6%；建设用地 180.92 万亩，占 0.5%；水域及水利设施用地 1615.58 万亩，占 4.2%；未利用地 25 320.41 万亩，占 66.7%。

（2）林地。林业用地面积为 2 702.44 万亩，其中：有林地 90.3 万亩，灌木林地 1 139.67 万亩，其他林地 125.96 万亩，宜林地 1 346.78 万亩。森林覆盖率为 3.2%。

（3）湿地。湿地类型主要为沼泽湿地、湖泊湿地、河流湿地和人工湿地。湿地极易受到季节和降水影响，形成季节性湿地，湿地面积波动强烈，当季节变化、降水量或河流补给减少，季节性湿地萎缩或退化为盐碱地或干旱的盐壳。

2. 水资源

昆仑山及周边山区为水资源形成区，大气降水、冰川融水是水资源的主要补给来源，水源涵养的关键区域是宗务隆山、昆仑河—雪水河和西昆仑山。山前平原区为水资源利用、消耗和散失区，湖面蒸发、潜水蒸发和植物蒸腾是水资源的主要排泄方式。

水资源短缺，时空分布不均。多年平均水资源总量为55.88亿 m^3，地表水资源总量为47.47亿 m^3，地下水资源总量为39.54亿 m^3，重复计算量为31.13亿 m^3。单位国土面积水资源量仅为2.0万 m^3/km^2，低于西北诸河单位国土面积水资源量的3.8万 m^3/km^2，是全国最缺水的地区之一。柴达木盆地东、南部水资源相对丰富，占水资源总量的70%，北部和西北部地区水资源极度短缺，仅占水资源总量的30%。山前平原区的地下水，大部分是地表河川水资源的重复部分，水资源具有多次转化和重复利用的特点。

3. 矿产资源

截至2011年年底，累计发现各类矿产86种，产地1 050处，占青海省的59%。探明储量的矿产57种，上储量表的矿产48种，占青海省的55%，占全国的28%。资源潜在经济价值达16.27万亿元，占青海省矿产资源潜在价值的95%，占全国的13%。矿产资源中盐湖矿产12种，主要包括钠盐、镁盐、钾盐、芒硝、天然碱、石膏、硼矿、锂矿、锶矿等；能源矿产3种，即石油、天然气、煤；金属矿产16种，主要包括铁、铬、铜、铅、锌等；非金属矿产27种，主要包括石灰岩、白云岩、硫铁矿、重晶石、蛇纹岩、硅灰石等；水气矿产2种。

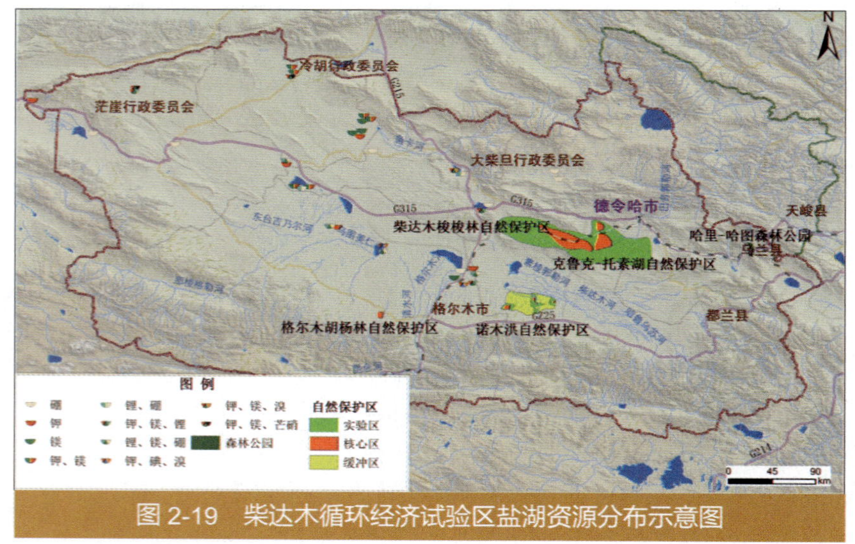

图2-19 柴达木循环经济试验区盐湖资源分布示意图

4. 盐湖资源

柴达木素有“盐的世界”之称，试验区已探明的保有盐湖资源储量：氯化钾8.7亿t、镁盐59.8亿t，氯化钠3 217亿t、芒硝194亿t、锂矿1 724万t、锶矿2 647万t，均居全国首位，其中氯化钾、氯化镁、氯化锂等储量占全国已探明储量的90%以上。硼矿1 742万t，溴储量29万t，居全国第2位。柴达木盆地盐湖资源分布情况见图2-19。

5. 新能源和可再生能源资源

（1）风能。风能资源丰富，年平均风功率密度多在50～100 W/m^2，全年风能可用时间为3 500～5 000 h，出现频率为50%～70%，主导风向大部分地方为偏西风，年平均风速均在3 m/s以上。盆地内风能可用时间频率都在50%以上，全年时数超过4 000 h。

（2）太阳能。太阳辐射强、光照充足。年平均日照时数为3 500 h以上，日照百分率为80%以上，太阳能总辐射量的年平均值为7 300 MJ/m^2 以上，为全国第二高值区。太阳能发电理论装机容量可达 28 亿 kW，理论发电量达到 51 200 亿 kWh，占青海省太阳能理论装机容量及发电量的 90% 左右。在相同面积和容量条件下，光伏并网发电能比相邻的甘肃、新疆多发 15% ～ 25% 的电量。

6. 动植物资源

柴达木盆地植被群落结构简单，组成种类少，植被覆盖度低。据不完全统计，分布有野生植物 647 种，隶属于 58 科，241 属。其中最具特色的物种资源包括枸杞、白刺、沙棘和锁阳等。据不完全统计，分布有各类野生动物 196 种，被列为国家级和省级保护的野生动物有 62 种，属于国家重点保护动物 42 种。

7. 自然保护区和森林公园

柴达木盆地内受保护国土面积主要包括自然保护区和森林公园（图 2-20），面积为 5 529 km^2，占区域总面积的 2.13%。

柴达木循环经济试验区内有 4 个省级自然保护区和 1 个省级森林公园。分别是青海柴达木梭梭林自然保护区、青海格尔木胡杨林自然保护区、青海可鲁克湖—托素湖自然保护区、青海诺木洪自然保护区和乌兰县哈拉哈图森林公园。

图 2-20　柴达木循环经济试验区的自然保护区和森林公园

第二节　社会经济概况

一、行政区域与人口

柴达木盆地所属青海省海西州管辖面积 30.08 万 km^2，下设德令哈、格尔木两市，乌兰、都兰、天峻三县和大柴旦、冷湖、茫崖三行委共 8 个地区，常住人口约为 49.72 万人，人口密度为 1.65 人 / km^2。有汉、蒙古、藏、回、土、撒拉、哈萨克等 30 个民族，以蒙古族、藏族为主体的少数民族人口为 12.25 万人，占总人口的 24.7%；两个中心城市中德令哈市约为 8.36 万人，格尔木市约为 22.66 万人。

二、经济发展概况

“十一五”以来，地区生产总值（GDP）年均增长 17.3%，工业增加值年均增加 19.3%。

图 2-21 试验区 2006—2012 年生产总值增长趋势图

2012 年地区生产总值为 570.3 亿元，固定资产投资 401.9 亿元，占地区生产总值的 70.4%，工业投资 319.8 亿元，占工业增加值的 75.2%。全年实现财政一般预算收入为 139.45 亿元，地方一般预算收入为 44.91 亿元。城镇居民年均可支配收入为 21 152 元，农牧民人均纯收入为 7 916 元。见图 2-21。

1. 产业结构

“十一五”时期，第一、第二、第三产业增加值年均增长率分别为 8.8%、18.7%、13%，三次产业结构由“十五”末期的 3.3 ∶ 74.5 ∶ 22.2 演变为 2012 年的 3.1 ∶ 81.4 ∶ 15.5，第二产业的主导地位增强。见图 2-22。

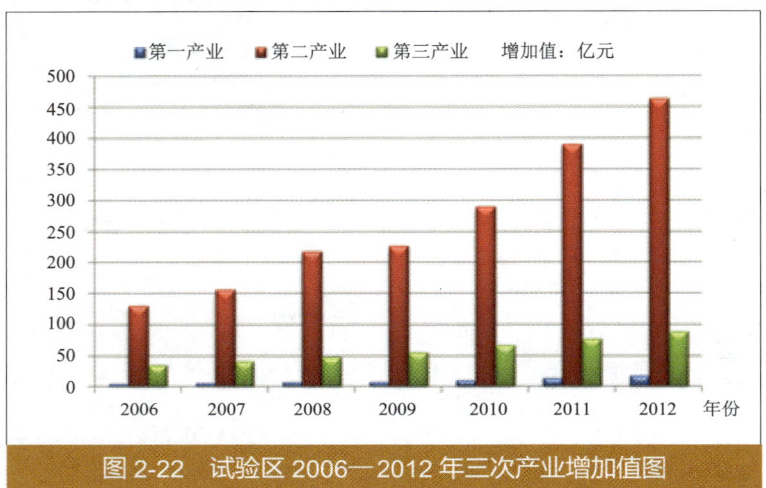

图 2-22 试验区 2006—2012 年三次产业增加值图

2. 优势产业

2012 年工业增加值为 425.1 亿元，重工业增加值占 99.6%。其中，矿产资源开采业（石油、天然气、煤炭、有色金属）工业增加值占 47%，化学原料及化学制品制造业占 25.9%，石油加工及炼焦业占 14.4%。资源开采工业增加值占据半壁江山。在盐湖化工、煤炭、有色金属、建材等行业，培育了盐湖集团、西部矿业、青海碱业、庆华集团、青海中信国安、盐湖海虹、创新矿业、金峰实业、海西化建、青海煤业等一批重点企业。

3. 基础设施

基础设施建设得到加强。到 2012 年年底，公路通车里程达 12 920 km，已基本形成以格尔木、德令哈为中心，以国道、省道为主骨架，以县、乡、村地方公路为脉络的干支相连，通往各行政区、工矿点、旅游景区和广大牧区的公路交通网络，公路密度为 4.1 km/100 km^2。

4. 城镇供水

主要城镇的饮用水水源大多为地下水源，水质总体良好。其中，格尔木市拥有两处地下水饮用水水源地，分别位于格尔木河东岸和西岸；德令哈市拥有一处地下水饮用水水源地，位于巴音河上游；乌兰县城、都兰县城、大柴旦镇、冷湖镇、茫崖镇各拥有一处饮用水水源地。

5. 农业灌溉

柴达木绿洲灌区由 13 个万亩以上的子灌区组成，现状控制灌溉面积为 53.32 万亩。灌区大部分建成于20世纪50～70年代，建设标准低，加上年久失修，干、支渠衬砌破损严重，田间工程不完善，灌溉水利用系数仅为0.3～0.35。格尔木、德令哈地区的灌溉用水量分别占其区域总用水量的59.5%和82.6%。

第三节　循环经济产业发展现状

一、试验区循环经济发展回顾

1. 试验区创建历程

2005年10月，经国务院批准，国家发展改革委、科技部、财政部、环保部、商务部、统计局6部委印发《关于组织开展循环经济试点（第一批）工作的通知》，确定柴达木循环经济试验区为国家第一批循环经济示范试点单位。2005年11月，青海省人民政府成立青海省柴达木循环经济试验区实施工作领导小组及办公室，全面负责试验区的实施和管理工作。2006年3月，青海柴达木循环经济发展列入国家“十一五”规划纲要。2008年11月《国务院关于支持青海等省藏区经济社会发展的若干意见》明确提出推进柴达木循环经济试验区建设。

2010年3月，国务院批复《青海省柴达木循环经济试验区总体规划》，要求“以《总体规划》的实施为契机，着力推动转变经济发展方式和调整经济结构，着力提高经济增长质量和效益，实现试验区经济社会的全面协调可持续发展”。2010年6月，在中共中央、国务院发布的《关于深入实施西部大开发战略的若干意见》中，要求积极推进青海盐湖资源综合利用，推进柴达木循环经济试验区建设。见图2-23。

图2-23　柴达木循环经济试验区创建历程

2011年2月，青海省人民政府批准成立柴达木循环经济试验区管理委员会，常务副省长兼任试验区管委会主任，负责柴达木循环经济试验区实施工作。

试验区政策扶持：试验区除享受国家和青海省关于西部大开发、支持藏区建设、支持循环经济发展等一系列优惠政策外，相继出台《青海省柴达木循环经济试验区循环经济项目认定管理暂行办法》《青海省发展循环经济实施意见》《关于加快推进柴达木循环经济试验区发展的若干意见》《青海省柴达木循环经济试验区循环经济产业发展指南》等扶持政策。

2. 试验区项目建设投资

2006—2012 年，试验区项目建设投产 160 项，投资总额为 2 228 亿元。其中，30.7% 投向盐湖化工产业，19.2% 投向油气化工产业，18.2% 投向煤炭及煤化工（焦化），13.1% 投向金属冶金产业，13.6% 投向可再生能源产业。截至 2012 年年底，建成投产项目 90 项（投资 1 045.5 亿元），形成的生产能力主要分布在盐湖化工、油气化工、可再生能源，以及金属冶金产业。由于技术研发滞后、项目建设缓慢、资源配置尚未落实等因素，大部分投资集中在产业链前端项目或传统产业。工业投资行业分布见图 2-24。

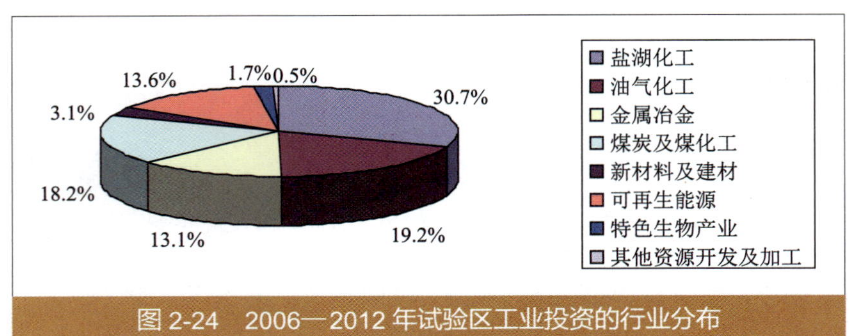

图 2-24 2006—2012 年试验区工业投资的行业分布

2005 年以来，累计投入财政扶持资金 182.46 亿元。其中，支持企业淘汰落后生产工艺、废弃物循环利用、延长产业链、资源综合利用项目建设和循环经济发展资金 25.76 亿元，支持交通、电力、水利、城镇等基础设施建设资金 135 亿元，支持污水、垃圾、生态保护等生态环保能力建设资金 17 亿元；中小企业信用担保体系建设资金 4.7 亿元。

工业投资拉动区域经济增长效应明显。试验区建设 7 年，地区生产总值年均增长 17.5%，工业增加值年均增长 19.3%，在促进资源就地加工增值、增加区域经济总量、提升科技实力的同时，促进和带动了第一、第三产业的发展。

3. 主要资源环境绩效明显提升

循环经济发展取得初步成效。技术进步带动盐湖钾、锂、镁、硼等资源综合开发利用：开始摆脱单一开发和简单初级产品加工的粗放型开发模式，逐步向资源综合开发、集约利用、产品精深加工、产业链网融合转变，开发规模逐步向集团化、产品向系列化方向发展。

2005—2012 年，主要资源环境绩效指标显著提升，见表 2-3。提升了矿产资源综合回收利用率，降低了原材料、能源、水资源消耗，减少了尾矿、尾渣、废气、废水等废物的产生和排放，产生了良好的生态效益。

表 2-3 试验区主要资源环境指标

指标名称	2005 年	2010 年		2012 年	
	基数	数值	变幅 /%	数值	变幅 /%
万元 GDP 综合能耗 /t 标煤	3.07	1.60	−47.8	1.34	−56.4
万元工业增加值取水量 /m^3	221	206	−6.9	201	−9.1
工业用水重复利用率 /%	60	75	+15	78	+18
工业固体废物利用率 /%	20	32.82	+12.8	54.6	+34.6
油气资源综合回收率 /%	21.66	22.76	+5	22.75	5
铁矿资源综合回收率 /%	20	40.2	+20.2	30	+10
有色金属矿产资源综合回收率 /%	18	27	+9	27	+9

指标名称	2005 年	2010 年		2012 年	
	基数	数值	变幅 /%	数值	变幅 /%
非金属矿产资源综合回收率 /%	70	85	+15	90	+20
煤炭回采率 /%	45	59	+14	56	+12
盐湖资源中钾的采收率 /%	60	76	+16	73	+13
镁的回采率 /%	78	87	+9	93	+15
铅矿回采率 /%	54	68	+14	67	+13
锌矿回采率 /%	78	90	+12	86	+8

4. 盐湖资源综合开发的科技支撑作用增强

试验区重点建立了国家级的盐湖资源综合利用工程技术中心，相继在盐湖提钾、提锂、提硼、提镁、光热发电、尾渣利用等方面攻克了反浮选冷结晶、高镁锂比盐湖提钾、老卤提取碳酸锂、水氯镁石制金属镁、水氯镁石石灰法和氨法制氢氧化镁、硫酸镁亚型盐湖资源提硫酸钾等 148 项重大技术难题，推广应用复杂难采矿床开采、多金属矿分离、尾矿资源综合利用以及采选过程智能控制等技术。2012 年科技进步对经济增长的贡献率达到 46.4%，科技支撑作用不断增强。

5. 工业园区环保基础设施建设滞后

城市环保基础设施建设有所进展，在城市污水处理方面，投资 6 950 万元，建成并运行格尔木市 5 万 t/a 及德令哈市 2 万 t/a 城市生活污水处理厂；城市生活垃圾等固体废物处理方面，投资 8 540 万元，建成 2 个医疗废物处置中心、12 个生活垃圾处理场和 4 个垃圾中转站并投入运行。

试验区工业园区环保基础设施建设滞后。与 2 228 亿元工业建设项目投资总额相比较，工业园区环保基础设施建设投资杯水车薪。截至 2012 年年底，仅格尔木就投资 1.3 亿元建成一座工业固体废物填埋场，在建工业园区工业污水处理厂；其他工业园区的工业废水、工业固体废物处置设施均尚未建设；试验区内未建设工业园区集中供热工程和再生水利用工程。

二、试验区主导产业发展现状

2005 年以来，试验区大力培育循环型产业链，积极推动产业结构调整，加强基础设施建设，逐步形成推进循环经济发展的合力，循环经济主导产业链构建取得积极进展。

以盐湖化工为核心、融合油气化工、煤化工、金属冶金、新能源、新材料、特色生物产业共同发展，延伸和扩展了“油气—盐化工”、“煤—焦—盐化工”、“煤化工—盐化工—建材”、“有色金属—天然气—盐化工”等循环经济主导产业链，初步构建起多产业横向扩展和资源纵向延伸相结合的循环型工业产业体系和产品链网，以及副产物和废弃物资源相结合的资源循环圈。

现有产业的发展，一是体现技术进步带动盐湖钾、锂、镁、硼资源综合开发利用的发展，盐湖资源开发开始由单纯的出售资源向初加工和精深加工转变，开发规模逐步向集团化、系列化方向发展；二是体现盐湖资源、煤炭资源、油气资源开发的融合，盐化工—煤化工、盐化工—油气化工融合发展，延伸产业链，循环经济产业体系建设全面起步。

1. 盐湖化工产业

以钾资源开发为龙头的盐湖化工循环型产业体系发展迅速，盐湖资源开发利用开始摆脱单一提取钾肥的粗放型开发模式，钠、镁、锂等伴生资源综合开发利用循环产业体系基本形成：

（1）盐湖钾盐开发产业链：包括钾肥（颗粒氯钾肥、硫酸钾、BB 肥等），工业氯化钾产品（氢氧化钾、碳酸钾、氯酸钾、硝酸钾），以及氯化钾与尿素混合复合肥；生产氢氧化钾、碳酸钾过程副产氯气、氯化氢用于聚氯乙烯生产（格尔木园区）；

（2）盐湖镁盐开发：盐湖提钾老卤中提取氢氧化镁、高纯氧化镁；副产氯气、氯化氢用于聚氯乙烯生产；氨法提取氢氧化镁产生的蒸氨废液用于氯化钙的生产（格尔木园区、德令哈园区）；

（3）盐湖硼、锂资源开发：盐湖卤水提取锂盐生产碳酸锂（格尔木）；盐湖卤水提取硼盐，以有色金属冶金副产硫酸为原料生产硼酸（格尔木、大柴旦）；

（4）钠盐综合利用：盐湖提钾尾盐氨碱法生产纯碱，产生的蒸氨废液生产氯化钙，离子膜法制烧碱，副产氯气用于聚氯乙烯生产（德令哈园区）；

（5）盐湖芒硝资源开发：以芒硝为原料生产硫化碱，依托石化工业的精苯生产聚苯硫醚；

（6）盐化工—煤化工—油气化工的结合：电石法聚氯乙烯消耗烧碱生产过程的副产氯气和氯化氢；天然气—乙炔法聚氯乙烯消耗烧碱生产过程的副产氯气和氯化氢。

2. 油气化工产业

油气资源的利用以配套盐湖资源开发为主导，建设油气化工循环型产业体系。现有和在建的产业主要包括原油加工和天然气转化：

（1）石油化工：原油加工（生产汽油、柴油等成品油）及丙烯、聚丙烯、精苯、环己酮等化工产品生产，现有原油加工产能 150 万 t/a（属于小型炼油装置）（格尔木）；

（2）天然气化工：天然气制甲醇产业链（现有规模 100 万 t/a）；天然气乙炔尾气用于合成氨及尿素生产；天然气 - 乙炔制聚氯乙烯平衡盐湖资源综合利用副产氯气、氯化氢（格尔木）。

3. 煤炭转化

煤炭转化利用以配套盐湖资源开发为前提。目前煤炭转化利用主要集中在传统煤化工领域，主要产品包括焦炭、电石、合成氨。

煤焦化生产化工焦、冶金焦，化工焦用于电石法聚氯乙烯生产，现建、在建炼焦产能为 410 万 t/a。乌兰工业园区炼焦副产焦炉煤气用于发电，德令哈工业园区焦炉煤气用于生产甲醇（20 万 t/a）。

煤制合成氨产能规模为 18 万 t/a，位于大柴旦工业园区的锡铁山矿区。

4. 金属冶炼产业

金属冶炼产业发展以盐湖资源综合利用为基础，一方面通过电解法从盐湖卤水中提取镁、锂、钠金属并进行深加工，镁盐、锂盐加工已初步形成产业链；另一方面利用铅锌矿产资源发展铅锌冶炼，目前以铅锌选矿、铅冶炼生产粗铅为主；铅冶炼尾气制硫酸，产品硫酸作为生产磷酸和硼酸的原料。

三、“四区”形成的循环经济产业格局

按照国务院批复《总体规划》要求，以循环经济和生态工业为指导，以“一区四园”为重点，加快推进格尔木、德令哈、大柴旦、乌兰四个工业园建设。“四区”产业发展现状格局见图 2-25。

1. 格尔木工业园

图 2-25 试验区“四区”产业发展现状格局

重点新建钾肥、炼油扩建、甲醇、钾碱、盐湖提锂、氯酸盐、硝酸钾、ADC 发泡剂、氢氧化镁阻燃剂、金属镁一体化、铁矿开发、球团、粗铅冶炼、新型干法水泥、氯氧镁水泥、燃气电站、矿泉水等产业项目 45 个，光伏发电项目 45 个；基本构建新能源—盐湖化工—煤化工—油气化工—冶金—新材料产业链，形成以钾、钠、镁、锂、硼等精、深加工和以炼油、甲醇、聚氯乙烯、铅锌冶炼、钢铁、建材等为重点的综合开发利用格局。2012 年，实现工业产值 377.7 亿元、工业增加值 205.6 亿元，分别较 2010 年增长 51.4%、46.6%。

2. 德令哈工业园

重点新建纯碱、氯化钙、高纯镁砂、金属硅、废渣水泥、粉煤灰建材、工程结构性板材、镁基合金、装备制造、编织袋等产业项目 38 个，光伏发电项目 13 个，光热发电项目 2 个，风力发电项目 1 个；基本构建以盐湖提钾尾盐—盐碱化工、镁砂—建材产业链为主的共生耦合发展的生态工业网络，形成盐化工产业、新材料产业、新能源产业、装备制造产业、特色生物加工产业五大产业。2012 年，实现工业产值 47.33 亿元、工业增加值 17.4 亿元，分别较 2005 年增长 11.6 倍、11.6 倍。

3. 大柴旦工业园

重点新建纯碱、合成氨、硫酸、煤矸石烧结砖、焙砂氰化尾渣综合回收、硼酸母液综合回收利用、低铁硫化碱、水煤浆、甲硫基乙醛肟等产业项目 21 个，光伏发电项目 3 个；构建了金属采选—硫精矿—硫酸—硼酸—硼镁肥、能源—煤化—盐化—建材产业链。2012 年，实现工业增加值 22.74 亿元，较 2005 年增长 4.6 倍。

4. 乌兰工业园

重点新建煤焦化、煤焦油加工、焦炉气甲醇、焦炉气发电、烯烃、盐湖综合开发等产业项目 13 个，光伏发电项目 8 个，初步构建煤—焦—化一体化、煤—盐—化一体化产业链，煤

焦油精细化工产品、煤炭制甲醇及甲醇制烯烃等下游产业快速发展。2012 年，实现工业产值 66.9 亿元、工业增加值 28 亿元，分别较 2005 年增长了 25.4 倍、24.7 倍。

5. 园区循环化改造

针对试验区建设和循环经济发展中面临产业链短、循环经济层次低、基础设施滞后、部分资源配置和利用不尽合理、科技创新能力弱、体制机制和政策不健全等问题和困难，2012 年 1 月，国家发改委、财政部批准实施《青海省柴达木循环经济试验区格尔木、德令哈、大柴旦工业园循环化改造示范试点实施方案》，安排 3.66 亿元专项资金，对格尔木工业园、德令哈工业园、大柴旦工业园进行循环化改造；2013 年 9 月，国家发改委、财政部批准实施《青海省柴达木循环经济试验区乌兰工业园循环化改造示范试点实施方案》。

四、产业园区已构建的产业链

1. 格尔木循环经济工业园

格尔木循环型产业体系建设以盐湖化工产业、油气煤化工产业和冶金产业三大支柱产业，高原动植物适度开发在内的高新技术开发产业和轻工业的二大特色产业，综合支撑产业，形成“3+2+1”产业结构格局。

盐湖化工产业布局在格尔木市的察尔汗盐湖项目区、团结湖项目区、东西台吉乃尔湖项目区。油气煤化工产业布局在格尔木市的石油化工循环经济区。冶金产业布局在格尔木市的有色金属循环经济区。

（1）盐湖化工产业

盐湖化工以盐湖钾资源开发为龙头，在发展钾肥系列产品的同时，发展盐湖镁、锂、硼资源的综合开发；拟建设与天然气化工、煤化工结合的循环型产业体系，见图 2-26。

现有产业主要是以钾盐提取为基础，通过离子膜电解氯化钾生产氢氧化钾及下游碳酸钾等产品；以提钾尾盐为原料，电解法生产烧碱；天然气制乙炔、生产合成氨、尿素和聚氯乙烯；生产烧碱和氢氧化钾的副产氯气、氯化氢由生产聚氯乙烯树脂平衡。

拟以提钾老卤为原料，通过氯化镁脱水电解技术生产金属镁及镁基合金，通过煅烧法生产高纯氧化镁，副产的氯气、氯化氢由生产聚氯乙烯平衡。同时，拟发展电石法聚氯乙烯产业链，以及由煤、天然气经甲醇制烯烃发展乙烯法聚氯乙烯产业链。

（2）油气化工产业

油气化工产业发展主要依托涩北气田的天然气资源与冷湖、茫崖的石油资源。目前形成 150 万 t 炼油、100 万 t 天然气制甲醇产能。炼油下游产品包括丙烯、聚丙烯、环己酮等化工产品。天然气 - 甲醇下游产品发展拟建设年产 3 万 t 甲醇蛋白、10 万 t 甲酸甲酯、5 万 t 硫酸二甲酯等。见图 2-27。

（3）有色金属产业

有色金属产业发展主要依托格尔木地区和周边地区（含西藏中转矿产）有色金属矿资源，目前仅有 20 万 t 铅冶炼产能，配套冶炼尾气制硫酸；近期拟发展锌冶炼和铜钴冶炼，建设年产 10 万 t 电锌配套 3.85 万 t 硫黄项目、年产 10 万 t 铜冶炼配套 38 万 t 硫酸项目；有色金属冶炼产业拟向下游延伸，改变以金属矿采选及初级产品加工为主的局面，如图 2-28 所示。

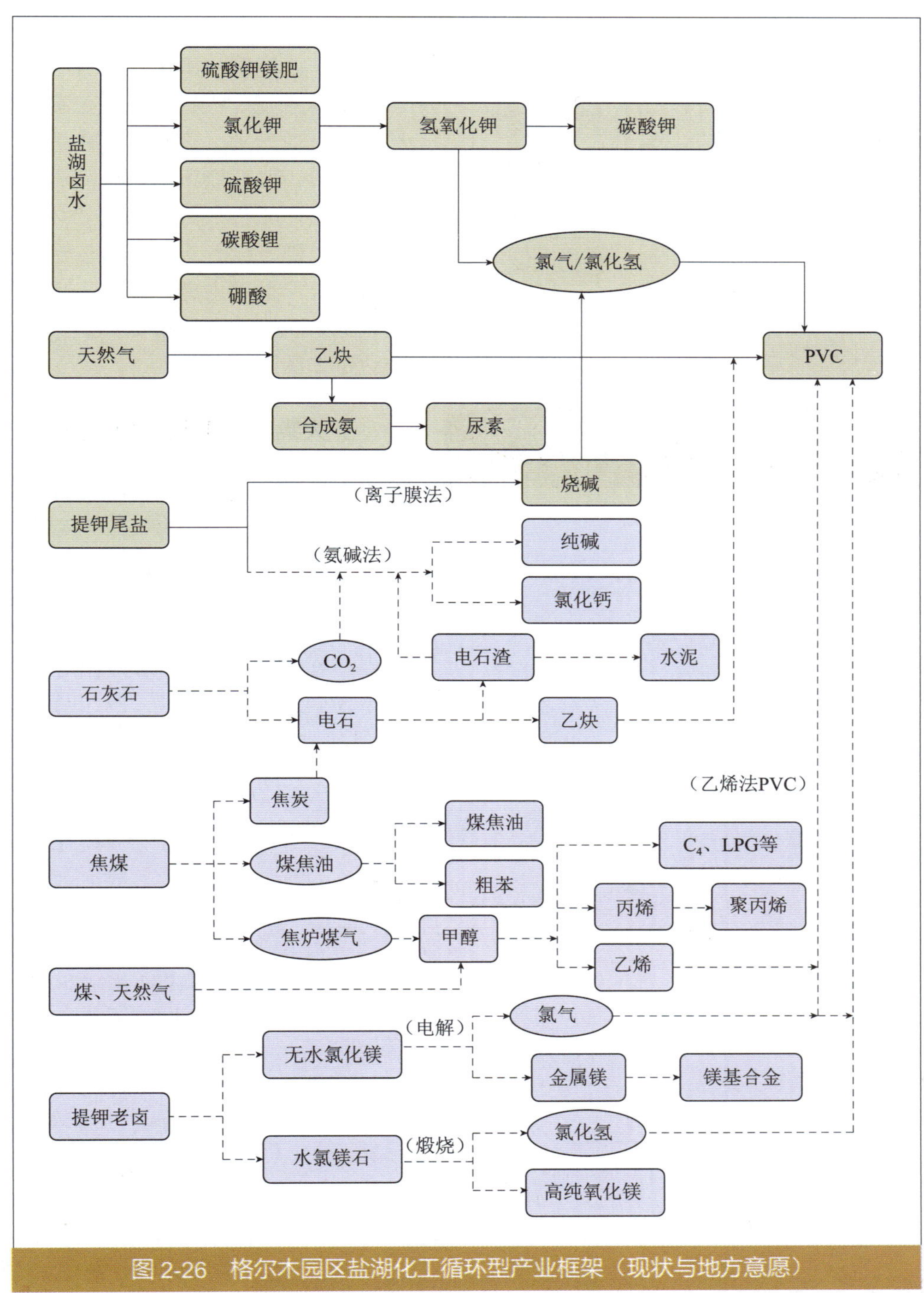

图 2-26 格尔木园区盐湖化工循环型产业框架（现状与地方意愿）

2. 德令哈循环经济工业园

德令哈循环经济工业园主要依托德令哈地区的石灰石、柯柯盐湖的盐湖资源、茫崖的天青石等，结合盐湖化工发展纯碱、烧碱、氯化钙、有机硅等相关产品，以构建两碱化工、新型建材循环经济产业链。

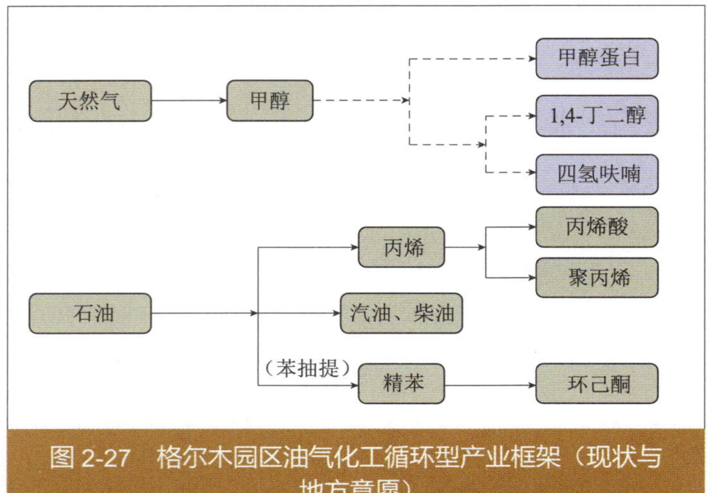

图 2-27 格尔木园区油气化工循环型产业框架（现状与地方意愿）

目前已形成利用提钾尾盐的氨碱法纯碱、离子膜烧碱—焦炭—电石法 PVC—干法电石渣水泥、提钾老卤氨法提镁生产高纯氧化镁等产业；煤焦化的焦炉煤气用于生产甲醇，副产煤焦油用于下游产品加工；拟发展煤、天然气经甲醇制烯烃和乙烯法 PVC。以硅资源利用为基础，形成金属硅及有机硅产品产业链；锶盐产业向下游产品延伸，生产金属锶等锶系列产品。循环产业链如图 2-29 所示。

3. 大柴旦循环经济工业园

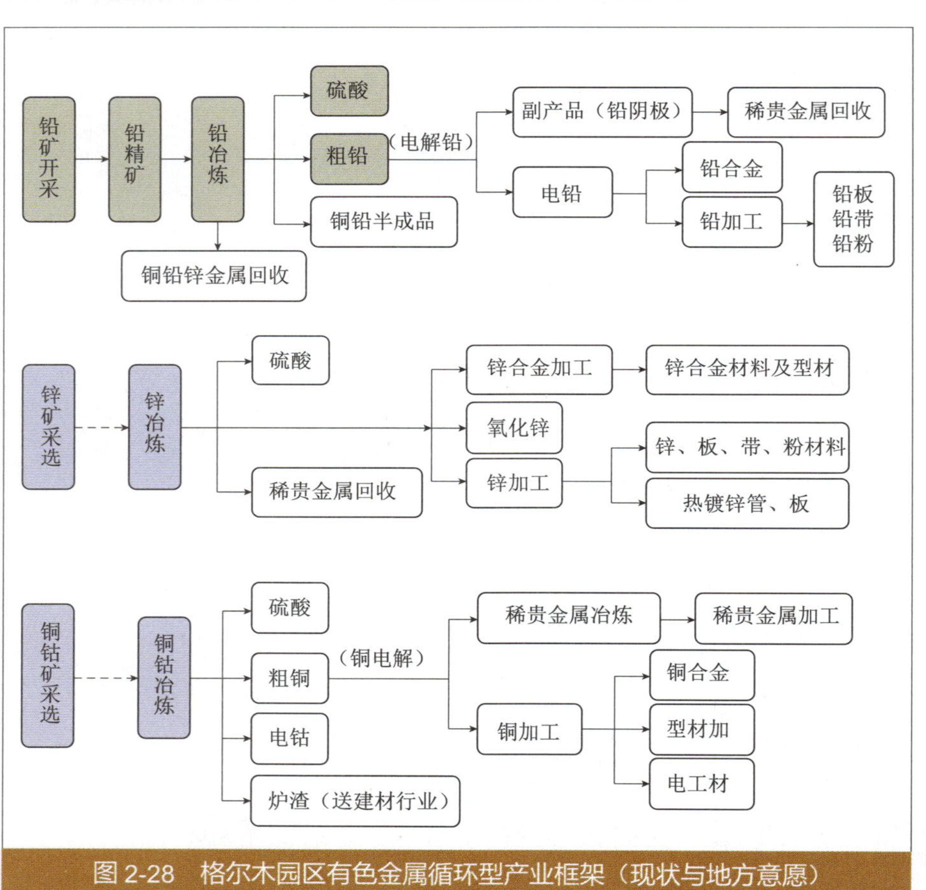

图 2-28 格尔木园区有色金属循环型产业框架（现状与地方意愿）

大柴旦循环经济工业园产业发展以大煤沟、鱼卡、高泉等地的优质煤炭资源，柴旦湖、马海湖、大盐滩、昆特依、察汗斯拉图等地丰富的盐湖资源，马北、涩北气田的天然气资源为依托，发展盐化、精细化学品生产基地，构建盐湖化工—煤化工—天然气化工—冶金循环经济产业经济链。循环经济工业发展分布在大柴旦的锡铁山矿区、饮马峡和大柴旦湖区。

在锡铁山循环型经济产业区，利用铅锌选矿尾渣、磷灰石资源、盐湖资源、煤炭资源，构建循环经济体系，生产生铁、合成氨、磷肥、氯化钾、纯碱和氢氧化镁。拟建设的循环型产业框架如图 2-30 所示。已形成年产 12 万 t 硫酸、5 万 t 磷酸、10 万 t 磷酸一铵、2 万 t 生铁、18 万 t 煤气化合成氨、副产 1 万 t 甲醇的生产规模。盐湖资源利用沿着纯碱（联碱法）、氢氧化镁（氨法）产业发展。化肥产业由磷肥（磷酸一铵）与氯化钾废液结合生产复合肥生产。

大柴旦饮马峡主要发展芒硝资源开发利用和纯碱产业。目前正在建设年产 20 万 t 硫化碱、年产 10 万 t 精制硫化碱、年产 110 万 t 纯碱，难以实现产业链之间的结合和资源综合开发利用，产业框架如图 2-31 所示。

大柴旦盐湖化工主要利用大柴旦湖卤水提取钾、硼、锂等资源，生产高纯氯化钾、硫酸钾、硫酸镁钾肥、硼酸及其下游产品（如氧化硼、氮化硼等）；利用提钾尾盐生产精制盐；产业框架如图 2-32 所示。已形成 30 万 t 钾肥、40 万 t 硫酸钾、7 万 t 硼酸、10 万 t 精制盐生产规模；有待建设盐湖卤水提锂生产碳酸锂，以及硼酸下游产品加工。盐湖资源利用沿袭单纯从盐湖卤水提取资源的传统方式，老卤排回大柴旦湖，这种方式极有可能影响大柴旦湖的盐湖资源可持续开发利用。

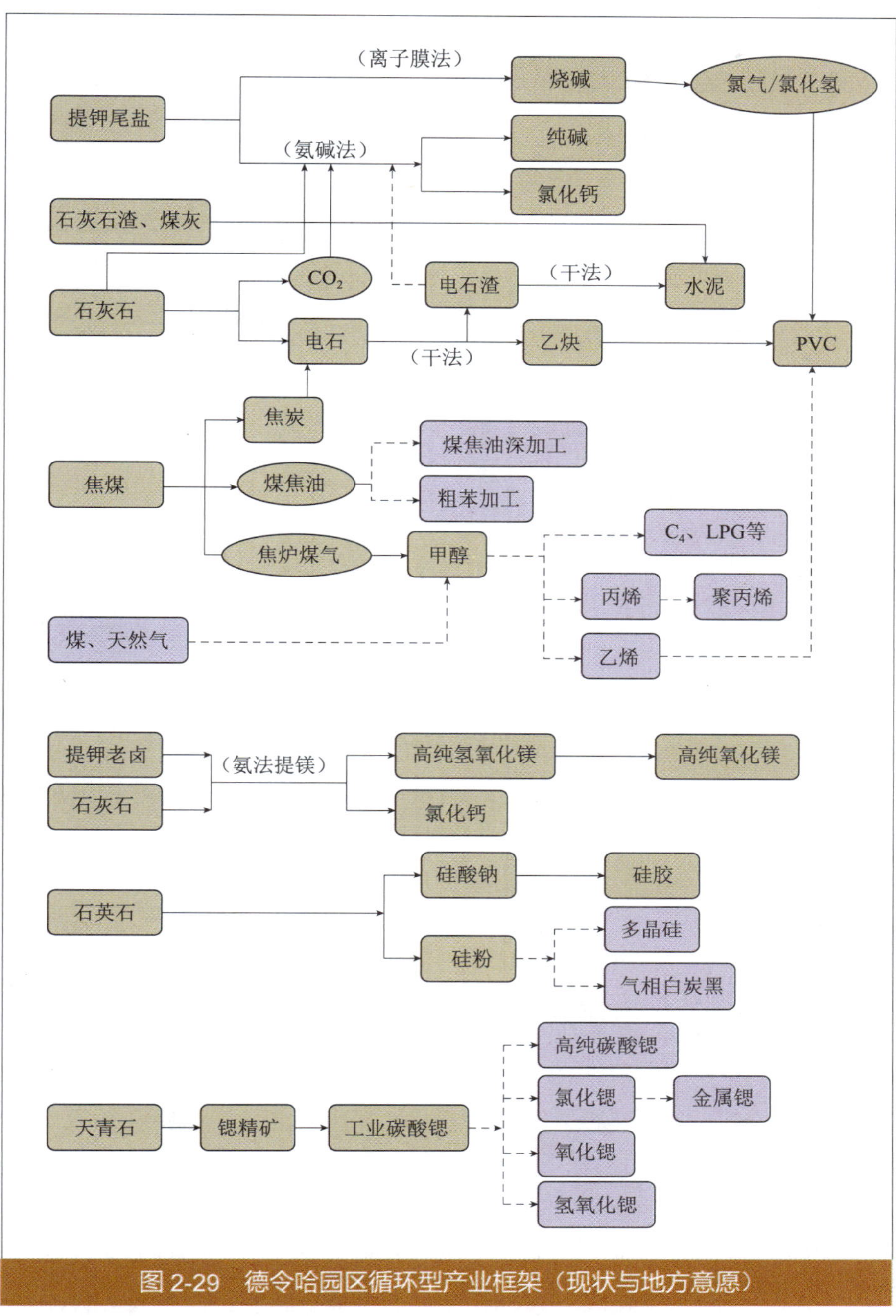

图 2-29　德令哈园区循环型产业框架（现状与地方意愿）

4. 乌兰循环经济工业园

乌兰循环经济工业园位于乌兰县城以东的察汗诺谷地，利用焦煤资源，构建煤—焦—化一体化产业链，发展冶金焦、煤焦油、苯等精细化工产品，焦炉气、甲醇及甲醇下游系列产品，产业链发展见图 2-33。已建和在建项目构成 900 万 t/a 精洗煤能力、210 万 t/a 焦炭产能，配套焦炉气发电。煤焦油系列产品加工、煤矸石发电尚未建设，资源综合利用有待进一步发展。

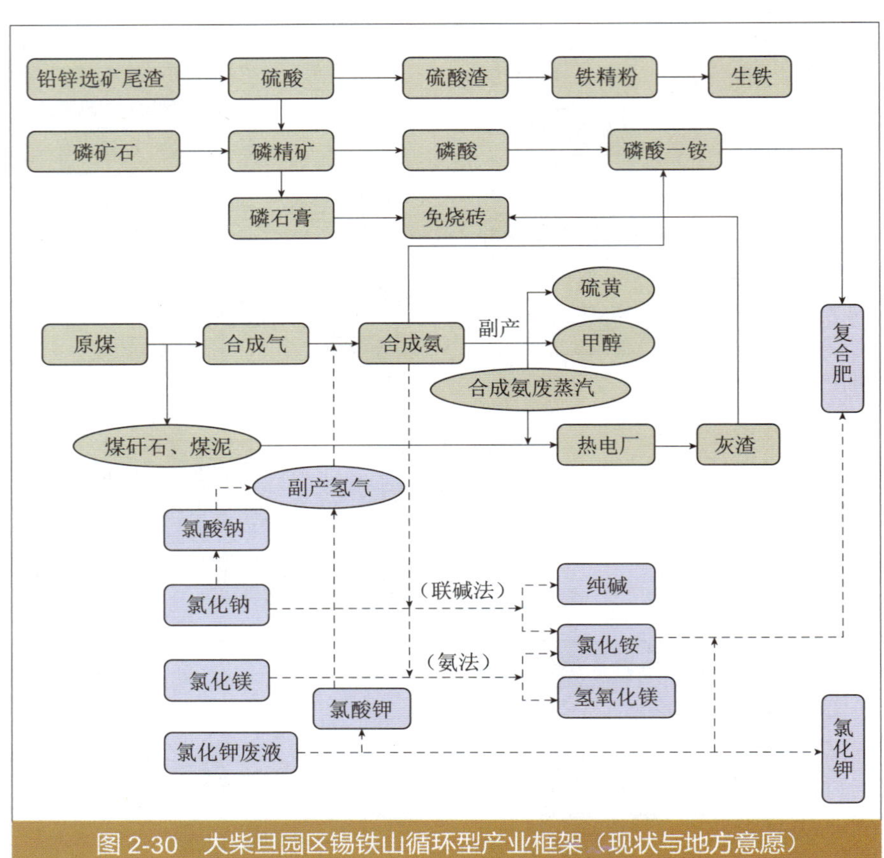

图 2-30 大柴旦园区锡铁山循环型产业框架（现状与地方意愿）

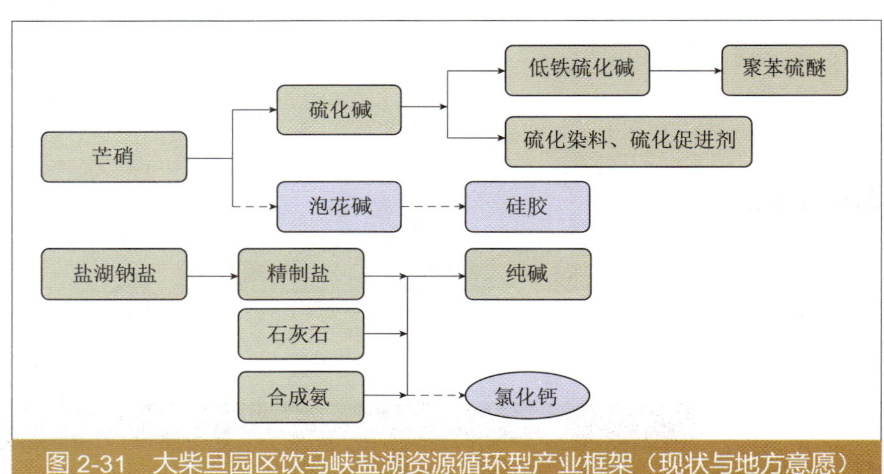

图 2-31 大柴旦园区饮马峡盐湖资源循环型产业框架（现状与地方意愿）

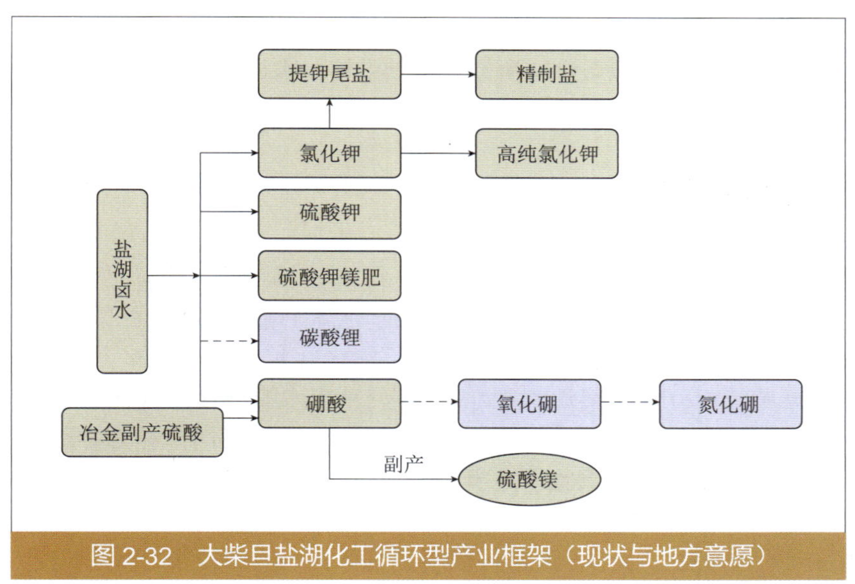

图 2-32 大柴旦盐湖化工循环型产业框架（现状与地方意愿）

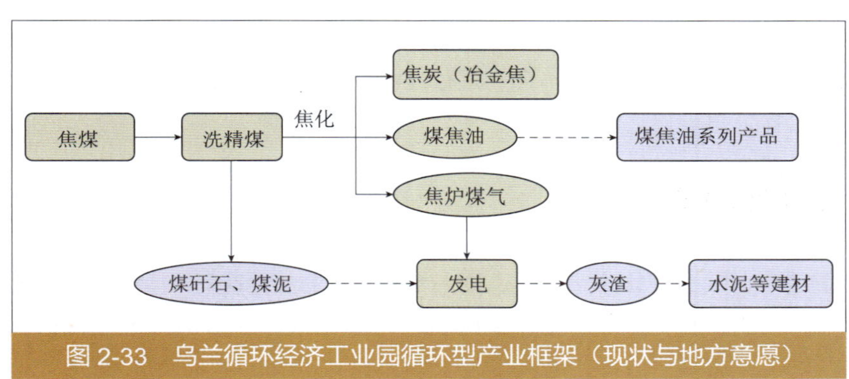

图 2-33 乌兰循环经济工业园循环型产业框架（现状与地方意愿）

第四节 区域生态环境状态

一、生态保护与建设

西部大开发以来，试验区全面推进农田林网保护、封沙育林育草、退耕还林还草、现有林带保护与恢复、城镇绿化等林业五大工程。截至 2012 年，共完成林业重点生态建设总投资 137 067.5 万元，完成沙化土地治理面积 352.62 万亩。建立格尔木胡杨林、柴达木梭梭林、可鲁克湖—托素湖、诺木洪 4 个省级自然保护区和乌兰县哈里哈图国家森林公园，保护总面积为 5 529 km^2，占柴达木盆地的 2.13%。

区内森林覆盖率由 2000 年的 0.84% 提高到 2012 年的 3.2%。自然湿地保护率为 17.8%。纳入中央财政森林生态效益补偿基金范围的国家重点公益林面积由 2005 年的 865.66 万亩增加到 2012 年的 1 425.3 万亩，占全省国家重点公益林补偿面积的 34.8%。7 年累计完成投资

40 489.6 万元，其中，中央财政补偿资金 39 841.18 万元。

2000—2012 年，生态环境质量有所改善，其中格尔木市、德令哈市、乌兰县和都兰县均由“较差”提升至“一般”；冷湖与大柴旦由“差”提升至“较差”。

二、水环境质量

重点河流水资源开发利用。开发利用程度达到 50% 以上的河流有巴音河、巴勒更河、都兰河和赛什克河；开发利用程度在 30% ～ 44％的河流有诺木洪河、香日德河、察汗乌苏河、夏日哈河；塔塔棱河、那棱格勒河开发利用尚不足 10%。

地下水资源开采。2010 年柴达木盆地的 10 处重点水源地地下水开采率统计表明，主要水源地的地下水开采程度还较低，仅塔塔棱河冲洪积扇、巴音河泽林沟谷地地下水开采率达到 30% 左右，格尔木河冲洪积扇地下水开采率 13%，冷湖镇水源地达到 10% 左右，其他水源地开采率均很小。

常年性径流的巴音河、格尔木河水环境质量总体良好。2012 年巴音、格尔木河各监测断面水质全部达到Ⅲ类水环境功能区要求。地下水环境质量总体保持稳定。根据对 2006—2011 年格尔木市主要地下水监测点水质数据的分析，两个监测点（101 油库和自来水二期监测点）地下水水质呈好转趋势，3 个监测点（管线团、西藏油库、撒拉巷监测点）地下水质略有下降，影响因子为氯化物、总硬度。

三、大气环境质量

2012 年格尔木市、德令哈市 SO_2、NO_x 年均值均达到现行《环境空气质量标准（GB 3095—1996）》二级标准，首要污染物为 PM_{10}。格尔木市、德令哈市 PM_{10} 优良天数占全年天数分别为 79.7%、86.6%。

2006—2012 年格尔木市大气污染 API 指数呈先降后升，PM_{10} 年均浓度均超标，但呈明显下降趋势，SO_2、NO_x 年均浓度达到二级标准要求，但 SO_2 年均浓度波动较大，NO_x 年均浓度则呈上升趋势。见图 2-34。

图 2-34 2006—2012 年格尔木市大气污染 API 指数

第四章

主要资源环境利用效率与压力评估

第一节　资源环境利用效率评估

一、能源利用效率

试验区 2011 年现状全社会综合能源消费量为 594.71 万 t 标准煤，同比增长 24.7%；单位 GDP 能耗为 1.37t 标准煤 / 万元，同比下降 14.4%。见表 2-4。

表 2-4　试验区单位 GDP 综合能耗指标

指标	2007 年	2008 年	2009 年	2010 年	2011 年
能耗 / 万 t 标准煤	360.59	423.76	466.05	476.76	594.71
单位 GDP 能耗 / [（t 标准煤 / 万元），以 2005 年可比价]	1.94	1.89	1.85	1.60	1.37

2011 年规模以上工业企业综合能源消费量为 435.16 万 t 标准煤，单位工业增加值能耗 1.21t 标准煤 / 万元，比上年下降 7.6%。“十一五”期间，试验区规模以上单位工业增加值除 2007 年有所增长外，其余年份均呈递减趋势，规模以上工业企业降耗成效明显。见表 2-5。试验区高耗能行业能源消费占全社会综合能源消耗量的 59%，其中，石油和天然气开采业、化学原料及化学制品制造业能源消费量占 82%。试验区高耗能行业能源消费结构见图 2-35。

表 2-5　试验区工业企业（规模以上）综合能耗指标

指标	2006 年	2007 年	2008 年	2009 年	2010 年	2011 年
能耗量 / 万 t 标准煤	164.8	214.58	328.86	317.43	292.27	435.16
工业增加值 / 亿元	118.6	142.61	201.57	206.42	260.03	355.10
单位工业增加值能耗量 /（t 标准煤 / 万元）	1.68	1.82	1.74	1.67	1.31	1.21

试验区全社会能源消费量呈显著增加态势，从单位 GDP 综合能耗、规模以上工业的单位

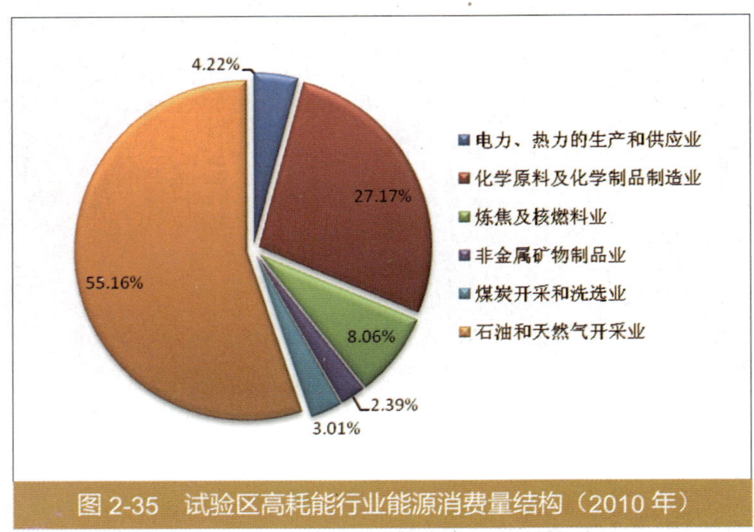

图 2-35　试验区高耗能行业能源消费量结构（2010 年）

工业增加值综合能耗，以及高耗能行业的能源消耗总量等能源消耗指标来看，则均处于下降状态，说明区域经济社会发展的能源利用效率在逐步提高。

近中期试验区一大批重点工业项目相继建成，工业能耗总量将会持续增长，由于这些企业大多属于高能耗行业，在拉动试验区工业经济快速增长的同时需要消耗较多的能源来维持其正常生产，未来区域节能降耗空间将十分有限。

二、水资源利用效率

柴达木盆地现状总用水量为 9.01 亿 m^3，其中灌溉用水占总用水量的 75% 以上。第一产业用水比例偏高、经济效益偏低，用水结构不尽合理，灌溉节水对于提高工业发展的水资源支撑能力具有较大潜力。

目前，工业用水量约占总用水量的 10%，工业用水效率的地区差异明显，部分工业产品用水定额尚未达到同行业先进水平，节水水平不均衡（试验区用水结构情况见图 2-36）。盐湖化工行业用水量占工业用水总量的 60% 以上。其中，无机盐碱生产企业单位产值用水量大于 88 m^3/ 万元，略优于《清洁生产标准 纯碱行业》三级标准值的 94 m^3/ 万元，各钾肥生产企业单位产值用水量为 10 ～ 80 m^3/ 万元不等，工业节水尚有一定潜力。

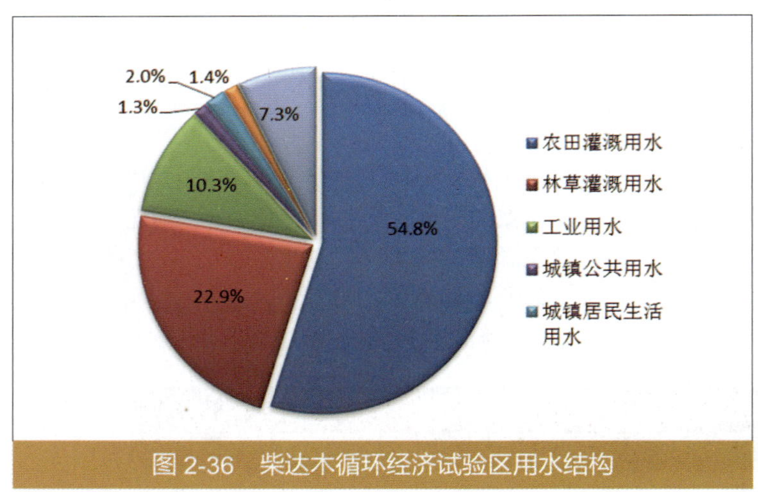

图 2-36　柴达木循环经济试验区用水结构

万元 GDP 用水量高于青海省和全国平均水平，水资源利用效率总体偏低。2010 年试验区万元 GDP 用水量为 247 m^3/ 万元，较 2007 年下降 51%，分别是青海省和全国平均水平的 1.1 倍和 1.6 倍。农业生产单方水产出率 40.56 元，为全国平均水平的 61%。

总体上，调整用水结构、提高用水效率、强力推进节水型社会建设是缓解柴达木盆地水资源短缺的必然选择。

三、主要污染物排放控制绩效

主要污染物排放量呈增加态势。2010 年海西州 SO_2 排放量为 2.62 万 t，COD 排放量为 1.11 万 t，分别比 2009 年增长 9.34% 和 7.64%。SO_2 和 COD 主要工业排放源均来自现有化工、金属及冶金产业。

单位 GDP 的 SO_2 和 COD 排放量分别为 71.8 t/ 亿元和 30.4 t/ 亿元，优于青海省平均水平，劣于全国 SO_2 平均排放水平（54.5 t/ 亿元），与全国 COD 平均排放水平（30.9 t/ 亿元）持平。与同为西部的重庆、云南等地相比，基本处于相同排污水平的发展阶段，其中 SO_2 排放水平优于重庆、劣于云南，COD 排放水平劣于重庆、优于云南，见图 2-37。

“十一五”期间，经济增长未带来污染物排放的同比增长。主要污染物 SO_2 和 COD 排放总量呈增加态势，年均增长率分别为 14% 和 9%。与此同时，单位 GDP 污染物排放量有较大幅度降低。2010 年单位 GDP SO_2 和 COD 排放量较 2006 年单位 GDP SO_2 和 COD 排放量分别降低 22% 和 35%，年均降幅约为 6% 和 10%，见图 2-38、图 2-39。

单位产值污染物排放水平基本处于全国中等水平，污染物排放控制和产业结构优化调整还有提升空间。调整产业结构、限制高耗能、高排放产业盲目扩张，大力推进循环型产业发展，加强清洁生产和末端治理，缩小与发达地区的主要污染物控制绩效水平差距，将是海西州未来一段时间内重要的环境保护目标之一。

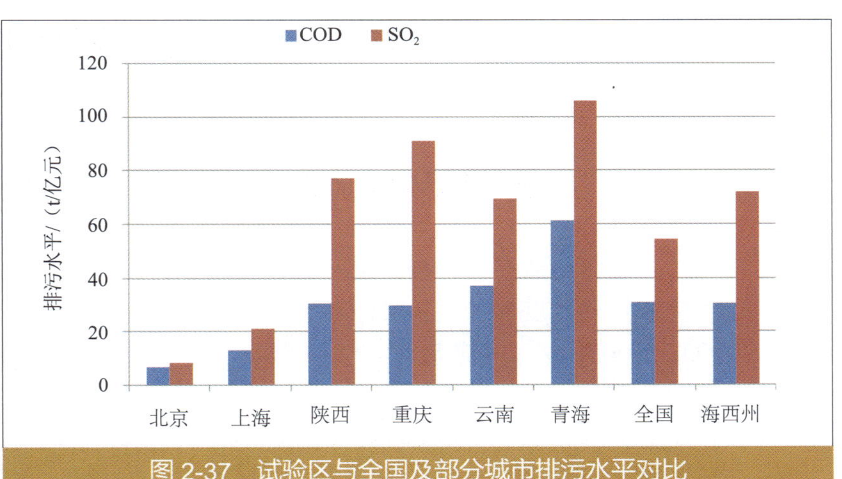

图 2-37 试验区与全国及部分城市排污水平对比

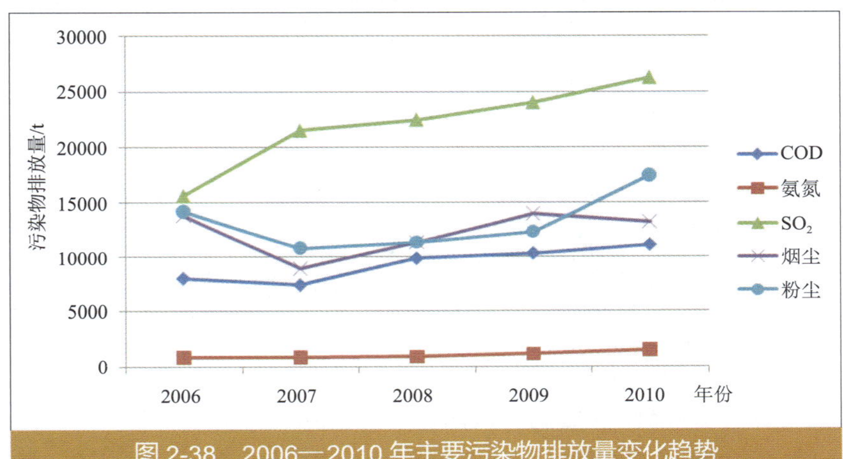

图 2-38 2006—2010 年主要污染物排放量变化趋势

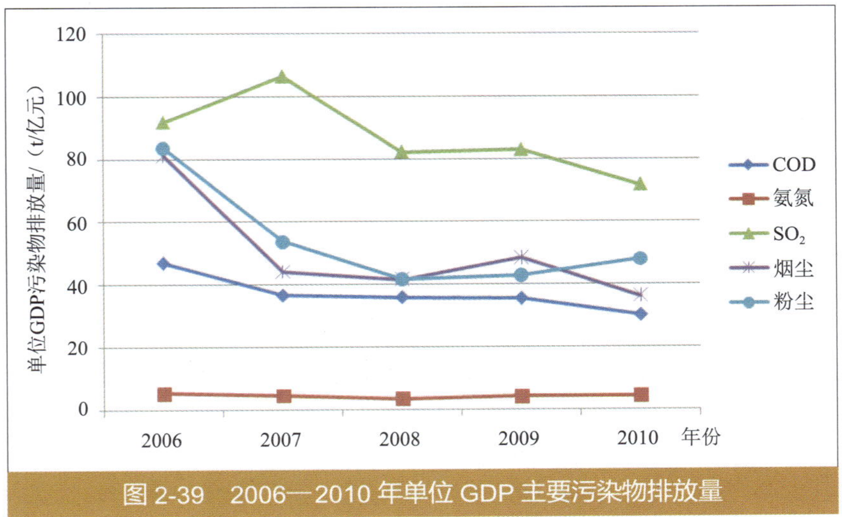

图 2-39 2006—2010 年单位 GDP 主要污染物排放量

第二节　资源环境压力评估

一、实施“循环经济发展目标”的资源环境压力

按照《总体规划》确定的经济发展目标，2015 年资源消耗和主要污染物排放量较 2010 年将有不同程度增加。其中能耗总量较现状增加 213.8%，用水总量较现状增加 2.6%，SO_2、COD 排放量分别增加 84.4% 和 58.5%。2015—2020 年，资源消耗总量和主要污染物排放量的增长幅度将有明显的下降，见表 2-6。

表 2-6　循环经济发展目标下 2015—2020 年资源环境需求预测

名称	2010 年	2015 年		
		总量	增幅 /%	年均增长率 /%
能耗总量 / 万 t	476.67	1 496	213.8	25.7
用水总量 / 万 m^3	90 800	92 400	2.6	0.5
工业废水排放总量 / 万 m^3	4 147	5 016	21.0	3.9
SO_2 排放总量 /t	26 245	48 400	84.4	13.0
COD 排放总量 /t	11 107	17 600	58.5	9.6
名称	2015 年	2020 年		
		总量	增幅 /%	年均增长率 /%
能耗总量 / 万 t	1 496	2 482	65.9	10.7
用水总量 / 万 m^3	92 400	100 815	9.1	1.8
工业废水排放总量 / 万 m^3	5 016	5 429	8.2	1.6
SO_2 排放总量 /t	48 400	54 285	12.2	2.3
COD 排放总量 /t	17 600	22 645	28.7	5.2

以现行的环境保护管理的“倒逼”机制和当前的环境保护形势，“十二五”以后增加污染物排放总量指标的可能性比较小，《总体规划》预计的资源环境绩效指标偏低，在规划实施过程中，应坚定地走循环经济发展道路，构建资源节约、环境友好的循环型产业体系，在产业发展中注重采用先进生产工艺和技术装备，提高环境准入门槛，加强污染物末端治理，推动单位产值污染物排放量的持续降低，为资源综合利用循环型产业的规模化发展腾出必要的污染物总量空间。

二、“主要污染物排放总量控制”下的效率提升压力

根据《总体规划》，预计第一阶段 GDP 年均增长率为 20%，至 2015 年 GDP 为 880 亿元；第二阶段 GDP 年均增长率为 12%，至 2020 年约达到 1 551 亿元。

按照青海省“十二五”主要污染物排放总量控制指标测算，2015 年柴达木盆地（以海西州计）的单位 GDP 的 SO_2、COD、氨氮排放量需分别达到 50.5t/ 亿元、32.6t/ 亿元、3.75t/ 亿元，其中，单位 GDP 的 SO_2、氨氮排放量较 2010 年需分别年均下降 6.8%、2.7%。

按照2020年区域主要污染物排放总量不增加的目标管理测算，到2020年柴达木盆地的GDP SO_2、COD、氨氮排放量需要分别下降到28.7t/亿元、18.5t/亿元、2.13t/亿元，绩效年均提升12%以上，效率提升的压力非常大。见表2-7。

表2-7 2010—2020年主要污染物排放控制绩效水平

时段	项目	污染物名称		
		COD	氨氮	SO_2
2010年	污染物排放控制绩效/t/亿元	30.4	4.3	71.8
2015年	总量控制指标/万t	2.87	0.33	4.45
	污染物排放控制绩效/t/亿元	32.6	3.75	50.5
	绩效年均提升要求/%	现状已实现	2.7	6.8
2020年	总量控制指标/万t	2.87	0.33	4.45
	主要污染物排放控制绩效/t/亿元	18.5	2.13	28.7
	绩效年均提升要求/%	12	12	12

基于对柴达木盆地的资源禀赋、未来产业结构和当前盐湖资源开发利用所处的发展阶段，需要采取大力加强产业结构调整、产业链延伸、能源消费结构优化以及污染物排放控制等措施。同时，在实现区域生态环境战略性保护目标的基础上，也需要研究实施差别化环境管理的可行性问题，促进盐湖资源综合开发利用循环经济产业体系的建设和健康发展。

第五章

资源环境承载能力与约束

第一节　盐湖资源综合开发利用面临多重挑战

循环经济产业体系构建举步维艰。在柴达木盆地盐湖资源禀赋条件下，盐湖产业链延伸面临工业化技术缺乏的“瓶颈”、市场激烈竞争，循环经济产业链和产业体系构建困难，加上现有的资源管理和资源配置不利于与盐湖资源循环经产业体系发展，循环经济试验区向示范区的转变短期内难以实现。

一、盐湖镁、锂资源存在关键技术的“瓶颈”

目前，盐湖提钾技术较为成熟，盐湖镁、锂、硼的工业化生产则存在技术“瓶颈”，直接影响循环经济型产业体系发展。

在盐湖镁盐提取技术方面，水氯镁石脱水处于技术示范阶段，实现工业化有待在脱水工艺放大试验与装备设计制造上取得突破性进展；电解法金属镁生产中的低能耗大电流镁电解槽设计与制造、镁合金深加工等关键问题，目前处于产业化研究阶段；硫酸镁、氯化镁的综合利用，高品质功能性氧化镁、氢氧化镁、硼酸镁晶须等高附加值系列产品开发，国内处于进行相关基础研究阶段。金属镁无法规模化生产，将难以形成利用老卤的镁产业集群。

盐湖锂盐开发总体上处于技术研发、工业化发展阶段，已有煅烧法、离子膜法、吸附法等多种工艺。如大柴旦盐湖湖水提取硼锂中间试验，老卤制取硼酸和碳酸锂的扩大试验，东台吉乃尔湖提锂工艺开发性试验等。察尔汗盐湖提钾老卤中提锂处于试验阶段，东、西台吉乃尔湖生产碳酸锂有待开展工业化试验。

盐湖资源禀赋、工业化技术和市场需求三者决定了盐湖钾、钠、镁资源不可能实现平衡开发利用，以钾肥生产为龙头的盐湖资源开发局面将长期存在。

二、资源禀赋制约盐湖资源的“平衡开采”

钾、钠和镁等大宗阳离子资源的综合利用、平衡开发，伴生大宗阴离子“氯”的循环利用问题。

在察尔汗盐湖区，以年产 360 万 t 氯化钾（KCl）计，副产 5 400 万 t 氯化纳和 2 535 万 t 水氯镁石。按配套 240 万 t 纯碱和 60 万 t 烧碱、40 万 t 金属镁、6 万 t 氢氧化钾计，副产氯气 168 万 t（1 t 烧碱副产氯气 0.88 t，1 t 金属镁副产氯气 2.9 t），需 200 万 t 以上耗氯产品聚氯乙烯实现“氯平衡”。

年产 240 万 t 纯碱消耗 265 万 t 氯化钠，仅占 360 万 t 氯化钾副产氯化钠总量的 5%，同时，副产蒸氨废液 2 500 万 t；年产 40 万 t 金属镁消耗水氯镁石约 335 万 t，仅为氯化钾副产水氯镁石的 13%。大量的提钾老卤（氯化钠、水氯镁石）依然要进入环境。

目前，国内纯碱、烧碱、PVC 产能处于过剩状态，增产潜力十分有限，同时，电石法 PVC 行业还受到汞污染的重大制约。在电解法金属镁工业化技术取得突破的条件下，镁合金产业链发展依然面临着大宗耗氯产品聚氯乙烯（PVC）产能过剩、市场竞争激烈的挑战。在产业政策层面上，国家对纯碱、烧碱行业实现总量控制，严格控制行业扩张。

盐湖钾、钠、镁资源难以实现平衡开发利用，盐湖钾盐开发难以摆脱提钾老卤排放问题。研究确定钾盐资源利用的合理规模和强化提钾老卤的环境管理，将是保障盐湖资源可持续开发利用的现实选择。

镁合金发展具有长期战略性，随着工业化技术突破，规模化发展电解法金属镁生产将不可避免。金属镁生产可以配套电石法 PVC 或乙烯法 PVC 实现“氯平衡”，以 MTO 制烯烃路径平衡氯气，具有一定的技术经济指标优势、国家产业政策支撑。但是，目前盐湖电解法金属镁处于发展初期阶段、国内 MTO 制烯烃工艺技术处于示范阶段，电石法 PVC 受到汞污染防治的重大制约，大宗耗氯产品的发展途径选择需要视相关技术研发、生产工艺和装备工业化进程而定。

三、资源配置模式导致资源综合开发推进困难

现状盐湖资源开发基本采用“一湖一企”或“一湖两企”模式。由于资源综合利用技术水平较低，不少企业在盐湖资源开采上存在采富弃贫、采厚丢薄的问题，对伴生、共生矿实行单一开采的方式，资源浪费严重。同时，在“一湖一企”或“一湖两企”的开发模式驱动下，企业往往将资源开发利用局限于自身擅长的一种或两种盐湖资源，由于缺乏技术、人才支持，对其他盐湖资源的开发则缺乏重视，导致盐湖资源的综合开发利用推进困难。

第二节 资源承载力约束

一、水资源短缺，面临付出生态代价风险

水是维系柴达木盆地生态系统的最关键因素，“有水一片绿，无水一片沙”。在柴达木盆地保障重要生境的生态用水、维持天然河流湖泊格局，维持绿洲生态系统基本稳定，对于维持人居环境空间和生产空间安全具有决定性作用。

1. 发展布局战略受到水资源制约

按照柴达木循环经济试验区生态需水研究成果，在维持盆地从出山口至尾闾湖各生态带

生态功能基本稳定的保护目标条件下，生态需水量应保障不低于 37.15 亿 m^3，占水资源总量的 66%。经济社会发展可开发利用水资源量应控制在 18.73 亿 m^3 以内，水资源开发利用率控制在 33.5% 以内。其中，试验区的“四区”所在流域水资源总量为 31.21 亿 m^3，生态需水量为 20.29 亿 m^3，可开发利用水资源总量为 10.93 亿 m^3。

根据预测，2015 年柴达木盆地国民经济发展需水总量为 10.5 亿 m^3，2020 年需水总量为 11.18 亿 m^3，2030 年需水总量为 12.19 亿 m^3，包括生活用水、生产用水、城市人工生态用水。

未来 20 年，柴达木盆地用水结构将逐步得到调整，工业用水占总用水量的比例由现状的 10.3%提升到 53.2%，农业用水由占总用水量比例由现状的 77.7%下降 37.7%。2030 年经济社会发展总需水量达到 12.19 亿 m^3，总体上水资源总量能够支撑经济社会发展的用水需求（见表 2-8）。

表 2-8 柴达木盆地用水量预测统计汇总表 单位：亿 m^3

年份	柴达木盆地用水量预测				生态环境需水量	总需水量
	城镇与农村生活用水量	农业用水量	工业用水量	合计		
2010	1.08	7.00	0.928	9.008	44.028	53.036
2015	1.018	6.022	3.460	10.5	37.139	47.639
2020	1.067	5.132	4.976	11.175	37.139	48.314
2030	1.199	4.602	6.390	12.191	37.139	49.33

注：柴达木盆地水资源总量为 55.88 亿 m^3，可利用水资源量为 18.73 亿 m^3，水资源可利用率为 34%。

由于水资源空间分布不均，以及盆地内各地经济社会发展水平不平衡，鱼卡河马海区、小柴旦湖水系、巴音河德令哈区、都兰河水系、格尔木区等将不同程度地出现水资源超载。其中，2015 年巴音河德令哈区和都兰河水系水资源超载，格尔木河区的水资源利用将达到可利用水资源量的 88.24%。具体水资源承载状况见表 2-9。

表 2-9 试验区“四区”所在流域（水资源四级分区）水资源承载状况 单位：亿 m^3

工业园区	四级区	水资源总量	生态需水量	剩余水资源承载能力			
				2010 年	2015 年	2020 年	2030 年
柴达木盆地		55.881	37.139	9.734	8.242	7.567	6.551
大柴旦工业园区	鱼卡河马海区	1.392	0.862	0.303	0.212	–0.048	–0.151
	大柴旦湖水系	0.22	0.277	—	—	—	—
	小柴旦湖水系	1.423	0.502	0.886	0.799	0.806	0.79
德令哈工业园区	巴音河德令哈区	4.85	2.949	–0.455	–0.801	–0.992	–1.211
乌兰工业园区	都兰湖水系	0.694	0.35	0.003	–0.072	–0.017	–0.027
格尔木工业园区	那棱格勒河乌图美仁区	12.8	8.847	3.858	3.333	3.36	3.234
	格尔木区	9.84	6.506	1.066	0.392	–0.167	–0.696

2020 年经济社会发展需水和生态需水的矛盾将进一步扩展到格尔木区和鱼卡河马海区，

巴音河德令哈区用水需求的矛盾还将进一步加剧；2030 年德令哈工业园区所在流域的水资源超载将进一步加重；保障格尔木和德令哈两大绿洲区生态用水，维护绿洲生态的任务更加艰巨。

2. 生态需水保障的压力分布特征

生态需水压力主要表现在巴音河德令哈区，以及大柴旦湖水系和都兰湖水系，这些区域现状和未来均出现挤占最小生态用水；2020 年格尔木区和鱼卡马海区将出现挤占最小生态用水的状况（表 2-10）。

表 2-10　生态需水的压力分布状况　单位：亿 m^3

工业园区	四级区	水资源总量	最小生态需水量	可能挤占的生态用水量		
				2015 年	2020 年	2030 年
柴达木盆地合计		55.881	37.139			
大柴旦工业园区	鱼卡河马海区	1.392	0.862		0.048	0.151
	大柴旦湖水系	0.22	0.277	—	—	—
	小柴旦湖水系	1.423	0.502			
德令哈工业园区	巴音河德令哈区	4.85	2.949	0.801	0.992	1.211
乌兰工业园区	都兰湖水系	0.694	0.35	0.072	0.017	0.027
格尔木工业园区	那棱格勒河乌图美仁区	12.8	8.847			
	格尔木河区	9.84	6.506		–0.167	–0.696

■ 现已挤占最小生态用水，未来仍将持续挤占的区域；
■ 现在未挤占最小生态用水，未来可能挤占的区域；
■ 现在和未来均不出现挤占最小生态用水的区域。

长期挤占生态用水的风险集中表现为：可鲁克湖枯水年盐度可能超过 5‰，淡水湖盐化风险加剧，区域生物多样性受到威胁；东达布逊盐湖面临持续萎缩的风险，察尔汗盐湖区保障盐湖生态现状基本稳定的难度加大，钾资源持续开发利用受到影响；在大、小柴旦湖水系和鱼卡马海区，植被需水临界条件得不到保障，植被退化，土地沙化进程可能加速，阻止荒漠化东移的重要功能受到削弱。

二、水环境容量有限

河流基本上不具备接纳工业园区排放废水的能力。原因是柴达木盆地河流均为内陆河流，一般具有流程短、季节性河流的特点。多数河流在山前平原地带河水大量渗失，转化为地下水径流，河流流量显著减少，在细土带平原前缘，地下水大量泄出，形成泉集河，最终汇入尾闾湖。

河流常年有水，能直接径流达到尾闾湖的巴音河、格尔木河，径流过程中大量河水下渗转化为地下水，其地表径流纳污能力十分有限。按照 2012 年德令哈市、格尔木市水污染物入河量计算，巴音河 COD 入河量基本达到巴音河纳污能力，氨氮入河量已超过巴音河纳污能力；格尔木河 COD 与氨氮入河量均已超过格尔木河纳污能力。由于河流径流与地下水频繁转化，现行的河流水环境质量监测难以反映水污染控制的实际状况。

三、大气环境容量与总量控制

采用 A 值法计算柴达木循环经济试验区大气环境容量见表 2-11，环境空气质量标准以二级标准计。到 2015 年，试验区的大气环境容量利用率不超过 20%。

表 2-11 试验区大气环境容量利用率（2015 年）

工业园区名称	规划面积 /km^2	大气环境容量 /（万 t/a）		环境容量利用率 /%	
		二氧化硫	氮氧化物	二氧化硫	氮氧化物
德令哈工业园区	16.5	4.02	5.37	7.96	10.24
格尔木工业园区	92.67	7.36	9.8	11.68	14.39
大柴旦工业园区	34.6	7.5	10	1.20	2.80
乌兰工业园区	4	2.2	2.93	19.55	14.33
合计	147.77	21.08	28.1	8.11	9.47

四、工业发展土地的约束

荒漠、盐壳、戈壁和沙漠、风蚀残丘等所占比例接近 60%，约 70% 以上的土地不适宜开发利用。已开发的国土面积仅占全区总面积的 1.9%。

荒漠地区土地的人口承载力标准为：联合国对于沙漠化地区的人口密度临界指标为 7 人 /km^2。海西州面积为 30.08 万 km^2，人口密度为 1.65 人 /km^2。海西州人口处于可承载范围内。

区域生态环境脆弱，处于荒漠化、沙化进展过程中，需要慎重地选择工业发展用地，节约用地。

工业发展用地应贯彻生态优先的原则，与荒漠植被保护、草地保护与治理、封山育林与林地保护、沙化土地封禁与治理工程协调，特别注意保护盐碱壳和砾石带，禁止工业生产项目布局在不具备治理条件的沙漠化土地。

第三节 生态空间约束

一、防风固沙功能的维护

昆仑山山前细土带西起乌图美仁，东至香日德，是柴达木盆地内水土条件相对较好的地区，也是灌木和耕地的重要分布区域，分布有格尔木胡杨林自然保护区和诺木洪自然保护区，对格尔木市具有重要的生态屏障作用，对下游盐湖具有重要的水源涵养、补给作用。其中，流动沙地（丘）主要分布在甘森湖至达布逊湖，半固定沙地（丘）与固定沙地（丘）相间分布在盆地洪积扇缘和乌图美仁河至格尔木河下游，是防风固沙南线的前沿区域。

昆仑山山前细土带的灌木及周边荒漠草原植被的保护成效，直接影响到格尔木绿洲的安全。其中，那棱格勒河—乌图美仁河流域，以及尾闾湖—东、西台吉乃尔湖处于沙漠与绿洲交错带，维护河 - 湖格局和生态系统稳定，直接影响风沙东移进程和盆地绿洲生态安全。

西起茫崖镇，东至宗务隆山，流动沙地（丘）主要分布在阿拉尔山以东至甘森湖，潜在沙化土地主要分布在马海、大小苏干湖、大小柴旦湖和尕斯库勒湖周围的草地，是防风固沙北线的前沿区域。

位于盆地北缘中段的鱼卡河、塔塔棱河流域，以及大柴旦湖、小柴旦湖处于绿洲和荒漠化的过渡地带，具有阻止荒漠化东移的重要作用，是德令哈市西部重要的生态屏障。矿产资源开发以尽量减少对荒漠生态系统的扰动为前提，水资源利用以阻止马海、大小柴旦湖潜在沙化向沙化演变为前提。

二、水源涵养功能维护

主要水源涵养生态功能区为宗务隆山水源涵养生态功能区和昆仑河—雪水河水源涵养生态功能区，两个水源涵养生态功能区对应的是柴达木盆地两大主要河流——巴音河和格尔木河，以及绿洲城市德令哈市和格尔木市。应加强巴音河中上游（含宗务隆山）林草植被的保护和水源涵养林草植被的建设。昆仑河和雪水河是格尔木河的支流，也是格尔木河水的主要来源，应该加强流域植被保护，提升水源涵养功能。

三、生物多样性保护

生物多样性保护的重点区域主要集中在可鲁克湖和托素湖自然保护区、格尔木胡杨林自然保护区、柴达木梭梭林自然保护区、诺木洪自然保护区、祁连山自然保护区党河源分区、哈里哈图森林公园等。

可鲁克湖—托素湖是柴达木盆地唯一的淡 - 咸水吞吐湖，具有较高的生物多样性，在区位上是中国西部候鸟集中栖息活动区，是柴达木盆地东北部荒漠、半荒漠地带的气候调节器，具有不可替代的生态区位价值。

第六章

长期性和累积性环境影响与风险

第一节　区域累积性生态影响和风险

柴达木盆地生态环境脆弱，一旦破坏难以恢复。现有的盐湖资源开发、油气资源开发、煤炭资源开发、铅锌矿资源开发已经对区域生态系统，包括沙生植被（生物多样性）、湖泊湿地和河流等产生影响，自然生态恢复的速度缓慢，以中长期时间尺度看，区域生态环境压力总体上处于持续增加过程中。

1. 生物多样性关键区域功能面临削弱风险

可鲁克湖—托素湖自然保护区是柴达木盆地生物多样性关键区域，生物多样性、生态服务功能面临削弱的风险。目前，德令哈市面临经济社会发展需水与生态需水的矛盾，现状水资源开发利用率高达112.8%，处于水资源严重超载状况、挤占可鲁克湖—托素湖生态需水状态。可鲁克湖面积总体上呈现萎缩状态，近50年来面积减少约55 km^2。德令哈工业规模化发展，工业需水量增加，以目前的用水结构，挤占生态用水的状况可能会长期存在，可鲁克湖面临持续萎缩的状态，同时，与之相连的托素湖也将面临持续萎缩的状态。

目前，巴音河流域处于挤占生态需水状态。在巴音河流域地下水径流带继续扩大地下水开采规模，必然导致巴音河流域下游、可鲁克湖地下水排泄带地下水排泄量将减少，淡水湖可鲁克湖呈持续萎缩态势、并向盐水湖转化风险；因来自可鲁克湖的补给水量减少，托素湖加速萎缩，进而危及盆地东部现有生态格局。

在巴音河蓄集峡峡谷出山口上游拟建设巴音河蓄集峡水利枢纽工程，具有防洪、供水、发电的综合效益。在建设蓄水工程解决供水问题的同时，将进一步减少河流出山口后的河流水量以及潜流量，巴音河出山口后断流将可能成为常态。如果不能保证巴音河出山口后的河流和湖泊生态需水量，沿岸生态将遭到破坏，下泄可鲁克湖水量将进一步减少，湖泊将加速萎缩，并危及盆地东部现有生态格局。

2. 阻滞沙漠东移的生态屏障面临严重削弱的风险

柴达木盆地的河 - 湖格局具有阻滞沙漠东移的生态屏障作用。

大柴旦区域地下水资源开发将导致盆地北缘生态退化。在大柴旦区域，支撑工业园区发展的地下水资源分布在塔塔棱河下游冲洪积扇。地下水开采将减少塔塔棱河对小柴旦湖补给水量，塔塔棱河下游区域的地下水位将呈下降态势，塔塔棱河对大柴旦湖的潜流补给也将被中断，呈现绿洲植被带退化、湿地丧失、土壤盐化、大柴旦湖和小柴旦湖面积萎缩的趋势。长期累积影响的风险是大、小柴旦湖干涸，绿洲萎缩，梭梭林自然保护区的局部地区植被退化，盆地北缘河湖格局失去平衡，失去阻止沙漠带东移的生态绿洲支撑。

煤炭资源开采将使得维持盆地中西部绿洲生态环境稳定的难度加大。柴达木盆地煤炭资源主要分布在大柴旦的大煤沟、鱼卡、高泉一带，煤矿开采方式多为露天开采。煤矿资源开采引起的地表植被破坏、环境地质灾害问题、地下水疏干、矸石山等的生态影响叠加效应突出，生态恢复措施难以见效。柴达木盆地北缘中段山前冲洪积带的天然绿洲破碎化程度，极有可能加剧其土地沙化、荒漠化进程。

3. 重要盐湖面临水盐平衡失调和湖泊生态退化威胁

察尔汗盐湖资源开发始于 20 世纪 50 年代，粗放型开发造成的历史遗留环境问题较多。东达布逊盐湖面临的主要生态风险是淡水入湖水量、采卤量快速增长带来的水盐平衡失调和湖泊萎缩，进而影响盐湖资源的可持续状态。

格尔木人口和工业的用水增长，东达布逊湖的入湖水量减少；在现状条件下，增加 1 000 万 m^3/a 的地下水开采量，入湖水量将相应地减少 580 万 m^3/a，格尔木河流域下游细土带植被、草甸沼泽植被湖周沼泽湿地可能因地下水水位下降而退化；盐湖卤水大规模开采，大量消耗盐湖水资源，生产 1t 钾肥的耗水量为 8 m^3，年产 600 万 t 钾盐需要耗水约 4 800 万 m^3，大量开采晶间卤水，导致地下水位持续下降；两者叠加效应，将危及细土带植被、沼泽湿地生态和东达布逊盐湖生态平衡，加速湖面萎缩。要使东达布逊盐湖萎缩风险降低到可接受程度，需要在盐湖采卤规模和格尔木河上游用水规模之间寻找“平衡点”。

提钾老卤排放影响盐湖资源可持续开发。提钾老卤富含镁离子（Mg^{2+}），大量老卤排放南霍布逊湖，将导致排放地及其影响范围内地下卤水中镁离子（Mg^{2+}）含量急剧增高，使得南霍布逊湖资源综合利用难度加大。

在缺乏高镁锂比盐湖提钾工业化工艺技术情况下，大规模发展提钾生产能力，老卤排放对地下卤水镁离子影响将更为突出，盐湖钾盐资源的开发利用效率将受提钾老卤排放的影响。

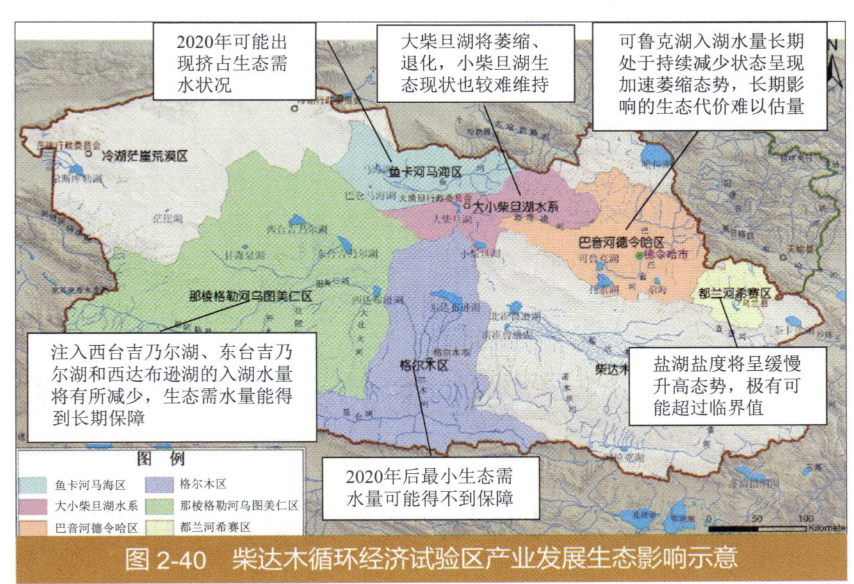

图 2-40 柴达木循环经济试验区产业发展生态影响示意

第二节 主要水环境影响和风险

在试验区的格尔木河、巴音河、鱼卡河（塔塔棱河）、都兰河等主要河流中，格尔木河属于常年性有水河流，其他河流均属于季节性河流，河流地表水与地下水转换频繁。在实施产业集聚发展战略背景下，这些季节性河流不具备作为纳污水体的基本条件。

1. 格尔木河水环境

严格工业废水达标排放，对格尔木河下游尾闾东达布逊湖将不会产生显著影响。工业废水排入格尔木河后，在地下水径流补给带，由于上部潜水与河水随季节交替式相互补给，水污染物向下游输移过程中将不断下渗进入潜层地下水，呈现沿河流带状分布的潜层地下水污染，并向下游迁移。一部分在地下水泄出带随流进入地表水系统，由于含水层岩土颗粒对污染物的滞留、吸附，在地下水泄出带的水质将有所改善，对于下游尾闾东达布逊盐湖不会产生明显的影响；另一部分在地下水径流途中由于地表植物的蒸腾作用进入植物根系或滞留于上层土壤。

2. 巴音河水环境

巴音河水流在德令哈市区下游转化为地下潜流，在潜流过程中，含水层砂砾对水污染物具有一定的吸附、过滤作用，经河流自净后进入湖泊。鉴于巴音河尾闾可鲁克湖在柴达木盆地生态安全格局中的重要地位，必须严格控制巴音河的纳污总量，保障河流水环境功能达标。

3. 地下水环境

柴达木盆地的城镇及工业园区一般坐落在冲洪积扇中下部及其前缘，土层的透水性良好，地下水易受到污染，这给保护地下水水质带来一定的困难。

根据试验区“四区”分布与地下水水源地的关系判断，德令哈、大柴旦和乌兰工业园区布局均不会对城镇饮用水源地安全构成威胁；格尔木工业园区地处冲洪积扇中部，潜水上部包气带为渗透性好的砂卵砾石层，地下水防污性能较差，工业废水排放易垂直入渗污染地下水，装置区和储罐区化学品泄漏极易下渗污染浅层地下水，存在影响水源地安全的风险；需要特别注意对生产装置区、储罐区，以及废水处理和排放设施的防渗处理。

第三节 大气环境的长期影响与风险

一、常规大气污染影响处于可控状态

1. 区域大气输送特征

柴达木盆地地处欧亚大陆腹地，处于中纬西风带和东亚季风系统的交界带，对气候变化

极为敏感。气候寒冷干旱，多风少雨，日照时间长，太阳辐射强，且光质好，平均风速大，大风日数多，表现出典型的高原干旱大陆性气候特征。

柴达木地区主导风向大部分地区为偏西风，冷湖、德令哈为偏东风，都兰为西南风。大部分地区（德令哈、格尔木、大柴旦、冷湖和都兰等）春季、夏季和秋季主导风向与全年主导风向一致或差别不大。大部分地区大风天气频繁，年平均风速总体上呈现自西向东逐渐递减的趋势，其中盆地西部的冷湖风速多在 3.5 m/s 以上，盆地中部和东部地区大多在 3 m/s 左右。

大气污染物的平面输送特征表现为：在德令哈地区主要沿西南偏西—东北偏东两个方向输送，在格尔木、大柴旦、芒崖、都兰等地区主要沿东或东南偏东方向输送。

混合层高度相对较高，夜间平均高度约为 200 m，白天混合层平均高度约为 2 000 m，在铅直方向上大气污染物被热力湍流所扩散的空间范围较大。

2. 大气环境影响主要集中在城市地区

格尔木、德令哈等主要城市地区的 SO_2/NO_x 大气污染物浓度将有所升高。按照循环经济产业体系发展方向，工业废气排放主要集中在金属冶金、煤化工、盐湖化工，以及配套的热电项目。按照 2015 年的发展愿景进行预测，在 SO_2、NO_x 和烟粉尘新增排放量分别为 1.7 万 t、2.66 万 t、1.7 万 t 的极为不利的预测情景下，与现状排放相叠加后，在盆地中东部地区出现 SO_2 年均浓度高值区，SO_2 年均浓度值不足标准限值的 12%；德令哈—天峻一带、格尔木市东北部地区、盆地西北部的芒崖出现 NO_2 年均浓度高值区，NO_2 年均浓度值不足标准限值的 16.5%；德令哈市和格尔木市东北部成为盆地内的 PM_{10} 年均浓度高值区，PM_{10} 年均浓度高值不足标准限值的 12%。试验区 SO_2、NO_2、PM_{10} 年均浓度分布分别见图 2-41、图 2-42、图 2-43。

图 2-41　试验区（现状 + 预测）SO_2 年均浓度分布

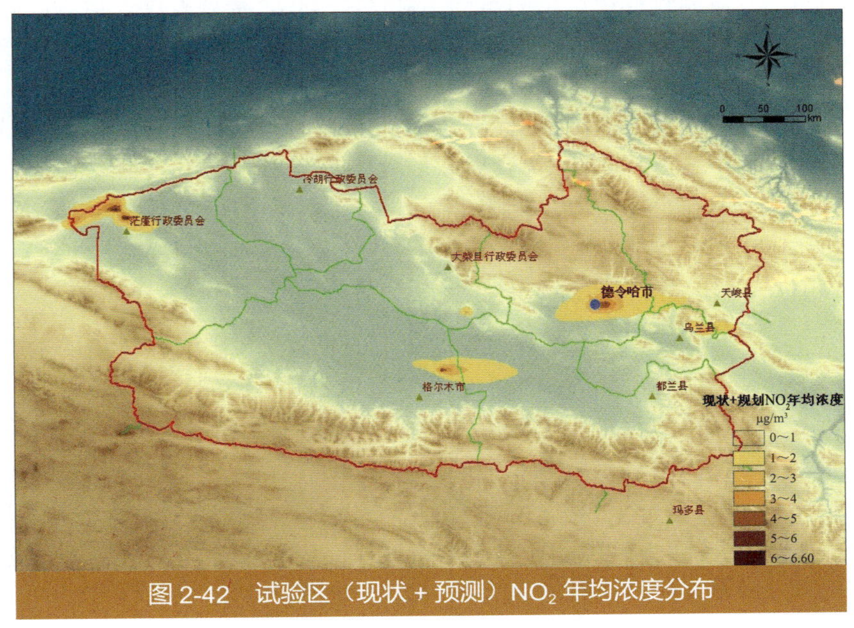

图 2-42　试验区（现状 + 预测）NO_2 年均浓度分布

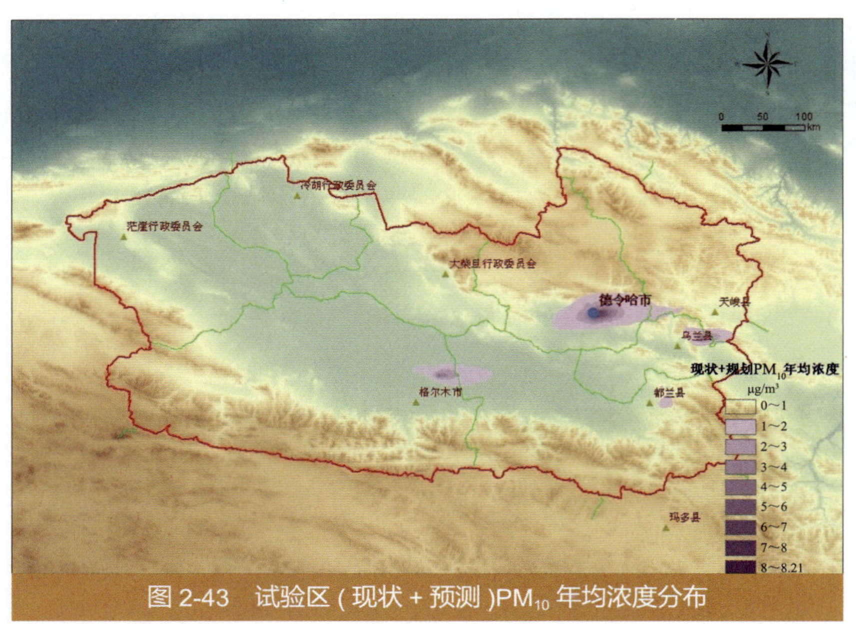

图 2-43 试验区（现状 + 预测）PM_{10} 年均浓度分布

根据全年日均浓度模拟结果，选取出现日均浓度高值的10天分析，大气层稳定度主要以稳定和中性为主，平均风速普遍偏小，平均混合层高度一般低于 500 m；德令哈市 SO_2、NO_2、PM_{10} 日均浓度贡献值最大值占标率分别在 20%、58% 和 47% 以下，格尔木市 SO_2、NO_2、PM_{10} 日均浓度贡献值最大值占标率分别在 18%、45% 和 26% 以下。

二、特征污染风险凸显

1. 氯气风险突出

盐湖资源开发和综合利用的重点是氯化物型资源，在开发下游产品过程中，将会产生大量的氯气、氯化氢气体。

“氯气风险”主要表现在两个方面：一方面，随着氯化物型盐湖资源的综合利用发展，氯气、氯化氢气体总量将迅速增加。氯气和氯化氢的生产、贮存、使用过程中的风险防范，是试验区面临的新课题，耗氯产业的发展将直接影响盐湖资源综合利用。另一方面，盐湖镁、锂盐综合开发大多处于生产工艺技术研发、中试阶段，难以配套大宗耗氯产品的工业化生产，试验过程中产生的氯气、氯化氢气体，需要贮存、运输，如果没有特殊的政策扶持耗氯产品的多样化发展，则氯气泄漏环境风险骤增。氯气泄漏可能对环境和人群健康造成较大的危害，相关产业规模布局应考虑氯气泄漏风险危害和重点防范。

按照盐湖金属镁一体化发展路径，盐湖生产 1 万 t 金属镁大约产生 2.9 万 t 氯气，需要生产 5 万 t 聚氯乙烯实现氯平衡。在产业链构建上，单纯依靠发展聚氯乙烯（PVC）路径来平衡氯，存在市场需求、资源环境条件等约束。发展电石法聚氯乙烯，同时还面临突出的汞污染风险。

2. 汞污染风险将成为污染防控重点

我国受富煤、贫油、少气的资源禀赋限制，PVC 的生产主要以电石法为主，电石法 PVC 产能总产能的 80%。电石法聚氯乙烯（PVC）生产过程中，目前采用氯化汞催化剂，其以活性炭为载体，浸渍吸附 10% ～ 12% 的氯化汞（$HgCl_2$）制备而成。

电石法聚氯乙烯的汞污染来源于氯乙烯合成过程中氯化汞的升华。由于氯化汞的固有特性，生产过程中升华流失不可避免，按照电石法聚氯乙烯生产装置吨 PVC 汞触媒消耗量 1.2 kg（氯化汞含量 11%）计算，100 万 t/a 电石法聚氯乙烯（PVC）产能的汞触媒消耗量约为 1 200 t，氯化汞的使用量约为 132 t，折算成汞的使用量约为 100 t。使用后的废触媒氯化汞质量分数一般在 4% 以下，触媒中的氯化汞有 60% 以上生产反应过程中流失，100 万 t/a 电石法聚氯乙烯生产装置的汞流失量约 60t 以上。汞污染成为电石法 PVC 行业的突出环境问题。汞对环境高度敏感性、并在环境中累积，被微生物转化为甲基汞，通过食物链进入人体使人中毒，严重影响人体健康和生态平衡。

当前，低汞触媒的推广和无汞触媒研发、氯乙烯合成气相汞高效回收以及后续的无害化处理是电石法聚氯乙烯汞污染控制的关键所在。

目前，由于产品性能、成本和管理等方面的原因，低汞触媒技术在氯碱行业内没有得到普及，大多数企业还是首选使用高汞触媒，加上氯乙烯合成气相汞高效回收技术未得到广泛应用，无害化处理率非常低（废汞触媒、废汞活性炭的氯化汞回收率约为 75%；含汞废盐酸、废碱液等采用盐酸深度脱吸和汞的无害化处理仅为 20% 左右）。在我国电石法 PVC 行业发展现状的背景下，柴达木盆地德令哈地区将凸显重金属汞污染风险。

按照已建设和审批建设的电石法 PVC 规模，汞污染防治将成为试验区环境污染防治工作的重点。

从遵循国际汞公约和我国重金属污染防治政策考虑，在我国电石法聚氯乙烯行业未实现无汞化之前，德令哈地区不宜再布局发展电石法聚氯乙烯产能。现有和在建的电石法 PVC 生产装置，应全面采用电石法 PVC 行业重点清洁生产技术，弃用高汞触媒，采用低汞触媒技术、控氧干馏法回收废触媒氯化汞及活性炭的新工艺、高效汞回收技术等低汞、无汞技术。严格电石法 PVC 涉汞工艺、装置的监管和汞的排放与释放。

3. 铅污染风险防范需加强

在着力推进盐湖钾、钠、镁、锂、钙等轻质金属与镁基合金等新材料产业快速、有序发展的同时，将加强对铅、锌、铁等金属采选冶金等传统产业的改造升级、共伴生矿产资源和矿山废弃物的综合利用，采用先进工艺技术提高资源的开采回采率和选矿回收率。总体上，金属采选冶金产业的资源综合利用和环境保护水平有望得到大幅提升，重金属污染得到有效控制。但金属产业发展历史沿革中由于落后的开采方式、冶炼工艺技术和装备、粗放式经营，造成铅、镉等重金属及氧化物在矿区周边环境中沉积，形成累积性影响和风险。在土地和地下水资源开发利用中需要特别注意预防重金属污染。

按照产业布局规划，铅、锌冶炼，铜钴冶炼，以及相应产品的深加工，将主要集中在格尔木工业园区。格尔木市是柴达木盆地人口密度高的区域，在空间布局和大气特征污染物控制上协调处理金属冶炼、深加工以及资源综合利用与人群健康风险的关系至关重要。目前，国内铅冶炼行业总体上集中度不高、污染比较严重，落后的冶炼工艺和装备，以及粗放式经营促使“血铅事件”频出，给当地居民生产生活造成一定危害，并产生不良社会影响，这是柴达木盆地发展金属冶炼循环经济产业应吸取的经验教训。

金属冶炼产业发展应从企业布局和规模、工艺和装备、资源综合利用、环境保护设施等方面全面审查，严格准入门槛。在建设项目布局上，应满足环境敏感目标与建设项目之间的空间隔离距离要求。按照产业政策要求，及时淘汰落后的生产工艺技术和装备。应加强含铅、锌、汞等重金属颗粒物烟气的收尘处理、综合利用、回收金属。

第七章

《总体规划》实施过程中的宏观调控建议

柴达木盆地战略地位重要，资源赋存丰富，开发潜力巨大；同时，生态环境脆弱、水资源制约十分突出，维护生态系统稳定的任务艰巨。

必须树立尊重自然、顺应自然、保护自然的观念，以加快转变经济发展方式为主线，以体制机制创新和技术进步为动力，按照“减量化、再利用、资源化”原则，综合考虑资源优势、环境承载能力、现有开发强度和发展潜力，统筹传统产业改造升级和新兴产业的健康发展。切实加强循环经济产业园区规划和建设，积极培育循环经济产业链和循环经济骨干企业，加大循环经济支撑技术的研发和推广力度，努力把试验区建成国家循环经济示范区。

第一节　优化循环型产业体系建设

1. 调整盐湖资源综合利用产业发展的策略

未来一段时期的盐湖资源综合利用产业发展，宜采取稳步发展钾盐利用，重点研发镁盐利用的工业化技术装备，积极推进镁、锂、硼等资源利用的策略。

（1）稳步发展钾盐利用。在保障钾盐资源可持续开发利用的前提下，稳步发展钾肥生产，将其建设成为我国重要的钾肥生产基地。力争缓解国内钾肥市场供需矛盾，降低钾肥进口依赖程度，保障我国粮食安全发挥重要作用。

（2）重点研发镁盐利用的工业化技术装备。要加大盐湖镁盐开发利用的关键技术研发、中试的投入，建立高效低耗化工分离新方法，发展多联产分离技术，解决盐湖镁资源高效提取和分离及伴生资源相对分离的技术难题。加快推进金属镁、镁合金、氢氧化镁、氧化镁等工业化示范工程。

（3）积极推进锂盐资源的经济性开发。锂盐资源在新能源、新材料等高科技领域应用前景广泛。卤水提取锂等资源的过程复杂，资源开发的经济性较低，应当加强卤水锂盐，特别是提钾老卤锂盐利用技术的研发和工业化示范，提高资源利用的经济性，实现钾、镁、锂、硼等资源利用的协同发展。

2. 优化盐湖资源开发利用的主导产业发展方向

（1）建设以钾资源开发为龙头的盐湖化工循环型产业体系。现阶段，盐湖资源综合开发利用以提升钾盐资源利用效率为核心，促进钾盐开发利用的稳步发展；重点突破金属镁、锂开发利用的工业化技术来带动盐湖镁、锂等轻质金属等新材料产业的有序发展。

（2）氯产品发展应注重产品多样化。要根据资源环境承载能力和盐湖镁、锂盐利用的工业化示范和发展，综合研究聚氯乙烯、氯化聚氯乙烯、环氧氯丙烷、三氯氢硅等耗氯产品的发展策略，有效地平衡盐湖资源开发副产氯的问题。聚氯乙烯（PVC）生产属于高耗水、高耗能产业，处于产能过剩状态，不宜完全依靠发展 PVC 来平衡氯气。

镁、锂盐开发处于中试 / 工业化示范阶段，应积极开拓有机氯产品、高档产品、专用产品、深加工、高附加值产品，提高精细化工产品比例，有效解决中试 / 工业化技术研发副产氯的问题。

（3）煤炭综合利用与盐湖资源开发相匹配。煤炭综合利用以洁净化利用和促进盐湖 - 煤化工—天然气化工—冶金产业融合为前提。乌兰园区的焦炉煤气宜用于发电，不宜向甲醇方向延伸；德令哈园区的焦炉煤气制甲醇需控制在现有规模。在金属镁等工业化技术装备和经济性取得突破之前，不宜将甲醇制烯烃列为优先发展方向。

3. 优化水资源配置的优先方向

实行“以水定产”，优先保障城市生活用水和生态用水，大力推动农业节水，建设节水型循环经济产业体系。盐湖资源综合开发利用，应当按循环型产业体系发展测算、配置用水量。在产业发展中，要优先为钾盐资源综合开发利用为龙头的盐化工产业链，以及实现“氯平衡”为目标的煤—盐化工融合的产业链发展预留足够的水资源配置指标。

4. 促进清洁能源体系建设和“节能减排”

（1）加快新能源开发体系建设。加快风能、太阳能发电建设，特别是太阳能发电基地的建设，逐步减少煤炭消费比例。

（2）优化能源资源利用。不再扩建天然气制甲醇、合成氨产能规模，以及单纯产能扩建的煤制合成氨，对煤焦化产能宜以资源环境承载条件进行总量控制。

（3）主要单位产品综合能耗达到国内先进水平。积极促进采用先进自动化控制技术及大型、高效节能设备，加快淘汰落后生产工艺及装备，推广使用先进的污染控制技术。

5. 优先支持生态、绿色产业链发展

（1）采取政府扶持与市场运作相结合的方式，推行“公司 + 基地 + 农户”的产业化运作模式，打造“种植、养殖—加工—综合利用”等现代特色农牧业产业链。

（2）加强统筹规划生物产业的加工基地、原料基地和生物服务业的发展布局，集中要素投入、加快高原生物产业发展。到 2020 年，培育一批创新能力强、成长性好、市场扩张性强的企业群；把柴达木特色生物产业打造成具有国际、国内竞争力和在部分领域具有知识产权的优势特色产业。

（3）发展沙生植物的种植，减少野生资源的开采；采取保护、治理与开发利用相结合的综合措施，在保护生态环境的前提下，采用环保型的现代生物技术，对健康食材资源进行精深加工和综合利用。

第二节　优化区域分工和产业布局

工业园区以发展循环经济为主线，优化产业结构，优先资源综合利用产业发展，严格控制耗水型、高耗能、高污染产业规模的盲目扩张，完善园区集中供热、废水处理设施和固体废物处置设施的建设与管理。

坚持《总体规划》的各园区差异化发展方向，结合产业政策和水资源制约优化盐湖化工产业发展的区域分工。优化格尔木和德令哈盐湖资源综合利用循环型产业发展，限制乌兰和大柴旦煤化工发展，大柴旦区应退出固体硼矿资源开发。

（1）研究制订以东、西台吉乃尔湖和一里坪盐湖区为核心的盐湖资源综合利用基地发展战略与规划。

（2）集中布局、适度发展化工焦，支持构建“煤化—盐化”融合的产业链，优化发展配套的下游产业；不宜在格尔木、德令哈和大柴旦工业园区新布局煤化工产业。焦炉煤气的利用以发电为主，在水资源条件允许的情况下，适度发展焦炉煤气制甲醇联合合成氨。

（3）德令哈工业园区电石法聚氯乙烯产能不再扩大，其他园区亦不应新布局电石法聚氯乙烯产能；天然气—乙炔—聚氯乙烯局限在格尔木工业园区，维持现有产能规模。现有装置全部采用电石法 PVC 行业清洁生产技术，弃用高汞触媒。

发展煤、天然气经甲醇制烯烃或天然气裂解制乙炔法生产聚氯乙烯，现阶段缺乏水资源支撑，而试验区节水型农业与水利工程正处于建设状态，近期不宜安排大规模布局发展。

（4）纯碱、烧碱产业“量水而行”、适度发展，试验区近期严格控制纯碱产能扩大。纯碱生产应配套建设废液生产氯化钙装置，尽可能实现双吨生产；严格控制烧碱产能盲目扩张。

第三节　大力推进节水建设

按照满足生活用水、平衡生态用水、实施农业节水、协调工业用水的原则，优化配置、合理利用水资源，在节水中求发展。要保障生态需水量配置不降低，保持常年性河流下游河道不断流，地下水可规模化、集中开采区域地下水资源不超采，维持现有河湖生态格局，盐湖资源处于可开采状态。

1. 优化用水结构

调整、优化区域生产用水结构。应优先安排农业灌溉基础设施改造和农业生产结构调整，改变落后的灌溉方式，大力发展节水型高原特色农业种植产业，积极推广、普及旱作节水实用技术，建设综合配套工程。在巴音河流域应优先实施农业节水工程建设，格尔木河流域应优先实施农业节水灌溉工程、经济林和生态林节水灌溉工程。

2. 实施农业种植结构调整

农业种植结构调整的方向应为适当压减农作物面积，增加经济林、饲草地面积，大力发展高原特色农牧产业。保持柴达木盆地耕地面积零增长，鼓励发展枸杞、沙棘等沙生作物，建立特色果品的生产基地。

3. 大力推进农业节水

发展节水高效生态农业，限制高耗水作物种植面积。通过改造现有灌区，改进管理，提高水的利用系数，并严格控制灌溉面积。应大力推进农业节水工程，包括柴达木绿洲灌区续建配套与节水改造工程、高效农（林）业节水核心示范工程、小型灌区节水改造，力争实现2015年农业灌溉节水量2.25亿m^3、2020年农业灌溉节水量3.24亿m^3、2030年农业灌溉节水量3.77亿m^3的节水目标。

4. 提高工业用水效率

要大力发展工业节水，通过提高工业水重复利用率，降低工业单位耗水量，2015年工业水重复利用率力争达到85%，万元工业增加值用水量指标控制在105m^3/万元工业增加值以内。

重点加强德令哈工业园区和格尔木工业园区的再生水建设。力争2015年工业园区工业废水集中处理率达到100%，再生水利用率达到50%；2020年再生水利用率达到80%。

第四节 近期主导产业产能发展的调控建议

根据国家有关产业发展宏观调控策略，结合试验区资源环境禀赋特征，需要对近期主导产业产能发展目标进行优化调控。

天然气制甲醇规模维持现有水平，烧碱产能控制在总体规划目标以内，优先发展钾盐、镁盐加工，鼓励发展锂、硼资源利用，聚氯乙烯以平衡钾、镁盐加工副产氯气资源为前提优化发展。调控建议见表2-12。

表2-12 近期试验区主导产业产能发展目标调控

产业/产品	发展定位	目标调控建议
油气化工	区域性油气化工产品生产基地	天然气制甲醇规模维持现有水平（100万t/a）
钾肥	国家最大钾肥生产基地	稳步发展，以满足国内需求为目标
碱业	国家最大碱业产品生产基地	烧碱产能控制在总体规划目标以内，适度发展
镁产品	全国最大金属镁及镁系列产品生产基地	优先发展，配置平衡副产氯气的氯产品产能建设
锂硼锶化工	国家重要的盐湖锂硼锶化工产品生产基地	鼓励发展锂、硼资源利用，适度发展锶资源利用
聚氯乙烯	国家新兴PVC产品生产基地	以平衡盐湖钾、镁等资源加工副产氯气资源为前提，优化发展
煤炭与煤化工	区域性煤炭及煤化工生产基地	严格限制煤化工发展规模；按氯产品产能配置焦化和电石产能

第八章

环境保护对策与建议

第一节　设定资源环境保护的红线

在产业发展中强化环境保护，在保护环境中优化产业发展，有效地缓解产业发展与环境保护战略目标之间存在的矛盾与冲突，规避长期性环境风险。

（1）生态保护底线：保护可鲁克湖、东达布逊湖等重要湿地和河流生态功能不退化，遏制沙化东移的趋势，保障区域生态环境不再恶化或有所改善。

（2）水资源利用红线：2015 年试验区水资源开发利用量控制在 10.5 亿 m^3（占水资源总量的 18.8%）以内，2020 年试验区水资源开发利用总量控制在 11.18 亿 m^3（占水资源总量的 20%）以内。

（3）资源环境效率基线：到 2015 年，资源能源利用效率比现状大幅提高，单位生产总值能耗在 2010 年基础上提高 10%、单位生产总值取水量 105 m^3/ 万元、主要矿产资源产出率 1 400 元 /t、工业水重复利用率 70%、工业固废综合利用率 50%、单位生产总值工业废水排放量 5.7 m^3/ 万元、单位生产总值 SO_2、COD、氨氮排放量分别控制在 53 kg/ 万元、18 kg/ 万元、3 kg/ 万元。

第二节　优先实施的环境保护对策

1. 全面推进清洁生产和循环经济发展

针对区域产业发展和环境质量现状，以“不欠新账、多还旧账”为基本原则，在区域实行严格的资源环境准入，从严要求用水指标和水污染物控制。

（1）积极推动传统产业的技术改造、升级换代，广泛采用清洁生产技术，单位产品的能耗、物耗、水耗及污染物排放达到国内或国际先进水平；化工、冶金项目的清洁生产达到国际先进水平。加快淘汰不符合产业政策和行业准入标准要求的铅锌冶炼企业和落后生产工艺及装备。

（2）优化产业链发展，坚持以盐湖资源综合开发利用为核心，以钾资源开发为龙头，金属资源产业发展以盐湖资源综合利用为基础，油气化工循环型产业发展以配套盐湖资源开发为主导，煤炭综合利用产业以配套盐湖资源开发为前提。积极发展高原特色生物产业和可再生能源产业。

2. 加强环保基础设施和应急能力建设

（1）2015 年各工业园区建成并运行集中污水处理厂、建设再生水利用设施；试验区工业废水污水处理率达到 100%，再生水利用率达到 50%；在格尔木和德令哈地区，建设利用市政污水再生利用设施；实现优水优用、梯级利用，全面提高水资源利用效率；2020 年试验区工业废水处理率达到 100%，再生水利用率达到 80%。

（2）各工业园区配套建成热力中心，实行热电联产，实现园区集中供热、供电；采用高效的脱硫、脱硝技术。

（3）加强大气污染控制设施配套建设，控制煤烟型大气污染物排放总量，保护重点城市德令哈和格尔木大气环境质量不降低。

（4）建设符合环境保护标准的工业固体废物和危险废物处理处置设施。2015 年危险废物实现 100% 安全处置，在格尔木和德令哈地区，建设符合环保要求的危险废物集中处置中心；矿山采选场配套建设的尾矿库、弃渣场，以及工业固体废物的临时贮存场要求均完全达到相关标准和规范要求，并便于综合利用。

（5）建立和完善氯气风险、汞污染监管机制，严格涉汞工艺、装置的监管和汞的排放与释放；化工园区具备应对突发环境事件预防、快速响应处置能力。

3. 强化水环境管理

（1）到 2015 年，城市主要供水水源地水质达标率达到 95% 以上，主要河流水功能区水质达标率达到 85% 以上；到 2020 年，城市主要供水水源地水质达标率达到 100%，河流水功能区水质达标率达到 90% 以上。

（2）水环境管理应强化水污染物排放总量控制，严格控制高耗水、高污染项目建设，并实行严格的节水和水污染排放控制措施。所有工业废水均应经工业园区污水处理厂进行二级处理，工业废水处理率达到 100%。严格控制汞、铅等重金属污染。

（3）在巴音河实行工业废水“零”入河，工业废水禁止排入巴音河；格尔木河下游严格水污染物排放总量控制；按照“二级处理 + 湿地处理系统”模式处理工业废水，实现废水资源化利用。

4. 加强生态保护与建设，维护生态安全格局

（1）统筹水资源开发利用，保障重要河湖湿地生态用水，维护河流湖泊格局。重点保障可鲁克湖、东达布逊湖入湖水量不降低，遏制湖面萎缩态势；保障塔塔棱河、大柴旦湖和小柴旦湖的最小生态需水量；严格控制巴音河、格尔木河山前冲洪积带的地下水开采规模；以生态保护优先，统筹河流上游水资源开发利用和山前冲洪积带地下水资源的开发利用。

（2）应严格控制山区矿产资源开发的准入条件、环保基础设施建设，避免或减缓地表扰动和废水排放对地表水、地下水的污染；必须加强对矿山开采的管理，严格尾矿库污染控制和风险管理，矿产资源的开发应以采用先进采矿技术、先进选矿工艺、提高金属回收率为前提。

（3）高原特色生物产业的原料基地建设，应加强生态保护和水土流失防治。严格控制荒山、

荒坡开发，量大面广的陡坡开垦、顺坡耕作等活动，防止大面积的植被破坏和水土流失。

第三节 环境保护建设的政策扶持

（1）建议国家以贴息贷款的方式支持工业园区企业节水技改工程建设；优先支持盐化工产业进一步搞好节水设施和污水处理回用；优先安排污水处理回用项目建设资金，并建议予以税收上的优惠；在收取排污费中优先安排返还用于污水治理回用。

（2）加强与鼓励节水技术引进和改造，特别是能源工业技术要求高，需引进必要的进口设备用于节水技术改造，建议免征其进口关税，对其投资也予以抵减当年新增所得税的优惠。

（3）由财政安排资金，尽快在西部地区格尔木和东部地区德令哈建设危险废物处置中心，并按公益性非营利性运行，实行财政补贴。

（4）实行税负优惠：扶持利用电石渣、电厂粉煤灰生产水泥建材，以及其他利用废渣进行资源综合利用的项目，在满足环境保护要求的前提下，优先配置相应的能源、污染物排放等总量指标，并予以部分税负减免；符合金属产业体系循环经济建设的要求，属于对冶炼废渣中的稀贵金属的提取和加工的项目，予以部分税负减免。

（5）扶持铅锌选矿尾渣的综合利用产业链发展，铅锌冶炼行业已进行重金属回收的废渣，提供免费安全处理服务。

（6）提高矿山生态保护和治理资金比例，优先对国有大中型矿山的生态修复工程予以财政补贴。

第四节 加强战略—规划—建设项目环评的联动

要建立战略—规划—建设项目环境评价联动机制，将战略环评、规划环评作为重大建设项目环评审批准入的依据。着力推动《西部大开发重点区域与行业发展战略环境评价》有关成果和环境保护部《关于促进甘青新三省（区）重点区域和产业与环境保护协调发展的指导意见》的落实。

按照《总体规划》确定的循环经济产业发展模式和产业园区方向与重点，结合环境保护战略要求，制定切实可行的工作方案，严格执行环境管理规定，做好环境影响评价工作。《总体规划》实施过程中环境保护工作应以《总体规划》环境评价提出的环境保护战略目标和环保对策建议作为重要的评价依据之一，坚持生态保护优先、循环发展原则，统筹考虑资源禀赋、产业发展的各类现实约束和环境保护政策、标准，确保在规划实施过程中促进循环经济产业体系的形成。重大建设项目环评审批应以规划和规划环评为前置，强化和落实规划环评的要求。

第九章

总 结

第一节　主要成果与结论

柴达木盆地矿产资源丰富，是一个典型的资源型地区，资源组合优势明显，发展循环经济条件优越，是国家西部大开发特色优势产业基地，国家发展循环经济的重要试验区，青海省实现全面建成小康社会的先行区。柴达木盆地地处青藏高原，属盐泽、戈壁等荒漠、半荒漠地区，区域生态相对独立，生态系统脆弱，水资源短缺，镶嵌在国家重要生态功能区和生态屏障之间，适宜人居生存环境空间较小，生态环境的自我修复能力极低。作为我国西部经济发展相对滞后的地区，柴达木地区面临加快经济发展与保护生态环境的突出矛盾，协调经济发展与生态环境保护的任务十分艰巨。

尊重自然、顺应自然，以保护生态为前提，发展循环经济是解决经济发展和生态环境保护矛盾的现实选择。《柴达木循环经济试验区总体规划》的实施，对引导柴达木以盐湖资源综合开发利用为龙头的循环经济发展，探索资源型、生态脆弱地区发展循环经济，实现科学发展具有重要的现实和示范意义。

一、主要资源环境制约与生态环境风险

1. 现有盐湖资源综合利用技术与柴达木盐湖资源禀赋不尽匹配，循环经济产业体系构建举步维艰

在柴达木盆地盐湖资源禀赋条件下，盐湖产业链延伸面临工业化技术缺乏的“瓶颈”、市场激烈竞争，循环经济产业链和产业体系构建困难，加上现有的资源管理和资源配置不利于与盐湖资源循环经产业体系发展。目前，盐湖镁、锂、硼资源开发工业化生产存在不同程度的技术“瓶颈”，直接影响《总体规划》循环经济型产业体系发展，循环经济试验区向示范区的转变短期内难以实现。

2. 柴达木盆地生态系统脆弱，水资源短缺

盐湖资源综合利用循环经济产业发展同样要遵从生态安全空间约束，保障重要生态功能

区的生态用水，保护河湖格局不再萎缩，保持盆地绿洲和荒漠植被基本稳定，阻止沙漠化东移。

3. 水资源短缺，资源型产业规模化发展伴随着付出生态代价的风险

水是维系柴达木盆地生态系统的最关键因素，“有水一片绿，无水一片沙”。要实现柴达木地区经济社会发展战略，必须保障柴达木盆地重要生境的生态用水，维持天然河流湖泊格局和绿洲生态系统的基本稳定。

未来 5 ～ 15 年，经济社会发展需水和生态需水的矛盾将十分突出，水资源超载进一步加剧。保障格尔木和德令哈两大绿洲区生态用水，维护绿洲生态的任务更加艰巨。柴达木盆地唯一的淡水湖可鲁克湖咸化风险加剧，淡水湖的加速咸化将导致可鲁克湖—托素湖的淡 - 咸水吞吐湖生态系统质的变化，生物多样性损失巨大，危及盆地东部现有生态格局；东达布逊盐湖面临水盐平衡失调、格尔木河下游盐化草甸退化风险，保障察尔汗盐湖区生态现状基本稳定的难度加大，并将影响到钾资源持续开发利用；大、小柴旦湖水系和鱼卡马海区，植被需水临界条件得不到保障，植被退化，土地沙化进程可能加速，阻止荒漠化东移的重要功能受到削弱。

4. “氯气风险”和汞污染风险成为环境保护面临的新问题

柴达木察尔汗盐湖属氯化物型盐湖，盐湖钾、镁、锂资源综合利用和下游产业链发展，不可避免地带来氯气、氯化氢气体总量迅速增加。氯气和氯化氢的生产、贮存、使用过程中的风险防范，是试验区面临的新课题。尤其是镁、锂盐综合开发大多处于生产工艺技术研发、中试阶段，难以配套大宗耗氯产品的工业化生产，研发、中试过程产生的氯气、氯化氢气体，需要贮存、运输，如果没有特殊的政策扶持耗氯产品的多样化发展，氯气泄漏环境风险骤增。

盐湖资源综合开发的“氯平衡”问题，在产业链构建上主要依靠发展 PVC 路径来平衡氯。采用电石法 PVC 路径解决“氯平衡”，面临突出的汞污染风险。当前，低汞触媒的推广和无汞触媒研发、氯乙烯合成气相汞高效回收以及后续的无害化处理是我国电石法 PVC 行业汞污染控制的关键“瓶颈”，依现有和在建电石法 PVC 规模，汞污染防治将成为试验区环境污染防治工作的重点。

二、关于宏观调控的主要建议

必须树立尊重自然、顺应自然、保护自然的观念，以加快转变经济发展方式为主线，以体制机制创新和技术进步为动力，按照“减量化、再利用、资源化”原则，综合考虑资源优势、环境承载能力、现有开发强度和发展潜力，统筹传统产业改造升级和新兴产业的健康发展。

1. 优化循环型产业体系建设发展策略和重点发展方向

未来一定时期，宜采取稳步发展钾盐利用，重点研发镁盐利用的工业化技术装备，积极推进镁、锂、硼等资源利用的盐湖资源综合开发利用策略。以重点突破金属镁、锂开发利用的工业化技术来带动盐湖镁、锂等轻质金属等新材料产业的有序发展。根据盐湖镁、锂盐利用的中试、工业化研发和发展，研究制定氯产品的发展策略和重点方向，尤其要有效解决中试、工业化研发副产氯的问题。

煤炭综合利用要坚持以洁净化利用和促进盐湖—煤化工—天然气化工—冶金产业融合为前提，并与盐湖金属镁等工业化技术装备示范进展相匹配。

2. 加快新能源开发体系建设，优化能源资源利用

加快风能、太阳能发电建设，特别是太阳能发电基地的建设。对煤焦化产能以资源环境承载条件进行总量控制，不再扩建天然气制甲醇、合成氨产能规模，以及单纯产能扩建的煤制合成氨。

3. 优先支撑生态、绿色产业链发展

采取政府扶持与市场运作相结合的方式，推行“公司 + 基地 + 农户”的产业化运作模式，打造“种植、养殖—加工—综合利用”等现代特色农牧业产业链。发展沙生植物的种植，减少野生资源的开采。加强统筹规划生物产业的加工基地、原料基地和生物服务业的发展布局，集中要素投入、加快高原生物产业发展。

4. 近期主导产业产能发展规模应予以调控

天然气制甲醇规模维持现有水平，烧碱产能控制在总体规划目标以内，钾盐、镁盐加工优先发展，鼓励发展锂、硼资源利用，聚氯乙烯以平衡钾、镁盐加工副产氯气资源为前提优化发展。

5. 以发展循环型产业体系为主线，优化区域分工和产业布局

坚持《总体规划》的各园区差异化发展方向，综合资源禀赋、水资源制约、产业政策，优化格尔木、德令哈盐湖化工产业发展，限制乌兰、大柴旦煤化工发展。试验区控制纯碱、烧碱产能规模，电石法 PVC 产能控制在现有规模，MTO 烯烃法 PVC 布局以金属镁等盐湖资源综合利用发展和水资源条件为前置。

6. 大力推进节水建设，调整用水结构、提高用水效率

保持柴达木盆地耕地面积零增长，严格控制灌溉面积。优先安排农业灌溉基础设施改造，提高水的利用系数，大力发展节水型高原特色农业种植产业，积极推广、普及旱作节水实用技术，建设综合配套工程。提高工业水重复利用率，降低工业单位耗水量，加强再生水能力建设。

三、主要环境保护对策建议

1. 实施环境保护红线管理机制

产业规划布局和项目评估及审批遵守生态保护底线、水资源利用红线、资源环境效率基线。

2. 优先推动的环境保护对策

全面推进清洁生产和循环经济发展，从严要求用水指标和水污染物控制。广泛采用清洁生产技术，单位产品的能耗、物耗、水耗及污染物排放达到国内或国际先进水平；化工、冶

金项目的清洁生产达到国际先进水平。加强环境保护基础设施和应急能力建设，2015 年各园区建设并运行污水处理厂、再生水利用设施，配套园区热力中心、一般工业固体废物和危险废物处理处置设施。强化水污染物排放总量控制，所有工业废水均应经工业园区污水处理厂进行二级处理，工业废水处理率达到 100%，再生水利用率达到 80%，巴音河实现工业废水“零”入河。危险废物 100% 安全处置，尾矿库、弃渣场以及工业固体废物的临时贮存场均完全达到相关标准和规范要求。

严格控制山区矿产资源开发的准入条件、环保基础设施建设，矿产资源的开发应以采用先进采矿技术、先进选矿工艺、提高金属回收率为前提。严格矿山开采管理、尾矿库污染控制和风险管理。加强高原特色生物产业的原料基地建设的生态保护和水土流失防治。严格控制荒山、荒坡开发，量大面广的陡坡开垦、顺坡耕作等活动，防止大面积的植被破坏和水土流失。

采取政策扶持环境保护建设。以贴息贷款、财政补贴、税负优惠等方式，支持节水技改工程建设、污水处理回用项目建设、进口先进节水设备、固体废物资源化综合利用、危险废物安全处置建设、矿山生态修复等。

第二节 与西北战略环境评价成果的一致性

2011 年，环境保护部组织实施《西部大开发重点区域和行业发展战略环境评价项目》，其中，青海柴达木循环经济试验区作为重点区域纳入研究范围。时逢《总体规划》环境评价工作进程过半。为在更大区域高层次上研究柴达木循环经济试验区发展与资源环境保护的协调，适时放慢了对《总体规划》环评报告书的编制进程，力求在关键的资源环境评估、优化发展的调控建议、资源环境保护对策等方面保持一致性。

2013 年 7 月，环境保护部发布《关于促进甘青新三省（区）重点区域和产业与环境保护协调发展的指导意见》（环发 [2013]83 号），就甘青新三省（区）加强生态文明建设，实施生态环境战略性保护，引导生产力布局优化，推进产业结构战略性调整，实现发展方式的根本性转变，促进区域经济社会环境全面协调可持续发展，提出 5 款 24 条意见。本报告对试验区建设的相关建议与《指导意见》的要求相融合，见表 2-13。

表 2-13 《指导意见》与本报告对试验区建设的相关建议对照

《指导意见》的有关条款		本报告对试验区建设的相关建议
	➢ 促进兰州—西宁—格尔木经济区建设成为全国重要的产业基地（包括新能源、盐化工、石化、有色金属和农畜产品加工产业等）、区域性新材料和生物医药产业基地、向西开放的重要战略平台。 促进产业集聚布局、有序发展。 ➢ 支持建设格尔木区域性石油天然气化工基地，大力推动石化产业结构调整和技术升级。 ➢ 积极推进青海格尔木“光伏城”、甘肃河西走廊新能源基地建设。 ➢ 稳步推进青海盐湖大型钾肥基地建设，鼓励盐湖锂、镁、硼深加工基地建设	➢“切实加强循环经济产业园区规划和建设，积极培育循环经济产业链和循环经济骨干企业，加大循环经济支撑技术的研发和推广力度，努力把试验区建成国家循环经济示范区”。 ➢ 盐湖资源综合开发利用发展，宜采取稳步发展钾盐利用，重点研发镁盐利用的工业化技术装备，积极推进镁、锂、硼等资源利用的策略。 ➢ 加强统筹规划生物产业的加工基地、原料基地和生物服务业的发展布局，集中要素投入、加快高原生物产业发展。 ➢ 加快风能、太阳能发电建设，特别是太阳能发电基地的建设，逐步减少每天消费比例
三、推进构建与区域生态安全格局相协调的现代产业体系	大力发展建设循环经济产业体系。 ➢ 加快推进柴达木循环经济试验区循环经济产业体系建设	➢ 坚持以盐湖资源综合开发利用为核心，以钾资源开发为龙头，金属资源产业发展以盐湖资源综合利用为基础，油气化工循环型产业发展以配套盐湖资源开发为主导，煤炭综合利用产业以配套盐湖资源开发为前提。积极发展高原特色生物产业和可再生能源产业。 ➢ 优化循环型产业体系建设（调整盐湖资源综合利用产业发展的策略、优化盐湖资源综合利用的主导产业发展方向、优化水资源配置的优先方向、促进清洁能源体系建设和节能减排、优先支持生态、绿色产业链发展）
	加快推进传统特色工业现代化进程。 ➢ 全面推进石油化工、冶金、盐湖化工、煤化工等传统特色产业的技术升级，严格落实行业和环保准入条件，淘汰落后产能	➢ 积极推动传统产业的技术改造、升级换代，广泛采用清洁生产技术，单位产品的能耗、物耗、水耗及污染物排放达到国内或国际先进水平；化工、冶金项目的清洁生产达到国际先进水平。加快淘汰不符合产业政策和行业准入标准要求的铅锌冶炼企业和落后生产工艺及装备
	协调工业化与城市化合理空间布局。 ➢ 协调工业园区与城市发展布局，着力解决和预防布局型大气污染和人群健康风险等突出环境问题	➢ 德令哈、格尔木工业园区电石法 PVC 产能控制在现有规模，不再扩大。现有装置全部采用电石法 PVC 行业清洁生产技术，弃用高汞触媒。 ➢ 严格“氯气”风险、汞污染环境监管机制，严格涉汞工艺、装置的监管和汞的排放与释放。 ➢ 严格金属冶炼产业准入门槛，首先从企业布局和规模、工艺和装备、资源综合利用、环境保护设施等方面审视，减缓对人群健康和生态环境的累积影响
	促进能源资源综合加工产业优化布局。 ➢ 实施以水资源、环境承载能力定煤炭转化规模，以煤炭转化规模、生态恢复与保护能力定煤炭生产规模机制。 ➢ 严格限制天山山地和祁连山水源涵养保护区及地下水源功能区的煤炭资源开发	➢ 优化能源资源利用。不再扩建天然气制甲醇、合成氨产能规模，以及单纯产能扩建的煤制合成氨，对煤焦化产能宜以资源环境承载条件进行总量控制。 ➢ 集中布局、适度发展化工焦，支持构建“煤化—盐化”融合的产业链，优化发展配套的下游产业；不宜在格尔木、德令哈和大柴旦工业园区新布局煤化工产业。焦炉煤气的利用以发电为主，在水资源条件允许的情况下，适度发展焦炉煤气制甲醇联合合成氨

《指导意见》的有关条款		本报告对试验区建设的相关建议
三、推进构建与区域生态安全格局相协调的现代产业体系	加强农业节水，加速现代农牧业和特色农业发展。 ➢ 大力发展设施农业、现代节水灌溉技术，加快推进柴达木盆地高效节水灌溉设施建设	➢ 优先安排农业灌溉基础设施改造和农业生产结构调整，改变落后的灌溉方式，大力发展节水型高原特色农业种植产业，积极推广、普及旱作节水实用技术，建设综合配套工程。在巴音河流域应优先实施农业节水工程建设，格尔木河流域应优先实施农业节水灌溉工程、经济林和生态林节水灌溉工程。 ➢ 农业种植结构调整的方向应为适当压减农作物面积，增加经济林、饲草地面积，大力发展高原特色农牧产业。保持柴达木盆地耕地面积零增长，鼓励发展枸杞、沙棘等沙生作物，建立特色果品的生产基地。 ➢ 发展节水高效生态农业，限制高耗水作物种植面积。通过改造现有灌区，改进管理，提高水的利用系数，并严格控制灌溉面积
	加强旅游基础设施建设，发展多元化特色旅游服务体系	—
	促进新疆生产建设兵团率先实现农业现代化，稳步推进城镇化、工业化同步协调发展	—
四、推进区域生态环境战略性保护	加快建设区域生态安全屏障。 ➢ 加快天山北坡经济带、兰州—西宁—格尔木经济区生态安全屏障建设。 ➢ 大力推进祁连山水源涵养区生态建设与保护、柴达木盆地生态保护与综合治理等生态保护与建设工程	➢ 加强生态保护与建设，维护生态安全格局（统筹水资源开发利用，保障重要河湖湿地生态用水、维护河流湖泊格局；严格控制山区矿产资源开发的准入条件、环保基础设施建设，严格尾矿库污染控制和风险管理；高原特色生物产业的原料基地建设应加强生态保护和水土流失防治）
	加快水环境综合整治，恢复河 - 湖水环境健康。	➢ 应强化水污染物排放总量控制，严格控制高耗水、高污染项目建设，并实行严格的节水和水污染排放控制措施。所有工业废水均应经工业园区污水处理厂进行二级处理，工业废水处理率 100%。严格控制汞、铅等重金属污染。 ➢ 在巴音河实行工业废水“零”入河，工业废水禁止排入巴音河；格尔木河下游严格水污染物排放总量控制；按照“二级处理 + 湿地处理系统”模式处理工业废水，实现废水资源化利用
	加快城市大气污染综合治理，保障人群健康和环境安全。 ➢ 加快推进区域中心城市和资源型城市的产业结构和能源消费结构调整、优化产业布局，预防西宁、格尔木、德令哈、兰州新区等城市和城市群的大气环境质量下降问题	➢ 加快风能、太阳能发电等新能源项目建设，充分利用太阳能、风能等新能源，缓解能源需求和环保压力的矛盾，逐步减少煤炭等化石能源的消费比例。 ➢ 加强大气污染控制设施配套建设，控制煤烟型大气污染物排放总量，保护重点城市德令哈和格尔木大气环境质量不降低
	积极推进农村环境综合整治。	—

<table>
<tr><th colspan="2">《指导意见》的有关条款</th><th>本报告对试验区建设的相关建议</th></tr>
<tr><td rowspan="6">五、建立健全生态环境保护长效机制</td><td>建立内陆河流域河流健康的环境管理体系。
➢ 大力推行节约用水和污水资源化、污水再生利用，全面推行城市污水、工业废水“零入河”</td><td>➢ 严格控制高耗水、高污染项目建设，并实行严格的节水和水污染排放控制措施。所有工业废水均应经工业园区污水处理厂进行二级处理，工业废水处理率 100%。严格控制汞、铅等重金属污染。
➢ 在巴音河实行工业废水“零”入河，工业废水禁止排入巴音河；格尔木河下游严格水污染物排放总量控制；按照“二级处理 + 湿地处理系统”模式处理工业废水，实现废水资源化利用</td></tr>
<tr><td>建立生态保护绩效评估与调控机制。</td><td>—</td></tr>
<tr><td>大力推进环保基础设施和能力建设。
➢ 全社会环保投入占 GDP 总量比例的不低于 3%；政府部门在环保基础设施建设投入年增速不低于 20%。</td><td>➢2015 年各工业园区建成并运行集中污水处理厂、建设再生水利用设施；试验区工业废水污水处理率达到 100%，再生水利用率 50%；在格尔木和德令哈地区，建设利用市政污水再生利用设施；实现优水优用、梯级利用，全面提高水资源利用效率；2020 年试验区工业废水处理率达到 100%，再生水利用率达到 80%。</td></tr>
<tr><td>➢2020 年省（区）辖城市污水处理率达到 85% 以上，污水再生利用达到 50% 以上，实现再生水与其他水源联合调控、统一使用；生活垃圾无害化处理率达到 95% 以上，建设完善的危险废物安全处置设施，危险废物安全处置率达到 100%，历史堆存和遗留的危险废物全部得到安全处置</td><td>➢ 各工业园区配套建成热力中心，实行热电联产，实现园区集中供热、供电；采用高效的脱硫、脱硝技术。
➢2015 年危险废物实现 100% 安全处置，在格尔木和德令哈地区，建设符合环保要求的危险废物集中处置中心；矿山采选场配套建设的尾矿库、弃渣场，以及工业固体废物的临时贮存场均完全达到相关标准和规范要求，并便于综合利用。
➢ 建立和完善氯气风险、汞污染监管机制，化工园区具备应对突发环境事件预防、快速响应处置能力</td></tr>
<tr><td>全面实行资源环境绩效考核</td><td>➢ 设定资源环境效率红线（生态保护底线、水资源利用红线、资源环境效率基线）</td></tr>
<tr><td>建立战略 - 规划 - 建设项目环评的联动机制</td><td>➢ 将战略环评、规划环评作为重大建设项目环评审批准入的依据。
➢ 按照《总体规划》确定的循环经济产业发展模式和产业园区方向与重点，结合环境保护战略要求，制定切实可行的工作方案，严格执行环境管理规定，做好环境影响评价工作。
➢《总体规划》实施过程中环境保护工作应以《总体规划》环境评价提出的环境保护对策建议作为重要的评价依据之一，重大建设项目环评审批应以规划和规划环评为前置，强化和落实规划环评的要求</td></tr>
</table>

附　件

环境保护部文件

环发〔2013〕83 号

关于促进甘青新三省（区）重点区域和产业与环境保护协调发展的指导意见

甘肃省、青海省、新疆维吾尔自治区环境保护厅，新疆生产建设兵团环境保护局：

为推动甘、青、新三省（区）加强生态文明建设，实施生态环境战略性保护，引导生产力布局优化，推进产业结构战略性调整，实现发展方式的根本性转变，促进区域经济社会环境全面协调可持续发展，在西部大开发重点区域和行业发展战略环境评价成果的基础上，提出以下意见：

一、充分认识重点区域和产业发展与生态环境保护的战略性

（一）在国家区域经济和生态安全格局中占有重要地位。甘、青、新三省（区）战略地位重要，是向中亚和欧洲大陆开放的重要门户，是全国重要的能源资源生产基地和进口能源资源的重要战略通道，保障全国能源和资源安全的重要储备地区，全国农业与粮食安全的重要保障地区，促进边疆稳定和各民族繁荣发展的重点区域，是 2020 年全面建成小康社会的关键区域。未来十年，随着西部大开发战略的深入实施，区域经济发展潜力将得到充分释放，经济实力将进一步提升，在国家区域发展战略格局中的地位将不断提高。同时，甘、青、新三省（区）生态环境保护战略地位十分重要，是维系西北乃至全国生态安全的重要保障区域。总体上自然环境恶劣、水资源短缺，生态脆弱；区域生态环境演变，尤其是水源涵养、防风固沙、水土保持、生物多样性保护等直接关系到全国生态安全。

（二）协调经济发展与环境保护的任务艰巨。西部大开发战略实施十年来，甘、青、新三省(区)经济实力稳步提升，人民生活水平持续提高，生态建设与保护取得长足进步。必须看到，

甘、青、新三省（区）工业化、城镇化滞后，总体发展水平低，经济总量小，人均收入与全国平均水平差距加大，抵御经济风险和波动能力较差；城乡、区域发展不平衡，传统发展方式尚未根本性改变，生态环境问题十分突出，生态环境治理与恢复极其困难。未来发展面临资源环境约束增强、区域竞争更加激烈、社会建设和生态保护任务繁重、缩小与全国发展差距愿望强烈的严峻挑战。为实现 2020 年全面建成小康社会的目标，必须着力推动绿色发展、循环发展、低碳发展，协调好工业化、城镇化、农牧业现代化发展与资源环境保护之间的矛盾，集约高效利用资源，优化国土空间开发布局，调整产业结构，建立健全保障生活空间、生态环境安全和促进生产空间集约的长效机制，扭转生态环境恶化趋势，促进生态环境脆弱地区经济社会发展与生态文明建设协调融合。

二、促进重点区域和产业与环境保护协调发展的总体要求

（三）指导思想。坚持在保护中发展、在发展中保护，按照转变经济发展方式、优化空间布局、增强民生基础、保障人群健康的总体思路，促进资源节约，创新绿色发展、循环发展和低碳发展等新的发展模式，统筹保障区域发展的资源环境和维护良好人居环境，引导生产力优化布局，推动产业结构战略性调整，实施战略性生态环境保护工程，建立以环境保护优化经济社会发展的长效机制。

（四）基本原则。坚持以发展循环经济调结构，以水资源承载能力控规模，以生态安全和生态环境容量优布局，引导资源型产业合理布局、有序发展。充分发挥特色资源优势，积极支持投入产出效率高、技术水平高、能耗污染物排放低的产业发展；以资源节约利用和技术升级为引领，促进东部产业向甘、青、新三省（区）有序转移与健康发展。优先水安全和生态安全建设投入，确保生态不退化、环境质量持续改善。严格实施环境功能区划，在重要生态功能区，生态敏感区和脆弱区，划定并严守生态红线，保障国家和区域生态安全，提高生态服务功能。

（五）总体思路。积极推进实施循环经济试点、示范战略，加快循环经济发展；加快节水型农业建设，加速现代农牧业和特色农业发展，实现区域农业用水总量下降、农产品产量增加、农产品附加值增加。以信息化带动工业现代化，大力扶持信息化和高新技术产业发展，稳步推进能源开发的多样化发展，大力推进传统特色资源加工型产业技术升级和优化布局，有序发展石化、煤化工、盐化工、有色冶金产业，积极引导产业链延伸发展，积极培育新能源、新材料、生物产业等新兴产业基地，促进区域中心城市核心竞争力和辐射带动作用大幅提升，成长为国家协调区域发展的战略支撑点和西部经济新高地。

三、推进构建与区域生态安全格局相协调的现代产业体系

（六）促进天山北坡经济带、兰—西—格经济区建设西部经济新高地。坚持绿色发展、循环发展和低碳发展的理念，有序开发石油天然气、煤炭、有色金属、盐湖资源，以及特色农畜产品等传统特色优势资源，着力培育天山北坡经济带和兰—西—格经济区的产业发展。促进天山北坡经济带建设成为我国向西开放的陆路交通枢纽和重要门户、全国重要的综合性能源资源生产及供应基地、现代化农牧业示范基地、西北地区重要国际商贸中心和物流中心，以及对外合作加工基地；促进兰—西—格经济区建设成为全国重要的产业基地（包括新能源、

盐化工、石化、有色金属和农畜产品加工产业等）、区域性新材料和生物医药产业基地、向西开放的重要战略平台，着力推进国家级兰州新区建设，打造区域重要的经济增长极。

（七）促进产业集聚布局、有序发展。积极推进独山子、鄯善国家级石油储备基地和乌鲁木齐、克拉玛依国家级成品油储备基地建设；推动以兰州、乌鲁木齐、独山子—克拉玛依为主体的石化产业集群和格尔木区域性石油天然气化工基地科学规划、集约集聚发展，大力推动石化产业结构调整和技术升级。推动准东、吐哈、伊犁等地在生态环境可承载的前提下建设现代化大型煤炭基地，有序推进准东、伊犁、陇东能源综合利用示范区建设。鼓励有关地区在严格环境监管的基础上建设生态环保型的资源开发利用基地：支持金昌、酒泉、嘉峪关金属综合加工利用基地建设，推进电—冶—加一体化发展；积极推进青海格尔木“光伏城”、甘肃河西走廊新能源基地建设；引导河湟谷地、准东等地电解铝产业合理布局，有序发展；稳步推进青海盐湖大型钾肥基地建设，鼓励盐湖锂、镁、硼深加工基地建设；加快建设石河子纺织工业城，以及呼图壁、奎屯等纺织产业区；高起点、高标准建设东部产业转移示范区，积极鼓励甘肃省兰州新区、青海省海东地区建设“承接产业转移示范区”。

（八）大力发展建设循环经济产业体系。依托特色资源、能源优势和现代先进生产技术装备，着力培育一批资源开发、加工、转化一体化的循环型工业园区和生态型工业园区。支持甘肃省建设国家循环经济省级示范区，加快形成循环型工业、农业、服务业产业体系。加快推进石河子循环经济试点市、柴达木循环经济试验区、西宁经济技术开发区、金昌和白银为重点的循环经济示范区、张掖和武威为重点的河西绿色经济区等地区的循环经济产业体系建设，积极推动伊犁、准东建设以煤炭资源综合利用为主体的循环型产业体系。积极扶持东部产业转移示范园区建设，引导以生态工业园区、循环经济工业园区产业发展为主体，以资源节约、技术升级为基础，承接东部产业转移。

（九）加快推进传统特色工业现代化进程。全面推进石油化工、冶金、盐湖化工、煤化工等传统特色产业的技术升级，严格落实行业和环保准入条件，淘汰落后产能。加快推进电—冶—加一体化发展，建设以循环经济产业链为特色的有色金属新材料基地，引导有色冶金（铅、锌、铜、镍、电解铝）产业有序发展，严格限制初级产品产能的盲目扩张，严格落实重金属污染物“等量置换”或“减量置换”原则，重点防控区采用 1.5 ～ 2.0 倍置换原则控制，确保“十二五”时期末重点重金属污染物排放量比 2007 年减少 15%。大力推动钢铁产业加快技术改造和产品结构调整，严格限制低水平重复建设；加快铁合金企业资源整合和产业重组，优化布局。推动传统煤化工［煤焦化、煤电石、煤制（合成氨）化肥］技术升级改造、延伸产业链。大力推进非金属材料制造业及水泥行业结构升级和产业链延伸，加快淘汰落后水泥产能。加快特色纺织产业的规模化、精细化、品牌化，培育产业集群和产业基地。

（十）协调工业化与城市化合理空间布局。协调工业园区与城市发展布局，着力解决和预防布局型大气污染和人群健康风险等突出环境问题。乌鲁木齐—昌吉城市边缘和近郊地带，要抑制传统煤化工、氯碱化工、电解铝产业盲目布局，乌鲁木齐主城区和周边工业园区不应布局煤化工，不再扩大石化、钢铁产能。独山子—奎屯—乌苏地区的石化产业基地发展必须优先保护城市饮用水源地安全和人群健康环境，严格限制光气等高风险项目。全面推进国家级兰州新区建设和产业优化布局，严格限制兰州主城区重化产业上游产品发展。积极推进以西宁为中心的城市群发展和产业优化布局，严格限制冶金产业，不应布局煤化工。积极推进建设金昌有色金属新材料循环经济基地、酒泉和嘉峪关清洁能源—冶金新材料循环经济基地。积极推动金昌、白银解决历史遗留有色金属产业与城市发展的布局性矛盾。加大县级市和乡镇基础设施建设投入，提高城镇化质量，未来五到十年城市基础设施建设重点应转向中、小城市和乡村市政基础设施，信息化服务、旅游基础设施建设，以及职业教育和技能培训基地建设。

（十一）促进能源资源综合加工产业优化布局。实施以水资源、环境承载能力定煤炭转化规模，以煤炭转化规模、生态恢复与保护能力定煤炭生产规模机制。加快现有煤矿资源整合和矿区生态修复，严格限制天山山地和祁连山水源涵养保护区及地下水源功能区的煤炭资源开发。推动天山北坡经济带在保护生态服务功能的前提下稳步建设现代煤化工产业集群，加强传统煤化工整合提升，严格限制煤焦化发展；促进伊犁发展煤制气为主导的现代煤化工，严格限制布局工艺技术不成熟的现代煤化工和传统煤焦化，适度发展煤电；促进准东严格以水定煤化工产业链规模、以产业链延伸定项目，建设煤炭综合开发利用循环经济基地；在地表水资源超载、地下水水位持续下降地区，严格限制布局发展煤化工。吐哈煤田以“疆煤东运”为主，在水资源条件允许情况下，适度发展煤电及电力外送，不应布局煤化工。火电装机规模应与区域大气环境承载力、电力需求和电力通道建设相匹配。在实施“上大压小”、淘汰落后火电装机、提高现有燃煤火电脱硫脱硝效率的前提下，支持优化布局大型高效环保机组。加快实施区域集中供热、热电联产，按照国家规定，尽快实现燃煤火电、热电全部脱硫脱硝。

（十二）加强农业节水，加速现代农牧业和特色农业发展。大力发展设施农业、现代节水灌溉技术，加快推进艾比湖流域、石羊河流域、黑河流域、湟水流域、柴达木盆地高效节水灌溉设施建设，扶持伊犁河流域建设规范化高标准粮田，配套高效节水灌溉设施；2015 年天山北麓实现农业灌溉用水总量“零增长”，河西走廊基本实现“负增长”。积极推动建设一批高效节水型现代农牧业示范区和种植、养殖、制种基地，培育一批特色农副产品、畜产品精深加工产业和品牌。积极引导农牧产品加工业按园区模式布局、精深加工发展；加快建设规范化优质中药材药源和生产加工基地。积极扶持特色农牧业服务体系基础设施建设，构建信息服务、科技支撑、产业园区和农产品及加工品外销平台。

（十三）加强旅游基础设施建设，发展多元化特色旅游服务体系。依托丰富旅游资源，积极发展文化、生态、休闲、度假旅游，加强旅游基础设施建设，重点培育一批跨区域精品旅游线路，形成一批国内著名和国际知名旅游目的地。

（十四）促进新疆生产建设兵团率先实现农业现代化，稳步推进城镇化、工业化同步协调发展。新疆生产建设兵团的产业发展要突出依托资源优势和技术优势，大力推进传统特色资源加工型产业技术升级，着力处理好城镇化和工业化发展过程中的空间布局性矛盾，以资源环境承载能力为约束，以建设循环经济产业体系为核心，积极引导特色资源加工产业的发展，积极培育新能源、新材料、生物产业等新兴产业发展。

四、推进区域生态环境战略性保护

（十五）加快建设区域生态安全屏障。进一步加大生态保护建设的政策、资金、项目和生态补偿转移支付的支持力度，全力推进三江源国家级生态保护综合试验区建设，加快天山北坡经济带、兰—西—格经济区生态安全屏障建设。积极推进天山北坡河谷森林植被保护与恢复，林草交错带畜牧业发展模式调整，加强受损水源涵养区生态修复。大力推进艾比湖流域预防性综合治理工程、玛纳斯河流域下游生态保护与恢复、祁连山水源涵养区生态建设与保护、河西三大流域（疏勒河、黑河、石羊河流域）生态综合治理、敦煌生态环境和文化遗产保护区建设、黄河流域上游地区（大通河、湟水河、渭河、泾河等流域）水源涵养和水土保持、柴达木盆地生态保护与综合治理等生态保护与建设工程。加强矿山生态治理和污染控制，着力解决历史遗留矿山生态修复、污染治理和环境隐患。

（十六）加快水环境综合整治，恢复河—湖水环境健康。加快艾比湖流域、玛纳斯河流域、石羊河流域水环境综合整治，以及湟水河、渭河、泾河等支流水污染治理，加强伊犁河流域的水环境保护，定期进行流域生态健康评估，开展流域生态健康行动计划试点编制和实施，严格控制水环境重金属和持久性有机污染物污染。加强以保护城乡饮用水源为核心的地下水污染防治，集中式饮用水源地水质达标率 90% 以上。

（十七）加快城市大气污染综合治理，保障人群健康和环境安全。加快推进区域中心城市和资源型城市的产业结构和能源消费结构调整、优化产业布局，着力解决乌鲁木齐、兰州、金昌、白银等城市大气污染严重问题，预防西宁、格尔木、德令哈、兰州新区等城市和城市群的大气环境质量下降问题。大力实施重点城市热电联产、煤改气、集中供热、热网改造、电厂脱硫脱硝、机动车尾气、扬尘污染治理工程，加快推进火电、钢铁、有色、化工等行业二氧化硫、氮氧化物、颗粒物以及特征污染物治理。

（十八）积极推进农村环境综合整治。积极推进以加强农村水源地保护、改善乡村人居环境为重点的农村环境综合整治。实施农村清洁工程，加快农村垃圾集中收集处理，因地制宜开展农村污水治理；大力推动合理使用农药、化肥、农膜，有效控制规模化养殖场污染，积极推进土壤环境保护和综合治理工作。

五、建立健全生态环境保护长效机制

（十九）建立内陆河流域河流健康的环境管理体系。加强天山山地、祁连山山地生态系统水源涵养功能保护和建设，提高自然保护区监督管理水平，严格控制山区垦殖、林木采伐和林草交错带游牧，以及河流出山口以上流域的矿山开发和工业生产活动。大力推行节约用水和污水资源化、污水再生利用，全面推行城市污水、工业废水“零入河”。

（二十）建立生态保护绩效评估与调控机制。积极探索煤炭资源产业环境类型区管理模式，建设煤炭开发、利用全流程环境监管试点、示范工程；构建玛纳斯湖、艾比湖、石羊河、黑河、疏勒河流域生态环境动态评估和调控机制。

（二十一）大力推进环保基础设施和能力建设。全社会环保投入占 GDP 总量比例的不低于 3%；政府部门在环保基础设施建设投入年增速不低于 20%。加快城市和工业园区等节能、节水和环保基础设施建设，加强自然保护区规范化建设，加大流域水环境和农村牧区环境综合整治的投入。2020 年省（区）辖城市污水处理率达到 85% 以上，污水再生利用达到 50% 以上，实现再生水与其他水源联合调控、统一使用；生活垃圾无害化处理率达到 95% 以上，建设完善的危险废物安全处置设施，危险废物安全处置率 100%，历史堆存和遗留的危险废物全部得到安全处置。工业园区、工业集中区等必须建设集中供热、废水处理及再生利用工程，配套固体废物回收、处置设施。

（二十二）全面实行资源环境绩效考核。“十二五”期间，全社会主要资源环境利用绩效指标与全国水平的差距不扩大并逐步缩小；其中，煤炭采掘、煤电、煤化工、石油化工、有色冶金、农副产品加工不低于当年全国平均水平；2020 年全社会主要资源环境利用绩效指标力争优于 2015 年全国平均水平，主导产业单位产品的能耗、物耗、水耗及污染物排放达到国内先进水平。新、改、扩建工业项目达到清洁生产二级水平或国内先进水平以上，其中，化工、冶金项目清洁生产达到国际先进水平。

（二十三）建立战略—规划—建设项目环评的联动机制。建立区域发展战略环评、规划环评与建设项目环评的联动机制，将战略环评、规划环评作为重大建设项目环评审批准入的依据；规划和规划环评应与国家和区域生态环境保护战略、区域发展战略环评相融合，重大建设项目环评审批应以规划和规划环评为前置；对可能造成跨行政区域不良环境影响的重大开发规划，要建立区域环境影响评价联合审查审批制度和信息通报制度。全面推进省（区）、市经济社会发展和重点区域发展战略环评，深化产业园区、产业基地，以及“两高一资”重点行业规划环评，强化和落实规划环评中跟踪监测与后续评价要求。

（二十四）抓好工作落实。各有关省级环保部门要及时向本省（区）人民政府（新疆生产建设兵团）汇报战略环评成果和本指导意见提出的有关要求，做好与相关部门的沟通协调，加强社会宣传工作，结合实际制定本省（区、新疆生产建设兵团）落实战略环评成果和本指导意见的具体方案并报送我部。我部将适时组织开展相关督导工作。

环境保护部

2013年7月31日